普通高等教育"十四五"规划教材

结 构 力 学

崔恩第　刘克玲　刘京红
王永跃　周瑞芳　刘永华　王文婕　刘晓健　焦凤瑀　编著

国防工业出版社
·北京·

内 容 简 介

本书根据教育部最新颁布实施的《普通高等学校本科专业目录》（2020年）中规定的土木工程专业的培养目标和教育部高等学校工科基础课程教学指导委员会力学基础课程教学指导分委员会最新制定的"结构力学课程教学基本要求"编写修订而成。

本书共11章，内容包括绪论、平面体系的几何组成分析、静定梁与静定刚架、三铰拱、静定桁架和组合结构、结构的位移计算、力法、位移法、用渐进法计算超静定梁和刚架、影响线及其应用、结构的动力计算。

本书可作为高等学校土木工程、道路工程、铁道工程、桥隧工程、结构工程、地下工程、水利水电工程和工程力学等专业的教材，也可作为成人教育、高等教育自学考试的教材，并可供考研生和有关工程技术人员参考。

图书在版编目（**CIP**）数据

结构力学／崔恩第等编著．—北京：国防工业出版社，2024.6
ISBN 978-7-118-13308-0

Ⅰ．①结⋯　Ⅱ．①崔⋯　Ⅲ．①结构力学-高等学校-教材　Ⅳ．①O342

中国国家版本馆 CIP 数据核字（2024）第 104239 号

※

国防工业出版社出版发行
（北京市海淀区紫竹院南路23号　邮政编码100048）
三河市天利华印刷装订有限公司印刷
新华书店经售

*

开本 787×1092　1/16　印张 22¾　字数 528 千字
2024 年 6 月第 1 版第 1 次印刷　印数 1—3000 册　定价 68.00 元

（本书如有印装错误，我社负责调换）

国防书店：（010）88540777	书店传真：（010）88540776
发行业务：（010）88540717	发行传真：（010）88540762

前　言

本书根据教育部最新颁布实施的《普通高等学校本科专业目录》(2020年)中规定的土木工程专业的培养目标和教育部高等学校工科基础课程教学指导委员会力学基础课程教学指导分委员会最新制定的"结构力学课程教学基本要求"编写修订而成。适用于普通高等学校土木工程、道路工程、铁道工程、桥隧工程、结构工程、地下工程、水利水电工程和工程力学等专业的教材，也可作为成人教育、高等教育自学考试的教材，并可供考研生和有关工程技术人员参考。

本书共11章，内容包括绪论、平面体系的几何组成分析、静定梁与静定刚架、三铰拱、静定桁架和组合结构、结构的位移计算、力法、位移法、力矩分配法计算超静定梁和刚架、影响线及其应用、结构的动力计算。本书不仅涵盖了高等学校土木工程专业指导委员会制定的《结构力学》教学大纲所规定的教学内容，而且编入了进一步加深、加宽的内容。选学内容在相应章、节标题前冠以"*"号。每章均有思考题、习题及习题答案。

"结构力学"既传承了古典结构力学的源远流长，亦紧跟结构工程与计算机技术的日新月异，是一门赓续传承、与时俱进、引人入胜的学科和课程。无论是古代工匠们对建筑结构的精雕细琢，还是现代超级工程中工程师们的科技创新，我国的建设者始终将结构的品质和安全放在第一位，这种不断攻坚克难、精益求精的态度正是对工匠精神的最好诠释。

"结构力学"是土木工程专业的一门专业（技术）基础课。一方面它以"高等数学""理论力学""材料力学"等课程为基础，另一方面，它又是"钢结构""钢筋混凝土结构""土力学与地基基础""结构抗震"等专业课的基础。该课程在基础课与专业课之间起承上启下的作用，是土木工程专业的一门重要的主干课程。本书在选择和编写教材内容时，力求取材适当，既要为打好基础精选内容，又要反映本学科的新发展；力求叙述透彻、脉络清晰、符合认识规律，既方便教师教学，也方便学生自学。

参加本书编著修订工作的有刘克玲（第9章、第11章），刘京红（第1章、第4章、附录），刘永华（第8章），王文婕（第6章、第7章），刘晓健（第3章、第5章），焦凤瑀（第2章、第10章）。天津城建大学崔恩第教授、王永跃教授、周瑞芳教授审阅了书稿，提出了宝贵意见，对此，我们表示衷心的感谢。限于编者水平，书中难免有疏漏和不妥之处，敬请读者批评指正。

编　者

2023年10月

目　　录

第1章　绪论 ·· 1
1.1　结构力学的研究对象、任务和学习方法 ··· 1
1.2　结构的计算简图及简化要点 ·· 5
1.3　结构的分类 ·· 10
1.4　荷载的分类 ·· 12
复习思考题 ·· 13

第2章　平面体系的几何组成分析 ·· 15
2.1　概述 ·· 15
2.2　几何不变体系的基本组成规则 ·· 19
2.3　瞬变体系 ·· 21
2.4　几何组成分析举例 ··· 23
2.5　体系的几何组成与静力特性的关系 ·· 27
复习思考题 ·· 28
习题 ··· 29

第3章　静定梁与静定刚架 ·· 32
3.1　单跨静定梁 ·· 32
3.2　多跨静定梁 ·· 40
3.3　静定平面刚架的内力计算 ·· 43
复习思考题 ·· 51
习题 ··· 52
习题答案 ·· 57

第4章　三铰拱 ·· 58
4.1　三铰拱的组成及受力特征 ·· 58
4.2　三铰拱的内力计算 ··· 59
4.3　三铰拱的合理拱轴 ··· 64
复习思考题 ·· 68
习题 ··· 68
习题答案 ·· 69

第5章　静定桁架和组合结构 ·· 71
5.1　桁架的特点和组成分类 ··· 71

V

  5.2 静定平面桁架的计算 ………………………………………………………… 73
  5.3 静定组合结构的计算 ………………………………………………………… 83
  5.4 静定结构的一般特性 ………………………………………………………… 86
  复习思考题 …………………………………………………………………………… 89
  习题 …………………………………………………………………………………… 90
  习题答案 ……………………………………………………………………………… 93

第6章 结构的位移计算 ……………………………………………………………… 95
  6.1 概述 …………………………………………………………………………… 95
  6.2 虚功原理 ……………………………………………………………………… 96
  6.3 结构位移计算的一般公式、单位荷载法 ………………………………… 103
  6.4 荷载作用下静定结构的位移计算 ………………………………………… 105
  6.5 图乘法 ……………………………………………………………………… 109
  6.6 静定结构温度变化时的位移计算 ………………………………………… 115
  6.7 静定结构支座移动时的位移计算 ………………………………………… 117
  6.8 线弹性结构的互等定理 …………………………………………………… 118
  复习思考题 ………………………………………………………………………… 121
  习题 ………………………………………………………………………………… 121
  习题答案 …………………………………………………………………………… 125

第7章 力法 …………………………………………………………………………… 127
  7.1 超静定结构的概念和超静定次数的确定 ………………………………… 127
  7.2 力法原理和力法方程 ……………………………………………………… 130
  7.3 用力法计算超静定梁和刚架 ……………………………………………… 134
  7.4 用力法计算超静定桁架和组合结构 ……………………………………… 140
  7.5 两铰拱及系杆拱的计算 …………………………………………………… 143
  7.6 温度变化和支座移动时超静定结构的计算 ……………………………… 148
  7.7 对称结构的计算 …………………………………………………………… 153
  7.8 超静定结构的位移计算及最后内力图的校核 …………………………… 158
  复习思考题 ………………………………………………………………………… 164
  习题 ………………………………………………………………………………… 165
  习题答案 …………………………………………………………………………… 170

第8章 位移法 ………………………………………………………………………… 172
  8.1 等截面直杆的转角位移方程 ……………………………………………… 172
  8.2 位移法基本原理 …………………………………………………………… 178
  8.3 基本未知量的确定 ………………………………………………………… 183
  8.4 位移法的典型方程 ………………………………………………………… 186
  8.5 位移法应用举例 …………………………………………………………… 187
  8.6 直接利用平衡条件建立位移法方程 ……………………………………… 194

  8.7 对称性的利用 ………………………………………………………… 197
  8.8 超静定结构的特性 ……………………………………………………… 200
  复习思考题 …………………………………………………………………… 201
  习题 …………………………………………………………………………… 202
  习题答案 ……………………………………………………………………… 205

第 9 章 用渐进法计算超静定梁和刚架 ……………………………………… 207
  9.1 力矩分配法的基本概念 ………………………………………………… 207
  9.2 用力矩分配法计算连续梁和无侧移刚架 ……………………………… 213
  9.3 无剪力分配法 …………………………………………………………… 218
  9.4 剪力分配法 ……………………………………………………………… 222
  9.5 力法、位移法、力矩分配法的联合应用 ……………………………… 227
  9.6 超静定结构的特性 ……………………………………………………… 230
  复习思考题 …………………………………………………………………… 231
  习题 …………………………………………………………………………… 232
  习题答案 ……………………………………………………………………… 236

第 10 章 影响线及其应用 ……………………………………………………… 238
  10.1 影响线的概念 …………………………………………………………… 238
  10.2 用静力法绘制静定结构的影响线 ……………………………………… 239
  10.3 用机动法作影响线 ……………………………………………………… 243
  10.4 间接荷载作用下的影响线 ……………………………………………… 247
  10.5 桁架的影响线 …………………………………………………………… 249
  10.6 三铰拱的影响线 ………………………………………………………… 252
  10.7 影响线的应用 …………………………………………………………… 254
  10.8 铁路和公路的标准荷载制 ……………………………………………… 261
  10.9 简支梁的绝对最大弯矩及内力包络图 ………………………………… 267
  10.10 用机动法作超静定梁影响线的概念 ………………………………… 270
  10.11 连续梁的内力包络图 ………………………………………………… 273
  复习思考题 …………………………………………………………………… 276
  习题 …………………………………………………………………………… 277
  习题答案 ……………………………………………………………………… 280

第 11 章 结构的动力计算 ……………………………………………………… 281
  11.1 动力计算概述 …………………………………………………………… 281
  11.2 单自由度体系的运动方程 ……………………………………………… 285
  11.3 单自由度体系的自由振动 ……………………………………………… 290
  11.4 单自由度体系在简谐荷载作用下的强迫振动 ………………………… 298
  11.5 单自由度体系在任意荷载作用下的强迫振动 ………………………… 305
  11.6 多自由度体系的自由振动 ……………………………………………… 309

11.7　多自由度体系主振型的正交性……………………………………………326
11.8　多自由度体系在简谐荷载作用下的强迫振动………………………………328
11.9　多自由度体系在一般动荷载作用下的强迫振动……………………………335
11.10　无限自由度体系的自由振动…………………………………………………340
11.11　近似法求自振频率……………………………………………………………343
复习思考题……………………………………………………………………………349
习题……………………………………………………………………………………350
习题答案………………………………………………………………………………354

参考文献……………………………………………………………………………356

第1章 绪 论

1.1 结构力学的研究对象、任务和学习方法

结构力学既传承了古典结构力学的源远流长,亦紧跟结构工程与计算机技术的日新月异,是一门赓续传承、与时俱进、引人入胜的学科和课程。

一、结构

在建筑和工程设施中,承受、传递荷载而起骨架作用的部分称为工程结构,简称**结构**。房屋中的梁柱体系,水工建筑物中的闸门和水坝,公路和铁路上的桥梁和隧洞等,都是工程结构的典型例子。

图 1-1 是我国经典工程结构的外形示例。图 1-1(a)为赵州桥桥梁结构,图 1-1(b)为故宫博物院建筑结构,图 1-1(c)为应县木塔结构。经典建筑结构设计巧妙,堪称奇迹,这得益于中国古代工匠们对建筑品质的精雕细琢。

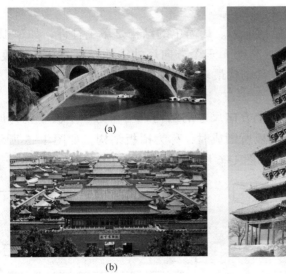

图 1-1

图 1-2 是典型现代工程结构的外形示例。图 1-2(a)为上海中心大厦、上海金茂大厦等多个高层建筑结构,图 1-2(b)为长江三峡水利枢纽工程结构,图 1-2(c)为南浦大桥桥梁结构。结构通常由许多构件联结而成,如梁、柱、杆、屋架等。

图 1-2

无论是古代工匠们对建筑结构的精雕细琢，还是现代超级工程中工程师们的科技创新，我国的建设者始终将结构的品质和安全放在第一位，这种不断攻坚克难、精益求精的态度正是对工匠精神的最好诠释。

从受力构件的几何尺寸来看，结构可分为三类：

1. 杆件结构

杆件结构是由若干根杆件联结而成的。最简单的结构是单个杆件，如单根梁或柱。杆件结构的特征是长度 l、宽度 b、高度 h 三个方向尺寸中的长度远大于宽度和高度，如图 1-3 所示。在各种结构中，杆件结构最多，本书主要讨论杆件结构。

2. 薄壁结构

薄壁结构是厚度远小于其他两个方向尺寸的结构。当它为一平板状物体时，称为板，如图 1-4 所示。当它由若干块板所围成时，称为褶板结构，如图 1-5 所示。当它具有曲面外形时，称为壳体结构，如图 1-6 所示。

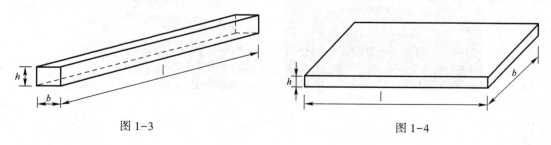

图 1-3　　　　　　　　　　　图 1-4

3. 实体结构

实体结构是长度 l、宽度 b、高度 h 三个方向尺寸均属于同一数量级的结构，如挡土墙、堤坝和基础等。图 1-7 所示为挡土墙结构。

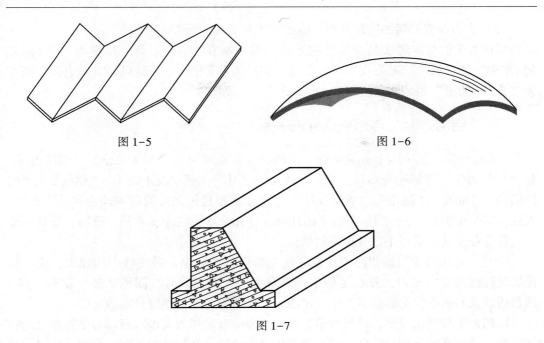

图 1-5   图 1-6

图 1-7

狭义的结构往往指的就是杆件结构,而通常所说的结构力学就是指杆件结构力学。

二、结构力学的研究对象

结构力学以结构为研究对象,研究结构的组成规律及合理形式,即杆件如何拼装才能成为结构,怎样拼装才能成为好的结构;研究结构在荷载、温度变化、支座移动等外部因素作用下的内力和变形,以及强度、刚度、稳定性和动力反应。具体地说,结构力学的任务包括以下几个方面:

(1)讨论结构的组成规律、受力性能和合理形式,以及结构计算简图的合理选择,以保证结构能够承受荷载而不致发生相对运动,有效地利用材料,充分发挥其性能。

(2)计算结构在荷载、温度变化、支座移动等外部因素作用下的内力,为结构的强度计算提供依据,以保证结构满足安全和经济要求。

(3)计算结构在荷载、温度变化、支座移动等外部因素作用下的变形和位移,为结构的刚度计算提供依据,以保证结构不致发生超过规范限定的变形而影响正常使用。

(4)研究结构的稳定性及在动力荷载作用下动力反应。

在结构分析中,首先把实际结构简化成计算模型,称为结构计算简图;然后对计算简图进行计算。结构力学中介绍的计算方法是多种多样的,但所有方法都要考虑下列三类基本方程:

(1)力系的平衡方程或运动方程。

(2)变形与位移间的几何方程。

（3）应力与变形间的物理方程（或称为本构方程）。

结构力学的基本解法是直接运用上述三类基本方程进行求解，可称为"平衡–几何–本构"解法或"三基方程"解法。这些解法如果采用虚功和能量形式来表述，则称为"虚功–能量"解法。

三、"结构力学"与相关课程的关系

"结构力学"是一门专业基础课。该课程一方面要用到"高等数学""理论力学"和"材料力学"等课程的知识，另一方面又为学习"钢筋混凝土结构""钢结构""砌体结构""桥梁""隧道""毕业设计"等专业课程提供必要的基本理论和计算方法。因此，"结构力学"是一门承上启下的课程，它在土木、结构、水利、道路、桥梁及地下工程等各专业的学习中占有重要的地位。

学习"结构力学"课程时要注意它与先修课程的联系，对先修课的知识，应当根据情况进行必要的复习，并在运用中得到巩固和提高。只有牢固地掌握"结构力学"课程所涉及的基本理论和基本方法，才能为后继课程的学习奠定坚实的基础。

结构力学与理论力学、材料力学、弹塑性力学有密切的关系。理论力学着重讨论物体机械运动的基本规律，其余三门力学着重讨论结构及其构件的强度、刚度、稳定性和动力反应等问题，其中材料力学以单个杆件为主要研究对象，结构力学以杆件结构为主要研究对象，弹塑性力学以实体结构和板壳结构为主要研究对象。

四、课程教学中学生能力培养

根据《结构力学课程教学基本要求》，学习本课程时特别应注重分析能力、计算能力、自学能力和表达能力的培养。

1. 分析能力

在"结构力学"课程中要培养多方面的分析能力，如选择结构计算简图的初步能力、对结构的受力状态进行平衡分析的能力、对结构的变形和位移进行几何分析的能力、根据具体问题选择恰当计算方法的能力。

2. 计算能力

在"结构力学"课程中培养计算方面的能力包含三个方面：具有对各种结构进行计算的能力、具有对计算结果进行定量校核或定性判断的能力、初步具有使用结构计算程序的能力。

3. 自学能力

具有吸收、消化、运用并拓展已学知识的能力，具有通过有选择地阅读参考书籍、资料、网上检索等手段摄取新的知识的能力。

4. 表达能力

表述问题应做到语言精练、文字流畅；作业、计算书要整洁、清晰、严谨，应做到步骤分明、思路清楚、图形简洁、数字准确。

学习"结构力学"课程必须贯彻理论与实践相结合的原则，在参观、实践、实习及日常生活中，要留心观察实际结构的构造情况，分析结构的受力特点，总结结构力学

的理论是如何应用于实际工程的，并设想如何利用所学习的理论、方法解决实际结构的力学分析问题。只有联系实际学习理论，才能深刻理解、掌握书本知识，为将来应用所学知识解决实际工程问题做好铺垫。

做题练习、进行自我测试是学好"结构力学"课程的重要环节之一。只有高质量地完成足够数量的习题，才能掌握相关的概念、原理和方法。

1.2 结构的计算简图及简化要点

结构的计算简图就是在结构计算中代替实际结构，并能反映结构主要受力和变形特点的理想模型。

在结构设计中，需要对实际结构进行力学分析。由于实际结构的组成、受力和变形情况的复杂性，要完全按照结构的实际情况进行力学分析通常是很困难的，从工程实际要求来说也是不必要的，因此，在对实际结构进行力学分析时，应抓住结构基本的、主要的特点，抓住能反映实际结构受力情况的主要因素，忽略一些次要因素，对实际结构进行抽象和简化。这种既能反映真实结构的主要特征又便于计算的模型称为计算简图。

由于计算简图的选取直接关系计算精度和计算工作量的大小，因此在选取计算简图时，应统筹考虑结构的重要性、不同设计阶段的要求、计算问题的性质和计算工具的性能等因素，最终确定理想的计算简图。例如：对结构的静力计算，可采用比较复杂的计算简图；对结构的动力计算和稳定计算，由于计算问题比较复杂，可采用相对简单的计算简图。在初步设计阶段可采用比较粗略的计算简图，而在技术设计阶段则应使用比较精确的计算简图。计算机的应用为采用比较精确的计算简图提供了更多的便利。

选择计算简图的原则是：

（1）从实际出发——计算简图要真实反映实际结构的受力特点和变形性能。

（2）分清主次，略去细节——计算简图要便于计算。

将实际结构简化为计算简图，通常包括以下几方面的工作。

一、结构体系的简化

一般结构实际上都是空间结构，各部分相互联结形成一个整体，以承受实际荷载。对空间结构进行力学分析往往比较复杂，工作量较大。在土建、水利工程结构中，大量的空间杆件结构，在一定条件下，可略去结构的次要因素，将其分解简化为平面结构，使计算得到简化。在本书中主要以平面杆件结构为研究对象。

二、杆件的简化

在杆件结构中，当杆件的长度远大于它的横截面尺寸时，通常可近似地认为：杆件变形时，其截面保持为平面。杆件截面上的应力可以根据截面的内力来确定，且其内力仅沿长度变化。因此，在计算简图中，可以用杆轴线代替杆件，用各杆轴线相互联结成的几何图形代替真实结构，杆件之间的连接区域用结点表示，杆长用结点间距表示，荷载作用于轴线上。

三、结点的简化

在杆件结构中，几根杆件相互联结的部分称为结点。根据结构的受力特点和结点的构造情况，结点可采用以下三种计算简图。

1. 铰结点

铰结点的特征是汇交于结点的各杆端不能相对移动，但它所联结的各杆可以绕铰自由转动。其变形特征为：汇交于铰结点的各杆可绕铰自由转动。各杆在铰结点处的线位移相同，角位移可不同。其静力特征为：铰结点只能传递力，不能传递弯矩，铰结点的弯矩为零。

理想的铰结点在实际结构中是很难实现的，只有木屋架的结点比较接近。图1-8（a）、（b）分别表示一个木屋架的结点和它的计算简图。当结构的几何构造及外部荷载符合一定条件时，结点对杆端的转动约束处于次要地位，这时该结点也可以视为铰结点。图1-9（a）、（b）分别表示一个钢桁架的结点和它的计算简图。

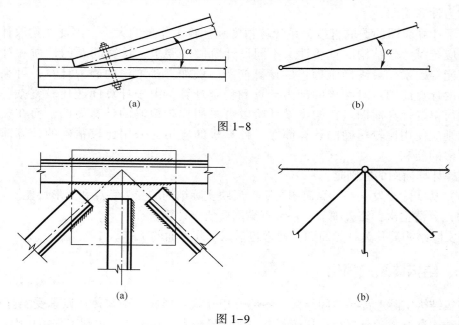

图1-8

图1-9

2. 刚结点

刚结点的特点是汇交于结点的各杆端既不能相对移动，也不能相对转动，即交于结点处的各杆件之间的夹角不会因结构变形而改变。其变形特征为：在刚结点处，各杆之间的夹角始终不变，各杆在刚结点处有相同的线位移和角位移。其静力特征为：刚结点既能传递力，也能传递弯矩，刚结点的弯矩一般不为零。

图1-10（a）所示为一钢筋混凝土框架结点，该结点不仅可以传递力，而且可以传递力矩，其计算简图如图1-10（b）所示。

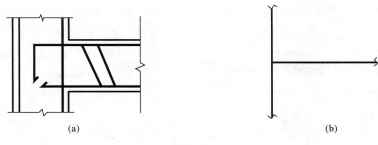

图 1-10

3. 组合结点

组合结点的特点是结点区既包含铰结点又包含刚结点，汇交于结点的各杆端不能相对移动，但其中有些杆件的联结为刚性联结，各杆端不允许相对转动；而其余杆件视为铰结，允许绕结点转动。图 1-11 所示为一加劲梁示意图。当竖向荷载作用于加劲梁 AB 时，AB 杆以承受弯矩为主，其他杆件以承受轴力为主。此时，AB 杆与 CD 杆通过铰结点连接，AC 杆与 CB 杆在 C 点为刚性联结，故结点 C 为组合结点。

在图 1-12 所示刚架结构中，结点 A、D 为刚结点，结点 B 为铰结点，结点 C 为组合结点，柱 BF 与梁 CD 为铰接，柱 BC 与柱 CF 为刚接。

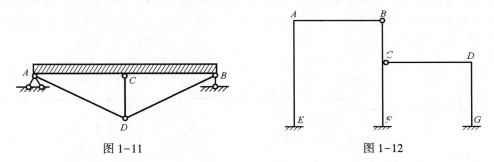

图 1-11 　　　　　　　　　　图 1-12

四、支座的简化

把结构与基础或其他支承物联结起来的装置称为支座。平面杆件结构的支座通常简化为以下几种形式。

1. 可动铰支座

可动铰支座也称为滚轴支座。其特征是在支承处被支承的结构物既可以绕铰中心转动，也可以绕支承面移动。图 1-13（a）所示为一可动铰支座，其计算简图如图 1-13（b）所示。可动铰支座的约束反力可用一作用点和作用线均为已知，只有大小未知的力 F_{Ay} 表示，支反力 F_{Ay} 通过 A 铰中心，方向沿链杆方向，大小未知，如图 1-13（c）所示。

2. 固定铰支座

固定铰支座简称铰支座。其特征是在支座处被支承的结构可以绕铰中心转动，但不可沿支承面移动。图 1-14（a）所示为一固定铰支座。固定铰支座的约束反力可用一作用点已知、但作用方向和大小未知的力表示，通常该作用力可以分解为如图 1-14（b）

所示的水平力 F_{Ax} 和竖向反力 F_{Ay}。

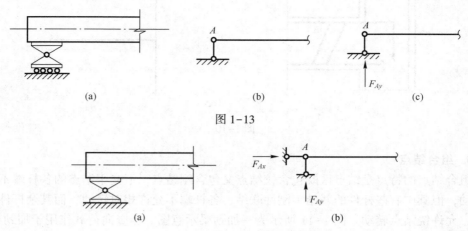

图 1-13

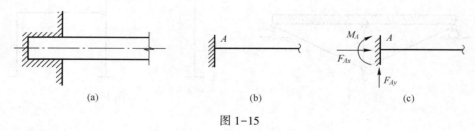

图 1-14

3. 固定支座

固定支座的特征是在支承处被支承的结构既不允许移动，也不允许转动。图 1-15（a）所示支座为固定支座。固定支座的约束反力可用一作用点、方向和大小均未知的力表示。通常该力可用水平反力 F_{Ax}、竖向反力 F_{Ay} 和约束力矩 M_A 表示，如图 1-15（b）所示。

图 1-15

4. 定向支座

定向支座也称定向滑动支座。它的特征是允许被支承的结构沿支承面移动但不允许有垂直于支承面的移动和绕支承端的转动。图 1-16（a）为水平定向支座构造图，其计算简图如图 1-16（b）所示。图 1-17（a）为竖向定向支座构造图，其计算简图如图 1-17（b）所示。

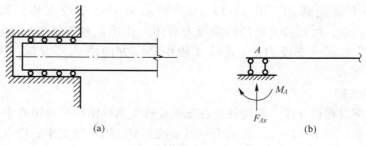

图 1-16

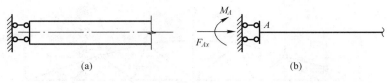

图 1-17

五、荷载的简化

作用在结构上的外力，包括荷载和约束反力，可以分为体积力和表面力两大类。体积力指自重和惯性力等分布在结构内的作用力；表面力指风压力、水压力和车辆的轮压力等分布在结构表面上的作用力。不管是体积力还是表面力，都可以简化为作用在杆轴上的力。根据外力的分布情况，这些力一般可以简化为集中荷载、力偶和分布荷载。

下面举例说明结构计算简图的选取。

图 1-18 所示为一单层厂房示意图，这是一个复杂的空间杆件结构。根据其受力特点，略去结构的次要因素，可将其分解简化为平面结构。沿厂房的横向，屋架可按桁架计算，计算简图如图 1-19 所示。在水平荷载作用下，屋架可视为连接柱端刚度无限大的链杆，故沿单层厂房横断面（图 1-20（a））的计算可以简化为排架，其计算简图如图 1-20（b）所示。沿厂房的纵向，由于钢筋混凝土 T 形吊车梁支承在单阶柱上，梁上铺设钢轨，吊车荷载引起的轮压 $F_{P1}=F_{P2}$，故可将吊车荷载引起的轮压、钢轨和梁的自重及支座反力一起简化到梁轴线所在的平面内。以梁的轴线代替实际的吊车梁，当梁与柱子接触面的长度不大时，可取梁两端与柱子接触面的中心的距离为梁的计算跨度 l。另外，由于梁的两端搁置在柱子上，整个梁既不能上下移动，也不能沿水平移动，当承受荷载而微弯时，梁的两端可以发生微小的转动，当温度变化时，梁还能自由伸缩；为了反映上述支座对联的约束作用，可将梁的一端简化为固定铰支座，另一端简化为可动铰支座。钢轨和梁的自重是作用在梁轴线上的恒荷载，它们沿梁的轴线是均匀分布的，可简化为作用在梁轴线上的均布线荷载 q。吊车荷载引起的轮压 F_{P1} 和 F_{P2} 是活荷载，由于它们与钢轨的接触面积很小，因此可以简化为集中荷载。

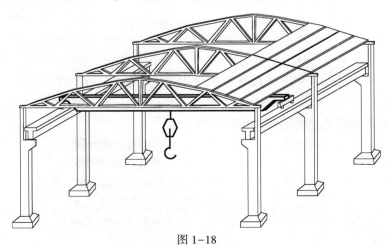

图 1-18

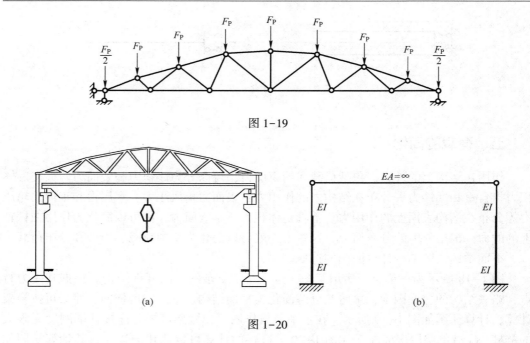

图 1-19

图 1-20

综上所述，可取吊车梁的计算简图如图 1-21 所示。

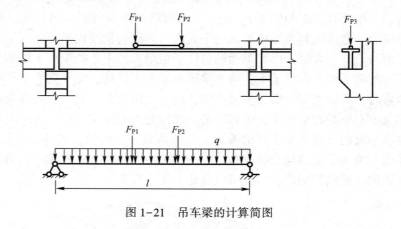

图 1-21 吊车梁的计算简图

1.3 结构的分类

结构的分类实际上是指结构计算简图的分类。

杆件结构按其受力特征不同，又可以分为以下几类：

一、梁

杆轴线为直线，以承受弯矩为主的结构。图 1-22（a）所示为单跨梁，图 1-22（b）所示为多跨连续梁。

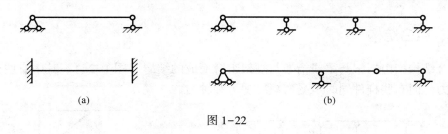

图 1-22

二、拱

杆轴线为曲线，在竖向荷载作用下，支座不仅产生竖向反力，而且还产生水平反力的结构。水平反力的存在，使得拱内弯矩远小于跨度、荷载及支承情况相同的梁的弯矩。图 1-23（a）所示为三铰拱，图 1-23（b）所示为无铰拱。

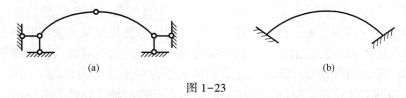

图 1-23

三、刚架

刚架是由梁和柱组成，具有刚结点，以承受弯矩为主的结构。图 1-24 为刚架结构计算简图。

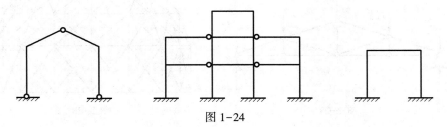

图 1-24

四、桁架

由直杆组成，且所有结点均为铰结点的结构为桁架（图 1-25）。当只受到作用于结点的集中荷载时，桁架各杆只产生轴力。

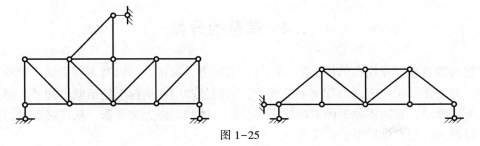

图 1-25

五、组合结构

组合结构指由桁架与梁或桁架与刚架组合而成的结构（图1-26）。其中有些杆件只承受轴力，而有些杆件同时承受弯矩、剪力和轴力。

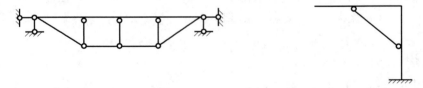

图 1-26　组合结构

杆件结构可分为平面结构和空间结构两类。在平面结构中，所有杆件的轴线和外力的作用线都在于同一平面内，如图 1-27 所示为一平面结构的桁架。严格讲，工程中的实际结构都是空间结构。为了简化计算，根据结构的构造情况及荷载传递的途径，可以按照实用许可的近似程度，把空间结构分解为若干个独立的平面结构，大多数结构在设计中通常是按平面结构进行计算的，在有些情况下，对于具有明显的空间特征的结构，必须考虑结构的空间作用。空间结构则不满足所有杆件的轴线和外力的作用线都在于同一平面内的条件，图 1-28 为一空间网架结构，各杆的轴线不在同一平面内，是不能分解为平面结构的，必须按空间结构研究。

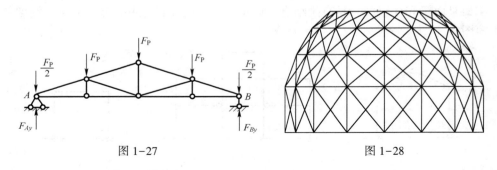

图 1-27　　　　　　　　　图 1-28

除上述分类外，按计算特性，结构又可分为静定结构和超静定结构。如果结构的全部反力和内力均可以由静力平衡条件唯一确定，则此结构称为静定结构。如果结构的全部反力和内力仅凭静力平衡条件不能确定或不能完全确定，必须同时考虑变形条件才能唯一确定，则此结构称为超静定结构。

1.4　荷载的分类

结构的自重、作用在结构上的土压力、水压力、风压力，以及人群重量、承载物重量等，都是使结构产生内力和变形的外力，它们是作用在结构上的荷载。此外，温度变化、支座移动、制造误差等因素的作用也会使结构产生内力和变形。从广义上说，这些因素可视为作用在结构上的广义荷载。

合理地确定荷载，是结构设计的重要环节。对荷载估计过大，则结构的设计尺寸势必偏大，材料性能得不到充分发挥，造成浪费；对荷载估计过小，则设计的结构不安全。通常应按国家颁布的有关规范确定荷载。对特殊的结构，设计荷载应通过理论分析和实验验证，最终确定。

土建、水利、道桥工程中的荷载，除广义荷载外，根据其不同的特征，可有不同的分类方法。

一、按荷载分布情况分类

1. 集中荷载

当荷载与结构的接触面积远小于结构的尺寸时，可以近似认为该荷载为集中荷载。在理想状态下，集中荷载就是只有一个着力点的力。例如，吊车梁上的吊车轮压、次梁对主梁的作用力，都可以看作集中荷载。

2. 分布荷载

连续分布在结构上的荷载称分布荷载。分布荷载有体荷载、面荷载和线荷载之分。在杆件结构中，分布荷载简化到所作用杆件的轴线处，可用单位长度上的作用力，即线荷载集度表示。当线荷载集度为常数时，称均布荷载。

二、按作用时间久暂分类

1. 恒载

长期作用在结构上的不变荷载称为恒荷载，简称恒载。结构自重、结构上的固定设备和物品的重量等都可以看作恒载。

2. 活载

作用在结构上、位置可以变动的荷载称为活荷载，简称活载。人群荷载、风荷载、雪荷载和吊车荷载等都可以看作活载。

三、按荷载性质分类

1. 静力荷载

静力荷载是指荷载的大小、方向和作用位置不随时间而变化，或虽有变化，但较缓慢，不致使结构产生显著的冲击或振动，因而可以略去惯性力影响的荷载。恒载及风荷载、雪荷载等大多数荷载都可以视为静力荷载。

2. 动力荷载

动力荷载是指作用在结构上，会引起结构显著冲击或振动，使结构产生明显的假速度，因而必须考虑惯性力的荷载。地震荷载、动力机械振动荷载、爆炸冲击荷载等都属于动力荷载。

复习思考题

1. 结构力学的任务是什么？具体说来包括哪几方面？学习"结构力学"课程应注

意哪些问题？

2. 什么是结构的计算简图？它与实际结构有什么关系与区别？为什么要将实际结构简化为计算简图？选取计算简图时应遵循怎样的原则？

3. 平面杆件结构的支座通常简化为哪几种情形？它们的构造情况、限制结构运动情况及受力特征是怎样的？

4. 常用的杆件结构有哪几类？它们各具有什么特点？

5. 结构力学的研究对象是杆件结构，涉及土木、水利、交通等许多工程。我国超高层建筑（上海环球金融中心等）、高铁（"八纵八横"高铁格局）、隧道（秦岭钟南山隧道、锦屏二级水电站深埋特大引水隧洞等）、桥梁（港珠澳大桥）、机场（大兴机场）等世界一流工程的建设，是中国崛起和强大的直接证明。每一项工程建设从设计到施工都离不开力学的指导，请同学们思考其中蕴含的多种力学原理，带着强烈的爱国主义意识和民族自豪感继续深入学习"结构力学"课程。

第 2 章 平面体系的几何组成分析

2.1 概　　述

体系受到任意荷载作用后，材料产生应变，因而体系发生变形。但是，这种变形一般很小。如果不考虑这种微小的变形，体系能维持其几何形状和位置不变，则这样的体系称为几何不变体系。如图 2-1 (a) 所示的体系就是一个几何不变体系，因为在所示荷载作用下，只要不发生破坏，它的形状和位置就不会改变。在任意荷载作用下，不考虑材料的应变，体系的形状和位置也可以改变，这样的体系称为几何可变体系。图 2-1 (b) 所示的体系，在所示荷载 F 的作用下，即使 F 的值非常小，它也不能维持平衡，其原因是体系缺少必要的杆件或杆件布置的不合理。一个结构要能够承受各种可能的荷载，首先它的几何组成应当合理，它本身应是几何稳固的，要能够使其几何形状保持不变，故必须是几何不变体系，而不能是几何可变体系。

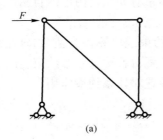
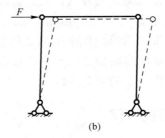

图 2-1

对体系进行几何组成分析的一个目的就是确定该体系是否几何不变，从而决定它能否作为结构。研究几何不变体系的组成规律如何确定体系是不是一个几何不变体系，就需要研究几何不变体系的组成规律，以保证所设计的结构能承受荷载而维持平衡。通过体系的几何组成，可以确定结构是静定的还是超静定的，以便在结构计算中选择相应的计算方法。

为了分析平面体系的几何组成，首先介绍几个基本概念。

刚片：在平面内可以看作刚体的物体，它的几何形状和尺寸都是不变的。因此，在平面体系中，当不考虑材料的应变时，就可以把一根梁、一根链杆或者体系中已经确定为几何不变的某一部分看作一个刚片，结构的基础也可以看作刚片。

自由度：图 2-2 所示为平面内一点 A 的运动情况。一点在平面内可以沿水平方向（x 轴方向）移动，又可以沿竖直方向（y 轴方向）移动。当给定 x、y 坐标值后，A 点的位置确定。换句话说，平面内一点有两种独立运动方式（两个坐标 x、y 可以独立地改变），即确定平面内一点的位置需要两个独立的几何参数（x、y 坐标值）。因此，一点在平面内有两个自由度。

图 2-3 所示为平面内一个刚片的运动，其位置需要由三个独立的几何参数确定，即刚片内任意点 A 的坐标 x、y 及通过 A 点的任一直线的倾角 φ。改变这三个独立的几何参变数，使其变为新值 x'、y' 和 φ'，刚片就有完全确定的新位置。因此，一个刚片在平面内的运动有三个自由度。前面已提到，地基也可以看作一个刚片，但这种刚片是不动刚片，它的自由度为零。

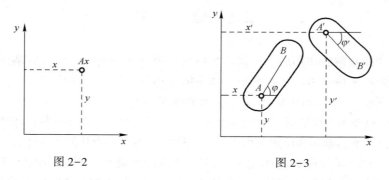

图 2-2　　　　　　　　图 2-3

综上所述，我们可以说，某个体系的自由度就是该体系运动时可以独立变化的几何参变数的数目，或者是用来确定该体系的位置所需独立坐标的数目。一般说来，如果一个体系有 n 个独立的运动方式，我们就说这个体系有 n 个自由度。自由度大于零的体系都是几何可变体系。

约束：使得体系减少自由度的联结装置称约束或联系。在刚片间加入某些联结装置，它们的自由度将减少，减少一个自由度的装置，就称为一个约束；减少 n 个自由度的装置，就称为 n 个约束。下面分析不同联结装置对体系约束作用。

一、链杆的作用

图 2-4（a）表示用一根链杆 BC 联结的两个刚片 Ⅰ 和 Ⅱ。在未联结以前，这两个刚片在平面内共有 6 个自由度。在用链杆 BC 联结以后，对刚片 Ⅰ 而言，其位置需用刚片上 A 点的坐标 x、y 和 AB 联线的倾角 φ 来确定。因此，它有三个自由度。但是，对刚片 Ⅱ 而言，由于与刚片 Ⅰ 已用链杆 BC 联结，故它只能沿着 B 为圆心、BC 为半径的圆弧运动和绕 C 点转动，再用两个独立参变数 α 和 β 即可确定它的位置，所以减少了一个自由度。因此，两个刚片用一根链杆联结后的自由度总数为 $6-1=5$。由此可见，一根链杆使体系减少了一个自由度，也就是说，一根链杆相当于一个联系或一个约束。

二、单铰的作用

图 2-4（b）表示用一个铰 B 联结的两个刚片 Ⅰ 和 Ⅱ。在未联结以前，两个刚片在平面内共有 6 个自由度。在用铰 B 联结以后，刚片 Ⅰ 仍有三个自由度，而刚片 Ⅱ 则只能绕铰 B 作相对转动，即再用一个独立参变数（夹角 α）就可确定它的位置，所以减

少了两个自由度。因此，两个刚片用一个铰联结后的自由度总数为 6-2=4，我们把联结两个刚片的铰称为单铰。由此可见，一个单铰相当于两个联系，也相当于两根链杆的作用；反之，两根链杆也相当于一个单铰的作用。

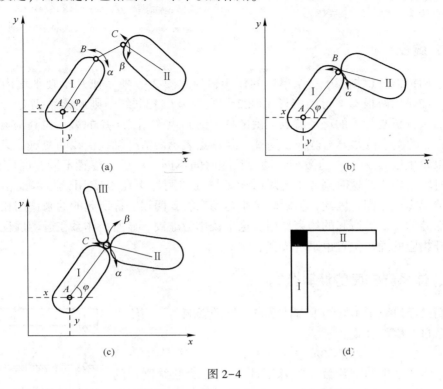

图 2-4

我们将地基看作是不动的，这样，如果在体系上加一个可动铰支座，就使体系减少一个自由度；加一个固定铰支座，就使体系减少两个自由度；加一个固定支座，就使体系减少三个自由度。

三、复铰的作用

图 2-4（c）表示用一个铰 C 联结的三个刚片 Ⅰ、Ⅱ 和 Ⅲ。在未联结以前，三个刚片在平面内共有 9 个自由度。在用铰 C 联结以后，刚片 Ⅰ 仍有三个自由度，而刚片 Ⅱ 和刚片 Ⅲ 都只能绕铰 C 作相对转动，即再用两个独立参变数（夹角 α、β）就可确定它们的位置。因此，减少了 4 个自由度。我们把联结两个以上刚片的铰称为复铰。由上述可见，一个联结三个刚片的复铰相当于两个单铰的作用。一般情况下，如果 n 个刚片用一个复铰联结，则这个复铰相当于 $n-1$ 个单铰的作用。

四、刚性联结的作用

图 2-4（d）所示为两根杆件 AB 和 BC 在 B 点连接成一个整体，其中的结点 B 为刚结点。原来的两根杆件在平面内共有 6 个自由度，刚性连接成整体，形成一个刚片，只有三个自由度，所以一个刚性联结相当于三个约束。

显然，活动铰支座即链杆支承只能阻止刚片上下或链杆方向的运动，使刚片减少了一个自由度，相当于一个约束；铰支座阻止刚片上下和左右的移动，使刚片减少两个自由度，相当于两个约束；固定支座阻止刚片上下、左右的移动，也阻止其转动，所以相当于三个约束。

五、虚铰

由于两根链杆也相当于一个单铰的作用，因此图2-5所示刚片 I 在平面内有三个自由度，如果用两根不平行的链杆1和2把它与基础相联结，则此体系仍有一个自由度。我们来分析刚片 I 的运动特点。由链杆1的约束作用，A 点的微小位移应与链杆1垂直，C 点的微小位移要与链杆2垂直。以 O 点表示两链杆轴线沿线的交点。显然，刚片 I 可以发生以 O 为中心的微小转动，且随时间不同，O 点的位置不同，因此称 O 点称为瞬时转动中心。这时刚片 I 的瞬时运动情况与刚片 I 在 O 点用铰与基础相联接时的运动情况完全相同。因此，从瞬时微小运动来看，两根链杆所起的约束作用相当于在链杆交点处的一个铰所起的约束作用。这个铰称为虚铰。显然，体系在运动过程中，与两根链杆相应的虚铰位置也跟着改变。

六、体系自由度的计算公式

我们已经研究了不同约束对体系自由度的影响，下面给出计算体系自由度的公式。

$$W = 3m - 2n - c - c_O \qquad (2-1)$$

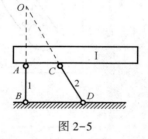

图2-5

式中：m 为体系中的刚片数（地基不计入）；n 为联结刚片的单铰数；c 为联结刚片的链杆数；c_O 为体系与地基联接的支座链杆数，且将三类支座均用相应的链杆约束代替，即可动铰支座 $c_O=1$，固定铰支座 $c_O=2$，固定支座则 $c_O=3$。显然，几何不变体系的自由度必然是等于零或小于零，即由式（2-1）计算出的 $W \leq 0$。

图2-6（a）所示为一简支梁，其刚片数 $m=1$，单铰数 $n=0$，链杆数 $c=0$，支座链杆数 $c_O=3$，则自由度 $W=0$。而图2-6（b）所示的体系刚片数 $m=9$，单铰数 $n=12$，链杆数 $c=0$，支座链杆数 $c_O=3$，则自由度 $W=3\times 9-2\times 12-0-3=0$。但这一体系是一几何可变体系（证明见2.2节），这就说明体系的自由度等于或小于零，体系不一定为几何不变体系。因此我们说，由式（2-1）计算出体系的自由度等于或小于零只是判断体系为几何不变体系的必要条件，并不充分。当体系的约束或刚片布置不合理时，体系的自由度等于或小于零，体系仍然可能是几何可变体系。

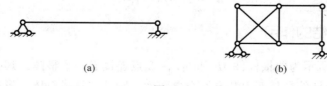

图2-6

由于根据式（2-1）计算的体系自由度不能保证体系的几何不变性，因此通常采用对体系直接进行几何组成分析的方法判断体系是否是几何不变的，省略体系的自由度计算。

2.2 几何不变体系的基本组成规则

为了分析体系的几何组成，我们必须知道体系不变的条件，即几何不变体系的几何组成规则。本节将研究构成平面几何不变体系的几个基本规则，用以判断体系的几何组成性。

一、两刚片之间的联结

图 2-7（a）表示用两根不平行的链杆相联结的两个刚片Ⅰ和Ⅱ。设刚片Ⅱ固定不动，则刚片Ⅰ的运动方式只能是绕 AB 与 CD 杆延长线的交点即相对转动瞬心而转动。当刚片Ⅰ运动时，其上的 A 点将沿与链杆 AB 垂直的方向运动，而 C 点将沿与链杆 CD 垂直的方向运动。因为这种转动只是瞬时的，所以在不同瞬时，O 点在平面内的位置将不同。由于两根链杆的作用相当于一个铰的作用，因此这个铰的位置在链杆的延长线上，而且它的位置随链杆的转动而改变，即虚铰。

欲使刚片Ⅰ和Ⅱ不能发生相对转动，需要增加一根链杆，如图 2-7（b）所示。这样，刚片Ⅰ绕 O 点转动时，E 点将沿与 OE 连线垂直的方向运动。但是，从链杆 EF 来看，E 点的运动方向必须与链杆 EF 垂直。由于链杆 EF 延长线不通过 O 点，因此 E 点的这种运动不可能发生，也就是链杆 EF 阻止了刚片Ⅰ和Ⅱ的相对转动。由此可知，这样组成的体系是几何不变体系。

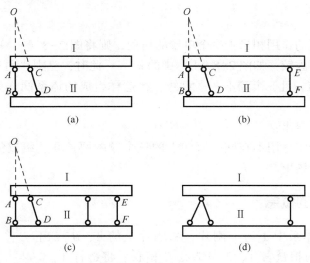

图 2-7

如果在刚片Ⅰ和Ⅱ之间增加一根链杆，如图 2-7（c）所示，显然，体系仍是几何不变体系。但从保证几何不变性来看，它是多余的。这种可以去掉而不影响体系几何不变性的约束称为多余约束。

由以上分析可得：

规则一：两个刚片用不交于一点也不互相平行的三根链杆相联结，则所组成的体系是几何不变的，并且没有多余约束。

如果两根链杆 AB 和 CD 相交成为实铰，如图 2-7（d）所示。显然，它也是一个几何不变体系，故两个刚片用一个铰和轴线不通过这个铰的一根链杆相联结，则所组成的体系也是几何不变体系。

二、三刚片相互联结

将三个刚片Ⅰ、Ⅱ和Ⅲ用不同在一直线上的三个铰两两相联，即得一三角形 ABC，如图 2-8（a）所示。从几何上看，它的几何形状是不会改变的。从运动上看，如将刚片Ⅰ固定不动，则刚片Ⅱ只能绕 A 点转动，其上的 C 点必在半径为 AC 的圆弧上运动；而刚片Ⅲ则只能绕 B 点转动，其上的 C 点又必在半径为 BC 的圆弧上运动。由于 AC 和 BC 是在 C 点用铰联结在一起的，C 点不可能同时在两个不同的圆弧上运动，因此刚片之间不可能发生相对运动，所以这样组成的体系是几何不变的。

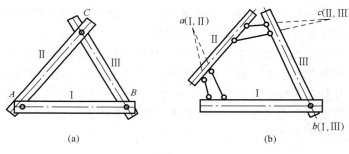

图 2-8

因为两根链杆的作用相当于一个单铰的作用，则将图 2-8（a）中的任一单铰换为两根链杆所构成的虚铰，如图 2-8（b）中的 a、c。此时，三刚片用三个铰（两个虚铰和一个实铰）联结，且三个铰不在一直线上，这样组成的体系同样为几何不变的，而且无多余约束。

由以上分析可得出：

规则二：三个刚片用不在同一直线上的三个铰两两铰联，组成的体系是几何不变的，并且没有多余约束。

三、二元体的概念

图 2-9 所示体系中Ⅰ为一刚片，从刚片上的 A、B 点出发，用不共线的两根链杆 1、2 在结点 C 相联。将链杆 1、2 均视为刚片，则由规则二可知，该体系是几何不变的。由于在实际结构的几何组成中这种联结方式应用很多，因此为了便于分析，我们将这样联结的两根链杆称为二元体。二元体

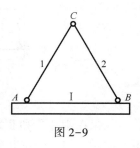

图 2-9

的特征是两链杆用铰相联，而另一端分别用铰与刚片或体系相联。根据二元体的组成特征可得出：

规则三：在一个刚片上增加一个二元体仍为几何不变体系。

由规则三不难得出以下推论：在一个体系上依次加入二元体，不会改变原体系的计算自由度，也不影响原体系的几何不变性和可变性。反之，在已知体系上依次排除二元体，也不会改变原体系的计算自由度、几何不变性或可变性。

例如，分析图 2-10 所示桁架时，由规则二可知，任选一铰结三角形都是几何不变体系，并以此为新的刚片，采用增加二元体的方式分析。例如取新刚片 AHC，增加一个二元体得结点 I，从而得到几何不变体系 AHIC，再以其为基础增加一个二元体得结点 D，……如此依次增添二元体而最后组成该桁架，故知它是一个几何不变体系，且无多余约束。

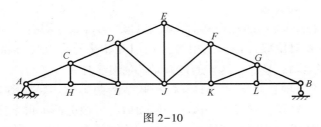

图 2-10

此外，也可以反过来，用拆除二元体的方法来分析。因为从一个体系拆除一个二元体后，所剩下的部分若是几何不变的，则原来的体系必定也是几何不变的。现从结点 B 开始拆除一个二元体，然后依次拆除结点 L、G、K…，最后剩下铰结三角形 AHC，它是几何不变的，故知原体系亦为几何不变的。

当然，若去掉二元体后所剩下的部分是几何可变的，则原体系必定也是几何可变的。

综上所述可以将规则三进一步阐述为：在一个体系上增加或拆除二元体，不会改变原有体系的几何组成性质。

2.3 瞬变体系

在 2.2 节讨论体系的组成规则时曾提出了一些限制条件，例如：在两刚片规则中，联结两刚片的三根链杆不能完全平行也不能交于一点；在三刚片规则中，要规定联结三刚片的三个铰不在同一直线上。现在我们来研究当体系的几何组成不满足这些限制条件时的体系状态。

图 2-11 表示用三根互相平行的链杆相联结的两个刚片 I 和 II。在此情况下，因刚片 I 和 II 的相对转动瞬心在无穷远处，故两刚片的相对转动即成为相对移动。在两刚片发生微小的相对移动后，相应地三根链杆发生微小的相对位移 Δ。移动后三根链杆的转角分别为

$$\alpha_1 = \frac{\Delta}{l_1}, \quad \alpha_2 = \frac{\Delta}{l_2}, \quad \alpha_3 = \frac{\Delta}{l_3}$$

如图 2-11（a）所示，当三根链杆不等长，即 $l_1 \neq l_2 \neq l_3$ 时，$\alpha_1 \neq \alpha_2 \neq \alpha_3$。这就是说，在两刚片发生微小的相对位移 Δ 后，三根链杆就不再互相平行，并且不交于一点，故体系就成为几何不变体系。这种在短暂的瞬时间从几何可变转换成几何不变的体系称为瞬变体系。

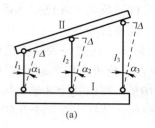 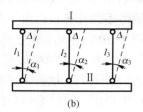

图 2-11

而对图 2-11（b）所示的三根链杆等长，即 $l_1 = l_2 = l_3$，则有 $\alpha_1 = \alpha_2 = \alpha_3$。也就是说，在两刚片发生相对位移 Δ 后，三根链杆仍旧互相平行，故位移将继续发生，两刚片将发生相对平移运动。显然，这样的体系是几何可变体系。

图 2-12 表示由三根相交于一点的链杆相联结的两个刚片。如图 2-12（a）所示，当三根链杆相交成一虚铰，则发生一微小的转动后，三根链杆不再全交于一点，转动瞬心不再存在，体系即成为几何不变体系。因此，此体系是一个瞬变体系。当三根链杆相交成一实铰 O 时，如图 2-12（b）所示，刚片 II 则相对刚片 I 绕实铰 O 转动。因此，此体系是一个几何可变体系。

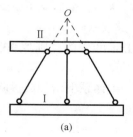 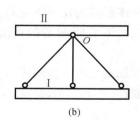

图 2-12

图 2-13 中的三刚片由在一直线上的三铰 A、B、C 联结。设刚片 I 固定不动，则刚片 II 绕铰 A 转动，刚片 III 绕铰 B 转动。此时，C 点即属于刚片 II，又属于刚片 III，因而只可能沿着以 AC 和 BC 为半径的圆弧①和②公切线方向发生有无限小的运动。但这种微小的运动是瞬时的，一旦发生微小的运动时，三铰已不在一条直线上，圆弧①、②不再有公切线，故 C 点不可能继续运动。因此，此体系是一个瞬变体系。

瞬变体系既然只是瞬时可变，随后即转化为几何不变，那么工程结构中能否采用这种体系呢？为此来分析图 2-13 所示体系的内力。为了便于分析，将图 2-13 中的刚片 II 和刚片 III 用链杆 AC 和 BC 代替，如图 2-14 所示。由平衡条件可知，AC 和 BC 杆的轴力为

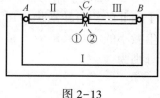

图 2-13

$$F_{NAC} = F_{NBC} = \frac{F}{2\sin\alpha}$$

由于 α 非常微小，sinα 趋于零，此时 F 即使非常小，两链杆的轴力 F_{NAC} 和 F_{NBC} 将趋于无穷大。这表明，瞬变体系即使在很小的荷载作用下也会产生巨大的内力，从而可能导致体系的破坏。瞬变一般发生在体系的刚片间本有足够的约束，但其布置不合理，因而不能限制瞬时运动的情况。

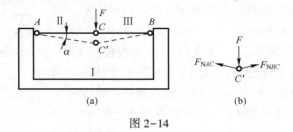

图 2-14

下面就几种特殊瞬变体情况加以说明。在三个铰中，也可以有部分或全部是虚铰的情形。例如在图 2-15（a）所示是由一个虚铰和两个实铰所组成的瞬变体系。因为连接刚片Ⅰ和Ⅱ的两根平行链杆与其余两个铰 O_1（Ⅰ，Ⅲ）和 O_2（Ⅱ，Ⅲ）的连线相互平行，它们相交在无限远处的一点，也就是说联结刚片Ⅰ和Ⅱ交于无限远处的虚铰 O_3（Ⅰ，Ⅱ），是在其余两个铰连线的延长线上，即三个铰在一直线上，所以体系是瞬变体系。

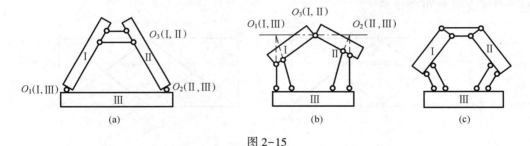

图 2-15

图 2-15（b）所示是由两个虚铰和一个实铰所组成的瞬变体系，图为虚铰 O_1（Ⅰ，Ⅲ）和 O_2（Ⅱ，Ⅲ）及实铰 O_3（Ⅰ，Ⅱ）三铰在一直线上，所以体系是瞬变体系。图 2-15（c）所示为由三对（组）平行链杆且都相交在无限远处的三个虚铰所连接的体系。根据几何学上的定义，各组平行线的相交点是在无限远处的一直线上。故由三对平行链杆所形成的三个虚铰在无限远处的一直线上，因而是瞬变体系。

应当注意，并非是任意两根链杆就可作为虚铰来看待的，而必须是连接相同两个刚片的两根链杆才能形成一个虚铰。

2.4 几何组成分析举例

应用 2.3 节的几何组成规则，对体系进行几何组成分析，其目的在于确定体系是否为几何不变体系,从而决定体系是否可以作为结构使用。一般来说组成体系的杆件较多,需要应用几何组成规则逐次判断,最后确定体系的几何组成。对体系进行几何组成分析时,一般遵循的原则是:先将能直接应用规则观察出的几何不变部分当作一个刚片,再与其他刚片应用规则进行判断,依次联结下去。在分析过程中,链杆可以作为刚片,钢片也可以作为链杆使用,刚片与链杆要根据具体情况来确定。对于较简单的体系,直接进行几何组成分析。

下面提出一些进行几何组成分析时行之有效的方法,可视具体情况适当地予以运用。

(1) 当体系中有明显的二元体时,可先去掉二元体,再对余下的部分进行组成分析。如图 2-16 所示的体系,自结点 A 开始,按 $D \rightarrow E \rightarrow A \rightarrow C$ 的次序,依次撤掉汇交于各结点的二元体,最后只余下基础。显然该体系为一几何不变体系。

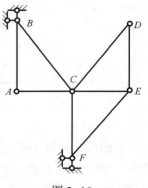

图 2-16

(2) 当体系的基础以上部分与基础间以三根支座链杆按规则二相联结时,可以先撤去这些支杆,只就上部体系进行几何组成分析,所得结果即代表整个体系的性质,如图 2-17 (a) 所示的体系便可以除去基础和三根支杆,只考查图 2-17 (b) 所示部分即可。而对此部分来说,自结点 B (或结点 D) 开始,按照上段所述方法,依次去掉二元体,最后便只余 AG 和 GH 两根杆件与一铰联结。由此可知,整个体系是几何可变体系。

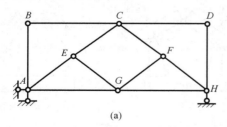

图 2-17

(3) 当体系的基础与其他部分的约束超出三根支座链杆时,可将基础作为体系中的一个刚片与其他刚片一起分析。此时,如果有两根链杆形成的固定铰支座可换成单铰,且将由此联结的杆件作为链杆使用,而链杆的另一端所联结的杆件或几何不变部分作为刚片,然后应用规则判断即可,如图 2-18 所示。取基础、ED 杆和 $\triangle BCF$ 为刚片 Ⅰ、Ⅱ、Ⅲ,则不难分析出该体系为瞬变体系。

对于体系的基础与其他部分的约束超出三根支座链杆,且存在一刚片与基础有三根链杆的联结时,可由此出发,按规则逐渐增大刚片,直到不能增加为止,再与其他刚片联结,按规则判断。对图 2-19 所示的体系,AB 杆与基础组成几何不变体系,增加二元体 ACB 及 ADC,而 CE 杆和 E 结点对应的链杆也是一二元体,故组成一新刚片称为 Ⅰ。$\triangle FGI$ 增加二元体 GHI 形成刚片 Ⅱ,则由规则二可判断出该体系为一瞬变体系。

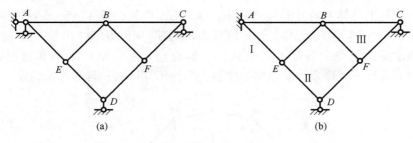

图 2-18

（4）对于刚结点所联结的杆件视为一个刚片，对于固定支座联结的杆件，与基础视为一个刚片。

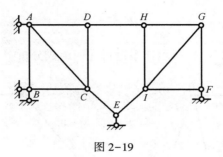

图 2-19

下面用具体的例子来说明如何运用这些知识对体系的几何组成进行分析。

例 2-1　试对图 2-20 所示体系进行几何组成分析。

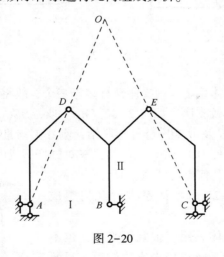

图 2-20

解：因为基础与上部体系之间的支座链杆多于三个，故将基础作为刚片Ⅰ。取杆 BDE 为刚片Ⅱ，折杆 AD 和 CE 看成链杆，刚片Ⅰ和Ⅱ间有三根链杆相联结，三根链杆即不平行，也不交于一点。由规则一可知，该体系为几何不变体系，且无多余约束。

例 2-2　试对图 2-21 所示体系进行几何组成分析。

解：由于基础与上部体系用三根既不平行，也不交于一点的链杆联结，故可撤去支座约束，只研究上部体系自身的几何组成。从△123出发，按4→5→6→7→8的次序，依次增加汇交于各结点的二元体，形成刚片Ⅰ。同理，由△91011出发，按12→13→14的次序，依次增加汇交于各结点的二元体，形成刚片Ⅱ。刚片Ⅰ和Ⅱ通过铰7和链杆8—14组成几何不变体系，所以整个体系为几何不变体系，且无多余约束。

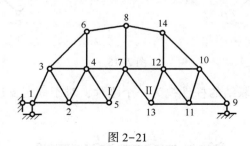

图 2-21

例 2-3 试对图 2-22（a）所示体系进行几何组成分析。

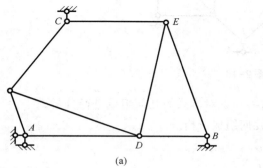 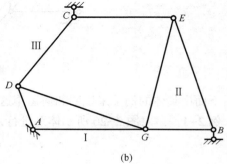

(a)   (b)

图 2-22

解：因为基础与上部体系之间的支座链杆多于三个，故将基础作为刚片Ⅰ。去掉两链杆形成的铰支座 A 换成铰支座，如图 2-22（b）。取△BEG 为刚片Ⅱ，杆 CD 为刚片Ⅲ。刚片Ⅰ与Ⅱ由链杆 AG 及 B 支座链杆相联结；刚片Ⅰ与Ⅲ由链杆 AD 及 C 支座链杆相联结；刚片Ⅱ与Ⅲ由链杆 DG 及 CE 相联结；三对链杆形成的三个虚铰不在一直线上，故由规则二判断该体系为几何不变体系，且无多余约束。

例 2-4 试对图 2-23 所示体系进行几何组成分析。

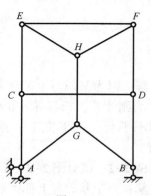

解：由于基础与上部体系用三根既不平行，也不交于一点的支座链杆联结，故可撤去支座约束，只研究上部体系自身的几何组成。折杆 $ACDB$ 为刚片Ⅰ，△EFH 为刚片Ⅱ，杆 GH 为刚片Ⅲ。刚片Ⅰ与Ⅱ由平行链杆 CE、DF 相联结，在无穷远处形成虚铰；刚片Ⅰ与Ⅲ由链杆 AG、BG 相联结，两链杆交于 G 铰；刚片Ⅱ与Ⅲ由实铰 H 相联结。由于三铰在同一直线上，故整个体系为瞬变体系。

图 2-23

2.5 体系的几何组成与静力特性的关系

实际工程中,作为结构使用的体系必须能够承受荷载,而能够承受荷载的体系一定是几何不变体系。因此,结构一定是几何不变体系。

我们知道结构分为静定结构与超静定结构,静定结构可以通过静力平衡方程完全确定其反力和内力,且解答是唯一的。而超静定结构的全部反力和内力不能仅由平衡条件确定,计算时必须考虑结构的变形条件。因此,我们需要研究结构的静力特性与几何组成之间的关系。

一、无多余约束的几何不变体系

图 2-24(a)所示为一简支梁。从几何组成分析可以看出,梁 AB 与基础通过既不交于一点、也不相互平行的三根链杆相联结,组成无多余约束的几何不变体系。取梁为脱离体,三根链杆的约束用三个反力代替,其受力图如图 2-24(b)所示。由平面一般力系的三个静力平衡方程 $\Sigma F_x = 0$,$\Sigma F_y = 0$ 和 $\Sigma M = 0$ 可以求得三个反力。反力求出后,各截面的内力(弯矩、剪力和轴力)便可用截面一侧脱离体的平衡条件计算。由于静力平衡方程个数等于未知力的个数,所以解答是唯一的。

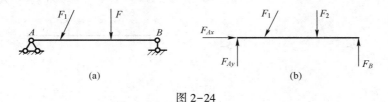

图 2-24

二、有多余约束的几何不变体系

对于具有多余约束的几何不变体系,平衡方程的解答有无穷多组。例如图 2-25 所示的连续梁在荷载的作用下,其支座反力的未知值有 4 个,而静力平衡条件只有 3 个,显然,解答有无穷多组。由几何组成分析知,该连续梁是具有一个多余约束的几何不变体系。而多余约束数就等于未知支反力超出平衡条件的个数。这种具有多余约束的几何不变体系称为超静定体系,而多余约束的数目则称为超静定次数。

关于超静定体系的内力分析问题,将在第 6 章中进行讨论。

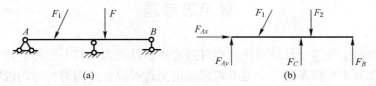

图 2-25

三、几何瞬变体系

在 2.3 节中已经叙述了几何瞬变体系的几何特征和受力特性,从理论分析看,瞬变体系只能发生很小的变形,但实际产生的变形一般不会很小。因为它即使承受很小的荷载,亦可能产生很大的内力,以致体系可能发生破坏。瞬变体系虽然没有多余约束,但它的静力特性却具有两重性:其一,在某种特定荷载作用下,体系的反力和内力是超静定的;其二,在其他一般荷载作用下,体系不能保持平衡,因而反力和内力是无解的;当它发生变形之后虽然也有解,但可能会产生很大的反力和内力,以致导致体系发生破坏。因此,瞬变体系不能作为结构使用。

四、几何可变体系

如果将图 2-24 所示的简支梁去掉一约束仅有两根支杆与基础相连,如图 2-26 所示,它就变成具有一个自由度的可变体系。在平面一般力系作用下,它有两个未知约束反力 F_A 和 F_B,但我们仍可建立三个独立的静力平衡方程。这样,未知约束反力的个数少于静力平衡方程的个数。除特殊情况外,要求两个未知约束反力同时满足三个静力平衡方程,一般说来是不可能的。因此在一般情况下,体系不可能保持平衡,因此体系是可变体系。

图 2-26

综上所述可知:单个杆件是自由的,形成结构体系的杆件是受约束的。由杆件组成的体系无论是简单的还是复杂的,若做结构使用,则体系一定是几何不变体系才能保证结构的稳定。也就是各杆件之间要合理组合而非堆砌一起,且要满足结构受力平衡和变形协调。国家就像是整个结构,起根基作用,人民就像结构中的杆件,人与人之间要和谐相处,国家才会文明和谐。杆件与杆件之间合理组合,结构的强度和刚度才足够大,人民之间团结一心,国家就会富强。另外,静定结构为无多余约束的几何不变体系,超静定结构为有多余约束的几何不变体系,且多余约束数即为超静定次数。

复习思考题

1. 能否根据平面体系计算自由度即可判定体系是否为几何不变的?为什么?
2. 平面几何不变体系的三个基本组成规则是否可以相互沟通?举例说明。
3. 图示体系按三刚片规则分析为三铰共线,故为几何瞬变体系。该说法是否正确?为什么?

4. 若使图示平面体系成为几何不变，且无多余约束，则需要添加多少链杆？

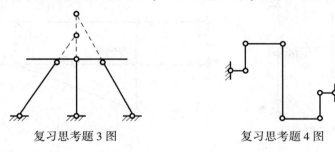

复习思考题 3 图　　　　　　复习思考题 4 图

5. 超静定结构的几何组成特征是什么？有多余约束的体系一定是超静定结构吗？为什么？

6. 为什么几何瞬变体系不能作为结构使用？

7. 图示平面体系的几何组成性质是：
   A. 几何不变，且无多余联系的；
   B. 几何不变，且有多余联系的；
   C. 几何可变的；
   D. 瞬变的。

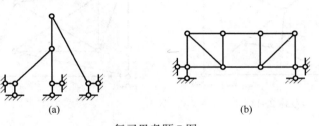

复习思考题 7 图

习　　题

习题 2-1～习题 2-20　试对图示体系进行几何组成分析。

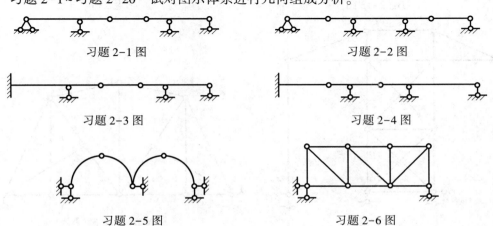

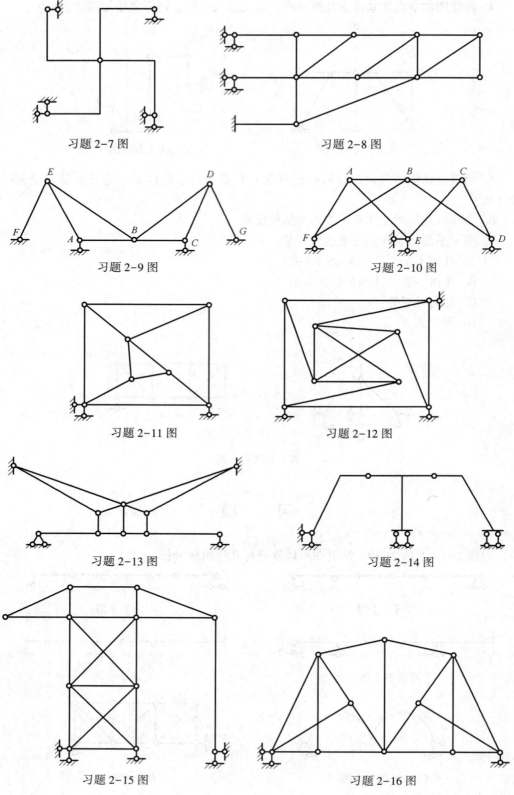

习题 2-7 图

习题 2-8 图

习题 2-9 图

习题 2-10 图

习题 2-11 图

习题 2-12 图

习题 2-13 图

习题 2-14 图

习题 2-15 图

习题 2-16 图

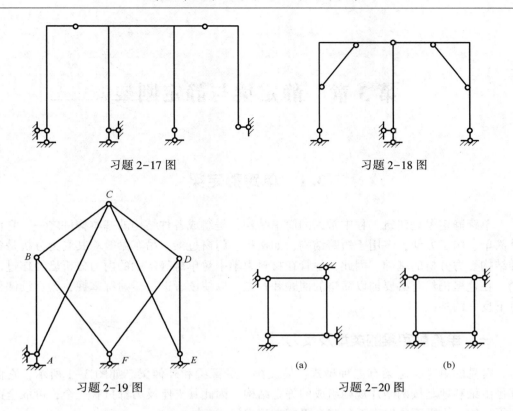

习题 2-17 图　　　　　　　　　习题 2-18 图

习题 2-19 图　　　　　　　　　习题 2-20 图

习题 2-21、习题 2-22　判断图示体系的多余约束数目，并作几何组成分析。

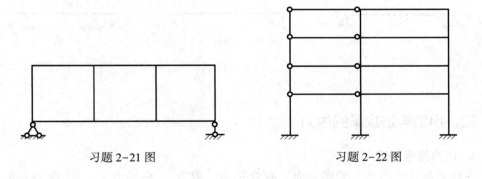

习题 2-21 图　　　　　　　　　习题 2-22 图

第 3 章 静定梁与静定刚架

3.1 单跨静定梁

单跨静定梁是建筑工程中常用的简单结构,是组成各种结构的基本构件之一。它设计简单、施工方便,多用于短跨结构,如楼板、门窗过梁、吊车梁等。其受力分析是各种结构受力分析的基础。因此,尽管在材料力学中对单跨静定梁的内力分析已经作过讨论,在这里仍然有必要加以简略的回顾和补充,以使读者进一步熟练掌握,为后续课程打下良好的基础。

一、单跨静定梁的类型及反力

常见的单跨静定梁有三种型式:简支梁、悬臂梁和外伸梁。如图 3-1 所示,它们都是由梁和地基按两刚片规则组成的静定结构,因此其支座反力都只有三个,可取全梁为隔离体,由平面一般力系的三个平衡方程求得。

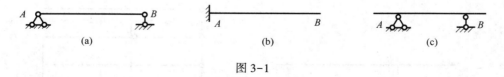

图 3-1

二、用截面法求梁的内力

1. 内力符号规定

在任意荷载作用下,梁横截面上有弯矩 M、剪力 F_Q 和轴力 F_N 三个内力分量,如图 3-2 所示,其符号通常规定如下:

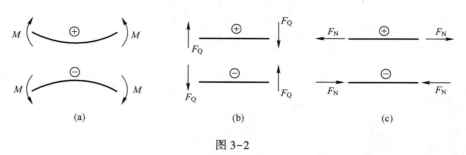

图 3-2

梁的弯矩 M 使杆件上凹者为正（也即下侧纤维受拉为正），反之为负；剪力 F_Q 使截开部分产生顺时针旋转者为正，反之为负；轴力 F_N，拉为正，压为负。作内力图时，规定弯矩图纵标画在受拉一侧，不标注正负号；剪力图和轴力图可绘在杆轴的任意一侧，但必须标注正负号。

2. 求内力的方法——截面法

用假想截面将杆件截开，以截开后受力简单部分为平衡对象，也称隔离体，并分析其内力。以图3-3（a）所示简支梁为例，在求出支座反力 F_{Ax}、F_{Ay}、F_B 之后，用一个假想的平面 m—m 将梁沿所求内力截面 K 截开，可选取截面的任一侧为隔离体，例如取截面左侧部分为隔离体（图3-3（b）），利用平衡条件计算欲求的内力分量。

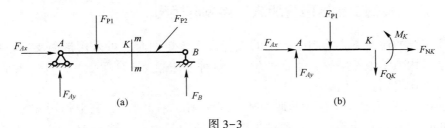

图3-3

弯矩等于截面一侧所有外力（包括荷载和反力）对截面形心力矩的代数和。
剪力等于截面一侧所有外力在垂直于杆轴线方向投影的代数和。
轴力等于截面一侧所有外力在沿杆轴线方向投影的代数和。

三、利用直杆段的平衡微分关系作内力图

取微段 dx 为隔离体，如图3-4所示，假设其上受有轴向分布荷载集度 $p(x)$、横向分布荷载集度 $q(x)$，在给定坐标系中它们的指向与坐标正向相同者为正。

考虑微段的平衡条件

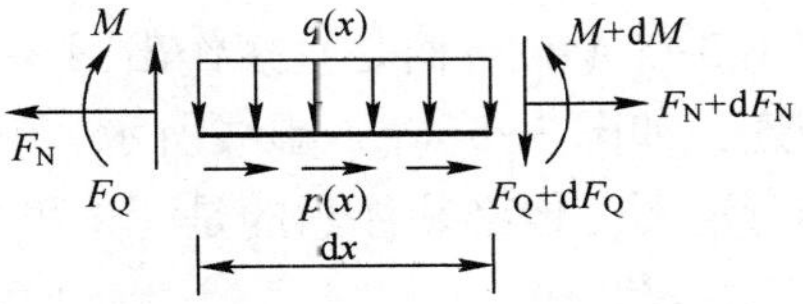

$$\sum F_x = 0: \quad \frac{dF_N}{dx} = -p(x) \quad (3-1)$$

$$\sum F_y = 0: \quad \frac{dF_Q}{dx} = -q(x) \quad (3-2)$$

$$\sum M = 0: \quad \frac{dM}{dx} = F_Q \quad (3-3)$$

图3-4

由式（3-2）和式（3-3）可得

$$\frac{d^2M}{dx^2} = -q(x) \quad (3-4)$$

式（3-1）～式（3-4）即为直杆段的平衡微分关系。其几何意义是：轴力图上某点切线斜率等于该点处的轴向荷载集度，但是符号相反；剪力图上某点处切线的斜率等于该点处的横向荷载集度，但是符号相反；弯矩图上某点切线斜率等于该点处的剪力。由以上的微分关系可以推知：荷载情况与内力图形状之间的一些对应关系，如表3-1所示。掌握内力图形状上的这些特征，对于正确和迅速地绘制内力图很有帮助。

表 3-1 直杆内力图的形状特征与荷载情况的对应关系

荷载情况 \ 内力图情况	剪力图特点	弯矩图特点
直杆段无横向外荷载作用	平行杆轴的直线	一般为斜直线（剪力等于零时，弯矩为平行杆轴的直线）
横向均布荷载 q 作用区段	斜直线	二次抛物线（凸出方向同 q 指向）
横向集中力 F_P 作用点处	有突变（突变值 $=F_P$）	有尖角（尖角指向同 F_P 指向）
集中力偶 M 作用点处	无变化	有突变（突变值 $=M$）

四、用"拟简支梁区段叠加法"绘制弯矩图

在小变形的情况下，绘制结构中的直杆段作弯矩图时，可采用拟简支梁区段叠加法。它是结构力学中常用的一种简便方法。这种方法避免了列弯矩方程式，从而使弯矩图的绘制工作得到了简化。

图 3-5（a）为结构中任意截取的某一区段 AB，杆长为 l，其上作用实际承受的荷载（本例中只有均布荷载）。AB 两端的弯矩、剪力、轴力分别为 M_A、F_{QA}、F_{NA} 和 M_B、F_{QB}、F_{NB}。它们是这两个截面的真实内力值。图 3-5（b）绘出的是与 AB 段同长度的简支梁。此梁承受的荷载与 AB 段承受的荷载完全相同，两端分别作用有力偶 M_A、M_B。因杆端轴力 F_{NA}、F_{NB} 不产生弯矩，故没有绘出。设简支梁的反力为 F_A、F_B，由此 AB 段为隔离体列出的静力平衡条件，通过对比可知 $F_{QA}=F_A$、$F_{QB}=-F_B$，即图 3-5（a）所示的区段与图 3-5（b）所示的简支梁二者的内力分布完全一样。现分别作出简支梁在 M_A、M_B 共同作用下及均布荷载 q 作用下的弯矩图，分别如图 3-5（c）和（d）所示。将上述两个弯矩图的纵标叠加（不是图形的简单拼和），可得简支梁的最后弯矩图（图 3-5（e）），该弯矩图即为 AB 区段的弯矩图。实际作图时，通常不必作出图 3-5（c）和图 3-5（d），而是直接作出图 3-5（e）。方法是：先将两端的 M_A、M_B 绘出并以直线相连，如图 3-5（e）虚线所示，然后以此虚线为基线叠加简支梁在均布荷载 q 作用下的弯矩图。但必须注意的是，这里弯矩图的叠加是指其纵标叠加，因此图 3-5（d）中的竖标 $\dfrac{ql^2}{8}$ 仍垂直于杆轴（而不是垂直 M_A、M_B 的连线）。当区段上有集中力或者是其他形式的荷载时，叠加作图的方法与之相同。这种绘制弯矩图的方法称为"拟简支梁区段叠加法"。

为了方便地应用叠加原理，下面给出几种应该熟记的简支梁在不同荷载作用下的内力图，如图 3-6 所示。

综上所述，下面给出绘制内力图的一般步骤：

（1）求反力（悬臂梁可不必求支座反力）。

（2）分段：凡是外力不连续处均应作为分段点，如集中力及力偶作用处，均布荷载两端点等。这样，根据微分关系即可判断各段梁上的内力图形状。

（3）定点：根据各段梁的内力图形状，选定所需要的控制截面，例如集中力及力偶的作用点两侧的截面，均布荷载两端截面等，用截面法求出这些截面的内力值，并将

它们在内力图的基线上用竖标绘出。

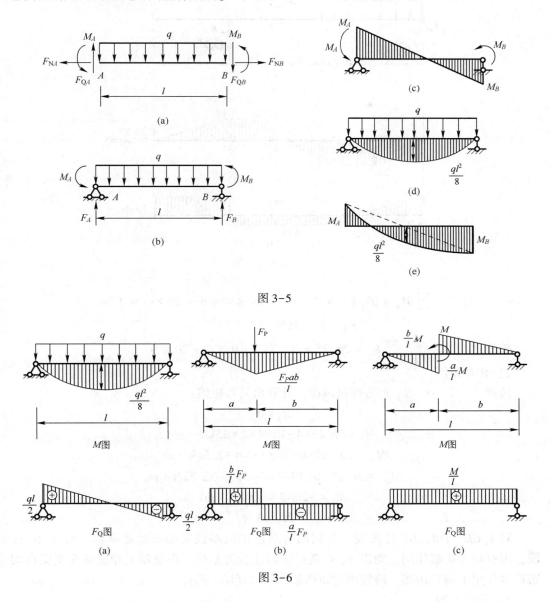

图 3-5

图 3-6

（4）连线：由各段梁内力图的形状，根据叠加原理，分别用直线或曲线将各控制点依次相连，即为所求的内力图。

例 3-1 试绘制图 3-7（a）所示的外伸梁的弯矩图和剪力图。

解： 1）计算支座反力

$$\sum F_x = 0： F_{Ax} = 0$$

$$\sum M_A = 0： F_B \times 8 + 30 - 10 \times 4 \times 2 - 20 \times 11 = 0$$

$$F_B = 33.75 \text{kN}(\uparrow)$$

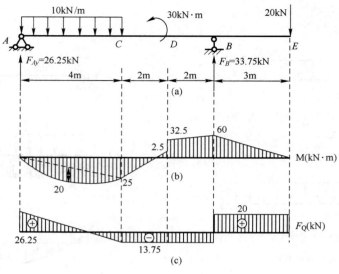

图 3-7

$$\sum M_B = 0: F_{Ay} \times 8 - 30 - 10 \times 4 \times 6 + 20 \times 3 = 0$$
$$F_{Ay} = 26.25 \text{kN}(\uparrow)$$

校核：
$$\sum F_y = 26.25 + 33.75 - 10 \times 4 - 20 = 0$$

2）作弯矩图

选择 A、C、D、B、E 为控制截面，计算出其弯矩值：

$$M_A = 0$$
$$M_C = 26.25 \times 4 - 10 \times 4 \times 2 = 25 \text{kN} \cdot \text{m}$$
$$M_{D左} = 26.25 \times 6 - 10 \times 4 \times 4 = -2.5 \text{kN} \cdot \text{m}$$
$$M_{D右} = 26.25 \times 6 - 10 \times 4 \times 4 - 30 = -32.5 \text{kN} \cdot \text{m}$$
$$M_B = -20 \times 3 = -60 \text{kN} \cdot \text{m}$$
$$M_E = 0$$

对于 CD、DB、BE 各区段，分别用直线连接两端控制截面弯矩纵标。对于 AC 区段，因有均布荷载作用，则以 A、C 两点纵标连线为基线，再叠加上相应的简支梁在均布荷载作用下的弯矩图。绘制出弯矩图如图 3-7（b）所示。

3）作剪力图

用截面法计算出各个控制截面的剪力值：

$$F_{QA} = 26.25 \text{kN}$$
$$F_{QC} = 26.25 - 10 \times 4 = -13.75 \text{kN}$$
$$F_{QD} = 26.25 - 10 \times 4 = -13.75 \text{kN}$$
$$F_{QE} = 20 \text{kN}$$
$$F_{QB}^R = 20 \text{kN}$$
$$F_{QB}^L = 20 - 33.75 = -13.75 \text{kN}$$

用直线连接各个梁段控制截面剪力的纵标，绘制出剪力图如图 3-7（c）所示。

五、斜梁的受力分析

当单跨梁的两个支撑顶面的标高不相等时,即形成斜梁。斜梁在工程中经常遇到,如梁式楼梯的楼梯梁、锯齿形状楼盖及雨篷结构中的斜杆等。这里仅就简支斜梁讨论其计算方法。

计算斜梁的内力时,需要注意分布荷载的集度是怎么样给定的。在图 3-8(a)中荷载集度 q 是以沿水平线每单位长度内作用的力来表示的,如楼梯上的人群荷载以及屋面斜梁上的雪荷载等。图 3-8(b)中 q' 是楼梯自重的集度,它代表的是沿斜梁轴线每单位长度内荷载的量值。为了计算的方便,将 q' 折算成沿水平方向度量的集度 q_0。根据在同一微段范围内合力相等的原则,求出 q_0,即

$$q_0 \mathrm{d}x = q' \mathrm{d}s \quad q_0 = \frac{q' \mathrm{d}s}{\mathrm{d}x} = \frac{q'}{\cos\alpha}$$

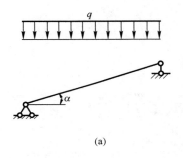
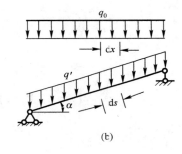

图 3-8

斜梁计算与水平梁的计算基本相同。斜梁的特点主要是梁轴线和横截面都是倾斜的。当求斜梁上任意一截面的轴力时,应该将外力和支座反力向杆轴线的方向投影;而求剪力时,应该将外力和支座反力向垂直与杆轴线的方向投影;截面上的弯矩不因为梁轴的倾斜而受到影响。

例 3-2 作图 3-9(a)所示的斜梁的弯矩图、剪力图和轴力图。

解:1)求支座反力

$$\sum F_x = 0: F_{Ax} = 0$$

$$\sum M_B = 0: F_{Ay} = \frac{ql}{2}(\uparrow)$$

$$\sum M_A = 0: F_B = \frac{ql}{2}(\uparrow)$$

校核:

$$\sum F_y = \frac{ql}{2} + \frac{ql}{2} - ql = 0$$

2)作内力图

为求任意一截面 K 的内力,取图 3-9(b)所示的隔离体。

计算弯矩:

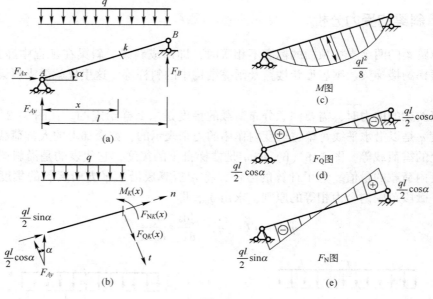

图 3-9

$$\sum M_K = 0: M_K(x) = F_{Ay}x - \frac{1}{2}qx^2 = \frac{ql}{2}x - \frac{q}{2}x^2$$

故 $M_K(x)$ 为一抛物线，跨中弯矩为 $\frac{ql^2}{8}$，如图 3-9（c）所示。

计算剪力和轴力：

$$\sum t = 0: F_{QK}(x) = F_{Ay}\cos\alpha - qx\cos\alpha = \left(\frac{ql}{2} - qx\right)\cos\alpha$$

$$\sum n = 0: F_{NK}(x) = -F_{Ay}\sin\alpha + qx\sin\alpha = -\left(\frac{ql}{2} - qx\right)\sin\alpha$$

由以上两式可绘制出 F_Q 和 F_N 图，分别如图 3-9（d）、(e) 所示。

例 3-3 作图 3-10（a）所示斜梁的弯矩图、剪力图和轴力图。

解：1）计算支座反力

$$\sum F_x = 0: F_{Ax} = 0$$

$$\sum M_B = 0: F_{Ay} = \frac{ql}{6}(\uparrow)$$

$$\sum M_A = 0: F_B = \frac{ql}{6}(\uparrow)$$

校核

$$\sum F_y = \frac{ql}{6} + \frac{ql}{6} - q \times \frac{l}{3} = 0$$

2）作内力图

由于均布荷载只作用于斜梁上的局部，因此应该选择 A、C、D、B 四点为控制截面。

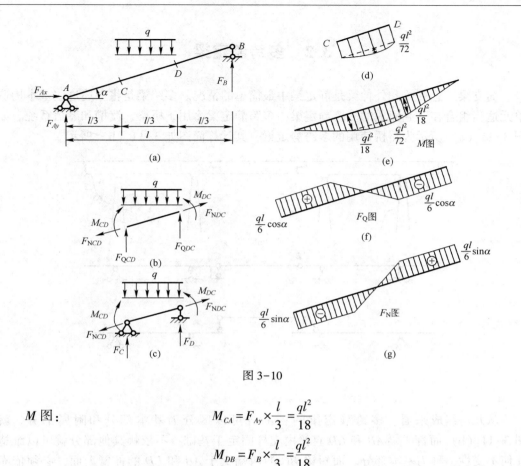

图 3-10

M 图：
$$M_{CA}=F_{Ay}\times \frac{l}{3}=\frac{ql^2}{18}$$

$$M_{DB}=F_B\times \frac{l}{3}=\frac{ql^2}{18}$$

CD 段梁上有均布荷载，仍然可以用拟简支梁的区段叠加法绘制 M 图。图 3-10（b）为 CD 段的隔离体，其受力状态与图 3-10（c）所示简支梁的受力状态完全相同，因而二者的弯矩图也完全相同。由于轴向力 F_{NCD}、F_{NDC} 不产生弯矩，故 CD 部分的弯矩即由两端弯矩而产生的直线弯矩图和由均布荷载所产生的抛物线弯矩图叠加而成，如图 3-10（d）所示，最后弯矩图为图 3-10（e）。

F_Q 图：$F_{QCD}=F_{Ay}\cos\alpha=\dfrac{ql}{6}\cos\alpha$

$$F_{QDC}=-F_B\cos\alpha=-\frac{ql}{6}\cos\alpha$$

AC 段、DB 段没有外荷载，因此 F_Q 图平行于杆轴，CD 区段有均布荷载 q 的作用，故 F_Q 图为斜直线。最后剪力图为图 3-10（f）。

F_N 图：$F_{NCD}=-F_{Ay}\sin\alpha=-\dfrac{ql}{6}\sin\alpha$

$$F_{NDC}=F_B\sin\alpha=\frac{ql}{6}\sin\alpha$$

在 AC 区段轴力为 F_{NCD}，在 DB 段上轴力为 F_{NDC}，在 CD 段轴力图为斜直线。最后轴力图如图 3-10（g）所示。

3.2 多跨静定梁

简支梁、悬臂梁和外伸梁是静定梁中最简单的情况。多跨梁是将上述这些基本构造单元适当组合在一起而成的多跨静定梁，多跨静定梁多用于桥梁、渡槽和屋盖系统。如图 3-11（a）所示为路桥使用的多跨静定梁，其计算简图如 3-11（b）所示。

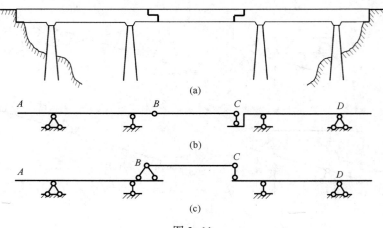

图 3-11

从几何组成来看，多跨静定梁的各部分可以区分为基本部分和附属部分。就图 3-11（b）而言，梁 AB 和 CD 直接由支杆固定于基础，不依赖其他部分就可以维持几何不变性，称为基本部分。而短梁 BC 的两端支于 AB 和 CD 的伸臂上面，必须依靠基本部分才能保持其几何不变性，故称为附属部分。

图 3-12（a）所示为屋盖中木檩条的构造。图 3-12（b）为其计算简图。在计算简图中，AB 段为基本部分，BC 段为其附属部分，CD 段是更高层次的附属部分。

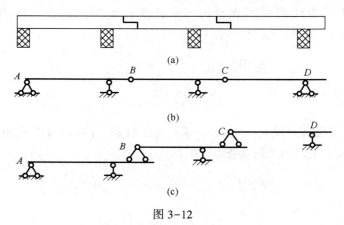

图 3-12

以上所介绍的组成方式是多跨静定梁的两种基本形式。为了更加清晰地表示出整个结构各个部分之间的依存关系，常绘出受力层次图，见图 3-11（c）和图 3-12（c）。

从受力分析方面考虑，基本部分不依赖附属部分可以独立承受荷载的作用，而附属部分必须依靠基本部分才能承受荷载的作用。当荷载单独地作用于基本部分时，只有基本部分产生内力，附属部分不产生内力；而当荷载作用于附属部分上时，附属部分将产生内力和约束力，且约束力通过联结部分向基本部分传递。

多跨静定梁的组成顺序是先基本部分，后附属部分，最终形成整个结构。而计算多跨静定梁时，我们应该遵循的原则是：先计算附属部分，再计算基本部分；将附属部分的约束力反其指向，就是加于基本部分的荷载。这样把多跨梁拆成单跨梁计算，即可避免求解联立方程。将各单跨梁的内力图组合在一起就是多跨梁的内力图。

例 3-4 试计算图 3-13（a）所示多跨静定梁，并且绘出内力图。

解：由于 A 处为固定铰支座，且略去轴向变形，故该多跨静定梁各截面均无水平线位移。于是，AC、DG 可视为基本部分，CD、GH 可视为附属部分。根据荷载情况，作出该多跨静定梁的受力层次图如图 3-13（b）所示。

绘出各个部分隔离体的受力图（图 3-13（c））。先计算附属部分。求出附属部分的约束力，反其指向加在基本部分后，对基本部分进行计算。计算数据分别标在图上，其计算过程从略。

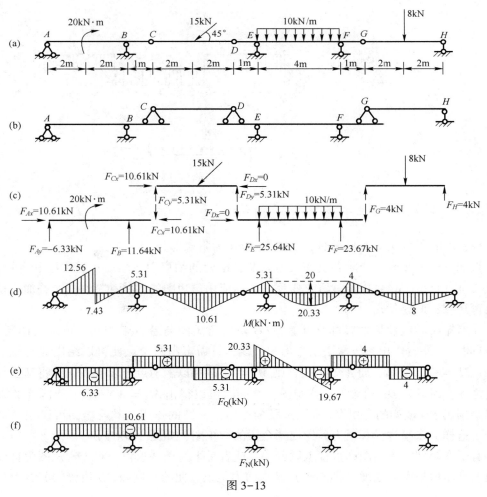

图 3-13

当所有的支座反力求出后,利用整体平衡条件予以检查。

$$\sum F_y = -6.33 + 11.64 + 25.6 + 4 - 15 \times \frac{\sqrt{2}}{2} - 10 \times 4 - 8 = 0$$

证明支座反力计算无误。

分别绘出各个单跨梁的内力图并且组合在一起,就得到了整个多跨静定梁的内力图,见图 3-13 (d)、(e)、(f)。

例 3-5 试作出图 3-14 (a) 所示多跨静定梁的内力图。

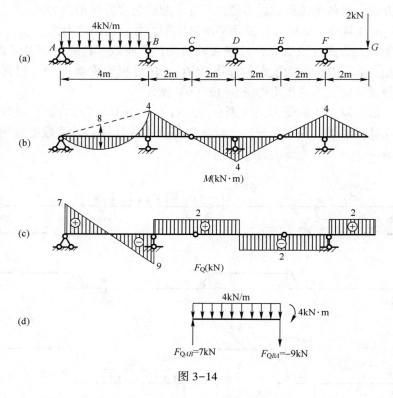

图 3-14

解:ABC 外伸梁为基础部分,CDE 和 EFG 为附属部分。

按照一般的步骤,先求各支座反力以及铰结处的约束力,然后作剪力图和弯矩图。但是在某些情况下也可以不计算支座反力,而应用弯矩图的形状和特性以及叠加法首先绘出弯矩图,此题就是一例。

作弯矩图时应该从附属部分开始,FG 段的弯矩图与悬臂梁相同,可以立即绘出,F、D 间并无外力作用,故弯矩图必为一直线,只需定出两个点便可以绘出此直线。现已知:$M_F = -4$ kN·m;而 E 处为铰,则 $M_E = 0$,故将以上两点连以直线,并将其延长至 D 点之下,即得到 DF 段梁上的弯矩图,并同时可以得出 $M_D = 4$ kN·m。用同样的方法可以绘制出 BD 段梁的弯矩图。而 AB 段梁有均布荷载的作用,其弯矩图可以用叠加法绘出。这样,未经过计算反力而绘出了全梁的弯矩图,如图 3-14 (b) 所示。

有了弯矩图,剪力图即可根据微分关系或者是平衡条件求得。对于弯矩图为直线的区段,利用弯矩图的坡度(即斜率)来求剪力是很方便的。例如 BD 段梁的剪力为

$$F_{QBD} = \frac{4+4}{4} = 2\text{kN}$$

至于剪力的正负号，可以按照以下方法判定：若弯矩图是从基线顺时针方向转的（以小于90°的转角），则剪力为正；反之为负。据此可知 F_{QBD} 为正。又如 DF 段梁有

$$F_{QDF} = -\frac{4+4}{4} = -2\text{kN}$$

对于弯矩图为曲线的区段，例如 AB 段梁，可取出该段梁为隔离体，如图 3-14（d）所示，由 $\sum M_B = 0$ 和 $\sum M_A = 0$ 可分别求得

$$F_{QAB} = \frac{4 \times 4 \times 2 - 4}{4} = 7\text{kN}$$

$$F_{QBA} = \frac{-4 \times 4 \times 2 - 4}{4} = -9\text{kN}$$

在均布荷载作用的区段，剪力图应该为斜直线，故将以上两点连以直线，即得 AB 段梁的剪力图。整个多跨静定梁剪力图如图 3-14（c）所示。

3.3　静定平面刚架的内力计算

刚架（也称框架）是由若干直杆组成的具有刚结点的结构。具有刚结点是刚架的主要特征。在刚结点处，各杆端既不能发生相对移动，也不能发生相对转动，在外部因素的作用下，汇交于刚结点处各杆件之间的夹角保持不变。图 3-15 所示为一门式刚架，在荷载作用下 C、D 两结点处梁、柱夹角在刚架变形前后均为直角。

平面刚架的杆件截面上一般有弯矩、剪力和轴力三种内力分量。由于刚架结点能够承受和传递弯矩，因此可以改善结构的受力性能。工程中使用的刚架大多为超静定刚架，静定刚架只在结构比较简单以及荷载较小的情况下采用。尽管如此，由于静定刚架内力分析是超静定刚架计算的基础，因此必须熟练掌握静定刚架的内力计算。静定平面刚架按照几何组成方式可以分为以下三种形式：单体刚架、三铰刚架和具有基本—附属关系的刚架，如图 3-16 和图 3-17 所示。

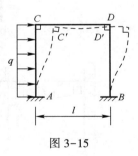

图 3-15

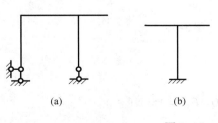
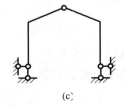

图 3-16

静定刚架的内力计算方法原则上与静定梁相同，通常先求出支座反力，然后逐杆按照"分段、定点、连线"的步骤绘制内力图。

在刚架的内力计算中，弯矩图通常绘在杆件的受拉侧，而不注明正负号。其剪力和轴力的正负号规定与梁相同，剪力图和轴力图可绘制在杆件的任一侧但必须注明正负号。

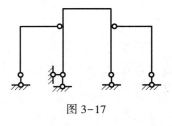

图 3-17

为了明确地表示刚架上不同截面的内力，尤其是为区分汇交于同一结点的各杆端截面的内力，使之不至于混淆，我们通常在内力符号后面引用两个脚标：第一个表示内力所属截面，第二个表示该截面所属杆件的另一端。例如：M_{AB} 表示 AB 杆 A 端的弯矩，F_{QAB} 表示 AB 杆 A 端截面的剪力，依次类推。

一、单体刚架

单体刚架是按照两刚片规则由上部与基础组成的无多余约束的几何不变体系，如简支刚架、悬臂刚架等（图 3-16（a）、(b)）。其特点是：以整体为隔离体，支座反力只有三个，因此只需三个平衡方程，就能将全部反力求出来。

例 3-6 试作图 3-18（a）所示刚架的内力图。

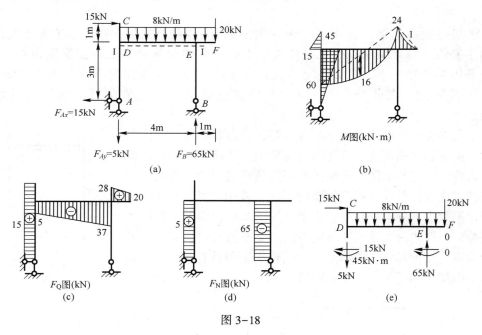

图 3-18

解：1）计算支座反力

以结构整体为研究对象：

$$\sum F_x = 0: F_{Ax} = 15\text{kN}(\leftarrow)$$

$$\sum M_A = 0: F_B \times 4 - 20 \times 5 - 8 \times 5 \times 2.5 - 15 \times 4 = 0$$

$$F_B = 65\text{kN}(\uparrow)$$
$$\sum M_B = 0: F_{Ay} \times 4 + + 8 \times 5 \times 1.5 - 15 \times 4 - 20 \times 1 = 0$$
$$F_{Ay} = 5\text{kN}(\downarrow)$$

校核：
$$\sum F_y = 65 - 5 - 8 \times 5 - 20 = 0$$

证明支座反力计算无误。

2）绘制弯矩图

选择 A、D、C、E、F、B 为控制截点，计算杆端弯矩值。控制截面的弯矩值等于该截面任意一侧（视结构受力情况而定，以受力简单便于计算为原则）所有外力对截面形心力矩的代数和。

AD 杆：$M_{AD} = 0$
$\qquad M_{DA} = 15 \times 3 = 45\text{kN} \cdot \text{m}$（右侧受拉）

DC 杆：$M_{DC} = 15 \times 1 = 15\text{kN} \cdot \text{m}$（左侧受拉）
$\qquad M_{CD} = 0$

EF 杆：$M_{FE} = 0$
$\qquad M_{EF} = 20 \times 1 + 8 \times 1 \times 0.5 = 24\text{kN} \cdot \text{m}$（上侧受拉）

BE 杆：$M_{BE} = M_{EB} = 0$

DE 杆：$M_{DE} = M_{DA} + M_{DC} = 60\text{kN} \cdot \text{m}$（下侧受拉）
$\qquad M_{ED} = M_{EF} + M_{EB} = 24\text{kN} \cdot \text{m}$（上侧受拉）

根据以上数据绘制出刚架弯矩图如图 3-18（b）所示。

3）绘制剪力图

用截面法逐杆计算控制截面剪力。

AD 杆：$F_{QAD} = F_{QDA} = 15\text{kN}$

DC 杆：$F_{QDC} = F_{QCD} = 15\text{kN}$

EF 杆：$F_{QFE} = 20\text{kN}$
$\qquad F_{QEF} = 20 + 1 \times 8 = 28\text{kN}$

BE 杆：$F_{QBE} = F_{QEB} = 0$

DE 杆：$F_{QDE} = -5\text{kN}$
$\qquad F_{QED} = 20 + 8 \times 1 - 65 = -37\text{kN}$

根据以上数据，绘出刚架剪力图如图 3-18（c）所示。剪力图也可以利用微分关系根据弯矩图绘制。

4）绘制轴力图

用截面法逐杆计算各杆轴力。

AD 杆：$F_{NAD} = F_{NDA} = F_{Ay} = 5\text{kN}$（拉力）

DC 杆：$F_{NDC} = F_{NCD} = 0$

EF 杆：$F_{NFE} = F_{NEF} = 0$

BE 杆：$F_{NBE} = F_{NEB} = -F_B = -65\text{kN}$（压力）

DE 杆：$F_{NDE} = F_{NED} = 0$

根据以上数据，绘出刚架的轴力图如图 3-18（d）所示。轴力图也可以根据剪力图绘制。

5）校核内力图

截取刚架任一部分为隔离体，都应该满足静力平衡条件。例如：作 I-I 截面图 3-18（a），以截面上半部分结构为研究对象（图 3-18（e））。由

$$\sum M_D = 45 + 20 \times 5 + 8 \times 5 \times 2.5 + 15 \times 1 - 65 \times 4 = 0$$
$$\sum F_x = 15 - 15 = 0$$
$$\sum F_y = 65 - 5 - 20 - 8 \times 5 = 0$$

可知，隔离体的内力满足静力平衡条件。

在静定刚架中，常常也可以不求或者是少求反力而迅速绘制出弯矩图。例如，悬臂刚架、结构上如果有悬臂部分以及简支梁部分（含两端铰结直杆承受横向荷载），则其弯矩可先绘出；充分利用弯矩图的形状特征（最常用的是直杆无荷载区段的弯矩图为直线，有均布荷载区段为抛物线和铰处弯矩为零），刚结点处的力矩平衡条件，用叠加法作弯矩图；外力与杆轴重合，或支座反力通过杆轴时不产生弯矩；外力与杆轴平行及外力偶产生的弯矩为常数；以及对称性的利用；等等，这些都将给绘制弯矩图的工作带来极大的方便。至于剪力图，则可以根据弯矩图，利用平衡条件求得，然后根据剪力图又可以作出轴力图。

例 3-7 试作图 3-19（a）所示的刚架的内力图。

解：由刚架整体平衡条件 $\sum F_x = 0$，可知水平反力

$$F_{Bx} = 5 \text{kN}(\leftarrow)$$

此时不需要再求出两个竖向反力即可以绘出刚架的全部弯矩图。因为反力 F_A 与竖杆 AC 重合；F_{By} 与竖杆 BD 重合。由截面法可知：F_A、F_{By} 无论多大都不会对 AC 杆和 BD 杆产生弯矩。因此，可作出该二竖杆的弯矩图，如图 3-19（b）所示。然后，根据结点 C 的力矩平衡条件图 3-19（c），可得

$$M_{CD} = 20 \text{kN} \cdot \text{m}(上边受拉)$$

再考虑结点 D 的力矩平衡条件图 3-18（d）可得

$$M_{DC} = 20 + 40 = 60 \text{kN} \cdot \text{m}(上边受拉)$$

至此，横梁 CD 两端的弯矩图都已经求得，CD 杆上由于作用有均布荷载，故用叠加原理可给出 CD 杆的弯矩图，如图 3-19（b）所示。

根据已作出的弯矩图，利用微分关系或杆段的平衡条件，可以作出剪力图，如图 3-19（f）所示（方法同例 3-5，读者可以自行校核）。然后，根据剪力图，考虑各结点的投影平衡条件即可求出各杆端的轴力。例如取出 D 结点为隔离体，如图 3-19（f）所示，由 $\sum F_x = 0$ 和 $\sum F_y = 0$ 分别求出

$$F_{NDC} = -5 \text{kN}(压力)$$
$$F_{NDB} = -36.67 \text{kN}(压力)$$

结点 C 处的各杆端轴力可以用同样的方法求得，从而绘出轴力图，如图 3-19（g）所示。

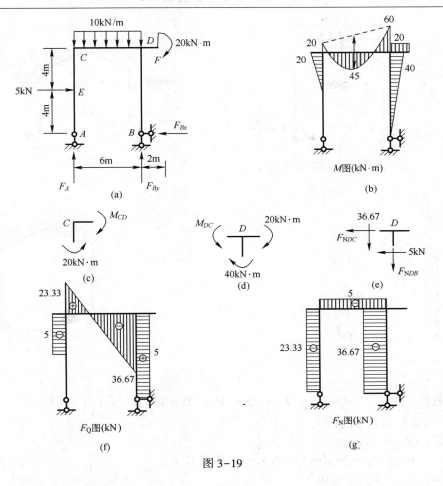

图 3-19

二、三铰刚架

三铰刚架是按照三刚片规则组成的无多余约束的几何不变体系。其特点是：以整体为隔离体，支座反力有四个，而提供的平衡方程只有三个，因此需要再取一个隔离体，通常利用中间铰处的弯矩为零的条件，再补充一个平衡方程，才能将全部支座反力求出。而作内力图的方法和顺序与单体刚架类似。

例 3-8 试作图 3-20（a）所示三铰刚架的内力图。

解：1）求支座反力

以整体为隔离体，求得

$$\sum M_B = 0: F_{Ay} \times 8 - 20 \times 8 \times 4 = 0, \quad F_{Ay} = 80\text{kN}(\uparrow)$$

$$\sum M_A = 0: F_{By} \times 8 - 20 \times 8 \times 4 = 0, \quad F_{By} = 80\text{kN}(\uparrow)$$

$$\sum F_x = 0: F_{Ax} = F_{Bx}$$

以铰 C 左半部分为隔离体，铰 C 处 $M_C = 0$，求得

$$\sum M_C = 0: F_{Ax} \times 8 + 20 \times 4 \times 2 - 80 \times 4 = 0$$

$$F_{Ax} = 20\text{kN}(\rightarrow) \quad F_{Bx} = 20\text{kN}(\leftarrow)$$

47

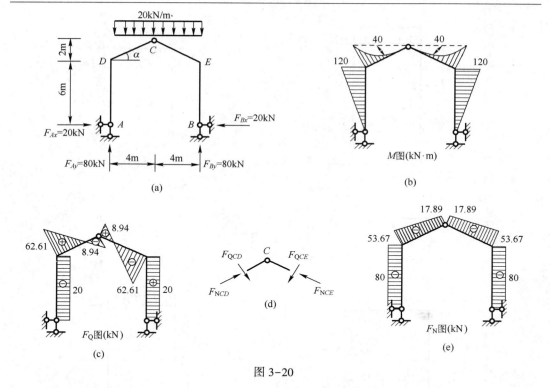

图 3-20

校核： $\sum F_y = 80 + 80 - 20 \times 8 = 0$

2）求各控制截面的内力

M 值： $M_{AD} = M_{CD} = 0$

$\qquad M_{DA} = M_{DC} = 20 \times 6 = 120 \text{kN} \cdot \text{m}$（外侧受拉）

F_Q 值： $F_{QAD} = F_{QDA} = -20 \text{kN}$

$$F_{QDC} = F_{Ay} \times \cos\alpha - F_{Ax} \times \sin\alpha = 80 \times \frac{2}{\sqrt{5}} - 20 \times \frac{1}{\sqrt{5}} = 62.61 \text{kN}$$

$$F_{QCD} = 80 \times \frac{2}{\sqrt{5}} - 20 \times \frac{1}{\sqrt{5}} - 20 \times 4 \times \frac{2}{\sqrt{5}} = -8.94 \text{kN}$$

F_N 值： $F_{NAD} = F_{NDA} = -80 \text{kN}$

$$F_{NDC} = -F_{Ay} \times \sin\alpha - F_{Ax} \times \cos\alpha = -80 \times \frac{1}{\sqrt{5}} - 20 \times \frac{2}{\sqrt{5}} = -53.67 \text{kN}$$

$$F_{NCD} = -80 \times \frac{1}{\sqrt{5}} - 20 \times \frac{2}{\sqrt{5}} + 20 \times 4 \times \frac{1}{\sqrt{5}} = -17.89 \text{kN}$$

由于结构为对称结构，荷载为正对称的荷载，所以 M、F_N 图具有对称性，F_Q 图则为反对称图形。故右半刚架的内力值可由上述特征求出。最后的弯矩图、剪力图和轴力图分别如图 3-20（b）、（c）、（e）所示。

以铰 C 为隔离体，如图 3-20（d）所示，检验 $\sum F_y = 0$ 是否可以满足：

$$\sum F_y = -F_{NCD} \times \sin\alpha - F_{NCE} \times \sin\alpha + F_{QCD} \times \cos\alpha + F_{QCE} \times \cos\alpha$$

$$= -17.89 \times \frac{1}{\sqrt{5}} - 17.89 \times \frac{1}{\sqrt{5}} + 8.94 \times \frac{2}{\sqrt{5}} + 8.94 \times \frac{2}{\sqrt{5}} \approx 0$$

证明剪力、轴力计算正确。

以上为对称结构在正对称荷载作用下 M、F_Q、F_N 图的特征。若对称结构在反对称荷载作用下,则 M、F_N 图为反对称性图形,而 F_Q 图则为正对称图形。读者可以自行用适当的例题计算证明。

三、具有基本—附属关系的刚架

这类刚架的分析过程与多跨静定梁一样,首先分清哪里是基本部分与附属部分,然后按照先分析附属部分后分析基本部分的顺序进行计算,此时应该注意各个部分之间的作用—反作用关系。

例 3-9 试作图 3-21（a）所示刚架的弯矩图。

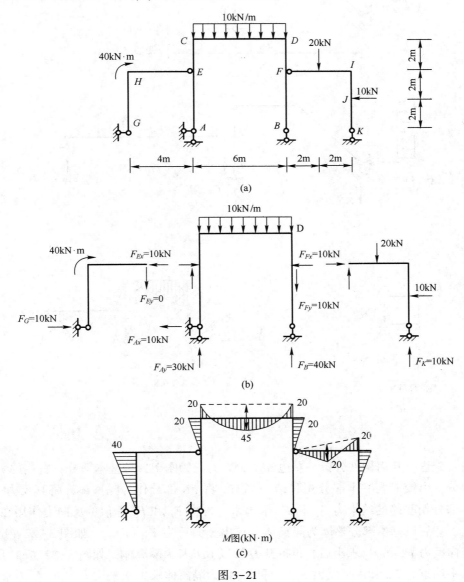

图 3-21

解：先进行几何构造分析。中间部分 AECDFB 为简支刚架，是基本部分；两边 GHE 和 FIJK 是附属部分，分别由铰 E 和铰 F 与基本部分相联，首先将附属部分 GHE 和 FIJK 作为隔离体，将其反力 F_G 和 F_K 以及与基本部分相联接的约束力 F_{Ex}、F_{Ey}、F_{Fx}、F_{Fy} 求出来，然后将约束力 F_{Ex}、F_{Ey}、F_{Fx}、F_{Fy} 等值反向的力作用在基本部分上，连同荷载一起，计算出基本部分的反力 FA_y、F_B、和 FA_x 如图 3-21（b）所示。

反力求出后即可给出整个结构的弯矩图，如图 3-21（c）所示。

例 3-10 试作图 3-22（a）所示的刚架的弯矩图。

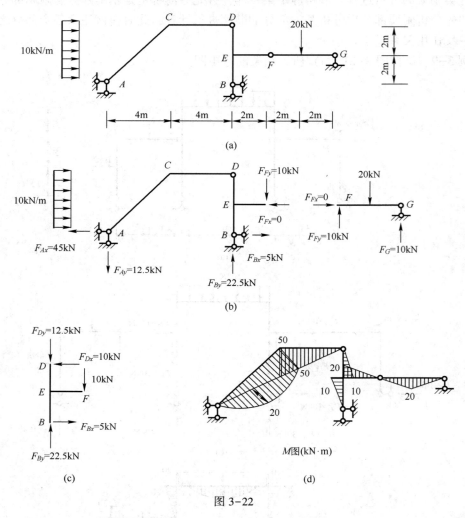

图 3-22

解：先进行几何构件分析。左边 ABCDEF 为三铰刚架，是基本部分；右边的 FG 为附属部分，由铰 F 与基本部分相联结。首先，将 FG 部分作为隔离体，将其反力 F_G 及与基本部分相联接的约束力 F_{Fx} 和 F_{Fy} 求出来。再将 F_{Fx} 和 F_{Fy} 等值的反向力作用在基本部分上，然后以基本部分整体为隔离体，求出竖向反力 F_{Ay} 和 F_{By}，如图 3-22（b）所示。竖向反力 F_{Ay} 和 F_{By} 求出后，再拆开 D 铰以 BDEF 为隔离体，如图 3-22（c）所示，求出水平约束力 F_{Dx} 和水平反力 F_{Bx}。再以整体为隔离体求出水平反力 F_{Ax}。反力求出后即可绘出整个结构的弯矩图，如图 3-22（d）所示。

例 3-11 试作图 3-23（a）所示的刚架的弯矩图。

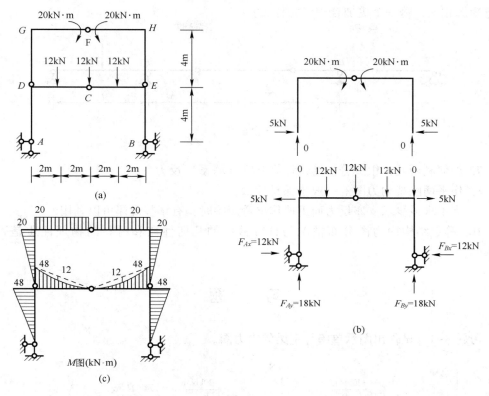

图 3-23

解：此结构是一单跨两层的静定刚架，第一层 ABCDE 为三铰刚架是基本部分；第二层 DEFGH 为附属部分，由 D 铰和 E 铰联结。首先做出层次图如图 3-23（b）所示。附属部分的约束力求出后，反向加在基本部分上，其附属部分和基本部分按照三铰刚架求解（求解过程请读者自己完成）。最后弯矩图如图 3-23（c）所示。

复习思考题

1. 什么是"拟简支梁区段叠加法"？使用该法绘制直杆弯矩图时应该注意什么问题？
2. 试比较简支水平梁与斜梁的内力计算有什么相同之处，有什么不同之处。
3. 区分多跨静定梁的基本部分与附属部分有什么作用？确定某一部分为基础部分或附属部分与荷载有无关系？
4. 2018 年完工运营的港珠澳大桥，建筑规模超大、施工难度空前、建造技术顶尖，体现了我国工程技术人员和科学家的工匠精神，请以港珠澳大桥为例对连续多跨桥梁的受力特点和计算方法进行概括总结。
5. 如何根据弯矩图作剪力图？又如何进而作出轴力图以及求出支座反力？

6. 如图所示的多跨静定梁，今欲使 CD 跨中正弯矩与 B、E 支座负弯矩绝对值相等，试确定铰 C、铰 D 的位置。（答案：$x = l/4$）此多跨静定梁的弯矩图与多跨简支梁的弯矩图相比，哪一个更加合理？为什么？

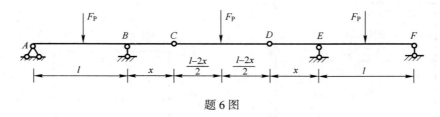

题 6 图

7. 如何利用几何组成分析结论计算支座（联系）反力？
8. 作平面刚架内力图的一般步骤是什么？
9. 当不求或少求支座反力而迅速作出弯矩图时，有哪些规律可以利用？
10. 静定结构内力图分布情况与杆件截面的几何性质和材料的物理性质是否有关系？

习　　题

习题 3-1　试作出图示单跨静定梁的内力图。

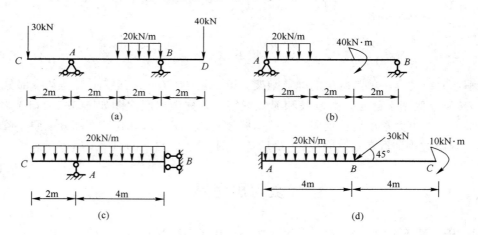

习题 3-1 图

习题 3-2　试作出图示斜梁的内力图。
习题 3-3　试作出多跨静定梁的 M 图和 F_Q 图。
习题 3-4　试作出多跨静定梁的 M 图。
习题 3-5　如图所示多跨静定梁，全长承受均布荷载 q，各跨长度均为 l，现欲使梁的最大正负弯矩的绝对值相等，试确定铰 B、铰 E 的位置。

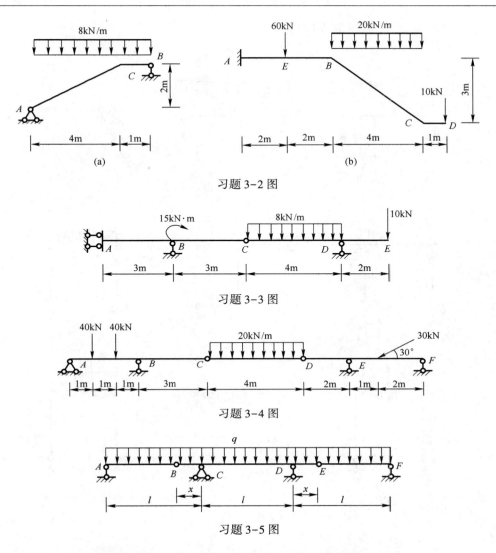

习题 3-2 图

习题 3-3 图

习题 3-4 图

习题 3-5 图

习题 3-6 试不经过计算反力绘制出多跨静定梁的 M 图。

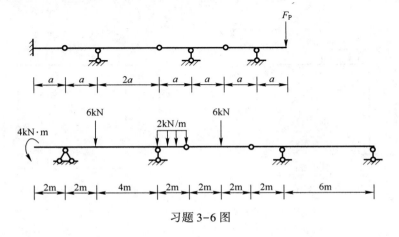

习题 3-6 图

习题 3-7 试找出下列 M 图的错误。

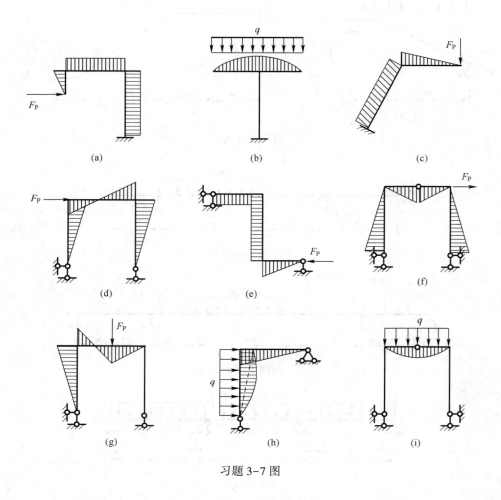

习题 3-7 图

习题 3-8 试作图示刚架的 M、F_P、F_N 图。

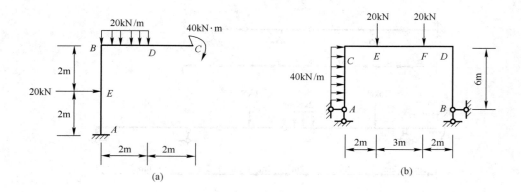

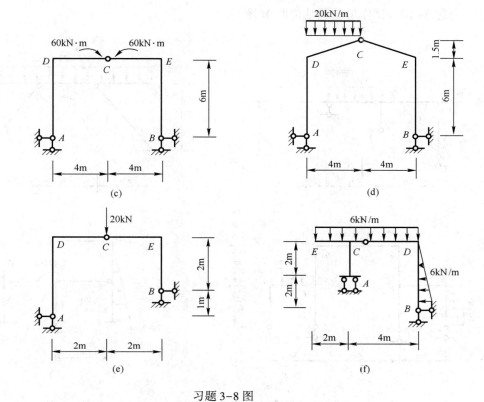

习题 3-8 图

习题 3-9 试不经计算快速作出图示刚架的 M 图。

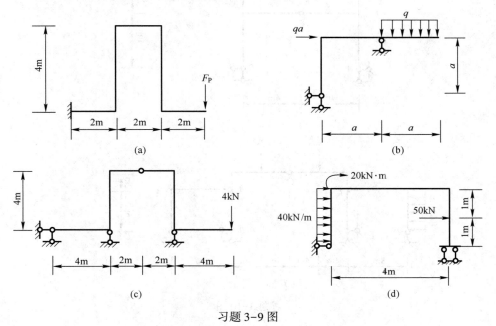

习题 3-9 图

习题 3-10　试作出图示结构的 M 图。

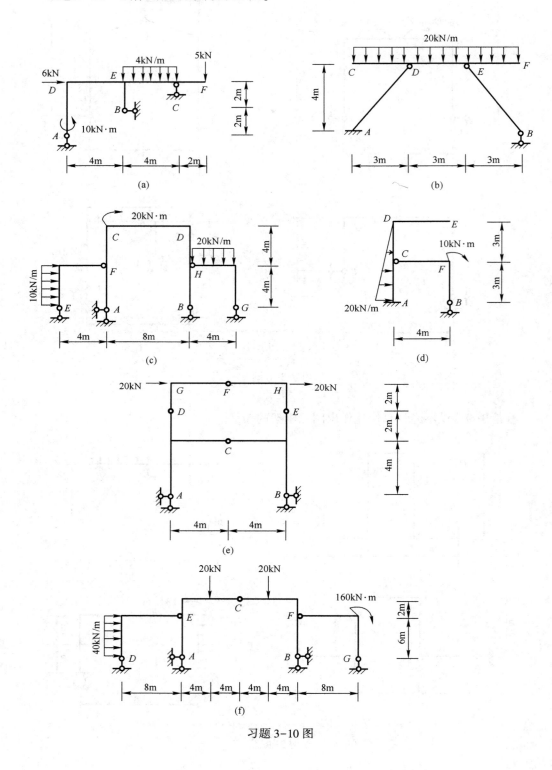

习题 3-10 图

习 题 答 案

习题 3-1 （a） $F_{Ay}=35\text{kN}(\uparrow)$；$F_B=75\text{kN}(\uparrow)$

（b） $F_{Ay}=26.67\text{kN}(\uparrow)$；$F_B=13.33\text{kN}(\uparrow)$

（c） $F_A=120\text{kN}(\uparrow)$；$M_B=120\text{kN}\cdot\text{m}($下侧受拉$)$

（d） $M_A=-254.84\text{kN}\cdot\text{m}($上侧受拉$)$；$F_{QAC}=101.21\text{kN}$

习题 3-2 （a） $M_C=16\text{kN}\cdot\text{m}($下侧受拉$)$；$F_{QCA}=-10.75\text{kN}$；$F_{NCA}=5.37\text{kN}$

（b） $M_{BC}=210\text{kN}\cdot\text{m}($上侧受拉$)$；$F_{QBC}=72\text{kN}$；$F_{NBC}=54\text{kN}$

习题 3-3 $M_A=48\text{kN}\cdot\text{m}($上侧受拉$)$；$F_{QBC}=11\text{kN}$

习题 3-4 $M_B=-120\text{kN}\cdot\text{m}($上侧受拉$)$

习题 3-5 $x=(3-\sqrt{2})l=0.1716l($上侧受拉$)$

习题 3-8 （a） $M_{EB}=80\text{kN}\cdot\text{m}($外侧受拉$)$；$F_{QEB}=0$；$F_{NEB}=-40\text{kN}$

（b） $M_{CA}=320\text{kN}\cdot\text{m}($内侧受拉$)$；$F_{QCA}=0$；$F_{NCA}=25.71\text{kN}$

（c） $M_{DA}=60\text{kN}\cdot\text{m}($外侧受拉$)$；$F_{QDA}=-10\text{kN}$；$F_{NDA}=0$

（d） $M_{DA}=64.02\text{kN}\cdot\text{m}($外侧受拉$)$；$F_{QDA}=-10.67\text{kN}$；$F_{NDA}=-60\text{kN}$

（e） $M_{DA}=24\text{kN}\cdot\text{m}($外侧受拉$)$；$F_{QDA}=-8\text{kN}$；$F_{NDA}=-12\text{kN}$

（f） $M_{DB}=16\text{kN}\cdot\text{m}($外侧受拉$)$；$F_{QDB}=0$；$F_{NDB}=-8\text{kN}$

习题 3-10 （a） $M_{EB}=12\text{kN}\cdot\text{m}($右侧受拉$)$；$F_{QEB}=6\text{kN}$；$F_{NEB}=0$

（b） $M_{EB}=135\text{kN}\cdot\text{m}($内侧受拉$)$

（c） $M_{CD}=180\text{kN}\cdot\text{m}($下侧受拉$)$

（d） $M_{AC}=120\text{kN}\cdot\text{m}($外侧受拉$)$；$F_{QAC}=60\text{kN}$；$F_{NAC}=2.5\text{kN}$

（e） $F_{Dx}=20\text{kN}(\leftarrow)$；$F_{Dy}=10\text{kN}(\downarrow)$；$M_{GD}=40\text{kN}\cdot\text{m}($内侧受拉$)$

（f） $M_{EA}=840\text{kN}\cdot\text{m}($内侧受拉$)$；$F_{QEA}=140\text{kN}$

第4章 三 铰 拱

4.1 三铰拱的组成及受力特征

拱式结构系指杆的轴线为曲线，在竖向荷载作用下支座产生水平反力的结构。拱式结构形式有三铰拱（图4-1（a））、两铰拱（图4-1（b））和无铰拱（图4-1（c））。其中三铰拱为静定结构，两铰拱及无铰拱为超静定结构。本章只讨论三铰拱。

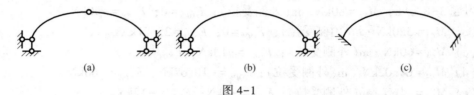

图4-1

拱式结构与梁式结构的区别，不仅在于外形不同，更重要的是是否存在水平反力。因此，在竖向荷载作用下存在水平反力是拱区别于梁的一个重要标志。水平反力通常称为水平推力（简称推力），所以也把拱结构称为推力结构。如图4-2（a）所示的三铰拱结构，在竖向荷载作用下不仅有竖向反力 F_{Ay}、F_{By}，而且有水平反力 F_{Ax}、F_{Bx}。图4-2（b）为曲梁，在竖向荷载作用下水平反力为零，这是曲梁与拱的不同之处。由于水平反力的作用，使拱的弯矩比承受同样荷载且具有相同跨度的曲梁弯矩为小。拱的优点是自重轻，用料省，故可跨越较大的空间。同时拱主要承受压力，因此可以采用抗拉性能弱而抗压性能强的材料，如砖、石、混凝土等，但拱的构造比较复杂，施工费用高，且由于推力的作用需要有坚固的基础。

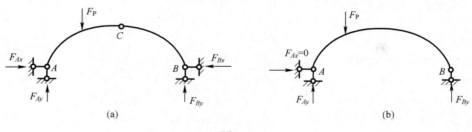

图4-2

拱式结构的各部分名称如图4-3所示。拱的外轮廓线称为外缘，内轮廓线称为内缘。拱轴中间最高点称为拱顶，三铰拱的拱顶通常是布置中间铰的地方。拱的两端与支座联结处称为拱趾，两拱趾的水平距离 l 称为跨度。由拱顶到拱趾连线的竖向距离 f 称为拱高或矢高。拱高与跨度之比 f/l 称为高跨比。拱的主要性能与拱的高跨比有关，在

工程中 f/l 值通常在 $1\sim1.0$。拱的轴线常用抛物线和圆弧,有时也会采用悬链线。

三铰拱是一种静定拱式结构,在桥梁和屋盖中都得到了应用。为了克服水平推力对支承结构(如墙、柱)的影响,常常在三铰拱支座间联结水平拉杆并将一固定铰支座该为可动铰支座,如图 4-4 所示。拉杆内所产生的拉力代替了支座的推力,支座在竖向荷载的作用下只产生竖向反力。由于这种结构的内部受力情况与一般的拱并无区别,故称为带拉杆的三铰拱。图 4-5 所示为工程中使用的具有拉杆的装配式钢筋混凝土三铰拱示意图。

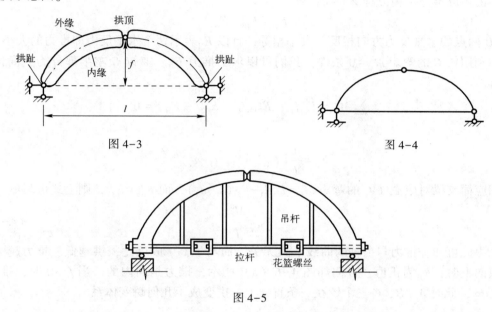

图 4-3　　　　　　　　　　图 4-4

图 4-5

4.2　三铰拱的内力计算

下面以图 4-6(a) 所示的两拱趾在同一水平线上的三铰拱为例,讨论在竖向荷载作用下三铰拱的支座反力和内力的计算方法。并将拱与梁加以比较,用以说明拱的受力特性。

一、支座反力计算

三铰拱有四个支座反力 F_{Ay}、F_{Ax}、F_{By}、F_{Bx},如图 4-6(a) 所示,求解时需要四个方程。拱的整体有三个平衡方程,此外可利用铰 C 处弯矩为零的条件建立第四个静力平衡方程。四个方程解四个未知反力,所以三铰拱是静定结构。考虑拱的整体平衡,由 $\Sigma M_B = 0$ 和 $\Sigma M_A = 0$,可求出拱的竖向反力:

$$F_{Ay} = \frac{1}{l}(F_{P1}b_1 + F_{P2}b_2)$$

$$F_{By} = \frac{1}{l}(F_{P1}a_1 + F_{P2}a_2)$$

为了便于比较，我们在图 4-6（b）中画出一个简支梁，跨度和荷载都与三铰拱相同。因为荷载是竖向的，梁没有水平反力，只有竖向反力 F_{Ay}^0 和 F_{By}^0。简支梁的竖向反力 F_{Ay}^0 和 F_{By}^0 同样可分别由平衡方程 $\Sigma M_B=0$ 和 $\Sigma M_A=0$ 求出，且和拱的竖向反力完全相同。即

$$\begin{cases} F_{Ay}=F_{Ay}^0 \\ F_{By}=F_{By}^0 \end{cases} \tag{4-1}$$

由拱的整体平衡方程 $\Sigma X=0$，得

$$F_{Ax}=F_{Bx}=F_H$$

A、B 两点的水平反力方向相反，大小相等，且以 F_H 表示两个水平反力即推力的大小。

利用铰 C 的弯矩 $M_C=0$ 条件，我们可以求出推力 F_H。取铰 C 左半部分为脱离体，则有

$$\sum M_C = F_{Ay}l_1 - F_{P1}(l_1-a_1) - F_H f = 0$$

即

$$F_H = \frac{1}{f}\left[F_{Ay}l_1 - F_{P1}(l_1-a_1)\right]$$

而相应简支梁对应截面 C 的弯矩 $M_C^0=F_{Ay}^0 l_1-F_{P1}(l_1-a_1)$，而 $F_{AV}^0=F_{AV}$，则上式可写成

$$F_H = \frac{M_C^0}{f} \tag{4-2}$$

由此可知，推力与拱轴的曲线形式无关，而与拱高 f 成反比，拱越低，推力越大。荷载向下时，F_H 为正值，方向如图 4-6（a）所示，推力是向内的。当 $f\to 0$ 时，推力 $F_H\to\infty$，此时 A、B、C 三个铰在一条直线上，拱变成了几何瞬变体系。

二、内力计算

图 4-6 为三铰拱与简支梁计算简图及隔离体示意图，图 4-6（a）是三铰拱计算简图，图 4-6（b）为简支梁计算简图，图 4-6（c）为拱的隔离体图，图 4-6（d）为梁的隔离体图。

取与拱轴线的切线成正交的任一横截面 K（图 4-6（a）），且设该截面形心坐标为 (x_K, y_K)，截面处拱轴切线与 x 轴的夹角 φ_K。在图示坐标系中，规定 φ_K 在左半拱为正，右半拱为负。取截面 K 左部分为脱离体，该截面的内力为弯矩 M_K、剪力 F_{QK}、轴力 F_{NK}（图 4-6（c）），且规定弯矩以拱的内侧纤维受拉为正，剪力使截面两侧的脱离体有顺时针转动趋势时为正，轴力以压力为正，如图示所示。在计算中，我们利用简支梁相应截面 K 的弯矩 M_K^0 和剪力 F_{QK}^0（图 4-6d）进行对比。

1. 弯矩的计算

由图 4-6（c）拱的脱离体平衡，利用弯矩计算法则，得

$$M_K = \left[F_{Ay}x_K - F_P(x_K-a_1)\right] - F_H y_K$$

相应的简支梁 K 截面处的弯矩为

$$M_K^0 = F_{Ay}^0 x_K - F_P(x_K-a_1)$$

由此可得

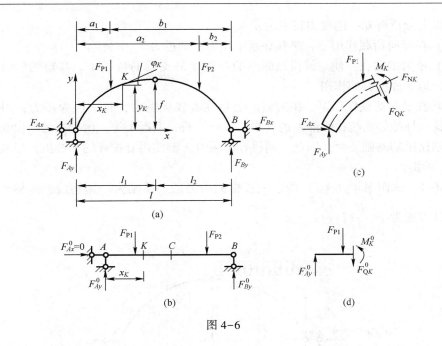

图 4-6

$$M_K = M_K^0 - F_H y_K \tag{4-3}$$

从上式可知，水平推力的存在，使拱的截面的弯矩小于相应简支梁截面的弯矩。

2. 剪力的计算

三铰拱任一截面 K 的剪力等于该截面一侧所有外力在该截面切线方向上的投影代数和。由图 4-6（c）知

$$F_{QK} = F_{Ay}\cos\phi_K - F_{P1}\cos\phi_K - F_H\sin\phi_K$$
$$= (F_{Ay} - F_{P1})\cos\phi_K - F_H\sin\phi_K$$

而相应简支梁对应截面的剪力

$$F_{QK}^0 = F_{Ay}^0 - F_{P1} = F_{Ay} - F_{P1}$$

由此可得

$$F_{QK} = F_{QK}^0 \cos\phi_K - F_H \sin\phi_K \tag{4-4}$$

3. 轴力的计算

同理，三铰拱任一截面 K 的轴力等于该截面一侧所有外力在该截面法线（或轴线切线）方向上的投影代数和。由于拱主要承受压力，故规定拱的轴力以压力为正，反之为负。由图 4-6（c）得

$$F_{NK} = F_{Ay}\sin\phi_K - F_{P1}\sin\phi_K + F_H\cos\phi_K$$
$$= (F_{Ay} - F_{P1})\sin\phi_K + F_H\cos\phi_K$$

即

$$F_{NK} = F_{QK}^0 \sin\phi_K + F_H\cos\phi_K \tag{4-5}$$

利用式（4-3）~式（4-5）可计算三铰拱中任一截面上的内力。对于拱的内力图可给出若干截面的位置，分别求出各截面的内力，然后在水平基线标出各截面内力值，用曲线连接各点，标出正负即得内力图。

从以上分析可知拱的受力特点为：

（1）在竖向荷载作用下，拱存在水平反力，即推力。

（2）推力的存在，使三铰拱截面上的弯矩比简支梁的弯矩小。弯矩的降低，使拱能更充分地发挥材料的作用。

（3）在竖向荷载作用下，拱的截面上存在着较大轴力，且一般为压力，因而拱便于利用抗压性能好而抗拉性能差的材料，如砖、石、混凝土等。由于推力的出现，三铰拱的基础比梁的基础要大。因此，用拱作屋顶时，都使用有拉杆的三铰拱，以减少对墙（或柱）的推力。

例 4-1 试作图 4-7（a）所示三铰拱的内力图。拱轴为一抛物线，坐标原点取 A 支座，其方程为 $y=\dfrac{4f}{l^2}(l-x)x$。

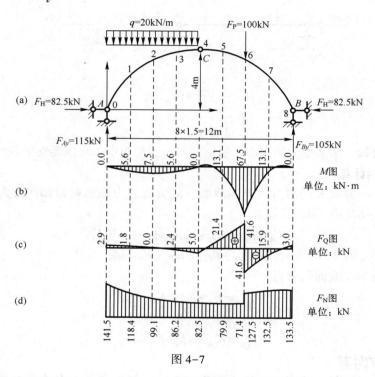

图 4-7

解：计算支座反力，由式（4-1）和式（4-2）可得

$$F_{Ay}=F_{Ay}^0=\frac{20\times 6\times 9+100\times 3}{12}=115\text{kN}$$

$$F_{By}=F_{By}^0=\frac{20\times 6\times 3+100\times 9}{12}=105\text{kN}$$

$$F_H=\frac{M_C^0}{f}=\frac{105\times 6-100\times 3}{4}=82.5\text{kN}$$

由于拱的内力方程比较复杂，因此直接按方程作图非常困难。一般作法是将拱跨等分若干等份，按式（4-3）~式（4-5）计算各等分点对应的拱轴截面上的的内力，然后用描点的方法画出这些内力值，再连以曲线即得所求的内力图。对于本题我们将拱跨分

成八等份，分别计算出各等分点处截面上的内力值，并根据这些数值作出内力图。

为了说明计算方法，现取距 A 支座 3m 处的截面 2 为例。此时，$x_2 = 3$m，由拱轴方程可得：

$$y_2 = \frac{4f}{l^2}(l-x_2)x_2 = \frac{4 \times 4}{12^2}(12-3) \times 3 = 3\text{m}$$

$$\tan\varphi_2 = \frac{dy}{dx}\bigg|_{x_{2_x}} = \frac{4f}{l}\left(l-\frac{2x_2}{l}\right) = \frac{4 \times 4}{12}\left(1-\frac{2 \times 3}{12}\right) = 0.66$$

$$\varphi_2 = 33°42', \quad \sin\varphi_2 = 0.555, \quad \cos\varphi_2 = 0.832$$

根据式（4-3）~式（4-5）计算出

$$M_2 = M_2^0 - F_H y_2 = 115 \times 3 - \frac{1}{2} \times 20 \times 3^2 - 82.5 \times 3 = 7.5\text{kN} \cdot \text{m}$$

$$F_{Q2} = F_{Q2}^0 \cos\phi_2 - F_H \sin\phi_2 = (115-20 \times 3)0.832 - 82.5 \times 0.555 = 0$$

$$F_{N2} = F_{N2}^0 \sin\phi_2 + F_H \cos\phi_2 = (115-20 \times 3)0.555 + 82.5 \times 0.832 = 99.1\text{kN}$$

其他截面的内力计算同上。对于六截面由于集中力作用在该处，相应简支梁在该处剪力图发生突变，其值为集中力数值。同样，拱的剪力图及轴力图在该处均发生突变。所以需要分别计算二截面以左和以右截面上的剪力和轴力。各等分点处截面上的内力计算结果列于表 4-1 中。根据表中的数值作出 M、F_Q、F_N 图分别如图 4-7（b）、（c）、（d）所示。

表 4-1 三铰拱的内力计算

拱轴分点	横坐标值	纵坐标值	$\tan\varphi$	$\sin\varphi$	$\cos\varphi$	F_Q^0	$M/(\text{kN} \cdot \text{m})$			F_Q/kN			F_N/kN		
							M^0	$-F_H y$	M	$F_Q^0 \cos\varphi$	$-F_H \sin\varphi$	F_Q	$F_Q^0 \sin\varphi$	$F_H \cos\varphi$	F_N
0	0.0	0.0	1.333	0.80	0.60	115	0.0	0.0	0.0	68.9	-66.0	2.9	92.0	49.5	141.5
1	1.5	1.75	1.00	0.707	0.707	85	150.0	-144.0	5.6	60.1	-58.3	1.8	60.1	58.3	118.4
2	3.0	3.0	0.667	0.555	0.832	55	255.0	-247.5	7.5	45.8	-45.8	0.0	30.5	68.6	99.1
3	4.5	3.75	0.333	0.316	0.948	25	315.0	-309.4	5.6	23.4	-26.1	-2.4	7.9	78.3	86.2
4	6.0	4.0	0	0.00	1.00	-5	333.0	-330.0	-5	0.0	-5	0.0	82.5	82.5	
5	7.5	3.75	-0.333	-0.316	0.948	-5	322.5	-309.4	13.1	-4.7	26.1	21.4	1.6	78.3	79.9
6左 6右	9.0	3.0	-0.667	-0.555	0.832	-5 -105	315.0	-247.5	67.5	-4.2 -87.4	45.8	41.6 -41.6	2.8 58.4	68.6	71.4 127.0
7	10.5	1.75	-1.00	-0.707	0.707	-105	157.5	-144.0	13.1	-74.2	58.3	-15.9	74.2	58.3	132.5
8	12.0	0.0	-1.333	-0.80	0.60	-105	0.0	0.0	-63.0	66.0	3.0	84.0	49.5	133.5	

如图 4-8（a）所示的两铰趾不在同一水平线上的斜拱，其支座反力的计算不能直接应用式（4-1）和式（4-2），必须利用整体平衡方程及左半拱或右半拱为脱离体的平衡方程联立求解，图 4-8（b）所示为左半拱的脱离体图，内力的计算方法的推导与前面推导相同，这里不再叙述。

至于带拉杆的三铰拱，其支座反力只有三个，与对应的简支梁的反力完全相同，易于求得。然后截断拉杆拆开顶铰，取左半拱（或右半拱）为脱离体由 $\Sigma M_C = 0$ 即可求出拉杆内力。

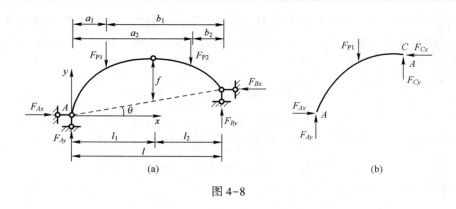

图 4-8

4.3 三铰拱的合理拱轴

一、三铰拱的压力线

一般情况下,在荷载作用下,三铰拱任一截面 K 上存在 M_K、F_{QK}、F_{NK} 三个内力分量,由力的合成定理,可知它们可合成一个合力 F_{RK},如图(4-9(b))所示。如果合力的作用点 O 取在截面(或截面的延伸面)上,则 O 点到截面形心距离 $e_O = M/F_N$。由于拱截面上的轴力多为压力,故此合力 F_R 常称为截面上的总压力。截面的合力可由该截面以左(或以右)的脱离体平衡来确定,等于一侧所有外力的合力。当 F_{RK} 已经确定时,可由此合力确定该截面的弯矩、剪力、轴力:

$$M_K = F_{RK} r_K$$
$$F_{QK} = F_{RK} \sin\alpha_K$$
$$F_{NK} = F_{RK} \cos\alpha_K$$

式中:r_K 是由截面形心到合力 F_{RK} 的垂直距离;α 为合力 F_{RK} 与 K 截面拱轴切线的夹角。

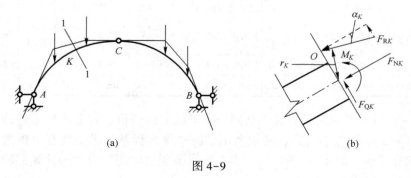

图 4-9

如果已知三铰拱每一截面上总压力在该截面上的作用点,这样,由这些作用点连接而成的一条折线或曲线,称为三铰拱的压力线(图(4-9(a)))。下面以图 4-10(a)所示三铰拱为例,说明压力线的作法。

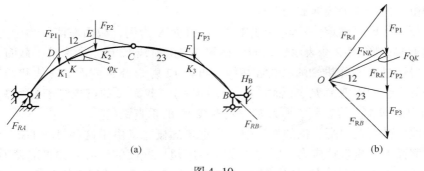

图 4-10

1. 确定各截面合力的大小和方向

首先用数解法求出支座 A、B 的水平及竖向反力 F_{Ax}、F_{Ay} 及 F_{Bx}、F_{By}，并求出其合力 F_{RA} 和 F_{RB}。考虑三铰拱的整体平衡，由图解法的静力平衡条件可知，作用在结构上的所有反力 F_{RA}、F_{RB} 及荷载 F_{P1}、F_{P2}、F_{P3} 必组成一闭合的力多边形。现选定适当的比例尺，按 F_{RA}、F_{P1}、F_{P2}、F_{P3}、F_{RB} 的顺序作力多边形。以 F_{RA}、F_{RB} 的交点 O 为极点，画出射线 12 和 23（由极点至力多边形顶点的连线称为射线）。则 F_{RA}、F_{RB} 及每一射线代表某一截面左边（或右边）所有外力的合力的大小和方向。例如，在拱的 AK_1 段中，任一截面左边只有一个外力 F_{RA}，因此，射线 F_{RA} 表示 AK_1 段中任一截面左边外力的合力（K_1、K_2、K_3 表示荷载 F_{P1}、F_{P2}、F_{P3} 作用点的位置）。又如射线 12 表示 K_1K_2 段中任一截面左边所有外力 F_{RA} 与 F_{P1} 的合力，同时也代表该截面右边所有外力 F_{P2}、F_{P3}、F_{RB} 的合力。总之，四个射线 F_{RA}、12、23、F_{RB} 分别表示 AK_1、K_1K_2、K_2K_3、K_3B 四段中任一截面所受的合力，即截面左边（或右边）所有外力的合力。显然，射线只表示合力的大小和方向，并不表示合力的作用线。如果我们再确定出该合力在三铰拱位置图上的作用线，便不难计算出内力。

2. 确定各截面合力的作用线。

由图 4-9（b）已经知道四个合力 F_{RA}、12、23、F_{RB} 的方向，如果再分别确定一个作用点，则每个合力的作用线就确定了。现参照图 4-9 说明作法如下：

首先，因为 F_{RA} 通过支座 A，故由 A 点出发，作出力多边形图上 F_{RA} 的平行线即为 F_{RA} 的作用线；F_{RA} 与 F_{P1} 的作用线交于 D 点，从 D 点作 12 射线的平行线即为合力 12（F_{RA} 与 F_{P1} 的合力）的作用线。依此类推，合力 12 作用线与 F_{P2} 交于 E 点，自 E 点作 23 射线的平行线即为合力 23 的作用线。最后，合力 23 的作用线与 F_{P3} 交于 F 点，过此点作 F_{RB} 的平行线，就是 F_{RB} 的作用线。因铰 C 和铰支座 B 处，弯矩为零，在上述作图过程中，合力 23 的作用线应通过铰 C，F_{RB} 的作用线应通过铰 B，这一点可以作为校核，用以检验作图是否准确。

以上各条作用线组成了一个多边形 $ADEFB$，称为索多边形，其中每个边称为索线。索多边形的每一边代表它以左（或以右）所有外力的合力的作用线，因此，索多边形又叫作合力多边形。又因以上各合力的拱在各个相应区段中所产生的轴力为压力，故也称为压力多边形或压力线，当拱上承受分布荷载时，可将分布荷载分段，每段范围内的均布荷载合成为一集中荷载。当然分段愈多，愈接近于实际情况。极限情形下，在分布荷载作用范围内的压力线即成为曲线。

有了压力线即可确定任一截面的内力。以截面 K 为例，截面左侧外力合力。F_{RK} 的作用线由索多边形中 12 线表示，它的大小和方向由射线 12 确定；为求得截面 K 的剪力和轴力，可通过 K 点作拱轴的法线和切线，再将 12 射线沿 K 截面的法线和切线方向分解为两个分力，即得剪力 F_{QK} 和轴力 F_{NK}（图 4-9）。截面 K 的弯矩等于合力 F_{RK} 对截面形心 K 的力矩即 $M_K = F_{RK} r_K$，r_K 为 K 点到索线 12 的垂直距离。

压力线在砖石及混凝土拱的设计中是很重要的概念。由于这些材料的抗拉强度低，通常要求截面上不出现拉应力，因此压力线不应超出截面的核心。如拱的截面为矩形，其截面核心高度为截面高度的三分之一，故压力线不应超出截面三等分后中段范围。

二、合理拱轴的概念

由上面分析可知，如果压力线与拱的轴线重合，则各截面形心到合力作用线的距离为零。因此，各截面的弯矩及剪力均为零，截面上只有轴力，拱处于均匀受压状态，这时材料的使用是最经济的。在固定荷载作用下使拱处于无弯矩状态的轴线称做合理拱轴线。

根据式（4-3）

$$M_K = M_K^0 - F_H y_K$$

当拱轴为合理拱轴时，按定义有

$$M = M^0 - F_H y = 0$$

由此得

$$y = \frac{M^0}{F_H} \tag{4-6}$$

式（4-6）表明，在竖向荷载作用下，三铰拱的合理拱轴的竖标 y 与简支梁的弯矩成正比。当拱上所受荷载已知时，只需求出相应简支梁的弯矩方程，除以 F_H，即可得到三铰拱的合理拱轴的轴线方程。

例 4-2 试求图 4-11（a）所示对称三铰拱在竖向荷载 q 作用下的合理拱轴。

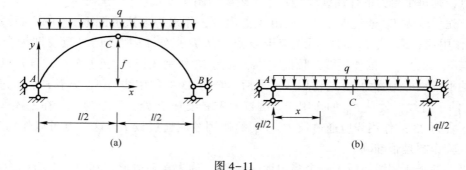

图 4-11

解：作出相应简支梁如图 4-11（b）所示，其弯矩方程为

$$M^0 = \frac{1}{2}qlx - \frac{1}{2}qx^2 = \frac{1}{2}qx(l-x)$$

由式（4-3）求出推力 F_H 为

$$F_H = \frac{M_C^0}{f} = \frac{ql^2}{8f}$$

则由式（4-10）得出该三铰拱的合理拱轴的轴线方程为

$$y = \frac{\frac{1}{2}qx(l-x)}{\frac{ql^2}{8f}} = \frac{4f}{l^2}(l-x)x$$

由此可知，在竖向均布荷载作用下，三铰拱的合理拱轴的轴线是一抛物线。

例 4-3 设在三铰拱的上面填土，填土表面为一水平面，试求在填土重力作用下三铰拱的合理拱轴。设填土的容重为 γ，拱所受的竖向分布荷载为 $q = q_C + \gamma y$，如图 4-12 所示。

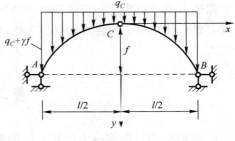

图 4-12

解：本题由于荷载集度 q 随拱轴线纵坐标而变，而 y 尚属未知，故相应简支梁的弯矩方程亦无法事先写出，因而不能由式（4-6）直接求出该三铰拱的合理拱轴的轴线方程。为此，将式（4-10）对 x 微分两次，得

$$\frac{d^2y}{dx^2} = \frac{1}{F_H} \frac{d^2M^0}{dx^2}$$

注意到 q 向下为正，与 M^0 规定的方向一致，故

$$\frac{d^2M^0}{dx^2} = q$$

所以

$$\frac{d^2y}{dx^2} = \frac{q}{F_H}$$

这就是在竖向分布荷载作用下拱合理拱轴的轴线的微分方程。将 $q = q_C + \gamma y$ 代入上式，则有

$$\frac{d^2y}{dx^2} - \frac{\gamma}{F_H}y = \frac{q_C}{F_H}$$

该微分方程的解答可用双曲函数表示：

$$y = A\operatorname{ch}\sqrt{\frac{\gamma}{F_H}}x + B\operatorname{sh}\sqrt{\frac{\gamma}{F_H}}x - \frac{q_C}{\gamma}$$

式中：两个常数 A 和 B 可由边界条件确定如下。

在 $x=0$ 处，$y=0$，得

$$A = \frac{q_C}{\gamma}$$

在 $x=0$ 处，$\dfrac{dy}{dx}=0$，得

$$B=0$$

代入后有

$$y=\dfrac{q_C}{\gamma}\left(\text{ch}\sqrt{\dfrac{\gamma}{F_H}}x-1\right)$$

上式表明：在填土重力作用下，三铰拱的合理拱轴的轴线为一悬链线。

在实际工程中，同一结构往往要受到各种不同荷载的作用，而对应不同的荷载就有不同的合理轴线。因比根据某一固定荷载所确定的合理轴线并不能保证拱在各种荷载作用下都处于无弯矩状态。在设计中应当尽可能地使拱的受力状态接近无弯矩状态。通常是以主要荷载作用下的合理轴线作为拱的轴线。这样，在一般荷载作用下拱产生弯矩不会太大。

复习思考题

1. 拱的受力情况和内力计算与梁和刚架有何异同？
2. 在非竖向荷载作用下，如何计算三铰拱的反力和内力？能否使用式（4-1）和式（4-2）？
3. 能否根据三铰拱内力方程直接做出内力图？工程上采用什么方法？
4. 什么是合理拱轴线？
5. 悬索结构受力有何特点？
6. 作为未来的工程师，人民生命财产安全无小事，同学们必须要以严谨科学的工匠精神、奉献民族复兴的家国情怀，以保障人民生命财产安全为己任，以一丝不苟、执着坚守、迎难而上的学习态度和工作态度，去思考：力学在实现"中华民族伟大复兴的中国梦"中应起和所起的作用是什么？力学如何为中国式现代化服务？

习　题

习题 4-1　求图示拱结构的反力。

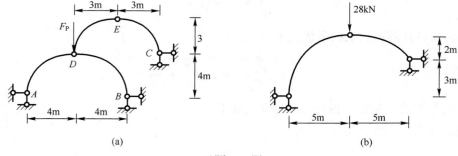

习题 4-1 图

习题 4-2　图示半圆弧三铰拱，求 K 截面的弯矩。

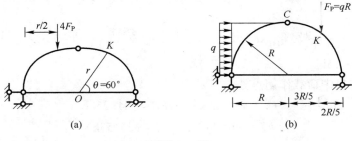

习题 4-2 图

习题 4-3　求图示三铰拱中拉杆的轴力。

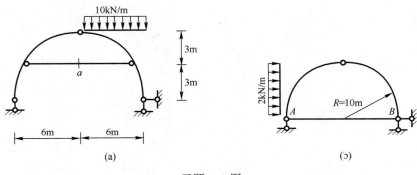

习题 4-3 图

习题 4-4　求图示抛物线三铰拱支反力，并作内力图。已知拱轴线方程为 $y=\dfrac{4f}{l^2}x(l-x)$。

习题 4-5　试求承受三角形分布荷载的拱的合理轴线方程。

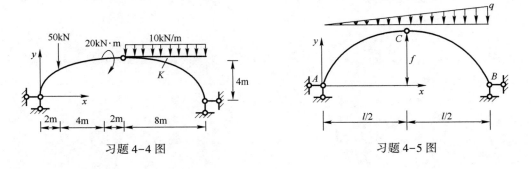

习题 4-4 图　　　　　习题 4-5 图

习 题 答 案

习题 4-1　（a）$F_{Ay}=F_{By}=F_P/2(\uparrow)$，$F_H=F_P/2(\leftarrow)$

（b）$F_{Ay}=20\text{kN}(\uparrow)$，$F_{By}=8\text{kN}(\uparrow)$，$F_H=20\text{kN}$

习题 4-2　（a）$M_K = (1-\sqrt{3})F_P r/2$

（b）$M_K = \dfrac{3}{50}qR^2$（内侧受拉）

习题 4-3　（a）$F_{Na} = 30\text{kN}$

（b）$F_{NAB} = -15\text{kN}$

习题 4-4　集中荷载作用点处：
$$F_N^{左} = +71.25\text{kN}, \quad F_N^{右} = +41.25\text{kN}$$
$$F_Q^{左} = +14.5\text{kN}, \quad F_Q^{右} = -25.55\text{kN}$$
$$M = 79.375\text{kN}\cdot\text{m}$$

习题 4-5　$y = \dfrac{8f}{3l^2}\left(lx - \dfrac{x^3}{l}\right)$

第 5 章　静定桁架和组合结构

5.1　桁架的特点和组成分类

梁和刚架是以承受弯矩为主的结构，横截面上主要产生非均匀分布的弯曲正应力，如图 5-1（a）、（b）所示，其边缘处的应力最大，中性轴处的应力趋于零，因而材料没有被充分利用。

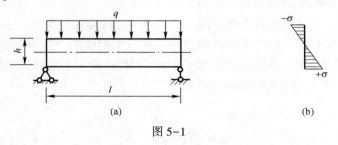

图 5-1

桁架是由杆件组成的格构式体系，实际工程中的桁架一般都是空间桁架，但是其中有很多可以分解为平面桁架进行分析，为了简化计算，选取既能反映结构的主要受力性能，又便于计算的计算简图。通常对实际桁架的计算简图常采用如下的假定。

（1）各杆在两端用绝对光滑的理想铰相互联结。
（2）各杆的轴线都是直线，且位于同一个平面内并且通过铰的几何中心。
（3）全部荷载和支座反力都作用在铰结点上，并在桁架的平面内。

满足上述假定的桁架称为理想平面桁架。图 5-2（a）为实际工程中的钢筋混凝土屋架，图 5-2（b）为这一桁架的计算简图。

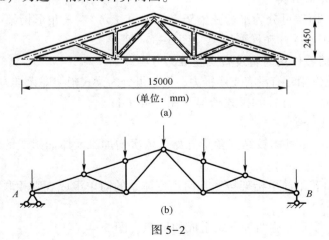

图 5-2

此时桁架的各杆将只承受轴力的作用，杆件截面上的应力是均匀分布的，可以同时达到容许值，材料能得到充分利用。与同跨度的梁相比，桁架具有节省材料、自重轻等优点，因此，桁架是大跨度结构常用的一种结构形式。20世纪30年代茅以升主持设计的钱塘江大桥是中国第一座自行设计、建造的铁路公路两用双层钢结构桁梁桥，其引桥为钢拱，正桥则为钢简支桁架，体现了当时中国现代化铁路公路桥的最高建造水平，是中国桥梁建筑史上的一座里程碑。茅以升的工匠精神和科学精神值得每一位土木人学习。

实际的桁架并不完全符合上述理想假定。例如：钢桁架的结点是铆接或者是焊接的，钢筋混凝土构件的结点是浇注在一起的，这些结点都具有一定的刚性；各杆轴线不可能绝对平直，在结点处各杆也不一定完全汇交于一点；杆件的自重、外荷载等也常常不是作用在结点上的；等等。但试验和工程实践证明，在一般工程中，这些因素对桁架的影响是次要的。通常把理想平面桁架求出的内力称为主内力，由于实际受力情况与上述假定不相符，而产生的附加内力称为次内力。次内力一般可以忽略不计。

桁架的杆件，依其所在位置的不同，可以分为弦杆和腹杆两类。弦杆又可以分为上弦杆和下弦杆，腹杆又可以分为斜杆和竖杆。弦杆上相邻两个结点间的区段称为节间，其间距d称为节间长度。两支座间的水平距离l称为跨度。支座联线至桁架最高点的距离H称为桁高。各个部分名称如图5-3所示。

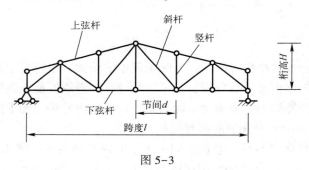

图5-3

静定平面桁架的类型很多，根据不同特征，可分为如下几类。

1. 按桁架的外形分类

按外形不同，桁架可分为平行弦桁架（图5-4（a））、三角形桁架（图5-4（b））、折弦桁架（图5-4（c））和梯形桁架（图5-3）等。

2. 按受竖向荷载作用时有没有支座推力分类

按受竖向荷载作用时有没有支座推力，桁架可分为梁式桁架即无推力桁架（图5-3）、（图5-4（a）、（b）、（c））和拱式桁架（图5-4（d））。

3. 按几何组成分类

简单桁架：由一个基本铰结三角形开始，依次增加二元体而组成的桁架（图5-3），（图5-4（a）、（b）、（c））。

联合桁架：由若干简单桁架按照几何不变体系的简单组成规则相联结而构成的桁架（图5-4（d）、（e））。

复杂桁架：不按照上述两种方式组成的桁架（图5-4（f））。

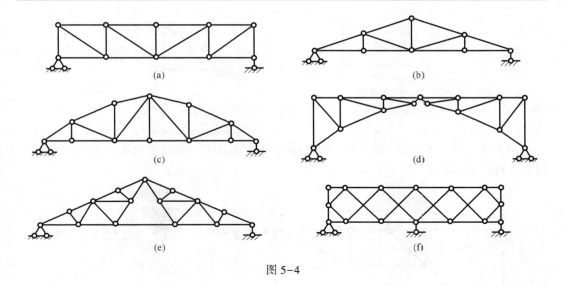

图 5-4

5.2 静定平面桁架的计算

用数解法计算静定平面桁架,包括结点法、截面法和结点法与截面法的联合应用,下面分别加以介绍。

一、结点法

结点法是截取桁架的结点为隔离体,隔离体上外力与内力构成平面汇交力系,利用平面汇交力系的两个平衡条件来计算未知力的方法。一般说来,任何形式的静定桁架都可以用结点法求解,但在实际计算中,为了避免求解联立方程,每次所截取的结点上未知力的个数不宜超过两个。由于简单桁架是从一个基本铰接三角形开始,依次增加二元体所组成的,其最后一个结点只包含两根杆件,故对这类桁架,在求支座反力后(有时不必求反力),可以从最后结点开始,反其组成顺序,逐结点向前计算,作用各隔离体上的未知力都不会超过两个,最终可以求得桁架全部杆件的内力。

在桁架的内力分析中,经常需要把斜杆的内力 F_{Nij} 分解为水平分力 F_{Nijx} 和竖向分力 F_{Nijy}(图 5-5 (a))。而斜杆的长度为 l,在水平和竖直方向的投影长度分别为 l_x 和 l_y(图 5-5 (b))。由三角形的比例关系,可知

$$\frac{F_{Nij}}{l}=\frac{F_{Nijx}}{l_x}=\frac{F_{Nijy}}{l_y}$$

这样,在 F_{Nij}、F_{Nijx} 和 F_{Nijy} 三者中,任知其一便可方便地推算出其余两个,而无须使用三角函数。

在计算过程中,通常是先假设杆件的未知轴力为拉力。计算结果为正值,表示轴力确是拉力;计算结果为负值,表示杆件的轴力是压力。

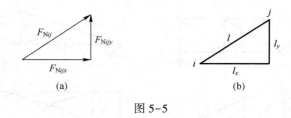

图 5-5

例 5-1 图 5-6（a）所示为一施工托架的计算简图，是简单桁架。求所示荷载作用下各杆件的轴力。

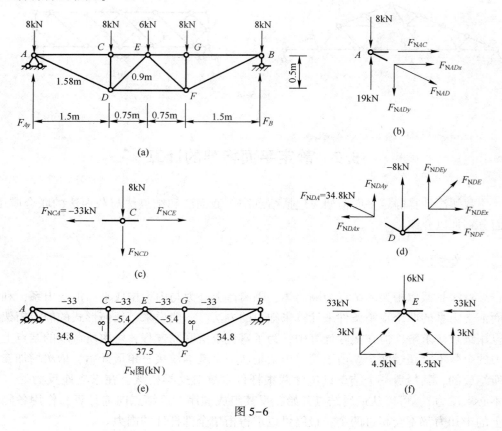

图 5-6

解：1）计算支座反力

$$F_{Ax} = 0$$
$$F_{Ay} = F_B = 19\text{kN}(\uparrow)$$

2）计算各杆的内力

此简单桁架的几何组成顺序可看作：在刚片 BGF 上依次增加二元体得到 E、D、C、A 结点，因此结点求解的顺序为 A、C、D、E、F、G。这样可以使每个结点隔离体上的未知力不超过两个。一个简单桁架往往可以按照不同的结点顺序组成，这时，用结点法求解时也可以按照不同顺序来截取结点。

结点 A：取结点 A 作隔离体如图 5-6（b）所示。由 $\sum F_y = 0$ 得

$$19-8-F_{NADy}=0, \quad F_{NADy}=11\text{kN}$$

利用比例关系，有

$$F_{NADx}=11\times\frac{1.5}{0.5}=33\text{kN}$$

$$F_{NAD}=11\times\frac{1.58}{0.5}=34.8\text{kN}(拉力)$$

由 $\sum F_x = 0$ 得

$$F_{NAC}+F_{NADx}=0, \quad F_{NAC}=-33\text{kN}(压力)$$

结点 C：取结点 C 作隔离体，如图 5-6（c）所示。

由 $\sum F_x = 0$ 得

$$F_{NCE}=-33\text{kN}(压力)$$

由 $\sum F_y = 0$ 得

$$F_{NCD}=-8\text{kN}（压力）$$

结点 D：取结点 D 作隔离体，如图 5-6（d）所示。

由 $\sum F_y = 0$ 得

$$F_{NDEy}=8-11=-3\text{kN}$$

利用比例关系得

$$F_{NDEx}=-3\times\frac{0.75}{0.5}=-4.5\text{kN}$$

$$F_{NDE}=-3\times\frac{0.9}{5}=-5.4\text{kN}(压力)$$

由 $\sum F_x = 0$ 得

$$F_{NDF}=33-F_{NDEx}=37.5\text{kN}(拉力)$$

3）利用对称性

由于结构和荷载都是对称的，故托架中的内力也呈对称分布，处于对称位置的两根杆具有相同的轴力，因此，只需计算托架的半边杆件的轴力即可。最后，将各杆的轴力标注在桁架的各杆旁边，如图 5-6（e）所示。

4）校核

可取结点 E 为隔离体进行校核，如图 5-6（f）所示。

由 $\sum F_x = 0$ 得

$$33+4.5-33-4.5=0$$

由 $\sum F_y = 0$ 得

$$3+3-6=0(校核无误)$$

值得指出，在桁架中常有一些特殊形状的结点，掌握了这些特殊结点的平衡规律，常可使计算得到简化，这几种特殊情况是：

（1）不共线两杆件汇交的结点上无外荷载作用时，则两杆件的内力都等于零（图 5-7（a））。内力为零的杆件称为零杆。

（2）三杆汇交的结点上无外荷载作用时，若其中两根杆在同一直线上，则共线的两根杆件的内力大小相等且性质相同（指同时受拉或者受压），而第三根杆件的内力则等于零（图 5-7（b））。

（3）四杆汇交的结点上无荷载作用时，若其中两杆在同一条直线上，而另外两杆在另一条直线上，则在同一直线上的两根杆件的内力大小相等且性质相同（图 5-7（c））。

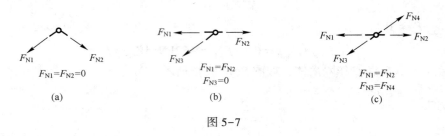

图 5-7

上述各条结论均可根据结点投影平衡方程得出，读者可以自行进行证明。

例 5-2 试用结点法计算图 5-8（a）所示桁架的各杆内力。

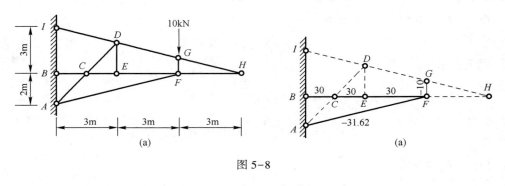

图 5-8

解：此桁架是简单桁架，其几何组成顺序可看作：从刚片 ABC 开始（包括基础在内），依次增加二元体得到 D、E、F、G、H 结点。

1）判断零杆

结点 H 为两杆的结点，且无荷载的作用。由结点平衡的特殊情况（1），可知
$$F_{NHG} = F_{NHF} = 0$$

结点 G 为三杆结点，但有荷载作用，为四力汇交。由结点平衡的特殊情况（3）可知
$$F_{NGD} = F_{NGH} = 0$$
$$F_{NGF} = -10\text{kN}$$

结点 E 为三杆结点，且无荷载的作用。由结点平衡的特殊情况（2）可知
$$F_{NED} = 0$$
$$F_{NEC} = F_{NEF} = 0$$

结点 D 已知 $F_{NDE} = F_{NDG} = 0$，由结点平衡的特殊情况（1）可知
$$F_{NDI} = F_{NDC} = 0$$

结点 C 为四杆结点，且无荷载作用。由结点平衡的特殊情况（3）可知

$$F_{NCA} = F_{NCD} = 0$$
$$F_{NCB} = F_{NCE}$$

2) 计算其余各杆内力

结点 F：由 $\sum F_y = 0$ 到
$$F_{NFAy} = F_{NFG} = -10\text{kN}$$

利用比例关系
$$\frac{F_{NFA}}{2\sqrt{10}} = \frac{F_{NFAx}}{6} = \frac{F_{NFAy}}{2}$$

可得
$$F_{NFA} = \sqrt{10}\, F_{NFAy} = -31.62\text{kN}(压力)$$
$$F_{NFAx} = 3F_{NFAy} = -30\text{kN}$$

由 $\sum F_x = 0$ 得
$$F_{NFE} = -F_{NFAx} = 30\text{kN}(拉力)$$

因此
$$F_{NCE} = F_{NCB} = 30\text{kN}(拉力)$$

各杆内力如图 5-8（b）所示，图中虚线所示的杆件为零杆。

例 5-3 试用结点法计算图 5-9（a）所示桁架各杆的内力。

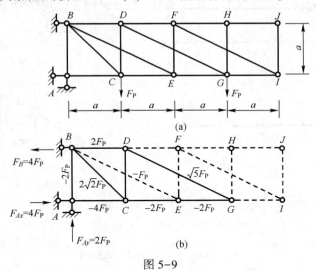

图 5-9

解：首先判断零杆。运用结点平衡的特殊情况所得到的结论可知，图 5-9（b）中虚线所示的各杆皆为零杆。然后依次取 G、E、D、C、B、A 结点为隔离体，同上例题的作法，不难求出非零杆的内力以及支座反力，计算结果示于图 5-9（b）。

二、截面法

利用结点法可以求解任意静定桁架的内力，对于简单桁架可按照组成相反顺序用结点法将所有杆件的内力求解出来。但是在实际工程中，当只需要确定少数杆件的内力或者是用结点法必须求解联立方程时（如联合桁架），一般不用结点法，而采用截面法确定某些指定杆的内力。

所谓的截面法是用截面截取桁架两个结点以上的部分作为隔离体，利用平面一般力系的平衡方程来计算未知力的方法。由于平面一般力系的平衡方程只有三个，所以在选取截面时，应该尽量使隔离体中包含的未知力数目不超过三个，以便直接解出这些未知力。根据所选用平衡方程的不同，截面法可以分为力矩方程法和投影方程法。

1. 力矩方程法

力矩方程法是给作用在隔离体上的力系建立力矩平衡方程以计算轴力的方法。要达到计算简便的目的，关键是选取合理的力矩中心。

以图 5-10（a）所示的桁架为例，设支座反力已经求出，现要求 DE、DF 和 CF 三杆的内力。为此，用截面 I-I 截取隔离体，如图 5-10（c）所示，建立平衡方程时，应尽量使每一个方程只包含一个未知力。例如，求上弦杆 DE 的内力 F_{NDE} 时，欲达到这一要求，可取另外两杆件 DF 和 CF 的交点 F 为矩心，为了避免计算 DE 杆的力臂 r_1，可将 F_{NDE} 在结点 E 处分解为两个分力：F_{NDEx} 和 F_{NDEy}。

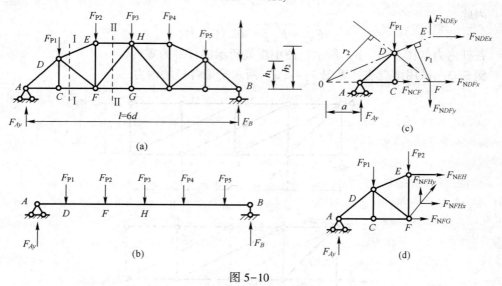

图 5-10

由 $\sum M_F = 0$ 有

$$F_{NDEx} \times h_2 + F_{Ay} \times 2d - F_{P1} \times d = 0$$

得到

$$F_{NDEx} = -\frac{F_{Ay} \times 2d - F_{P1} \times d}{h_2} = -\frac{M_F^0}{h_2} \tag{5-1}$$

式中：M_F^0 为位于 I-I 截面以左桁架的荷载和反力对结点 F 的力矩代数和，即与此桁架同跨度、同荷载的简支梁 F 截面（图 5-10（b））相应的弯矩。已知 F_{NDEx} 后，利用比例关系即可求出 F_{NDE}。因为 M_F^0 为正，所以式（5-1）等号右侧的负号表示 F_{NDE} 为压力。

同理，求下弦杆 CF 的内力 F_{NCF} 时，应取 DE 杆和 DF 杆的交点 D 为矩心。

由 $\sum M_D = 0$ 有

$$F_{NCF} \times h_1 - F_{Ay} \times d = 0$$

$$F_{NCF} = \frac{F_{Ay} \times d}{h_1} = \frac{M_D^0}{h_1} \tag{5-2}$$

式中：M_D^0 为相应简支梁 D 截面的弯矩。因 M_D^0 为正，故 F_{NCF} 为拉力。

求斜杆 DF 的内力 F_{NDF} 时，可取 DE 杆和 CF 杆的轴线的延长线的交点 O 为矩心。同样为避免求力臂 r_2，将 F_{NDF} 在结点 F 分解为 F_{NDFx} 和 F_{NDFy}。

由 $\sum M_O = 0$ 得

$$F_{NDFy} \times (a+2d) - F_{Ay} \times a - F_{P1} \times (a+d) = 0$$

$$F_{NDFy} = \frac{F_{Ay} \times a - F_{P1} \times (a+d)}{a+2d} \tag{5-3}$$

式（5-3）右侧分子的正负号即斜杆 DF 的拉压性质，取决于荷载的分布情况。

2. 投影方程法

仍以图 5-10（a）所示的桁架为例。欲求斜杆 FH 的内力 F_{NFH} 时，可作 II-II 截面，并取其左边的部分为隔离体（图 5-10（d）），因上下弦杆都在水平方向，若选取垂直于弦杆的竖轴作为投影轴。在其投影方程中便只含有未知力 F_{NFH}，将 F_{NFH} 分解。

由 $\sum F_y = 0$ 有

$$F_{NFHy} + F_{Ay} - F_{P1} - F_{P2} = 0$$

$$F_{NFHy} = -(F_{Ay} - F_{P1} - F_{P2}) = -F_{QF-H}^0$$

式中：F_{QF-H}^0 为相应简支梁在 $F-H$ 区间的剪力。此剪力的正负号与荷载的分布情况有关，故斜杆 FH 的拉、压性质就要视荷载而定。已知 F_{NFHy} 后，利用比例关系就不难计算出 F_{NFH} 了。

以上是针对所截取的隔离体上有三个未知轴力，且它们不交于一点也不互相平行的情况来讨论的。在某些情况下，若所截取得轴力为未知的杆件数虽多于三个，但是除了拟求的一个未知力外，其他各未知力都汇交于同一点或都互相平行，则仍可应用力矩方程或投影方程求出该杆的轴力。例如在图 5-11 所示的桁架中作出 I-I 截面，取右边为隔离体，由 $\sum M_K = 0$ 可以求得 F_{Na}。又如在图 5-12 所示桁架中作 I-I 截面取上部分为隔离体，由 $\sum F_x = 0$ 可以求得 F_{Nb}。

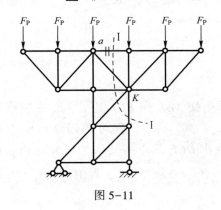

图 5-11

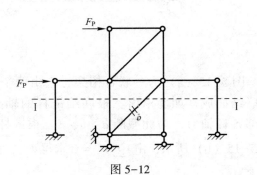

图 5-12

三、结点法与截面法的联合应用

结点法和截面法是计算桁架内力的两种通用方法。实际计算时，这两种方法常是联合应用的。对于简单桁架，通常用结点法可以方便地求出所有杆件的内力，而对于联合桁架单独用结点法求解会遇到困难，需先用截面法求出相关杆件的内力，然后用结点法计算其余杆件的内力。如图 5-13（a）所示的联合桁架，无论从哪一个结点开始计算都包含三个未知力，不能直接用结点法求解。此时如作 I-I 截面，以其左半部（或右半部）为隔离体，利用 $\sum M_C = 0$，求出 AB 杆的内力 F_{NAB}，而后再对其进行计算便无困难了。又如图 5-13（b）所示的联合桁架，可作 I-I 截面，取其上半部分为隔离体，利用 $\sum F_x = 0$ 求出 EF 杆内力 F_{NEF} 后，再利用结点法计算两个铰结三角形各杆的内力。

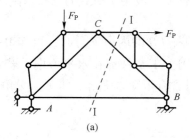
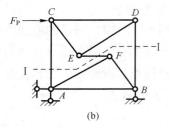

图 5-13

联合应用截面法和结点法解题与单独使用截面法类似，所作截面可以各种各样，即可挺直也可弯曲，既可竖直或倾斜也可水平，有时甚至可以做成闭合截面。如图 5-14（a）所示为一联合桁架，三角形 ABC 为基本部分，中间三角形为附属部分。可作如图所示的闭合截面 I，取中间部分为隔离体如图 5-14（b），通过对任意两杆交点取矩的三个力矩方程，可以求出联结链杆 a、b、c 的内力，然后计算两个铰结三角形的内力。

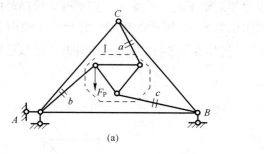
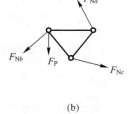

图 5-14

图 5-15（a）为一联合桁架，它由两个简单桁架 ADE 和 BCF 用 a、b、c 三根链杆联结而成。如能求出三根联结链杆的轴力 F_{Na}、F_{Nb}、F_{Nc}，则可利用结点法求得全部各杆轴力。为此截断 a、b、c 三根链杆，取出 BCF 简单桁架作为研究对象，如图 5-15（b）所示，由 $\sum F_x = 0$ 求得 F_{Nc}，由 $\sum M_B = 0$ 求得 F_{Na}，再由 $\sum M_C = 0$ 求得 F_{Nb}。

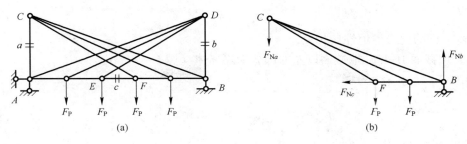

图 5-15

例 5-4 试求图 5-16（a）所示桁架中杆 a、b、c、d 的内力。

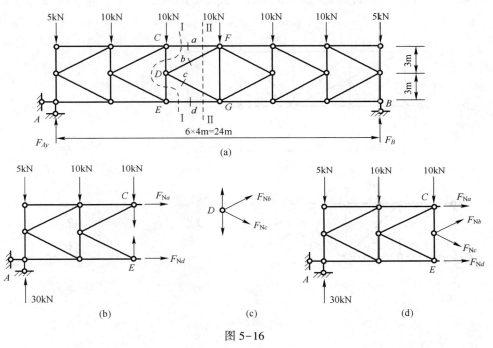

图 5-16

解： 1）计算支座反力

$$F_{Ay} = F_B = 30\text{kN}(\uparrow)$$

$$F_{Ax} = 0$$

2）用截面 I-I 截取截面以左部分为隔离体（图 5-16（b））

由 $\sum M_E = 0$ 有

$$F_{Na} \times 6 + 30 \times 8 - 5 \times 8 - 10 \times 4 = 0$$

$$F_{Na} = -26.67\text{kN}(压力)$$

由 $\sum M_C = 0$ 有

$$F_{Nd} \times 6 - 30 \times 8 + 5 \times 8 + 10 \times 4 = 0$$

$$F_{Nd} = 26.67\text{kN}(拉力)$$

3）以结点 D 为隔离体（图 5-16（c））

由 $\sum F_x = 0$ 有

$$F_{Nb} = -F_{Nc} \quad (5\text{-}4)$$

可知 b、c 杆的内力等值性质相反。

4) 用截面 II-II 截取截面以左的部分为隔离体（图5-16（d））。

由 $\sum F_y = 0$ 有

$$F_{Nb} \times \frac{3}{5} - F_{Nc} \times \frac{3}{5} + 30 - 5 - 10 - 10 = 0 \quad (5\text{-}5)$$

将式（5-4）代入式（5-5），得

$$F_{Nb} = -4.17\text{kN}(压力), \quad F_{Nc} = 4.17\text{kN}(拉力)$$

例 5-5 试求图5-17（a）所示桁架杆 a、b、c 的内力。

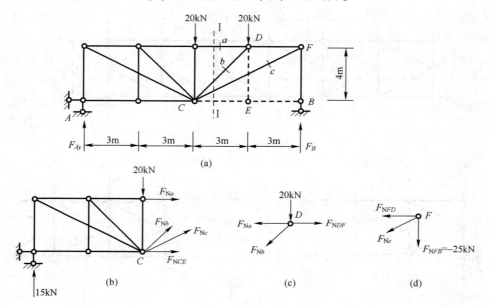

图 5-17

解： 1) 计算支座反力

$$F_{Ay} = 15\text{kN}(\uparrow), \quad F_B = 25\text{kN}(\uparrow)$$

2) 用 I-I 截面截取截面以左的部分为隔离体（图5-17（b））

由 $\sum M_C = 0$ 有

$$F_{Na} \times 4 + 15 \times 6 = 0$$

$$F_{Na} = -22.5\text{kN}(压力)$$

3) 经判断杆 ED、EB、EC 均为零杆

取结点 D 为隔离体，如图5-17（c）所示。

由 $\sum F_y = 0$ 有

$$F_{Nb} \times \frac{4}{5} + 20 = 0$$

$$F_{Nb} = -20 \times \frac{5}{4} = -25\text{kN}(压力)$$

4) 取结点 F 为隔离体（图 5-17（d））

由结点 B 的平衡条件，可知

$$F_{NFB} = -25\text{kN}(\text{压力})$$

对 F 结点 由 $\sum F_y = 0$ 有

$$F_{Nc} \times \frac{4}{\sqrt{6^2 + 4^2}} - 25 = 0$$

$$F_{Nc} = 25 \times \frac{7.21}{4} = 45.06\text{kN}(\text{拉力})$$

5.3 静定组合结构的计算

组合结构由只承受轴力的二力杆和承受弯矩、剪力、轴力的梁式杆所组成。图 5-18（a）为下撑式五角形屋架，其计算简图如图 5-18（b）所示。图 5-19 为施工时采用的临时撑架，它们都是组合结构。

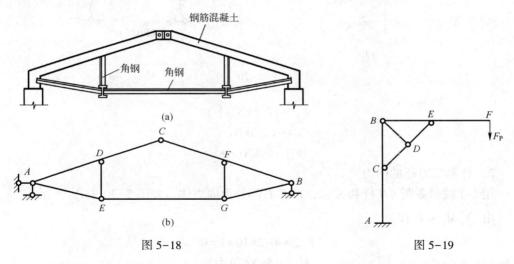

图 5-18　　　　　　　　　　图 5-19

组合结构受力分析的特点是先求出二力杆中的内力，并将其作用于梁式杆上，再计算梁式杆的弯矩、剪力、轴力。计算二力杆的内力与分析桁架的内力一样，可以用结点法及截面法。但需注意，如果二力杆的一端与梁式杆相联结，则不能不加分辨地引用 5.2 节所讲述的关于结点平衡特殊情况的结论来判定二力杆的内力。如图 5-19 中的 C 结点，由于 AC、CB 不是二力杆，因此不能认为 CD 杆是零杆。

组合结构由于在梁式杆上装置了若干个二力杆，故可使梁式杆的弯矩减小，从而达到了节约材料及增加刚度的目的。梁式杆及二力杆还可采用不同材料，如梁式杆用钢筋混凝土，二力杆用钢材制作。

例 5-6 试求图 5-20（a）所示静定组合结构中二力杆的轴力并绘出梁式杆的弯矩图。

解：1）计算支座反力（反力计算与简支刚架相同）

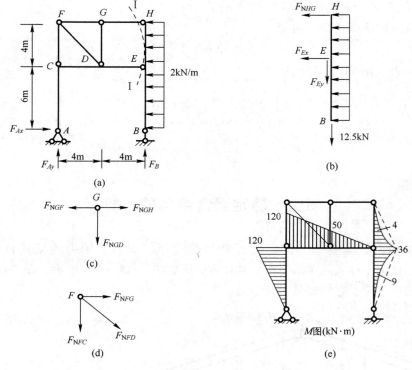

图 5-20

$$F_{Ay} = 12.5 \text{kN}(\uparrow)$$
$$F_B = -12.5 \text{kN}(\downarrow)$$
$$F_{Ax} = 20 \text{kN}(\rightarrow)$$

2) 计算二力杆的内力

用 I-I 截面截断 GH 杆和 E 铰，取其右部分为隔离体，如图 5-20（b）所示。

由 $\sum M_E = 0$ 有

$$F_{NHG} \times 4 - 2 \times 10 \times 1 = 0$$
$$F_{NHG} = 5 \text{kN}(拉力)$$

由 $\sum F_x = 0$ 有

$$F_{Ex} + F_{NHG} + 2 \times 10 = 0$$
$$F_{Ex} = -25 \text{kN}$$

由 $\sum F_y = 0$ 有

$$F_{Ey} + 12.5 = 0$$
$$F_{Ey} = -12.5 \text{kN}$$

由 G 结点（图 5-20（c））的平衡条件可知

$$F_{NGD} = 0$$
$$F_{NGF} = 5 \text{kN}(拉力)$$

由 F 结点（图 5-20（d））的平衡条件可知

$$F_{NFD} = -5\sqrt{2}\,\text{kN}(压力)$$
$$F_{NFC} = 5\,\text{kN}(拉力)$$

将 E 铰处求出的约束力 F_{Ex}、F_{Ey} 分别作用在梁式杆上即可绘出梁式杆的 M 图（图5-20（e））。

例 5-7 试求图 5-21（a）所示静定组合结构中二力杆的轴力并绘出梁式杆的弯矩图。

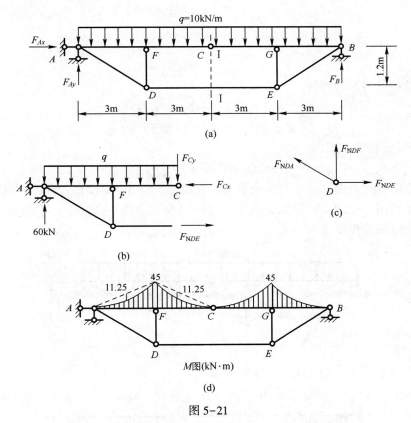

图 5-21

解：1) 计算支座反力

以整体为研究对象，可求得
$$F_{Ax} = 0$$
$$F_{Ay} = F_B = 60\,\text{kN}(\uparrow)$$

2) 计算二力杆轴力

因 $F_{Ax}=0$，故可利用结构及受力情况的对称性质，只计算左半边结构的内力。用 I-I 截面截断 DE 杆及 C 铰，取其左半部分为隔离体，如图 5-21（b）所示。

由 $\sum M_C = 0$ 有
$$F_{NDE} \times 1.2 - 60 \times 6 + 10 \times 6 \times 3 = 0$$
$$F_{NDE} = 150\,\text{kN}(拉力)$$

以结点 D 为隔离体，如图 5-21（c）所示。

由 $\sum F_x = 0$ 解得

$$F_{NDAx} = 150\text{kN}$$

再利用比例关系得

$$F_{NDAy} = \frac{1.2}{3} F_{NDAx} = 60\text{kN}$$

$$F_{NDA} = \frac{\sqrt{3^2 + 1.2^2}}{3} F_{NDAx} = 161.55\text{kN}(拉力)$$

由 $\sum F_y = 0$ 得

$$F_{NDF} = -F_{NDAy} = -60\text{kN}(压力)$$

利用结构的对称性可知

$$F_{NEG} = F_{NDF} = -60\text{kN}(压力)$$
$$F_{NEB} = F_{NDA} = 161.55\text{kN}(拉力)$$

3) 绘梁式杆的弯矩图

将 F_{NDA}、F_{NDF}、F_{NEG}、F_{NEB} 杆的轴力作用于梁式杆上，绘出 M 图如图 5-21 (d) 所示。从弯矩图看到本例梁式杆只承受负弯矩且沿杆长分布不均匀。若将二力杆 FD、GE 的位置移动到图 5-22 (a) 所示的位置，弯矩图即变为图 5-22 (b) 中的形状，这样，梁式杆上的弯矩分布便比较均匀。

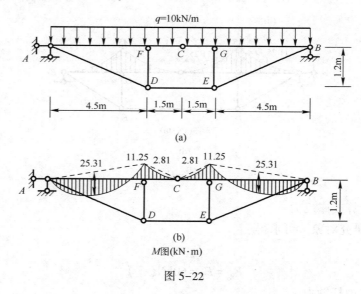

图 5-22

5.4 静定结构的一般特性

以上讨论了梁、刚架、桁架、拱和组合结构的计算原理和计算方法。不同形式的结构可以有不同的组成方式，具有不同的受力情况，但是以下两点是静定结构的基本特征：①几何不变且无多余约束是静定结构的几何组成特征；②满足平衡条件的反力和内力解答的唯一性是静定结构的基本静力特征。也就是说，静定结构没有多余约束，其全部反力和内力单凭静力平衡条件就可以完全确定，并且解答是唯一的。根据静定结构解答的唯一性这一基本特征，可导出静定结构的以下几个特征。

一、温度变化、支座移动以及制造误差等非荷载因素不会引起内力

如图 5-23（a）所示悬臂梁，若其上、下部的温度分别升高 t_1 和 t_2，（设 $t_1 > t_2$），则梁将产生自由的伸长和弯曲变形，但是由于没有荷载的作用，由平衡条件可知，梁的反力和内力均为零。又如图 5-23（b）所示静定梁，其 C 支座发生了沉降，由于 B 点为不动铰，故 BC 杆随之将绕着 B 铰自由地转动和移动。同样，由于荷载为零，其反力和内力也均为零。实际上，当荷载为零时，零内力状态能够满足结构所有各部分的平衡条件，对于静定结构，这就是唯一的解答。因此可以断定除荷载外其他任何因素均不引起静定结构的反力和内力。

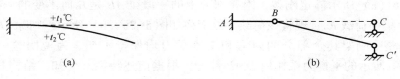

图 5-23

二、将一平衡力系加于静定结构中某一几何不变部分时，结构的其余部分不产生内力

图 5-24 为一静定桁架，其中 ABCD 部分为桁架的一个几何不变部分，该部分作用有一平衡力系。在这种情况下，只有 ABCD 部分内的杆件产生内力，而支座反力以及其余部分杆件的内力均为零。

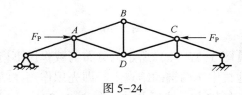

图 5-24

又如图 5-25（a）所示，有平衡力系作用在几何不变部分 BD 上，由分析可知除 BD 部分外，其余部分均不受力。结构的弯矩图如图中阴影线所示。这种情形实际上具有普遍性。因为当平衡力系作用于静定结构的任何本身几何不变部分上时，若设想其余部分均不受力而将它们撤去，则所剩部分由于本身是几何不变的，在平衡力系作用下，仍能独立地保持平衡。而所去部分的零内力状态也与其零荷载相平衡。这样，结构上各个部分的平衡条件都得到满足。根据静力解答的唯一性可知，这样的内力状态就是唯一的正确答案。

当平衡力系所作用的部分本身不是几何不变部分时，上述结论一般不能适用。例如图 5-25（b）所示，平衡力系作用于 DBE 部分。若设想其余部分不受力而将它们撤去，则所剩部分是几何可变的，不能承受图示荷载的作用而保持平衡。因此，设想其余部分

不受力是错误的。

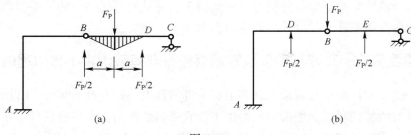

图 5-25

三、对静定结构某一几何不变部分上的荷载作等效变换时，仅影响该部分的内力变化

图 5-26（a）所示静定刚架，附属部分上的一段梁 AB 是几何不变的。在 AB 的中点 C 作用一集中荷载 F_P，现将该荷载等效变换如图 5-26（b）所示，则除 AB 段内力重新分布外，整个刚架其余部分的内力和支座反力均保持不变。为说明这一特性，取图 5-26（c）所示的平衡力系作用于 AB 部分，根据前述特性二可知，结构其余部分的内力为零。将图 5-25（c）与图 5-26（b）所示的结构叠加就得到 5-26（a）所示的结构。由此可见，当计算除 AB 段以外的结构其余部分的内力和支座反力时，图 5-26（a）和图 5-26（b）中的荷载是完全等效的。

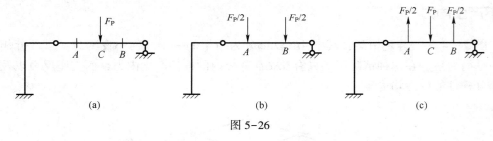

图 5-26

按照上述分析，计算图 5-27（a）所示的分布荷载作用下桁架内力时，首先将承载上弦杆的分布荷载等效地集中于两端的结点上，即先用作用在结点上的等效集中荷载代替原分布荷载计算桁架各杆轴力，然后叠加上如图 5-27（b）所示的原承载上弦杆在分布荷载作用下的局部内力，此时可将该上弦杆看作在分布荷载作用下的简支梁。

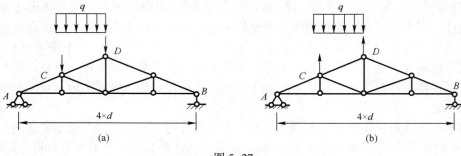

图 5-27

四、对静定结构某一几何不变部分作构造变换时，仅影响该部分的内力变化

图 5-28（a）所示为一简支梁，梁上作用有一集中荷载 F_P，其中 C 点的弯矩为 M_C，D 点的弯矩为 M_D，CD 为一内部几何不变的部分，将 CD 作一构造变换如图 5-28（b）所示，其内力图的变化只影响 CD 部分，而其余部分内力不变。由图 5-28（a）、（b）不难看出两种情形下的支座反力是相同，因而两种情形下的 AC 和 BD 部分的受力状态也是相同的。经过构造变换后，受影响的只有 CD 部分。

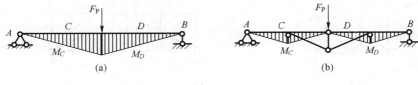

图 5-28

五、具有基本部分和附属部分的结构，当仅基本部分承受荷载时，附属部分不受力

图 5-29（a）所示为一多跨的静定梁，当荷载只作用在基本部分 AB 区段时，其余部分不受力。由层次图（图 5-29（b））可以看出，附属部分 DE 和 BCD 由于无外荷载作用，它们的约束力和内力都为零，也就是说处于零内力状态。只有基本部分 AB 在荷载作用下有内力。

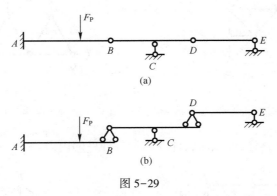

图 5-29

上述静定结构的一些特性，都是以满足平衡条件的反力和内力解答的唯一性为依据的。熟练地掌握这些特性可使分析计算工作得到简化。

复习思考题

1. 理想桁架的计算简图作了哪些假设？它与实际的桁架有哪些区别？
2. 为什么结点法最适合于求解简单桁架？

3. 在桁架计算中，为了避免求解联立方程，可采用哪些方法？
4. 组合结构内力计算的特点是什么？计算组合结构时一般采取怎样的步骤？

习　题

习题 5-1　判断下图所示桁架是简单桁架，还是联合桁架、复杂桁架，并指出桁架中内力为零的杆件。

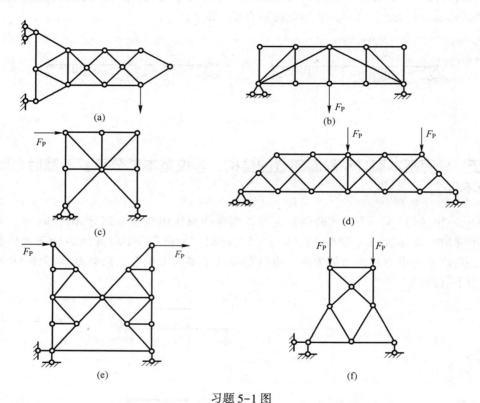

习题 5-1 图

习题 5-2　试用结点法或截面法计算图示各杆件的内力。

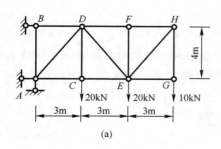
(a)

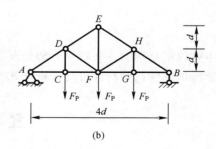
(b)

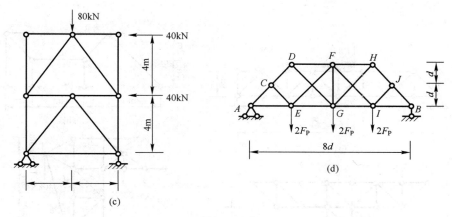

习题 5-2 图

习题 5-3 试用较简捷的方法计算图示桁架中指定杆的内力。

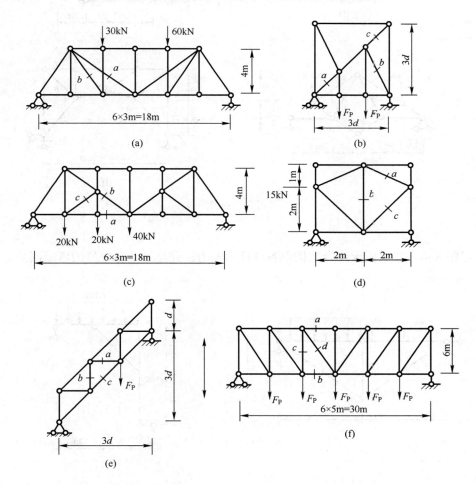

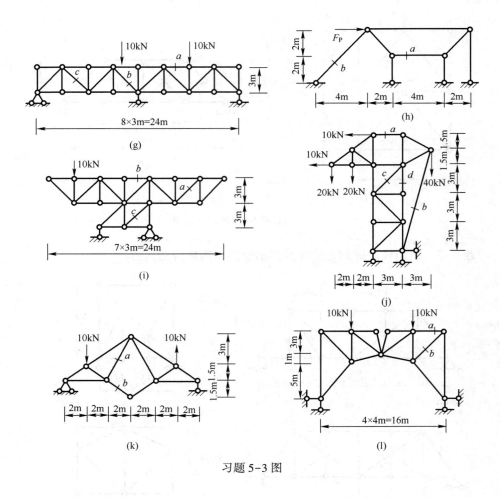

习题 5-3 图

习题 5-4 试求图示组合结构中各链杆的轴力,并绘制受弯杆件的弯矩图。

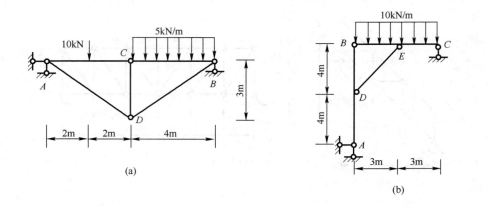

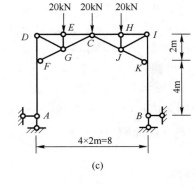
(c)

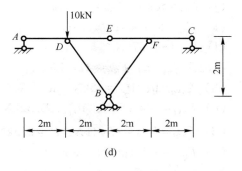
(d)

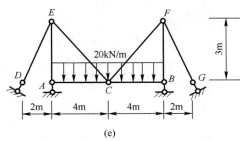
(e)

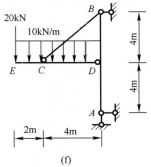
(f)

习题 5-4 图

习 题 答 案

习题 5-1　（a）、（c）、（d）、（f）简单桁架；（b）、（e）联合桁架

习题 5-2　（a）$F_{NDE}=37.5$kN；$F_{NFH}=7.5$kN

（b）$F_{NDE}=-\sqrt{2}F_P$；$F_{NCF}=1.5F_P$

（c）$F_{NDB}=-13.33$kN；$F_{NGC}=-83.33$kN

（d）$F_{NFG}=-4F_P$

习题 5-3　（a）$F_{Na}=18.03$kN；$F_{Nb}=37.5$kN

（b）$F_{Na}=-\dfrac{\sqrt{2}}{3}F_P$；$F_{Nb}=-\dfrac{\sqrt{5}}{3}F_P$；$F_{Nc}=\dfrac{\sqrt{2}}{3}F_P$

（c）$F_{Na}=52.5$kN；$F_{Nb}=18.03$kN

（d）$F_{Na}=-5.59$kN；$F_{Nb}=5$kN

（e）$F_{Na}=\dfrac{1}{3}F_P$；$F_{Nb}=-\dfrac{1}{3}F_P$；$F_{Nc}=\dfrac{\sqrt{2}}{3}F_P$

（f）$F_{Na}=-3.75F_P$；$F_{NCF}=3.33F_P$；$F_{Nc}=-0.5F_P$；$F_{Nd}=0.65F_P$

（g）$F_{Na}=-20$kN；$F_{Nb}=-2.5\sqrt{2}$kN；$F_{Nc}=7.5\sqrt{2}$kN

（h）$F_{Na}=-F_P$；$F_{Nb}=\sqrt{2}F_P$

（i）$F_{Na}=0$；$F_{Nb}=20$kN；$F_{Nc}=21.2$kN

(j) $F_{Na} = 50\text{kN}$；$F_{Nb} = 12.13\text{kN}$

(k) $F_{Na} = 5.47\text{kN}$；$F_{Nb} = 0$

(l) $F_{Na} = -1.67\text{kN}$

习题 5-4 （a）$F_{NAD} = 12.5\text{kN}$

(b) $F_{NED} = 0$；$M_{EC} = 45\text{kN·m}$(下侧受拉)

(c) $F_{NKJ} = -44.69\text{kN}$；$M_{KB} = 53.32\text{kN·m}$(外侧受拉)

(d) $F_{NDF} = F_{NEF} = -5\sqrt{2}\text{kN}$；$F_A = 2.5\text{kN}(\uparrow)$；$F_B = 2.5\text{kN}(\downarrow)$

(e) $F_{QAC} = 40\text{kN}$；$F_{NAE} = -80\text{kN}$

(f) $F_{NCB} = 75\sqrt{2}\text{kN}$；$M_{DA} = 150\text{kN·m}$(外侧受拉)

第 6 章　结构的位移计算

6.1　概　　述

一、结构的位移

结构在外荷载作用下，将会产生形状和尺寸的改变，这种改变称为变形。由于变形时结构上各点的位置将会发生改变，包括横截面上各点位置的移动和横截面的转动，这些移动和转动称为结构的位移。

如图 6-1 所示的刚架，在荷载作用下发生如虚线所示的变形，截面的形心 A 点沿某一方向移动到了 A' 点，则线段 AA' 称为 A 点的线位移，用 Δ_A 表示，将 Δ_A 沿水平方向和竖直方向分解为两个分量，分别用 Δ_{AH} 和 Δ_{AV} 表示，称为 A 点的水平线位移和竖向线位移。此外，截面 A 还转动了一个角度，称为 A 截面的角位移，用 θ_A 表示。

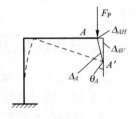

图 6-1

除荷载外，其他因素如温度改变、支座移动、材料收缩、制造误差等，虽然不一定使结构产生应力和应变，但一般来说也会使结构产生位移。如图 6-2 所示的简支梁，在下侧温度升高的情况下发生如图中虚线所示的变形。此时，C 点移到了 C' 点，即 C 点的线位移为 CC'，同时，C 截面还转动了一个角度 θ_C，这就是 C 截面的角位移。

上述所讲的位移均为绝对位移。除此之外，还有相对位移。如图 6-3 所示的刚架，在荷载作用下，发生如虚线所示的变形。截面 A、B 的角位移分别为 θ_A、θ_B，它们的和 $\theta_{AB}=\theta_A+\theta_B$ 就称为 A、B 两截面的相对角位移；同样，C、D 两点的线位移分别为 Δ_C 和 Δ_D，则它们的和 $\Delta_{CD}=\Delta_C+\Delta_D$ 就称为 C、D 两点的相对线位移。

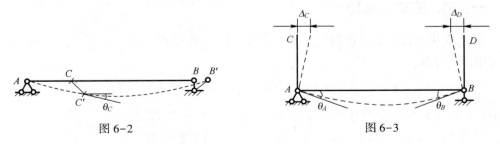

图 6-2　　　　　　　　　　图 6-3

上述各种位移无论是线位移或是角位移，无论是绝对位移或是相对位移，都将统称为广义位移。

二、计算结构位移的目的

计算结构位移的目的，首先是校核结构的刚度。在结构设计中，除了必须满足结构强度的条件外，还必须满足结构的刚度条件。即保证结构在使用过程中不发生过大的变形，保证其变形不超过规范所允许的限值。例如，在混凝土规范中规定，吊车梁的挠度最大值不得超过跨度的 1/600；在铁路工程技术规范中规定，在竖向静活荷载作用下桥梁的最大挠度值，钢板梁不得超过跨度的 1/700；等等。

其次是为分析超静定结构打下基础。因为超静定结构的内力仅用静力平衡条件是不能完全确定的，必须要考虑变形条件，也就是通过计算结构的位移来建立变形条件。

此外，在结构的制作、施工、养护、架设等过程中，也常常需要预先知道结构的位移，以便采取相应的措施，确保施工安全和拼装就位。

还有，在结构的动力计算和稳定计算中，也需要计算结构的位移。可见，结构的位移计算在工程上具有重要的意义，是保证工程结构安全的必须条件。党的二十大报告指出：在中国式现代化的前进道路上必须坚持以人民为中心的发展思想，推进国家安全体系和能力现代化，因此作为未来的结构工程师须时刻将人民的生命财产安全牢牢放在首位。

三、计算结构位移的假定

在计算结构的位移时，为了使计算简化，常采用如下的假定。

（1）结构的材料服从虎克定律，即应力与应变成线性关系。

（2）结构的变形很小，以致不影响荷载的作用，即在变形后的平衡方程式中，可以忽略结构的变形，而仍然应用结构变形前的几何尺寸；同时由于变形微小，变形与位移呈线性关系。

（3）结构各处的联结是无摩擦的。

满足上述条件的理想化的结构体系，就称为线性弹性体系或线性变形体系。在计算位移时可以应用叠加原理。

6.2 虚 功 原 理

一、功、实功、虚功

力 F_P 作用在物体上，使物体产生了位移，则力 F_P 就在位移上做了功，其做功的大小可用下式计算：

$$W = \int F_P \cdot \cos\alpha \, ds \tag{6-1}$$

式中：α 为力 F_P 的方向与作用点位移方向的夹角；ds 为位移微段。

如果 F_P 为常量，作用点总位移为 D，则力 F_P 所做的功为

$$W = F_P D \cos\alpha = F_P \Delta \tag{6-2}$$

式中：Δ 为总位移 D 在力 F_P 作用线方向上的投影，称为与力 F_P 相对应的位移。

对于其他形式的力或力系所做的功,也常用两个因子的乘积表示,方便起见,将其中与力相应的因子称为广义力,与位移相应的因子称广义位移。例如,如果力 F_P 为作用在结构某一截面的外力偶 M,则广义位移为该截面所发生的相应角位移 θ,该力偶做功即为 $W=M\theta$。如果力 F_P 为作用在结构上的一对力偶 M,则广义位移为两个作用面发生的相对角位移 θ_{AB},这对力偶所做的功为 $W=M\theta_{AB}$。

力学中的静荷载通常为变力,即从零逐渐开始增加的。如图 6-4(a)所示的简支梁,承受荷载 F_P 作用。荷载从零逐渐增加到 F_P 值。作用点处的位移从零逐渐增加到 Δ 值。由于我们研究的是线性变形体系,因此荷载与位移成正比关系,即荷载 F_P 与位移 Δ 之间的关系可用图 6-4(b)中的直线关系表示。设在加载过程中,当 $F_P=F_{Py}$ 时,相应的位移为 y,当荷载从 F_{Py} 增加到 $(F_{Py}+\mathrm{d}F_P)$ 时,相应的位移为 $(y+\mathrm{d}y)$,则在荷载由 O 增加至 F_P 的过程中,力所做的功可用下式表示:

$$W = \int \mathrm{d}W = \int_0^\Delta \frac{F_P}{\Delta} y \mathrm{d}y = \frac{1}{2} F_P \Delta \tag{6-3}$$

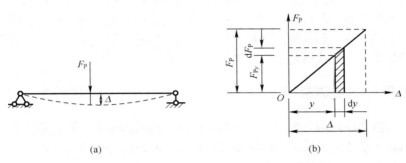

图 6-4

在上例中,力与位移之间存在直接的依赖关系,位移是由于力直接引起的。像这样力在自身所引起的位移上做功,就称为实功。对线性变形体系,若 F_P 为变力,则实功即等于力与其相应位移的乘积,再乘以 1/2。

力除了在自身所引起的位移上做功外,还存在一种情况,即力与位移之间没有直接的关系,位移是由其他因素产生的,这时候力所做的功称为虚功。如图 6-5(a)所示的简支梁,在梁上 1 点处作用一集中力 F_P,设该梁由于与 F_P 无关的原因(如其他荷载作用、温度变化、支座沉降等)发生了变形,如图 6-5(b)所示,这时 1 点处的位移为 Δ,则乘积 $F_P\Delta$ 就称为力 F_P 在位移 Δ 上所做的虚功。由图 6-5(a)、(b)可知,虚功中的力与位移分别属于同一体系中两个不同的状态,与力有关的状态称为力状态或第一状态(图 6-5(a)),与位移有关的状态称为位移状态或第二状态(图 6-5(b))。这两种状态彼此独立无关。

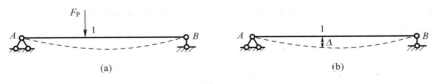

图 6-5

二、刚体虚功原理

在理论力学中已经讨论过质点系的虚位移原理,即:一个具有理想约束的质点系在外力作用下处于平衡的充分必要条件是质点系所受各力在任何虚位移过程中所做的虚功之和恒等于零。所谓虚位移是指约束条件所允许的任意微小位移。所谓理想约束是指其约束反力在虚位移上所做的功恒等于零的约束,例如光滑铰结、刚性链杆等。对于刚体而言,任意两点之间的距离保持不变,相当于任意两点间有刚性链杆相连。因此,刚体是具有理想约束的质点系,刚体内力在刚体虚位移上所做的功恒等于零,故刚体的虚功原理可表述如下。

刚体在外力作用下处于平衡的充分必要条件是:对于任意微小的虚位移,外力所做的虚功之和恒等于零。

在应用虚功原理时,由于体系中力系与位移是彼此独立无关的,因此,可以把位移看作是虚设的,也可以把力系看作是虚设的。这种虚设可以按照我们的目的而虚设。如果研究某种实际状态下的位移,则力状态需要虚设,此时的力称为虚力,虚设力系应该满足结构的平衡条件。如果研究某种实际状态的未知力,则位移状态需要虚设,此时的位移称为虚位移,它应该满足结构的变形协调条件。

三、变形体的虚功原理

变形体的虚功原理是力学中的一个基本原理,结构力学中计算位移的方法是以虚功原理为基础的。刚体体系的虚功原理是变形体虚功原理的特殊形式。

变形体的虚功原理可表述如下。

设变形体在力系作用下处于平衡状态,又设变形体由于其他原因产生符合约束条件的微小连续变形,则体系上所有外力在位移上所做外虚功 W 恒等于各个微段上的内力在微段变形上所做的内虚功 V。或者简单地说,外力虚功等于变形虚功(虚应变能)。即

$$W = V \tag{6-4}$$

下面先讨论变形体为单个杆件的情况,然后推广到杆件结构的一般情况。

1. 变形体虚功方程的应用条件

变形体虚功方程的应用条件,也就是体系的力状态的力系和位移状态的位移应满足的条件。其中力系应满足平衡条件,位移应满足变形协调条件。下面对这两方面加以说明。

图 6-6(a)所示为一直杆 AB,其上作用有横向分布荷载 $q(s)$、轴向分布荷载 $p(s)$、分布力偶 $m(s)$,A 端外力为 M_A、F_{NA}、F_{QA},B 端外力为 M_B、F_{NB}、F_{QB}。在这些力共同作用下,直杆 AB 处于平衡状态。从 AB 杆中取一微段 $\mathrm{d}s$,其受力情况如图 6-6(b)所示,利用平衡条件,对微段的截面内力 M、F_N、F_Q 与分布荷载 p、q、m 之间应满足下列平衡微分方程。

$$\begin{cases} \mathrm{d}F_N + p(s)\mathrm{d}s = 0 \\ \mathrm{d}F_Q + q(s)\mathrm{d}s = 0 \\ \mathrm{d}M + F_Q\mathrm{d}s + m(s)\mathrm{d}s = 0 \end{cases} \tag{6-5}$$

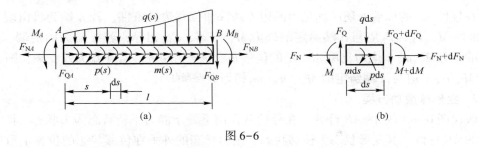

图 6-6

设杆 AB 由于某种原因产生了微小变形，如图 6-7（a）所示，对任意一个截面的位移可用角位移 θ、截面形心的轴向位移 u 和横向位移 v 表示。以 φ 表示杆轴切线方向的角位移，则 φ 可由下式得出：

$$\varphi = \frac{dv}{ds} \tag{6-6}$$

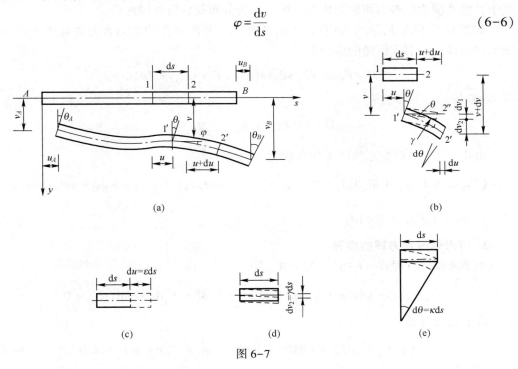

图 6-7

现从杆件 AB 中取一长度为 ds 的微段 12，其变形后移动到 1′2′（图 6-7（b））。设想以截面 1 为准，微段发生刚体位移而移到位置 1′2″。然后使微段产生轴向变形（图 6-7（c））、剪切变形（图 6-7（d））和弯曲变形（图 6-7（e）），分别用轴线的线应变 ε（以伸长为正）、横截面的剪切角 γ（以 s、y 轴正向之间的夹角变小为正）和轴线的曲率 κ（以向上凸为正）表示。则位移分量与应变分量之间应满足下列变形协调条件：

$$\begin{cases} \kappa = \dfrac{d\theta}{ds} \\ \varepsilon = \dfrac{du}{ds} \\ \varphi = \gamma + \theta = \dfrac{dv}{ds} \end{cases} \tag{6-7}$$

在杆件 AB 的杆端处还应满足力的边界条件和位移边界条件。若 A 端为自由端，则 A 截面的 M、F_N、F_Q 应与 A 端给定的外力 M_A、F_{NA}、F_{QA} 相等；若 A 端为固定端，则 A 截面的位移 θ、u、v 应与支座 A 给定的位移 θ_A、u_A、v_A 相等。若 A 端为铰支端，则 A 截面的 M、u、v 应与 A 端给定的 M_A、u_A、v_A 相等。

2. 变形体虚功方程

假设图 6-6 所示的 AB 杆件，在外荷载作用下处于静力平衡状态为力状态，图 6-7 所示的 AB 杆件，其变形状态为位移状态，则力状态的外力在位移状态的位移上所做的虚功为

$$W = (M_B\theta_B + F_{NB}u_B + F_{QB}v_B) - (M_A\theta_A + F_{NA}u_A + F_{QA}v_B) + \int_A^B (pu + qv + m\theta)\,\mathrm{d}s \quad (6\text{-}8)$$

式中，前两项为杆端力所做的虚功，第三项为分布荷载所做的虚功。

如图 6-6（b）所示的 AB 杆件上的微段 $\mathrm{d}s$，其两侧面的应力合力在如图 6-7（b）所示的微段的变形上所做的虚功为

$$\mathrm{d}V = F_N\varepsilon\mathrm{d}s + F_Q\gamma\mathrm{d}s + M\mathrm{d}\theta = (F_N\varepsilon + F_Q\gamma + M\kappa)\mathrm{d}s$$

则 AB 杆件的虚变形功为

$$V = \int_A^B (F_N\varepsilon + F_Q\gamma + M\kappa)\,\mathrm{d}s \quad (6\text{-}9)$$

由式（6-4）得变形体的虚功方程为

$$(F_{NB}u_B + F_{QB}v_B + M_B\theta_B) - (F_{NA}u_A + F_{QA}v_A + M_A\theta_A) + \int_A^B (pu + qv + m\theta)\,\mathrm{d}s =$$
$$\int_A^B (F_N\varepsilon + F_Q\gamma + M\kappa)\,\mathrm{d}s \quad (6\text{-}10)$$

3. 变形体虚功方程的推导

由平衡微分方程式（6-5），知下式成立：

$$\int_A^B [(\mathrm{d}F_N + p\mathrm{d}s)u + (\mathrm{d}F_Q + q\mathrm{d}s)v + (\mathrm{d}M + F_Q\mathrm{d}s + m\mathrm{d}s)\theta] = 0$$

将上式改写成

$$\int_A^B (u\mathrm{d}F_N + v\mathrm{d}F_Q + \theta\mathrm{d}M) + \int_A^B (pu + qv + F_Q\theta + m\theta)\,\mathrm{d}s = 0 \quad (6\text{-}11)$$

由于

$$\mathrm{d}(uF_N + vF_Q + \theta M) = u\mathrm{d}F_N + v\mathrm{d}F_Q + \theta\mathrm{d}M + (F_N\mathrm{d}u + F_Q\mathrm{d}v + M\mathrm{d}\theta)$$

即

$$u\mathrm{d}F_N + v\mathrm{d}F_Q + \theta\mathrm{d}M = \mathrm{d}(uF_N + vF_Q + \theta M) - (F_N\mathrm{d}u + F_Q\mathrm{d}v + M\mathrm{d}\theta)$$

代入式（6-11），得

$$[uF_N + vF_Q + \theta M]\Big|_A^B - \int_A^B (F_N\mathrm{d}u + F_Q\mathrm{d}v + M\mathrm{d}\theta) + \int_A^B (pu + qv + m\theta)\,\mathrm{d}s + \int_A^B F_Q\theta\mathrm{d}s = 0$$
$$(6\text{-}12)$$

由式（6-7），知

$$\mathrm{d}\theta = \kappa\mathrm{d}s, \quad \mathrm{d}u = \varepsilon\mathrm{d}s, \quad \mathrm{d}v - \theta\mathrm{d}s = \gamma\mathrm{d}s$$

代入式（6-12），得

$$(F_{NB}u_B + F_{QB}v_B + M_B\theta_B) - (F_{NA}u_A + F_{QA}v_A + M_A\theta_A) + \int_A^B (pu + qv + m\theta)\,ds =$$
$$\int_A^B (F_N\varepsilon + F_Q\gamma + M\kappa)\,ds$$

此即式（6-10），从而证明了虚功方程。

如果杆上除了分布荷载外，还有集中荷载，只需在式（6-10）中将外虚功 W 中计入集中荷载 F_P 所做的虚功 $F_P\Delta$ 即可。其中 Δ 为与 F_P 相应的位移。

现将虚功原理推广到一般杆件结构的情况。以图 6-8 所示的刚架为例，对结构中每一杆件应用虚功原理，然后进行叠加，即得到下式：

$$\sum [F_N u + F_Q v + M\theta]_i^j + \sum \int_i^j (pu + qv + m\theta)\,ds + \sum F_P \Delta = \sum \int_i^j (F_N\varepsilon + F_Q\gamma + M\kappa)\,ds$$

式中，等号左边为各杆杆端力和分布荷载所做的虚功。其中第一项为各杆杆端力所做的虚功，i、j 表示各杆件的杆端截面。对于图 6-8 所示刚架结构，杆端截面可分为两类。第一类是结构内部结点处的杆端截面，如 AB、BD、BC 杆件的截面 1、2、3，由于结构本身处于平衡状态，即结点 B 处于平衡，取 B 结点为隔离体时，作用于 B 点的各杆端力构成平衡力系，它们在结点位移上所

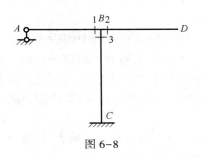

图 6-8

做的虚功之和等于零。第二类杆端截面是结构的边界截面，如 A、C、D 截面，这些截面有的给定了位移，如 C 截面；有的给定了外力，如 D 截面；还有的既给定了位移，又给定了外力，如 A 截面，这些杆端力的虚功之和就是结构边界外力的虚功，包括边界荷载和支座反力的虚功。通常将边界荷载所做虚功与各杆集中荷载的虚功统一表示成：$\sum F_P \Delta$，Δ 是与 F_P 相应的位移；支座反力的虚功可表示成 $\sum F_{Rk} C_k$，F_{Rk} 是支座反力，C_k 是与 F_{Rk} 相应的支座位移，于是，可得到杆件结构虚功方程的一般形式：

$$\sum F_P \Delta + \sum F_{Rk} C_k + \sum \int (pu + qv + m\theta)\,ds = \sum \int_i^j (F_N\varepsilon + F_Q\gamma + M\kappa)\,ds \quad (6-13)$$

若结构没有变形，即 ε、γ、θ 均为零，只有支座移动或转动而发生刚体位移，则虚功方程变为

$$W = 0 \quad (6-14)$$

这就是刚体的虚功原理。可见刚体的虚功原理是变形体虚功原理的一个特例。

四、虚功原理的两种应用形式

1. 虚位移原理

如果用虚功原理来求解某一体系的未知力，这时给定的实际状态为力状态，需要假设一个位移状态，即适当选择虚位移。这时的虚功原理称虚位移原理。下面举一简单例子加以说明。

如图 6-9（a）所示为一简支梁，梁上承受荷载 F_P，求简支梁 B 端的支座反力 X。

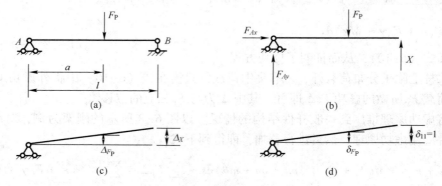

图 6-9

为了使虚功方程中包括未知力 X，在虚位移状态中应该有沿 X 方向的虚位移。为此，去掉与未知力 X 相应的约束，并以 X 代替其作用（图 6-9（b）），于是体系成为可绕 A 点转动的可变体系，承受外荷载 F_P、未知力 X 以及支座 A 的反力 F_{Ax}、F_{Ay}。选择与约束条件相符合的位移状态（图 6-9（c）），可建立虚功方程如下：

$$X \cdot \Delta_X - F_P \cdot \Delta_{F_P} = 0 \tag{6-15}$$

式中：Δ_X、Δ_{F_P} 为沿 X 和 F_P 方向的位移，且设与力的指向相同者为正。由图 6-9（c）可知，Δ_X、Δ_{F_P} 有如下的几何关系：

$$\frac{\Delta_{F_P}}{\Delta_X} = \frac{a}{l}$$

代入式（6-15），可得

$$X = F_P \cdot \frac{\Delta_{F_P}}{\Delta_X} = F_P \frac{a}{l}$$

由于所设的 Δ_X 的大小并不影响拟求的未知力 X 的数值，为了计算上的方便，设沿 X 方向上的位移为单位位移（图 6-9（d）），即 $\Delta_X = \delta_{11} = 1$，则 $\Delta_{F_P} = \delta_{F_P} = \dfrac{a}{l}$，则式（6-15）可写为 $X \cdot 1 - F_P \cdot \delta_{F_P} = 0$，即

$$X = F_P \cdot \delta_{F_P} = F_P \frac{a}{l}$$

由上例可看出式（6-15）实际上是一力矩平衡方程：$\sum M_A = 0$。因此，虚功方程形式上是功的方程，实际上就是平衡方程。通常将这种应用虚位移原理求未知力而沿该方向虚设一单位位移的方法称为单位位移法。单位位移法实际上是利用虚位移之间的几何关系来解决静力平衡问题。

2. 虚力原理

如果我们运用虚功原理求解某一体系的未知位移，则给定的实际状态为位移状态，根据所求的位移虚设一个力状态，这时的虚功原理称虚力原理。

如图 6-10（a）所示，简支梁支座 A 向下移动一已知距离 c，现求 C 点的竖向位移 Δ_{CV}。

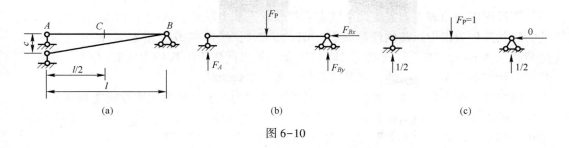

图 6-10

为了使虚功方程出现未知位移 Δ_{CV}，在 C 点加一竖向外力 F_P，并以此作为力状态，则虚功方程为

$$F_P \cdot \Delta_C - F_A \cdot c = 0$$

$$\Delta_C = \frac{F_A}{F_P} \cdot c$$

由图 6-10（b）知，F_P 与 F_A、F_{By} 组成一平衡力系，即

$$F_A = \frac{1}{2} F_P$$

代入上式，得

$$\Delta_C = \frac{1}{2} c$$

为了便于计算，通常设 $F_P = 1$（图 6-10（c）），所以这种方法通常又称为单位荷载法。这种方法实际上是采用静力平衡方法来求解位移之间的几何关系。本章主要讨论用这种方法来计算结构的位移。

6.3 结构位移计算的一般公式、单位荷载法

设图 6-11（a）所示的刚架由于荷载、支座位移和温度变化等因素发生了变形，如图中虚线所示。先用虚功原理求任一截面 M 处沿任一指定方向 K-K 上的位移 Δ_K。

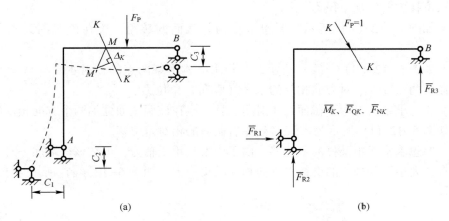

图 6-11

要运用虚功原理，就需要两个状态：位移状态和力状态。取图 6-11（a）所示刚架的实际状态作为虚力原理的位移状态（第二状态），然后在 M 点沿着 K-K 方向加一单位荷载（图 6-11（b）），其指向可随意假设，并以此作为结构的力状态（第一状态），这个力状态不是实际原有的，而是虚设的，是一个虚力状态。

现对以上两个状态建立虚功方程，首先计算虚力状态的外力在实际状态相应位移上所做的外力虚功。设虚力状态中单位荷载引起的支座反力为 $\overline{F}_{R1}$、$\overline{F}_{R2}$、$\overline{F}_{R3}$，实际状态中相应的支座位移为 C_1、C_2、C_3，则外力虚功为

$$W = 1 \cdot \Delta_K + \overline{F}_{R1}C_1 + \overline{F}_{R2}C_2 + \overline{F}_{R3}C_3 = \Delta_K + \sum \overline{F}_{Ri}C_i$$

然后计算虚力状态的内力在实际状态相应变形上所做的内虚功，即变形虚功。设虚力状态中由单位荷载引起的微段的内力为 $\overline{F}_{NK}$、$\overline{M}_K$、$\overline{F}_{QK}$，实际状态中微段相应的变形为 $\varepsilon \mathrm{d}s$、$\kappa \mathrm{d}s$、$\gamma \mathrm{d}s$，则变形虚功为

$$V = \sum \left(\int \overline{F}_{NK}\varepsilon \mathrm{d}s + \int \overline{F}_{QK}\gamma \mathrm{d}s + \int \overline{M}_K \kappa \mathrm{d}s \right)$$

由虚功原理 $W=V$，得

$$\Delta_K + \sum \overline{F}_{Ri}C_i = \sum \left(\int \overline{F}_{NK}\varepsilon \mathrm{d}s + \int \overline{F}_{QK}\gamma \mathrm{d}s + \int \overline{M}_K \kappa \mathrm{d}s \right)$$

即

$$\Delta_K = \sum \left(\int \overline{F}_{NK}\varepsilon \mathrm{d}s + \int \overline{F}_{QK}\gamma \mathrm{d}s + \int \overline{M}_K \kappa \mathrm{d}s \right) - \sum \overline{F}_{Ri}C_i \tag{6-16}$$

这就是计算结构位移的一般公式。它可以用于计算静定结构或超静定平面杆件结构在荷载、支座移动等因素作用下而产生的位移，并且适用于弹性或非弹性材料的结构。

用式（6-16）不仅可以计算任一点的线位移，还可以计算角位移、相对位移等，也就是说，它可以计算任一广义位移。在力状态中所施加的单位荷载是与所求的广义位移相对应的广义力。下面举一些例子，说明广义位移和广义力之间的相应关系。

（1）如图 6-12（a）、（b）所示，要想求结构某点沿某一方向的线位移时，应在该点沿所求位移方向施加单位力。

（2）如图 6-12（c）所示，要想求结构某截面的转角，应在该截面处加一单位力偶。

（3）如图 6-12（d）、（e）所示，要想求结构上某两点的相对水平（竖向）位移时，应在该两点处加一对方向相反的水平（竖向）单位力。

（4）要想求结构上两个截面的相对角位移，应在该两截面处加两个方向相反的单位力偶。如图 6-12（f）所示为求铰 C 处左右截面的相对角位移。

（5）要想求桁架中某杆的角位移，由于桁架只承受轴力，可在该杆端加一对方向与杆件垂直、大小等于杆长的倒数而指向相反的集中力，如图 6-12（g）所示为求 AB 杆的角位移。

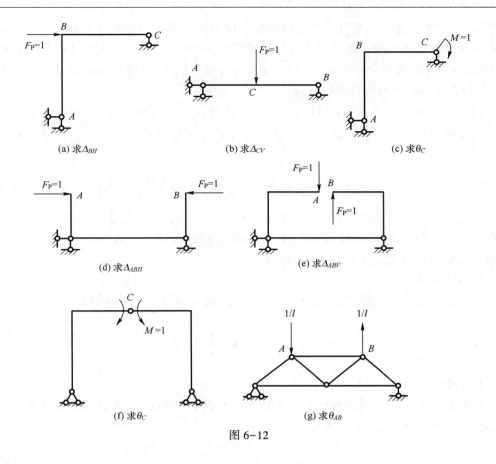

图 6-12

6.4 荷载作用下静定结构的位移计算

本节讨论线弹性结构只在荷载作用下的位移计算。

由于结构只承受荷载作用，支座的位移为零，故式（6-16）中的 $\sum \overline{F}_{Ri}C_i$ 一项为零，因而位移计算公式为

$$\Delta_K = \sum \left(\int \overline{F}_{NK}\varepsilon \mathrm{d}s + \int \overline{F}_{QK}\gamma \mathrm{d}s + \int \overline{M}_K \kappa \mathrm{d}s \right) \tag{6-17}$$

式中：$\overline{F}_{NK}$、$\overline{F}_{QK}$、$\overline{M}_K$ 为虚拟状态下由单位荷载引起的微段的内力；$\varepsilon \mathrm{d}s$、$\gamma \mathrm{d}s$、$\kappa \mathrm{d}s$ 为实际状态下由荷载引起的微段的变形，可由材料力学的公式计算。假设实际状态下由荷载引起的内力为 F_{NP}、M_P、F_{QP}，则由这些内力分别引起的微段的轴向变形、弯曲变形和剪切变形分别为

$$\begin{cases} \varepsilon \mathrm{d}s = \dfrac{F_{NP}}{EA}\mathrm{d}s \\ \kappa \mathrm{d}s = \dfrac{M_P}{EI}\mathrm{d}s \\ \gamma \mathrm{d}s = k\dfrac{F_{QP}}{GA}\mathrm{d}s \end{cases} \tag{6-18}$$

式中：EA、EI、GA 分别为杆件的抗拉刚度、抗弯刚度和抗剪刚度。k 为剪应力沿截面分布不均匀而引用的修正系数，其值与截面的形状有关，对于矩形截面 $k=1.2$；圆形截面 $k=10/9$；工字形或箱形截面 $k=A/A_1$（A_1 为腹板面积）；薄壁圆环截面 $k=2$。关于系数 k，将在本节后面给出其推导过程。

将式（6-18）代入式（6-17），并用 Δ_{KP} 代替 Δ_K，这里位移 Δ_{KP} 的第一个下标 K 表示发生位移的地点和方向，第二个下标 P 表示产生该位移的原因，即由荷载引起。则得下式：

$$\Delta_{KP} = \sum \left(\int \frac{\overline{F}_{NK} F_{NP}}{EA} ds + \int \frac{\overline{M}_K M_P}{EI} ds + \int k \frac{\overline{F}_{QK} F_{QP}}{GA} ds \right) \tag{6-19}$$

这就是平面杆件结构在荷载作用下的位移计算公式。式中右边的三项分别表示拉伸变形、弯曲变形和剪切变形的影响。对于不同的结构形式，它们的影响是不同的。所以根据实际情况，可对式（6-19）进行简化。

1. 梁和刚架

在梁和刚架中，位移主要是由弯矩引起的，轴力和剪力的影响很小，可忽略不计。因此

$$\Delta_{KP} = \sum \int \frac{\overline{M}_K M_P}{EI} ds \tag{6-20}$$

2. 桁架

桁架在结点荷载作用下各杆只产生轴力，而且各杆的 $\overline{F}_{NK}$、F_{NP}、EA 及杆长 l 一般均为常数，因此式（6-19）可简化为

$$\Delta_{KP} = \sum \frac{\overline{F}_{NK} F_{NP} l}{EA} \tag{6-21}$$

3. 组合结构

对其中受弯杆件可只考虑弯矩的影响，对链杆可只考虑轴力的影响，则式（6-19）可简化为

$$\Delta_{KP} = \sum \frac{\overline{F}_{NK} F_{NP} l}{EA} + \sum \int \frac{\overline{M}_K M_P}{EI} ds \tag{6-22}$$

最后说明剪切变形中修正系数 k 的推导过程。式（6-17）中的第三项 $\overline{F}_{QK} \gamma ds$ 是虚拟状态下的剪力在实际状态微段上的剪切变形所做的虚功。由于截面上剪应力分布是不均匀的（图 6-13（a）、（b）），所以上述微段上剪力所做的虚功 $\overline{F}_{QK} \gamma(y) ds$ 应按下述积分式计算：

$$\overline{F}_{QK} \gamma(y) ds = \int \overline{\tau}(y) dA \cdot \gamma(y) ds = ds \int \overline{\tau}(y) \gamma(y) dA \tag{6-23}$$

由材料力学可知

$$\overline{\tau}(y) = \frac{\overline{F}_{QK} S(y)}{I b(y)}, \quad \tau_P(y) = \frac{F_{QP} S(y)}{I b(y)}, \quad \gamma(y) = \frac{\tau}{G} = \frac{F_{QP} S(y)}{G I b(y)}$$

式中：$b(y)$ 为截面宽度；$S(y)$ 为该处以上（或以下）截面面积对中性轴的静矩（图 6-13（c）），代入式（6-23），则有

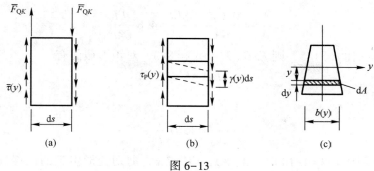

图 6-13

$$\overline{F}_{QK}\gamma\,ds = ds\int_A \frac{\overline{F}_{QK}F_{QP}S^2}{GI^2b^2}dA = \frac{\overline{F}_{QK}F_{QP}ds}{GA}\cdot\frac{A}{I^2}\int_A\frac{S^2}{b^2}dA = \frac{\kappa\overline{F}_{QK}F_{QP}}{GA}ds \quad (6-24)$$

式中

$$k = \frac{A}{I^2}\int_A\frac{S^2}{b^2}dA \quad (6-25)$$

这就是剪应力分布不均匀的修正系数，它是一个只与截面形状有关的无量纲参数。

例 6-1 试求图 6-14（a）所示的悬臂梁自由端 A 的竖向位移，并将剪切变形和弯曲变形对位移的影响加以比较。设梁为矩形截面，截面高度为 h。

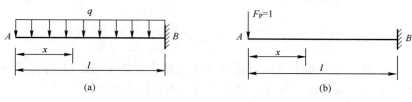

图 6-14

解：（1）在 A 截面加一单位力作为虚拟状态（图 6-14（b）），并取 A 点为坐标原点，则梁的内力方程为

$$\overline{M}_K = -x, \quad \overline{F}_{NK} = 0, \quad \overline{F}_{QK} = -1$$

（2）实际状态下内力方程为

$$M_P = -\frac{1}{2}qx^2, \quad F_{NP} = 0, \quad F_{QP} = -qx$$

（3）将上述内力方程代入式（6-19），得

$$\Delta_A = \int_0^l \frac{\overline{M}_K M_P}{EI}ds + \int_0^l \frac{\overline{F}_{NK}F_{NP}}{EA}ds + \int_0^l k\frac{\overline{F}_{QK}F_{QP}}{GA}ds$$

$$= \frac{1}{EI}\int_0^l(-x)\left(-\frac{1}{2}qx^2\right)dx + \frac{k}{GA}\int_0^l(-1)(-qx)dx$$

$$= \frac{ql^4}{8EI} + \frac{kql^2}{2GA}$$

式中：第一项为弯曲变形引起的位移；第二项为剪切变形引起的位移。

令

$$\Delta_M = \frac{ql^4}{8EI}, \quad \Delta_{F_Q} = \frac{kql^2}{2GA} = \frac{0.6ql^2}{GA}$$

则
$$\frac{\Delta_{F_Q}}{\Delta_M} = \frac{0.6ql^2}{GA} \cdot \frac{8EI}{ql^4} = 4.8\frac{EI}{GAl^2}$$

设梁的泊松比 $\mu = 1/3$，则 $E/G = 2(1+\mu) = 8/3$，对矩形截面有
$$I/A = h^2/12$$

代入上式，即得
$$\frac{\Delta_{F_Q}}{\Delta_M} = 1.07\frac{h^2}{l^2}$$

当梁的高跨比 $h/l = 1/10$ 时，$\Delta_{F_Q}/\Delta_M = 1.07\%$，剪切变形引起的位移仅为弯曲影响的 1.07%。因此，对截面高度远小于跨度的梁来说，一般可不考虑剪切变形的影响。

例 6-2 试求图 6-15（a）所示刚架 B 点的水平位移 Δ_{BH}，各杆材料相同，截面的 I 为常数。

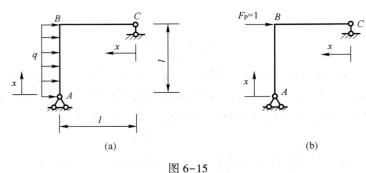

图 6-15

解：（1）在 B 点加一水平单位荷载作为虚拟状态（图 6-15（b）），并分别设各杆的 x 坐标如图所示。则各杆的内力方程为（以内侧受拉为正）

AB 段：$\overline{M}_K = x$

BC 段：$\overline{M}_K = x$

（2）由实际荷载引起的内力方程分别为

AB 段：$M_P = qlx - \frac{1}{2}qx^2$

BC 段：$M_P = \dfrac{qlx}{2}$

（3）代入式（6-20）得
$$\Delta_{BH} = \sum\int\frac{\overline{M}_K M_P}{EI}ds = \frac{1}{EI}\left[\int_0^l x\left(qlx - \frac{1}{2}qx^2\right)dx + \int_0^l x \cdot \frac{qlx}{2}dx\right] = \frac{3ql^4}{8EI}(\rightarrow)$$

例 6-3 试求图 6-16（a）所示半径为 R 的等截面圆弧曲梁 B 点的水平位移。已知 EI 为常数。

解： 取圆心 O 为坐标原点，在实际荷载作用下，内力方程为
$$M_P = -F_P R\sin\theta$$

在 B 点加一水平单位荷载作为虚拟状态（图 6-16（b）），其内力方程为
$$\overline{M}_K = R(1-\cos\theta)$$

代入式（6-20）得

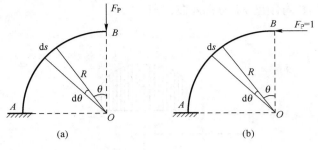

图 6-16

$$\Delta_{BH} = \sum \int \frac{\overline{M}_K M_P}{EI} ds = \frac{1}{EI} \int_0^{\frac{\pi}{2}} (-F_P R \sin\theta) \cdot R(1 - \cos\theta) R d\theta$$

$$= -\frac{F_P R^3}{EI} \left[\int_0^{\frac{\pi}{2}} \sin\theta d\theta - \int_0^{\frac{\pi}{2}} \sin\theta \cos\theta d\theta \right] = -\frac{F_P R^3}{2EI} (\rightarrow)$$

例 6-4 试求图 6-17（a）所示桁架 C 点的竖向位移。设各杆的 EA 都相同。

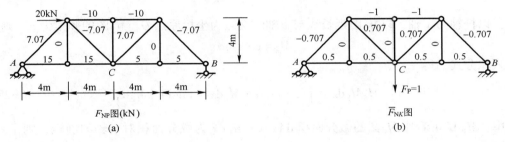

图 6-17

解：在 C 点加一竖向单位荷载（图 6-17（b）），并求出荷载以及单位荷载作用下各杆的轴力，将其标在图 6-17（a）、（b）中。由式（6-21），得

$$\Delta_{CV} = \sum \frac{F_{NP} \overline{F}_{NK} l}{EA}$$

$$= \frac{1}{EA} \left[\begin{array}{l} (-10) \times (-1) \times 4 \times 2 + 15 \times 0.5 \times 4 \times 2 + 5 \times 0.5 \times 4 \times 2 \\ +7.07 \times (-7.07) \times 4\sqrt{2} \times 2 + 7.07 \times 7.07 \times 4\sqrt{2} \times 2 \end{array} \right] = \frac{160}{EA} (\downarrow)$$

6.5 图 乘 法

由 6.4 节可知，计算荷载作用下梁和刚架的位移时，需要对下式进行积分运算：

$$\int \frac{\overline{M}_K M_P}{EI} ds$$

当荷载较复杂时，上述积分运算比较复杂。但是，在一定条件下，这种积分运算可以得到简化。当结构的各杆件满足下列条件时，上述积分运算可以用图乘法代替：①杆的轴线为直线；②沿杆长 EI 为常数；③$\overline{M}_K$ 和 M_P 两个弯矩图中至少有一个是直线图形。

如图 6-18 所示为等截面直杆 AB 段上的两个弯矩图。设 $\overline{M}_K$ 图为一段直线，M_P 图为

任意形状。AB 杆的抗弯刚度 EI 为一常数，则

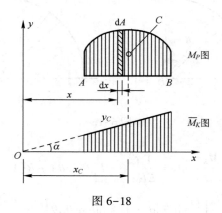

图 6-18

$$\int \frac{\overline{M}_K M_P}{EI} ds = \frac{1}{EI} \int \overline{M}_K M_P dx \tag{6-26}$$

以杆轴为 x 轴，以 $\overline{M}_K$ 图延长线与 x 轴的交点为坐标原点 O，$\overline{M}_K$ 图的倾角为 α，则

$$\overline{M}_K = x \cdot \tan\alpha$$

代入积分式，得

$$\int_A^B \overline{M}_K M_P dx = \int_A^B x \cdot \tan\alpha \cdot M_P dx = \tan\alpha \int_A^B x M_P dx \tag{6-27}$$

式中：$M_P dx$ 可看作 M_P 图的微分面积 dA，$x \cdot M_P dx$ 为微分面积对 y 轴的静矩，则 $\int x \cdot M_P dx$ 为整个 M_P 图的面积对 y 轴的静矩。根据合力矩定理，它应等于 M_P 图的面积 A 乘以其形心 C 到 y 轴的距离 x_C，即

$$\int_A^B x \cdot M_P dx = \int_A^B x dA = A \cdot x_C$$

代入式（6-25），得

$$\int_A^B \overline{M}_K M_P dx = A \cdot x_C \cdot \tan\alpha \tag{6-28}$$

由图可知，$x_C \cdot \tan\alpha = y_C$，$y_C$ 为 M_P 图的形心 C 处所对应的 $\overline{M}_K$ 图的竖标。则式（6-26）可写成

$$\frac{1}{EI} \int \overline{M}_K M_P dx = \frac{A y_C}{EI}$$

可见，上述积分式等于一个弯矩图的面积 A 乘以其形心所对应的另一个直线弯矩图的竖标 y_C，再除以 EI，这就是图乘法。

如果结构上各杆段均可图乘，则位移计算公式（6-20）可写成

$$\Delta_{KP} = \sum \int \frac{\overline{M}_K M_P}{EI} ds = \sum \frac{A y_C}{EI} \tag{6-29}$$

应用图乘法时，要注意以下两点。

（1）图乘法的应用条件：杆件为等截面直杆，两个弯矩图中至少有一个为直线图

形，竖标 y_C 必须取自直线图形。

（2）图乘法的正负规则：两个弯矩图在杆件的同一侧时，乘积 Ay_C 取正号，异侧取负号。

下面将几种常见图形的面积和形心位置列于图6-19中。注意抛物线图形中，各顶点处的切线应与基线平行。

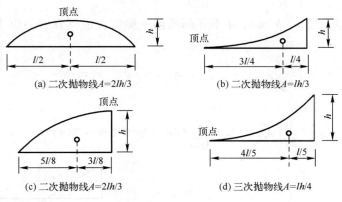

图6-19

应用图乘法时，应注意下列几个具体的问题。

（1）如果两个图形都是直线图形，则竖标 y_C 可取自其中任一个图形。

（2）如果一个弯矩图为曲线，另一个弯矩图是由几段直线组成，或当各杆段的截面不相等时，应分段考虑。如图6-20所示的情形，有

$$\Delta = \frac{1}{EI}(A_1y_1 + A_2y_2 + A_3y_3)$$

对于图6-21所示的情形，则有

$$\Delta = \frac{A_1y_1}{EI_1} + \frac{A_2y_2}{EI_2} + \frac{A_3y_3}{EI_3}$$

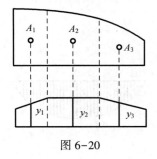

图6-20

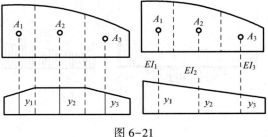

图6-21

（3）如果图形比较复杂，则可将其分解为几个简单的图形来考虑。

例如图6-22两个弯矩图均为梯形，可以不用确定梯形面积的形心，而把其中一个图形分解为两个三角形（或一个矩形和一个三角形），则

$$\frac{1}{EI}\int \overline{M}_K M_P \mathrm{d}x = \frac{1}{EI}(A_1y_1 + A_2y_2)$$

其中
$$A_1 = \frac{al}{2}, \quad A_2 = \frac{bl}{2}, \quad y_1 = \frac{2}{3}c + \frac{1}{3}d, \quad y_2 = \frac{1}{3}c + \frac{2}{3}d$$

则
$$\frac{1}{EI}\int \overline{M}_K M_P dx = \frac{l}{6EI}(2ac + 2bd + ad + bc)$$

对于图 6-23，当 a、b 或 c、d 不在基线同一侧时，也可分解为位于基线两侧的两个三角形，此时：
$$A_1 = \frac{al}{2}, \quad A_2 = \frac{bl}{2}, \quad y_1 = \frac{2}{3}c - \frac{1}{3}d, \quad y_2 = \frac{2}{3}d - \frac{1}{3}c$$

则
$$\frac{1}{EI}\int \overline{M}_K M_P dx = \frac{l}{6EI}(ad + bc - 2ac - 2bd)$$

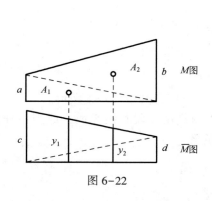

图 6-22

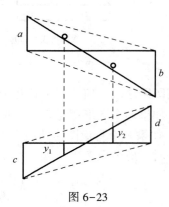

图 6-23

图 6-24（a）所示为均布荷载作用下的 M_P 图，可以把它看作由两端弯矩 M_A、M_B 组成的梯形图和一个简支梁在均布荷载作用下的弯矩图叠加而成。将 M_P 图分解成直线的 M_P 图（6-24（b））和抛物线的 M_P 图（6-24（c）），再分别与 $\overline{M}_K$ 图图乘，即得所求结果。

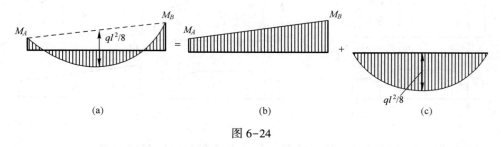

图 6-24

例 6-5 试用图乘法计算如图 6-25（a）所示的悬臂梁在均布荷载作用下自由端截面 B 的转角 θ_B 和竖向位移 Δ_{BV}。设 EI 为常数。

解：（1）计算 B 截面的转角。荷载作用下的 M_P 图和虚设单位力作用下的 $\overline{M}_K$ 图分别如图 6-25（b）、（c）所示。

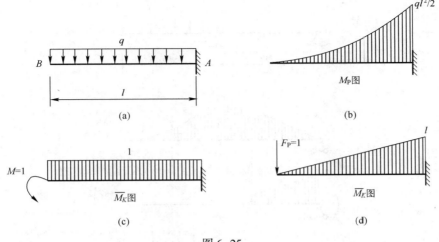

图 6-25

$$\theta_B = \int_0^l \frac{\overline{M}_K M_P}{EI} dx = \frac{1}{EI} Ay_0$$

$$= \frac{1}{EI}\left(\frac{1}{3} \times l \times \frac{1}{2}ql^2 \times 1\right) = \frac{ql^3}{6EI}(\uparrow)$$

（2）计算 B 点的竖向位移。在 B 点加一竖向单位力，作 $\overline{M}_K$ 图，如图 6-25（d）所示。

$$\Delta_{BV} = \frac{Ay_0}{EI} = \frac{1}{EI}\left(\frac{1}{3} \times l \times \frac{1}{2}ql^2 \times 1\right) = \frac{ql^4}{8EI}(\downarrow)$$

例 6-6 用图乘法计算如图 6-26（a）所示外伸梁 A 截面的转角 θ_A 和 C 点的竖向位移 Δ_{Cy}。EI 为常数。

解：（1）计算 A 截面的转角。荷载作用下的 M_P 图和虚设单位力作用下的 $\overline{M}_K$ 图分别如图 6-26（b）、（c）所示。

$$A = \frac{1}{2} \times 300 \times 6 = 900, \quad y = \frac{1}{3}$$

$$\theta_A = \sum \frac{Ay_C}{EI} = \frac{1}{EI} \times 900 \times \frac{1}{3} = \frac{300}{EI}(\uparrow)$$

（2）计算 C 点的竖向位移。在 C 点加一竖向单位力，作 $\overline{M}_K$ 图，如图 6-26（d）所示。此时图乘应分成 AB、BC 两段进行。在 BC 段图乘时，应注意此时 M_P 图中 C 点不是抛物线的顶点，应分解成一个三角形和一个标准抛物线图形。

$$A_1 = \frac{2}{3} \times \frac{1}{8} \times 10 \times 6^2 \times 6 = 180, \quad y_1 = \frac{1}{2} \times 6 = 3$$

$$A_2 = \frac{1}{2} \times 300 \times 6 = 900, \quad y_2 = \frac{2}{3} \times 6 = 4$$

$$\Delta_{Cy} = \sum \frac{Ay_C}{EI} = \frac{1}{EI}(-A_1 y_1 + A_2 y_2) = \frac{1}{EI} \times (-180 \times 3 + 900 \times 4) = \frac{6660}{EI}(\downarrow)$$

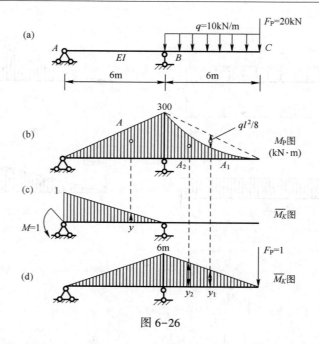

图 6-26

例 6-7 试用图乘法计算如图 6-27（a）所示的悬臂刚架在图示荷载作用下自由端截面 C 的转角 θ_C 和竖向位移 Δ_{Cy}。设 EI 为常数，$q=4\text{kN/m}$，$F_P=10\text{kN}$。

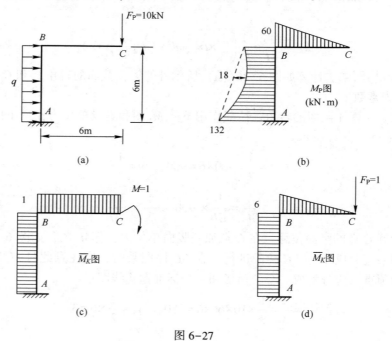

图 6-27

解：（1）计算 C 截面的转角。荷载作用下的 M_P 图和虚设单位力作用下的 $\overline{M}_K$ 图分别如图 6-27（b）、（c）所示。对 AB 段图乘时，将 M_P 图分解为一个梯形和一个标准抛物线。

$$\theta_C = \frac{1}{EI}\left[\left(\frac{1}{2}\times 6\times 60\times 1 + \frac{1}{2}(60+132)\times 6\times 1 - \frac{2}{3}\times 6\times 18\times 1\right)\right] = \frac{684}{EI}(\downarrow)$$

（2）计算 C 点的竖向位移。在 C 端加一竖向单位力，并作出单位弯矩图（图6-27（d）），将图6-27（b）与图6-27（d）图乘，得

$$\Delta_{Cy} = \frac{1}{EI}\left[\left(\frac{1}{2}\times 6\times 60\times \frac{2}{3}\times 6 + \frac{1}{2}(60+132)\times 6\times 6 - \frac{2}{3}\times 6\times 18\times 6\right)\right] = \frac{3744}{EI}(\downarrow)$$

例 6-8 如图6-28（a）所示为一渡槽截面，EI = 常数，设槽内贮满水，试求 A、B 两点的相对水平位移。

解：水压荷载取 1m 宽计算，槽底水压集度 $q = \gamma \cdot h \cdot 1 = 10h \text{kN/m}$，荷载分布见图6-28（a），并绘出水压荷载作用下的 M_P 图（图6-28（b））。

在 A、B 两点加一对单位力（图6-28（c）），并绘出弯矩图 $\overline{M}_K$ 图。

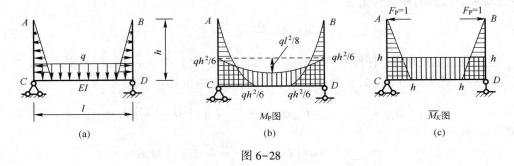

图 6-28

$$\Delta_{AB} = \sum \frac{Ay_0}{EI} = \frac{1}{EI}\left(2\times \frac{1}{4}h\times \frac{qh^2}{6}\times \frac{4}{5}h + \frac{qh^2}{6}\times h\times l - \frac{2}{3}\times \frac{ql^2}{8}\times l\times h\right)$$
$$= \frac{10h^2}{EI}\left(\frac{h^3}{15} + \frac{lh^2}{6} - \frac{l^3}{12}\right)(\leftarrow \rightarrow)$$

6.6 静定结构温度变化时的位移计算

静定结构在温度发生变化时，虽然不产生内力，但由于材料具有热胀冷缩的性质，会使结构产生变形和位移。利用式（6-16），可以计算该情况下的位移。由式（6-16）可知，计算温度变化时的位移，关键在于确定结构由于温度变化而产生的微段变形。

如图6-29（a）所示的刚架，杆件外侧温度升高 t_1，内侧温度升高 t_2，假设温度沿杆截面高度成直线变化。从杆件中取一微段 $\mathrm{d}s$（图6-29（b）），杆件截面高度为 h，材料线膨胀系数为 α，则杆件轴线处温度变化 t_0 与上下边缘温度差 Δt 分别为

$$t_0 = \frac{h_1 t_2 + h_2 t_1}{h} \quad (6\text{-}30)$$

$$\Delta t = t_2 - t_1 \quad (6\text{-}31)$$

式中：h_1、h_2 为轴线至上下边缘的距离。
则微段在杆轴线处的伸长即轴向变形为

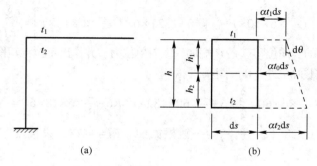

图 6-29

$$\varepsilon ds = \alpha t_0 ds \tag{6-32}$$

而微段两个截面的相对转角为

$$d\theta = \frac{\alpha \Delta t}{h} ds \tag{6-33}$$

由于在温度变化时，杆件不产生剪应变，即式（6-16）中 $\gamma ds = 0$，因此将式（6-32）、式（6-33）代入式（6-16），并令 $C_i = 0$（不考虑支座位移），得

$$\begin{aligned}
\Delta_{Kt} &= \sum (\pm) \int \overline{F}_{NK} \alpha t_0 ds + \sum (\pm) \int \overline{M}_K \cdot \frac{\alpha \Delta t}{h} ds \\
&= \sum (\pm) \alpha t_0 \int \overline{F}_{NK} ds + \frac{\alpha \Delta t}{h} \sum (\pm) \int \overline{M}_K ds \\
&= \sum (\pm) \alpha t_0 A_{\overline{F}_{NK}} + \sum (\pm) \frac{\alpha \Delta t}{h} A_{\overline{M}_K}
\end{aligned} \tag{6-34}$$

式中：$A_{\overline{F}_{NK}} = \int \overline{F}_{NK} ds$，$A_{\overline{M}_K} = \int \overline{M}_K ds$ 分别表示杆件轴力 $\overline{F}_{NK}$ 图和 $\overline{M}_K$ 图的面积。

在用式（6-34）计算位移时，应注意右边各项正负号的规定。当实际温度变形与虚内力的变形一致时，其乘积为正，相反时为负。因此，对于温度变化，若规定 t_0 以升温为正，降温为负，则轴力 $\overline{F}_{NK}$ 以拉力为正、压力为负，弯矩 $\overline{M}_K$ 应以使 t_2 边受拉者为正，反之为负。

对于梁和刚架，在计算温度变化所引起的位移时，一般不能略去轴向变形的影响。

对于桁架，在温度变化时，其计算公式为

$$\Delta_{Kt} = \pm \sum \overline{F}_{NK} \alpha t_0 l \tag{6-35}$$

计算桁架由于制造误差而引起的位移，公式如下：

$$\Delta_{Kt} = \sum \overline{F}_{NK} \Delta l \tag{6-36}$$

式中：Δl 为杆长度的误差，以伸长为正、缩短为负。

例 6-9　如图 6-30（a）所示的刚架，内侧温度上升 16℃，外侧温度不变，截面高度 $h = 0.4$m，$\alpha = 0.00001$，试求 B 点的水平位移。

解：在 B 点加一单位水平力，绘出 $\overline{M}_K$ 图、$\overline{F}_{NK}$ 图，分别如图 6-30（b）、（c）所示。

外侧温度变化 $t_1 = 0$℃，内侧温度变化 $t_2 = 16$℃，又因 $h_1 = h_2 = \dfrac{h}{2}$，所以有

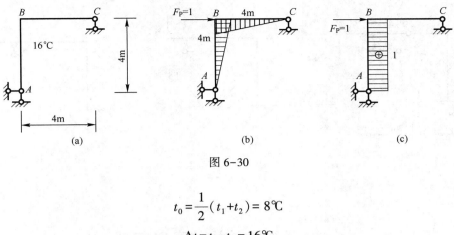

图 6-30

$$t_0 = \frac{1}{2}(t_1 + t_2) = 8℃$$

$$\Delta t = t_2 - t_1 = 16℃$$

$$A_{\overline{F}_{NK}} = 1 \times 4 = 4, \quad A_{\overline{M}_K} = 2 \times \frac{1}{2} \times 4 \times 4 = 16$$

代入式（6-34），并注意到温度变化引起的变形与虚设内力引起的变形一致，所以可得

$$\Delta_{Bx} = \sum \alpha t_0 A_{\overline{F}_{NK}} + \frac{\alpha \Delta t}{h} A_{\overline{M}_K}$$

$$= 0.00001 \times 8 \times 4 + \frac{0.00001 \times 16}{0.4} \times 16 = 6.72 \times 10^{-3} \mathrm{m}(\rightarrow)$$

6.7 静定结构支座移动时的位移计算

静定结构在支座发生位移时，结构内部不产生任何的内力和变形，所以此时结构的位移属于刚体位移，但仍可以用虚功原理来计算这种位移。由式（6-16）可知，$\varepsilon \mathrm{d}s = 0$，$\gamma \mathrm{d}s = 0$，$\mathrm{d}\theta = 0$，则得

$$\Delta_{KC} = -\sum \overline{F}_{Ri} C_i \tag{6-37}$$

这就是静定结构在支座移动时的位移计算公式。式中，C_i 为支座的实际位移，$\overline{F}_{Ri}$ 为虚拟状态下由单位荷载引起的支座反力。当 $\overline{F}_{Ri}$ 与实际支座位移 C_i 方向一致时，其乘积为正，方向相反时为负。

例 6-10　如图 6-31（a）所示的刚架，支座 A 水平位移 $a = 0.02\mathrm{m}$，竖向位移 $b = 0.03\mathrm{m}$，沿顺时针方向的转角 $\theta = 0.2\mathrm{rad}$。支座 C 竖向位移 $c = 0.02\mathrm{m}$，求 D 点的竖向位移及杆 CD 的转角。

解：（1）求 Δ_{Dy}。在 D 点加一竖向单位力，并求出各支座反力（图 6-31（b）），由式（6-37）得

$$\Delta_{Dy} = -\sum \overline{F}_{Ri} C_i = -(0.5 \times 0.03 + 1 \times 0.2 - 1.5 \times 0.02) = -0.185(\uparrow)$$

（2）求 θ_{CD}。在 CD 杆任一点加一单位力偶，并求出各支座反力（图 6-31（c）），由式（6-37）得

$$\theta_{CD} = -\sum \overline{F}_{Ri} C_i = -(-0.5 \times 0.03 - 1 \times 0.2 + 0.5 \times 0.02) = 0.205(\curvearrowleft)$$

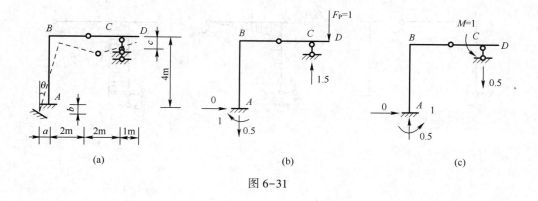

图 6-31

6.8 线弹性结构的互等定理

本节讨论线弹性结构的四个互等定理，它们都可以从虚功原理推导出来，其中最基本的是功的互等定理，在以后的章节中，经常要引用这些定理。互等定理应用的条件是：

（1）材料处于弹性阶段，应力与应变成正比。
（2）结构变形很小，不影响力的作用。

一、功的互等定理

如图 6-32 所示为同一线性变形体系的两种受力状态。在状态一（图 6-32（a））中，有任意横向荷载 F'_P 作用，其位移用 Δ' 表示，变形用 ε'、γ'、θ' 表示，内力为 F'_N、M'、F'_Q；在状态二（图 6-32（b））中，有任意横向荷载 F''_P 作用，其位移用 Δ'' 表示，变形用 ε''、γ''、θ'' 表示，内力为 F''_N、M''、F''_Q。首先令第一状态的力系在第二状态的位移上做虚功，则虚功方程为

$$W_{12} = \sum F'_P \Delta'' = \sum \left(\int \frac{F'_N F''_N}{EA} \mathrm{d}s + \int \frac{M'M''}{EI} \mathrm{d}s + \int k \frac{F'_Q F''_Q}{GA} \mathrm{d}s \right) \quad (6-38)$$

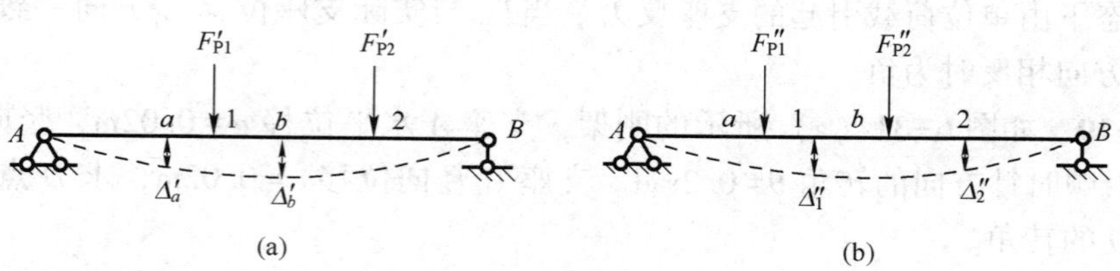

图 6-32

然后令第二状态的力系在第一状态的位移上做虚功，则虚功方程为

$$W_{21} = \sum F''_P \Delta' = \sum \left(\int \frac{F''_N F'_N}{EA} \mathrm{d}s + \int \frac{M''M'}{EI} \mathrm{d}s + \int k \frac{F''_Q F'_Q}{GA} \mathrm{d}s \right) \quad (6-39)$$

由式（6-38）、式（6-39）可知，等号右边是相等的，因此左边也相等，所以有

$$\sum F'\Delta'' = \sum F''\Delta'$$

这就是功的互等定理：在任一线性变形体系中，第一状态的外力在第二状态的位移上所做的功等于第二状态的外力在第一状态的位移上所做的功，用公式表示为

$$W_{12} = W_{21} \tag{6-40}$$

二、位移互等定理

如图 6-33 所示为同一线性变形体系的两种受力状态。第一状态（图 6-33（a））在 1 点处作用一单位力，引起的 2 点处的位移为 δ_{21}，第二状态（图 6-33（b））在 2 点处作用一单位力，引起的 1 点处的位移为 δ_{12}，注意这里位移 δ_{ij} 两个下标的含义。第一个下标 i 表示位移的地点和方向，即该位移是 F_{Pi} 作用点沿 F_{Pi} 方向上的位移，第二个下标 j 表示产生位移的原因，即该位移是由于 F_{Pj} 引起的。

图 6-33

对这两种状态，应用功的互等定理，由式（6-40）有

$$1 \cdot \delta_{12} = 1 \cdot \delta_{21}$$

即

$$\delta_{12} = \delta_{21} \tag{6-41}$$

这就是位移互等定理，即：由单位力 F_{P2} 引起的在 F_{P1} 方向上的位移 δ_{12}，等于由单位力 F_{P1} 引起的在 F_{P2} 方向上的位移 δ_{21}。这里的单位力也可以是单位力偶，所以它是广义荷载，位移也就是相应的广义位移。

如图 6-34 所示为同一简支梁的两种状态。在图 6-34（a）中，C 点作用集中力引起的 A 截面的转角 $\theta_A = F_P l^2 / 16EI$，令 $F_P = 1$，则

$$\theta_A = \delta_{AC} = \frac{l^2}{16EI} \tag{6-42}$$

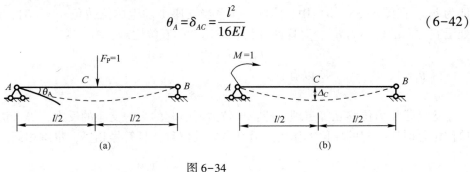

图 6-34

在图 6-34（b）中，A 端作用集中力偶引起的 C 点的竖向位移 $\Delta_C = Ml^2/16EI$，令 $M = 1$，则

$$\Delta_C = \delta_{CA} = \frac{l^2}{16EI} \tag{6-43}$$

由式（6-42）、式（6-43）可知，$\theta_A = \Delta_C$，即 $\delta_{AC} = \delta_{CA}$，这正是位移互等定理，二者不仅大小相等，量纲也相同。

三、反力互等定理

这个定理也是功的互等定理的一个特殊情况。如图6-35（a）中为第一状态，此时支座1发生单位位移 Δ_1，支座1和支座2的反力分别为 k_{11} 和 k_{21}，图6-35（b）为同一体系的第二状态，此时支座2发生单位位移 Δ_2，在支座1和支座2中产生的反力分别为 k_{12} 和 k_{22}，这里反力 k_{ij} 的两个下标中，第一个下标 i 表示反力是与支座位移 Δ_i 相对应的，第二个下标 j 表示反力是由支座位移 Δ_j 引起的，对该两状态应用功的互等定理，则得

$$k_{11} \times 0 + k_{21} \times 1 = k_{12} \times 1 + k_{22} \times 0$$

即
$$k_{21} = k_{12} \tag{6-44}$$

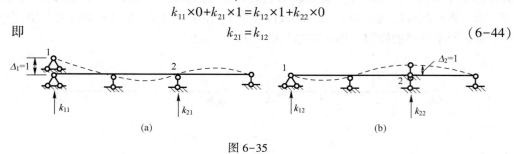

图 6-35

这就是反力互等定理。即：支座1发生单位位移所引起的支座2的反力，等于支座2发生单位位移所引起的支座1的反力，而且量纲也相同。这一定理适用于体系中任何两个支座上的反力。但应注意反力与位移在做功的关系上应相对应，即力对应于线位移，力偶对应于角位移。

四、反力位移互等定理

这个定理是功的互等定理的又一特殊情况。它说明一个状态的反力与另一状态的位移具有互等关系。如图6-36（a）所示，在单位荷载 $F_{P2}=1$ 的作用下，支座1的反力偶为 k_{12}，在图6-36（b）中，为同一体系当支座1发生单位转角 $\theta_1 = 1$ 时，F_{P2} 作用点处沿其方向的位移为 δ_{21}，对这两种状态应用功的互等定理，有

$$k_{12} \cdot \theta_1 + F_{P2} \cdot \delta_{21} = 0$$

因 $\theta_1 = 1$，$F_{P2} = 1$，所以有

$$k_{12} = -\delta_{21} \tag{6-45}$$

这就是反力位移互等定理。即：单位力所引起的某一支座的反力，等于该支座发生单位位移时所引起的单位力作用点沿其方向的位移，且符号相反，量纲相同。

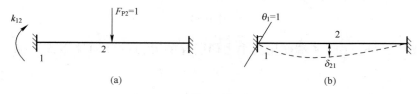

图 6-36

复习思考题

1. 虚功原理对弹性体、非弹性体以及刚体是否都适用？它的适用条件是什么？
2. 结构中各杆件均无内力，则整个结构就没有变形，从而就没有位移。这种说法是否正确？为什么？
3. 对弹性体系虚功与实功相比，有什么特点？
4. 静定结构的位移与杆件的拉伸刚度 EA、弯曲刚度 EI 有什么关系？
5. 静定结构在温度变化、支座移动等因素作用下，是否会产生内力？是否会产生变形？
6. 图乘法对等截面的拱结构是否适用？对变截面杆件是否适用？
7. 图乘法计算位移时，正负号怎样确定？
8. 计算静定结构在温度变化引起的位移时，如何确定式中各项的正负号？
9. 反力互等定理是否可用于静定结构？这时会得出什么结论？
10. 互等定理只适用于线性变形体系。这种说法是否正确？
11. 在哲学中我们常说世界万物是相互联系的，如何理解虚位移原理和虚力原理是一根同源、相互联系的？

习　题

习题 6-1　试用单位荷载法计算图示梁端的竖向位移和转角。设 EI = 常数，并忽略剪切变形的影响。

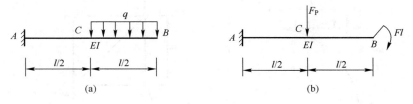

习题 6-1 图

习题 6-2　试用单位荷载法计算图示梁 C 点的竖向位移和 A 截面的转角。设 EI = 常数。

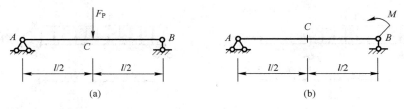

习题 6-2 图

习题 6-3　求图示梁 C 点的竖向位移和 A 截面的转角。设 $EI=$ 常数。

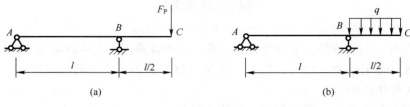

习题 6-3 图

习题 6-4　求图示刚架 C 点的水平位移和 A 截面的转角。设 $EI=$ 常数。

习题 6-5　求图示结构 B 点的水平位移。设 $EI=$ 常数，梁轴线方程为 $y=\dfrac{4f}{l^2}x(l-x)$。

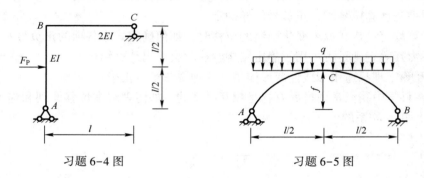

习题 6-4 图　　　　　　　　　习题 6-5 图

习题 6-6　求图示曲梁 A 点的水平位移、竖向位移及 A 截面转角。设 $EI=$ 常数。

习题 6-7　求图示桁架 D 点的水平位移。设各杆 $EA=$ 常数。

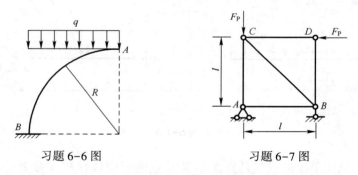

习题 6-6 图　　　　　　　　　习题 6-7 图

习题 6-8　用图乘法求图示梁 C 点的竖向位移及 B 截面的转角。设 $EI=$ 常数。

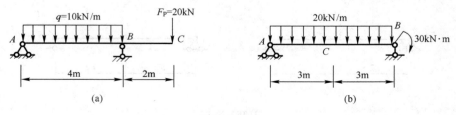

习题 6-8 图

习题 6-9　用图乘法求图（a）梁中 C 点的竖向位移、图（b）梁中 B 截面的转角。设 EI=常数。

习题 6-10　用图乘法求图示刚架 C 点的竖向位移。设 EI=常数。

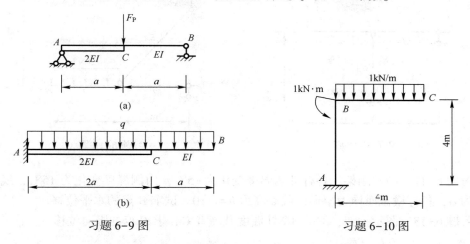

习题 6-9 图　　　　　习题 6-10 图

习题 6-11　用图乘法求图示刚架 A 点的水平位移。设 EI=常数。

习题 6-12　用图乘法求图示刚架 C 两侧截面的相对转角。设 EI=常数。

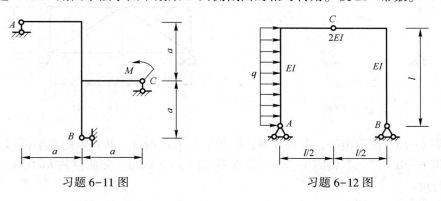

习题 6-11 图　　　　　习题 6-12 图

习题 6-13　求图示结构 A、B 两点距离的改变。设 EI=常数，各杆截面相同。

习题 6-14　求图示结构 A、B 两点相对水平位移。设 EI=常数。

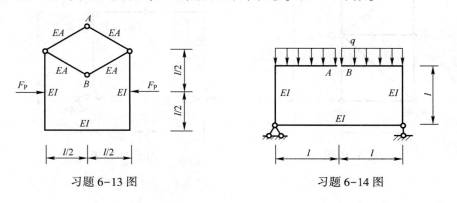

习题 6-13 图　　　　　习题 6-14 图

习题 6-15 求图示结构 D 点的竖向位移。设 $EI=$ 常数，$A=I/10l^2$。

习题 6-16 求图示结构 D 点的竖向位移。设 $EI=$ 常数，$A=5I/l^2$。

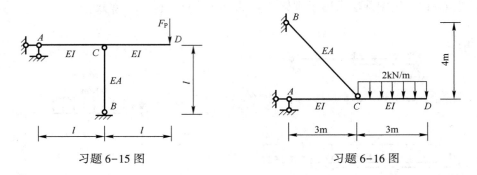

习题 6-15 图　　　　　　习题 6-16 图

习题 6-17 图示刚架，各杆外侧温度变化为 $-5℃$，内侧温度变化为 $15℃$，线膨胀系数为 α，各杆横截面均为矩形，截面高为 $h=l/10$。试求 B 点的水平位移。

习题 6-18 图示桁架，AD、AC 杆温度升高 $W℃$，求 C 点的竖向位移。

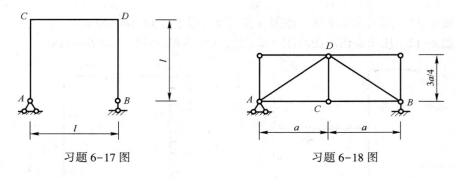

习题 6-17 图　　　　　　习题 6-18 图

习题 6-19 图示桁架，各杆在制造时均偏短了 0.6cm。求 F 点的水平位移。

习题 6-20 图示三铰刚架，B 支座水平位移 $a=0.04\text{m}$，竖向位移 $b=0.06\text{m}$，试求 A 端的转角。

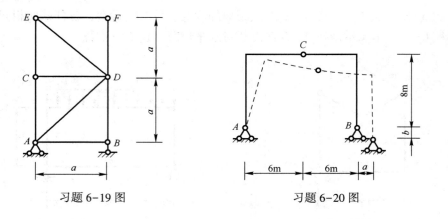

习题 6-19 图　　　　　　习题 6-20 图

习 题 答 案

习题 6-1　（a）$\Delta_{BV}=\dfrac{41ql^4}{384EI}(\downarrow)$，$\theta_B=\dfrac{7ql^3}{48EI}(\downarrow)$

（b）$\Delta_{BV}=\dfrac{29F_P l^3}{48EI}(\downarrow)$，$\theta_B=\dfrac{9Pl^2}{8EI}(\downarrow)$

习题 6-2　（a）$\Delta_{CV}=\dfrac{F_P l^3}{48EI}(\downarrow)$，$\theta_A=\dfrac{F_P l^2}{16EI}(\downarrow)$

（b）$\Delta_{CV}=\dfrac{Ml^2}{16EI}(\downarrow)$，$\theta_A=\dfrac{Ml}{6EI}(\downarrow)$

习题 6-3　（a）$\Delta_{CV}=\dfrac{F_P l^3}{8EI}(\downarrow)$，$\theta_A=\dfrac{F_P l^2}{6EI}(\downarrow)$

（b）$\Delta_{CV}=\dfrac{11ql^4}{384EI}(\downarrow)$，$\theta_A=\dfrac{ql^3}{48EI}(\downarrow)$

习题 6-4　$\Delta_{CH}=\dfrac{5F_P l^3}{16EI}(\rightarrow)$，$\theta_A=\dfrac{11Pl^2}{24EI}(\downarrow)$

习题 6-5　$\Delta_{BH}=\dfrac{qfl^3}{15EI}(\rightarrow)$

习题 6-6　$\Delta_{AH}=\dfrac{qr^4}{24EI}(3\pi-4)(\rightarrow)$，$\Delta_{AV}=\dfrac{qr^4}{3EI}(\downarrow)$，$\theta_A=\dfrac{\pi qr^3}{8EI}(\downarrow)$

习题 6-7　$\Delta_{DH}=\dfrac{F_P l}{EA}(2+2\sqrt{2})(\leftarrow)$

习题 6-8　（a）$\Delta_{CV}=\dfrac{320}{3EI}(\downarrow)$，$\theta_B=\dfrac{80}{3EI}(\downarrow)$

（b）$\Delta_{CV}=\dfrac{270}{EI}(\downarrow)$，$\theta_B=\dfrac{120}{EI}(\uparrow)$

习题 6-9　（a）$\Delta_{CV}=\dfrac{F_P a^3}{8EI}(\downarrow)$，（b）$\theta_B=\dfrac{7qa^3}{3EI}(\downarrow)$

习题 6-10　$\Delta_{CV}=\dfrac{144}{EI}(\downarrow)$

习题 6-11　$\Delta_{AH}=\dfrac{Ma^2}{12EI}(\leftarrow)$

习题 6-12　$\theta_C=\dfrac{ql^3}{24EI}(\uparrow\uparrow)$

习题 6-13　$\Delta_{AB}=\dfrac{17\sqrt{3}F_P l^3}{24EI}(\updownarrow)$

习题 6-14　$\Delta_{AB}=\dfrac{3ql^4}{2EI}(\rightarrow\leftarrow)$

习题 6-15　$\Delta_{DV} = \dfrac{122 F_P l}{3EI}(\downarrow)$

习题 6-16　$\Delta_{DV} = \dfrac{603}{8EI}(\downarrow)$

习题 6-17　$\Delta_{BH} = 5\alpha l(1+8l/h)(\rightarrow)$

习题 6-18　$\Delta_{CV} = \dfrac{3}{8}\alpha t a(\uparrow)$

习题 6-19　$\Delta_{FH} = 0.6\text{cm}(\rightarrow)$

习题 6-20　$\theta_A = 0.0075\text{rad}(\downarrow)$

第7章 力 法

7.1 超静定结构的概念和超静定次数的确定

在以上各章中,讨论了静定结构的内力和位移计算问题。从本章起,我们讨论超静定结构的计算问题。

一、超静定结构的概念

前面已经指出,全部反力和内力完全可以由静力平衡条件确定的结构是静定结构。而超静定结构,其全部反力和内力仅凭静力平衡条件是不能确定或不能完全确定的;从几何组成角度讲,超静定结构虽然也是几何不变体系,但存在多余约束。例如图 7-1(a)所示的连续梁,我们可以将支座 A 或 B 或 C 处的竖向链杆视为多余约束;显然,其支座反力仅凭静力平衡条件无法确定,因而也就不能求出其内力。又如图 7-2(a)所示的超静定桁架,虽然它们的支座反力和部分内力可以由静力平衡条件确定,但不能确定全部内力。这种内部有多余约束的结构也是超静定结构。

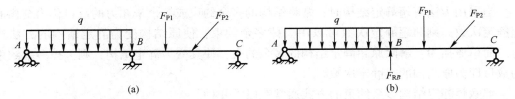

图 7-1

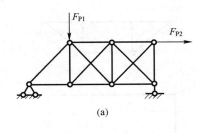

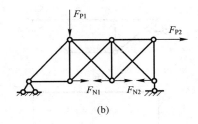

图 7-2

由于静定结构是无多余约束的几何不变体系,所以,若去掉其任何一个约束,都将变为几何可变体系。而对超静定结构而言,去掉其多余约束后,还能保持几何不变体系。例如图 7-1(a)所示的连续梁,若去掉 B 支座处的竖向链杆,就得到图 7-1(b)所示的静定梁,是几何不变体系。为了便于读者与原超静定结构进行比较,在解除多余约束所得到的静定结构中,还标明了相应的多余约束力。本节在类似各图中也是这样处理的。对图 7-2(a)所示的桁架也是如此,若去掉跨中靠右支座处的两根下弦杆,则可得到图 7-2(b)所示的桁架,它也是几何不变体系。所以,从保持结构几何不变性的角度而言,超静定结构是具有多余约束的结构。由以上两例可以看到,多余约束可以是外部的,也可以是内部的。多余约束中产生的力称为多余约束力,简称多余力。在图 7-1(b)中,如果认为支座 B 是多余约束,则反力 F_{RB} 就是多余力。在图 7-2(b)中,如果认为跨中靠右支座处的两根下弦杆是多余约束,则内力 F_{N1}、F_{N2} 就是多余力。

综上所述,超静定结构的几何组成特征就在于有多余约束;而在静力方面的反映,则为具有多余力。

工程中常见的超静定结构的类型有:超静定梁(图 7-1(a))、超静定桁架(图 7-2(a))、超静定拱、超静定刚架及超静定组合结构(图 7-3(a)、(b)、(c))。

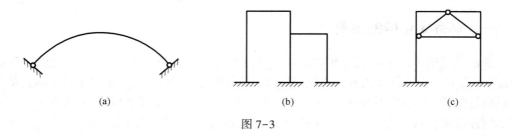

图 7-3

二、超静定次数的确定

当采用力法解超静定结构时,常将结构的多余约束或多余未知力的数目称为结构的超静定次数。判断超静定次数可以用去掉多余约束,使原结构变为静定结构的方法进行。简单概括为:解除原超静定结构的多余约束,使其变为静定结构,则去掉多余约束的数目即为原结构的超静定次数。

解除超静定结构多余约束的方式通常有以下几种。

(1)切断一根链杆或去掉一根链杆支承,相当于去掉一个约束(图 7-4)。

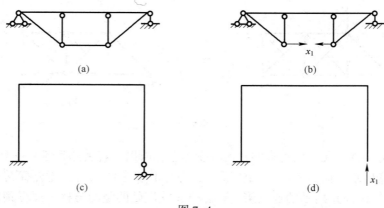

图 7-4

（2）去掉一个简单铰或去掉一个铰支座，相当于去掉两个约束（图 7-5）。

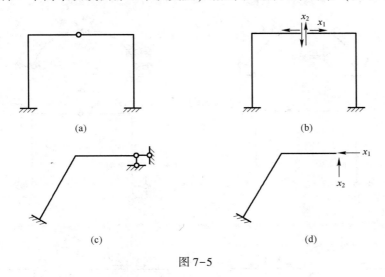

图 7-5

（3）将刚性联结切断或去掉一个固定端支座，相当于去掉三个约束（图 7-6）。

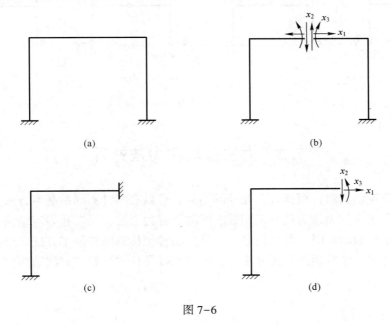

图 7-6

（4）将刚性联结改为简单铰联结或将固定端支座改为铰支座，相当于去掉一个约束（图 7-7）。

应用以上方式可以方便地确定任何超静定结构的超静定次数。例如图 7-8（a）所示的结构，在切断一个刚性联结并去掉一根支撑链杆后，可得到图 7-8（b）所示的静定结构。所以原结构为四次超静定结构，或者说原结构的超静定次数为四。

对于一个超静定结构可以采取不同的方式去掉多余约束，而得到不同的静定结构，但无论采用哪种方式，结构的超静定次数是唯一的。例如对于图 7-8（a）所示的超静定结构，还可以按图7-8（c）或图7-8（d）的方式去掉多余约束。

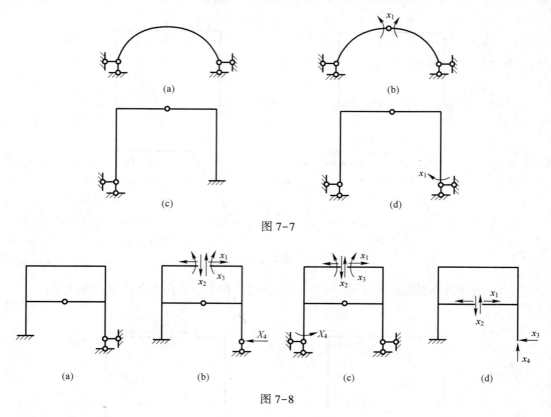

图 7-7

图 7-8

7.2 力法原理和力法方程

计算超静定结构时，根据计算途径的不同，可以有两种不同的基本方法。当以超静定结构中的多余未知力作为基本未知数求解时，称为力法；当以超静定结构中的某些位移作为基本未知数求解时，称为位移法。除力法和位移法两种基本方法之外，还有力矩分配法、混合法、结构矩阵分析方法等，但它们都是从力法和位移法这两种基本方法演变而来的。

一、力法原理

1. 基本概念

图 7-9（a）所示的梁为一次超静定结构，称其为原结构。当梁上作用有荷载时，荷载连同原结构一起称为原体系（图 7-9（b））。如果把原结构的 B 支座作为多余约束去掉，则得到如图 7-9（c）所示的相对于原结构而言的基本结构。当基本结构上作用有原荷载和代替原体系中多余约束的多余未知力 x_1 时，可得到与原体系等价的基本体系（图 7-9（d））。原结构、原体系、基本结构和基本体系，四者之间彼此联系，又互不相同。它们是建立力法方程过程中涉及的基本概念。

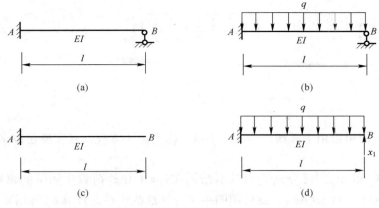

图 7-9

2. 解题思路

求解原体系中的内力，可从分析基本体系入手。只要设法求出基本体系中的多余未知力 x_1，则可以将原超静定结构的计算问题转化为静定结构在已知荷载和已知多余力作用下的计算问题。基本体系是计算超静定结构的桥梁。

3. 建立力法方程的位移条件

略去轴向变形，分析基本体系。以包含 x_1 在内的任意隔离体为研究对象，由于隔离体上平衡方程的总数少于未知力总数，所以仅凭静力平衡条件无法求出 x_1，即无法求出原体系的确定解答。因此必须考虑变形条件，以建立补充方程。

基本结构上作用有两种外部因素：已知荷载和多余未知力。现将多余未知力 x_1 视为作用在基本结构上的荷载对基本体系进行分析。在已知荷载保持不变的情况下，如果 x_1 过大，则梁的 B 端上翘；x_1 过小，则 B 端下垂。只有当 x_1 与原体系中 B 支座的约束反力相等时，B 端的位移才能与原体系中 B 点的竖向位移相等。换言之，为了使基本体系与原体系等价，必须保证在 x_1 与原荷载的共同作用下，基本体系中 B 点的竖向位移应与原体系中 B 点的竖向位移相同。原体系中 B 支座无竖向位移，故基本体系中 B 点的竖向位移（用 Δ_1 表示）应该等于零，即

$$\Delta_1 = 0 \tag{7-1}$$

这就是用来确定 x_1 的位移条件。

Δ_1 是基本结构在荷载与多余未知力 x_1 共同作用下，沿 x_1 方向的总位移，即图 7-10（a）中的 B 点的竖向位移。设以 Δ_{11} 和 Δ_{1P} 分别表示多余力 x_1 和荷载 q 单独作用在基本结构上时，B 点沿 x_1 方向上的位移（图 7-10（b）、（c）），其符号都以沿假定的 x_1 方向为正，下标的意义与第 6 章所规定的相同，即第一个下标表示位移的地点和方向，第二个下标表示产生位移的原因。根据线变形条件下的叠加原理，式（7-1）可写为

$$\Delta_1 = \Delta_{11} + \Delta_{1P} = 0 \tag{7-2}$$

为了求出多余未知力 x_1，可先求出单位力 $\bar{x} = 1$ 作用下 B 点沿 x_1 方向的位移 δ_{11}，进而 $\Delta_{11} = \delta_{11} \cdot x_1$，于是，式（7-2）可写为

$$\delta_{11} x_1 + \Delta_{1P} = 0 \tag{7-3}$$

由于 δ_{11} 和 Δ_{1P} 都是静定结构在已知力作用下的位移，可以用第 6 章所介绍的方法求得。

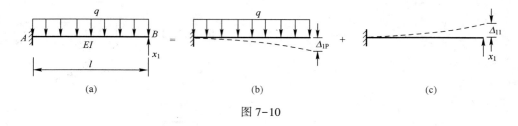

图 7-10

因此多余力 x_1 便可以由上式解出。式 (7-3) 称为力法方程，其实质是以多余未知力表示的位移条件。

为计算 δ_{11} 和 Δ_{1P}，可分别绘出基本结构在 $\bar{x}_1=1$ 和外荷载作用下的弯矩图 $\overline{M}_1$ 图和 M_P 图（图 7-11 (a)、(b)），然后用图乘法计算这些位移。计算 δ_{11} 可用 $\overline{M}_1$ 图乘 $\overline{M}_1$ 图，或称 $\overline{M}_1$ 图自乘：

$$\delta_{11} = \sum \int \frac{\overline{M}_1^2}{EI} ds = \frac{1}{EI} \times \frac{l \times l}{2} \times \frac{2l}{3} = \frac{l^3}{3EI}$$

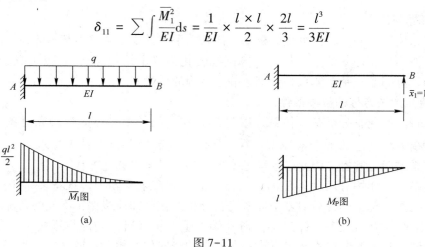

图 7-11

计算 Δ_{1P} 可用 $\overline{M}_1$ 图与 M_P 图相乘：

$$\Delta_{1P} = \sum \int \frac{\overline{M}_1 M_P}{EI} ds = -\frac{1}{EI}\left(\frac{1}{3} \times \frac{ql^2}{2} \times l\right) \times \frac{3l}{4} = -\frac{ql^4}{8EI}$$

将 δ_{11} 和 Δ_{1P} 代入式 (7-3)，可求得

$$x_1 = -\frac{\Delta_{1P}}{\delta_{11}} = \frac{ql^4}{8EI} \cdot \frac{3EI}{l^3} = \frac{3}{8}ql$$

求得的多余未知力 x_1 为正号，说明 x_1 的实际方向与假设方向相同，即向上。求得多余力后，就可以利用基本体系的平衡条件，求得原结构的内力和支座反力。原结构的支座反力、弯矩图、剪力图分别如图 7-12 (a)、(b)、(c) 所示。也可以利用已绘出的 $\overline{M}_1$ 图与 M_P 图按叠加法绘出 M 图，即将 $\overline{M}_1$ 图的竖标乘以 x_1，再与 M_P 图的竖标相加：

$$M = \overline{M}_1 x_1 + M_P \tag{7-4}$$

以上计算过程都是在基本结构和基本体系上进行的，实质上是把未知的超静定结构的计算问题转化为已熟悉的静定结构的计算问题。这种由已知领域逐步过渡到未知新领域的方法，在以后各章的学习中还将不断运用。二十大报告强调实施科教兴国战略，强化现代化建设人才支撑，不断完善科技创新体系，因此在学好知识的同时更应掌握方法

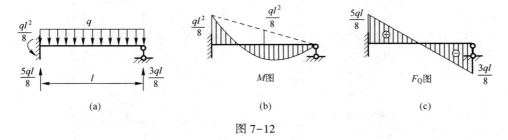

图 7-12

二、力法的典型方程

以上以一个简单的例子介绍了力法的基本概念。可以看出，用力法计算超静定结构的关键在于根据去掉多余约束处的位移条件，建立求解多余未知力的补充方程。对于多次超静定结构，其计算原理也基本相同。

图 7-13（a）所示为三次超静定刚架。用力法计算时，需去掉三个多余约束。设去掉 B 支座处的水平约束、竖直约束和扭转约束，并以相应的多余未知力 x_1、x_2 和 x_3 代替，则得到图 7-13（b）所示的基本体系。由于原体系在固定支座 B 处不可能有任何位移，因此基本结构在荷载和多余力共同作用下，B 点沿 x_1、x_2 和 x_3 方向相应的位移 Δ_1、Δ_2 和 Δ_3 也都应该等于零，建立力法方程的位移条件为

$$\begin{cases} \Delta_1 = 0 \\ \Delta_2 = 0 \\ \Delta_3 = 0 \end{cases}$$

设各单位多余未知力 $\bar{x}_1 = 1$、$\bar{x}_2 = 1$、$\bar{x}_3 = 1$ 和荷载分别作用于基本结构上时，B 点沿 x_1 方向的位移分别为 δ_{11}、δ_{12}、δ_{13} 和 Δ_{1P}，沿 x_2 方向的位移分别为 δ_{21}、δ_{22}、δ_{23} 和 Δ_{2P}，沿 x_3 方向的位移分别为 δ_{31}、δ_{32}、δ_{33} 和 Δ_{3P}，参阅图 7-13（c）、（d）、（e）、（f），根据叠加原理，上述位移条件可写为

$$\begin{cases} \Delta_1 = \delta_{11}x_1 + \delta_{12}x_2 + \delta_{13}x_3 + \Delta_{1P} = 0 \\ \Delta_2 = \delta_{21}x_1 + \delta_{22}x_2 + \delta_{23}x_3 + \Delta_{2P} = 0 \\ \Delta_3 = \delta_{31}x_1 + \delta_{32}x_2 + \delta_{33}x_3 + \Delta_{3P} = 0 \end{cases} \quad (7-5)$$

解方程组（7-5），便可求得 x_1、x_2 和 x_3。

对于 n 次超静定结构，则有 n 个多余未知力，而每一个多余未知力都对应着一个多余约束，相应地也就有一个位移条件，故可建立 n 个方程，从而解出 n 个多余未知力。当原体系上各个多余未知力作用处的位移均为零时，可写出 n 元一次方程组

$$\begin{cases} \delta_{11}x_1 + \delta_{12}x_2 + \cdots + \delta_{1i}x_i + \cdots + \delta_{1n}x_n + \Delta_{1P} = 0 \\ \delta_{21}x_1 + \delta_{22}x_2 + \cdots + \delta_{2i}x_i + \cdots + \delta_{2n}x_n + \Delta_{2P} = 0 \\ \vdots \\ \delta_{i1}x_1 + \delta_{i2}x_2 + \cdots + \delta_{ii}x_i + \cdots + \delta_{in}x_n + \Delta_{iP} = 0 \\ \vdots \\ \delta_{n1}x_1 + \delta_{n2}x_2 + \cdots + \delta_{ni}x_i + \cdots + \delta_{nn}x_n + \Delta_{nP} = 0 \end{cases} \quad (7-6)$$

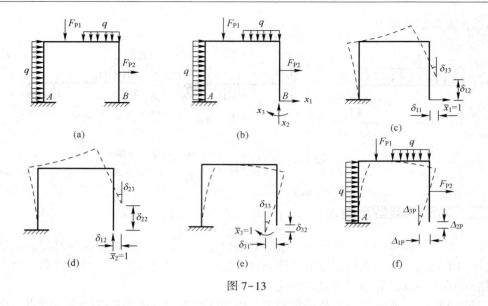

图 7-13

当原体系中沿某多余未知力方向的位移不为零时,则基本体系中沿该多余未知力方向的位移应与原体系中相应的位移相等。式(7-6)就是力法方程的一般形式,常称为力法的典型方程。

在力法方程中,主对角线上的系数 δ_{ii} 称为主系数,它是单位力 $\bar{x}_i = 1$ 单独作用时引起的沿其自身方向的位移,其值恒为正,不会等于零。位于主对角线两侧的系数 δ_{ij} 称为副系数,它是单位力 $\bar{x}_j = 1$ 单独作用时,引起的 x_i 方向的位移。δ_{ii} 和 δ_{ij} 统称为柔度系数。各式左侧最后一项 Δ_{iP} 称为自由项,它是外荷载单独作用时,引起的 x_i 方向的位移。副系数和自由项的值可正、可负,或者为零。根据位移互等定理,有

$$\delta_{ij} = \delta_{ji}$$

它表明力法方程中位于主对角线两侧对称位置的两个副系数是相等的。

典型方程中的柔度系数和自由项,都是基本结构在已知力作用下的位移,可用第 6 章所介绍的方法求得。解方程求得多于力 $x_i(i=1,2,\cdots,n)$ 后,可按以下叠加公式求出弯矩

$$M = \bar{M}_1 x_1 + \bar{M}_2 x_2 + \cdots + \bar{M}_n x_n + M_P \tag{7-7}$$

进一步根据平衡条件求得剪力和轴力。

7.3 用力法计算超静定梁和刚架

一、超静定梁的计算

1. 用力法计算超静定结构的步骤

根据上节分析,用力法计算超静定结构的步骤归纳如下。
(1) 去掉原体系的多余约束,选取力法基本体系。
(2) 根据基本体系去掉多余约束处的位移条件建立力法方程。

（3）求力法方程中的柔度系数和自由项（计算超静定梁和刚架时，应绘出基本结构在单位力作用下的弯矩图和荷载作用下的弯矩图，或写出弯矩表达式）。

（4）解力法方程，求多余未知力。

（5）求出多余力后，由基本体系按静定结构的分析方法绘出原体系的内力图。

2. 超静定梁的计算

在第 3 章介绍了单跨及多跨静定梁的计算，现在讨论超静定梁的计算问题。对于刚性支承上的连续梁，用第 9 章所述的力矩分配法计算最为简便。单跨超静定梁的计算是位移法的基础，也是本章讨论的重点之一。

例 7-1 试作如图 7-14（a）所示梁的弯矩图。设 B 端弹簧支座的弹簧刚度系数为 k，梁抗弯刚度 EI 为常数。

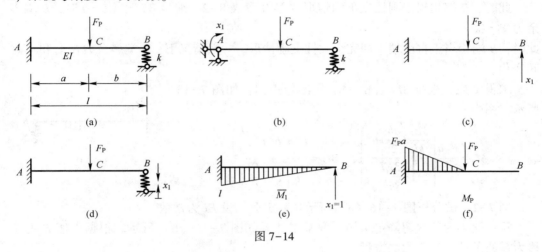

图 7-14

解：此梁是一次超静定结构。用力法计算时，可取不同的基本体系。由于基本体系不同，力法方程亦应作相应变化。对应于图 7-14（b）、（c）和（d）所示的三种基本体系，力法方程分别为式（7-8）~式（7-10）。

$$\delta_{11}x_1 + \Delta_{1P} + \Delta_{1C} = 0 \tag{7-8}$$

$$\delta_{11}x_1 + \Delta_{1P} = -\frac{x_1}{k} \tag{7-9}$$

$$\delta_{11}x_1 + \Delta_{1P} = 0 \tag{7-10}$$

在式（7-8）中，Δ_{1C} 表示由于弹簧支座 B 移动而引起的沿 x_1 方向的位移，计算 δ_{11} 和 Δ_{1P} 时仅考虑梁弯曲变形对 A 截面转角的影响。在式（7-10）中，计算 δ_{11} 时，应同时考虑梁弯曲变形和弹簧变形对弹簧断口处相对位移的影响。比较以上三种解法，显然取基本体系二计算起来较为方便。

作基本结构的单位弯矩图（$\overline{M}_1$ 图）和荷载弯矩图（M_P 图），分别如图 7-14（e）、（f）所示。利用图乘法求得

$$\delta_{11} = \frac{l^3}{3EI}, \quad \Delta_{1P} = -\frac{F_P a^2(3l-a)}{6EI}$$

将以上各值代入相应的力法方程（式（7-9）），解得

$$x_1 = \frac{F_P a^3 \left(1 + \dfrac{3b}{2a}\right)}{l^3 \left(1 + \dfrac{3EI}{kl^3}\right)}$$

分析上式，多余力 x_1 的值与抗弯刚度 EI 对弹簧刚度 k 的比值 $\dfrac{EI}{k}$ 有关。当 $k \to \infty$ 时，有

$$x_1' = \frac{F_P a^3 \left(1 + \dfrac{3b}{2a}\right)}{l^3} = \frac{F_P a^2 (2l+b)}{2l^3}$$

此时，B 端相当于刚性支承的情形（第 8 章表 8-2，编号 8）。当 $k = 0$ 时，B 端多余力 $x_1'' = 0$。

此时，B 端相当于自由端，即完全柔性支承情形。一般情况下，B 端多余力在 x_1' 和 x_1'' 之间变化。

求得 x_1 后，根据 $M = x_1 \overline{M}_1 + M_P$ 作出弯矩图，如图 7-15 所示。图中

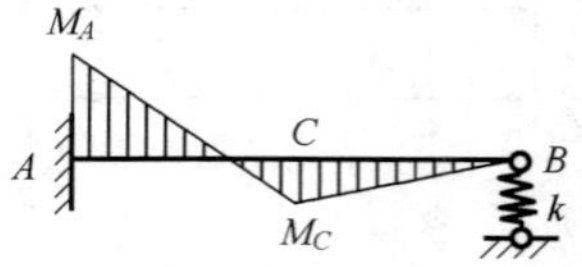

$$M_A = \frac{F_P a}{l^2} \left(\frac{\dfrac{3EI}{kl} + \dfrac{ab}{2} + b^2}{1 + \dfrac{3EI}{kl^3}} \right), \quad M_C = \frac{F_P a^3 b \left(1 + \dfrac{3b}{2a}\right)}{l^3 \left(1 + \dfrac{3EI}{kl^3}\right)}$$

图 7-15

例 7-2 试分析图 7-16（a）所示超静定梁。设 EI 为常数。

解：此梁为三次超静定结构。取基本体系如图 7-16（b）所示。根据支座 B 处位移为零的条件，建立力法方程：

$$\begin{cases} \delta_{11} x_1 + \delta_{12} x_2 + \delta_{13} x_3 + \Delta_{1P} = 0 \\ \delta_{21} x_1 + \delta_{22} x_2 + \delta_{23} x_3 + \Delta_{2P} = 0 \\ \delta_{31} x_1 + \delta_{32} x_2 + \delta_{33} x_3 + \Delta_{3P} = 0 \end{cases}$$

由于力法方程中的柔度系数和自由项都是基本结构的位移，即静定结构的位移，因此，用力法计算超静定梁和刚架时，通常忽略剪力和轴力对位移的影响，而只考虑弯矩的影响。作基本结构的单位弯矩图和荷载弯矩图，如图 7-16（c）、（d）、（e）、（f）所示。

利用图乘法求得

$$\delta_{11} = \frac{l}{EI} \left(\frac{1}{2} l \times l \times \frac{2}{3} l \right) = \frac{l^3}{3EI}$$

$$\delta_{12} = \delta_{21} = -\frac{1}{EI} \left(\frac{l}{2} \times l \times 1 \right) = -\frac{l^2}{2EI}$$

$$\delta_{22} = \frac{1}{EI} (l \times 1 \times 1) = \frac{l}{EI}$$

$$\delta_{13} = \delta_{31} = \delta_{23} = \delta_{32} = 0$$

$$\Delta_{1P} = -\frac{1}{EI} \left(\frac{1}{3} l \times \frac{ql^2}{2} \times \frac{3l}{4} \right) = -\frac{ql^4}{8EI}$$

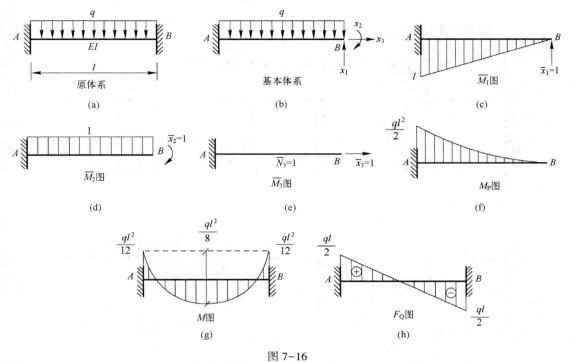

图 7-16

$$\Delta_{2P} = \frac{1}{EI}\left(\frac{1}{3}l \times \frac{ql^2}{2} \times 1\right) = \frac{ql^3}{6EI}$$

$$\Delta_{3P} = 0$$

计算 δ_{33} 时，因为弯矩 $\overline{M}_3 = 0$，这时要考虑轴力对位移的影响，即

$$\delta_{33} = \int \frac{\overline{M}_3^2}{EI}\mathrm{d}s + \int \frac{\overline{N}_3^2}{EA}\mathrm{d}x = 0 + \frac{l}{EA} = \frac{l}{EA}$$

将以上柔度系数和自由项代入力法方程，得

$$\begin{cases} \dfrac{l^3}{3EI}x_1 - \dfrac{l^2}{2EI}x_2 - \dfrac{ql^4}{8EI} = 0 \\ -\dfrac{l^2}{2EI}x_1 + \dfrac{l}{EI}x_2 + \dfrac{ql^3}{6EI} = 0 \\ \dfrac{l}{EA} \times x_3 + 0 = 0 \end{cases}$$

解方程，求得

$$x_1 = \frac{1}{2}ql, \quad x_2 = \frac{1}{12}ql^2, \quad x_3 = 0$$

x_3 等于零表明两端固定梁在垂直于梁轴线的荷载作用下，支座不产生水平反力。因此，本题可简化为只需求两个多余未知力的问题，力法方程可直接写为

$$\begin{cases} \delta_{11}x_1 + \delta_{12}x_2 + \Delta_{1P} = 0 \\ \delta_{21}x_1 + \delta_{22}x_2 + \Delta_{2P} = 0 \end{cases}$$

最后弯矩图和剪力图分别如图 7-16（g）、（h）所示。

二、超静定刚架的计算

例 7-3 试分析图 7-17（a）所示超静定刚架，绘制其内力图。

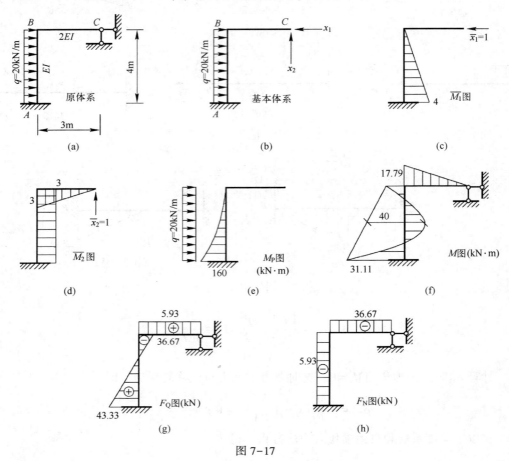

图 7-17

解：此结构为二次超静定结构。取基本体系如图 7-17（b）所示。根据支座 C 处水平及竖直方向位移均为零的条件，建立力法方程组

$$\begin{cases} \delta_{11}x_1+\delta_{12}x_2+\Delta_{1P}=0 \\ \delta_{21}x_1+\delta_{22}x_2+\Delta_{2P}=0 \end{cases}$$

分别作出基本结构的单位弯矩图和荷载弯矩图，如图 7-17（c）、（d）、（e）所示。用图乘法求得柔度系数和自由项为

$$\delta_{11}=\frac{1}{EI}\left(\frac{1}{2}\times4\times4\right)\times\left(\frac{2}{3}\times4\right)=\frac{64}{3EI}$$

$$\delta_{22}=\frac{1}{2EI}\left[\left(\frac{1}{2}\times3\times3\right)\times\left(\frac{2}{3}\times3\right)\right]+[(3\times4)\times3]=\frac{81}{2EI}$$

$$\delta_{12}=\delta_{21}=\frac{1}{EI}\left(\frac{1}{2}\times4\times4\right)\times3=\frac{24}{EI}$$

$$\Delta_{1P} = -\frac{1}{EI}\left(\frac{1}{3}\times 4\times 160\right)\times\left(\frac{3}{4}\times 4\right) = -\frac{640}{EI}$$

$$\Delta_{2P} = -\frac{1}{EI}\left(\frac{1}{3}\times 4\times 160\right)\times 3 = -\frac{640}{EI}$$

将以上柔度系数和自由项代入力法方程组

$$\begin{cases} \dfrac{64}{3EI}x_1 + \dfrac{24}{EI}x_2 - \dfrac{640}{EI} = 0 \\ \dfrac{24}{EI}x_1 + \dfrac{81}{2EI}x_2 - \dfrac{640}{EI} = 0 \end{cases}$$

解力法方程组，得

$$x_1 = 36.67\text{kN}(\leftarrow), \quad x_2 = -5.93\text{kN}(\downarrow)$$

括号内的箭头表示多余未知力的真实方向。根据所求结果，绘出原体系的内力图如图 7-17（f）、(g)、(h) 所示。

例 7-4 试分析图 7-18（a）所示超静定刚架，绘制其内力图。

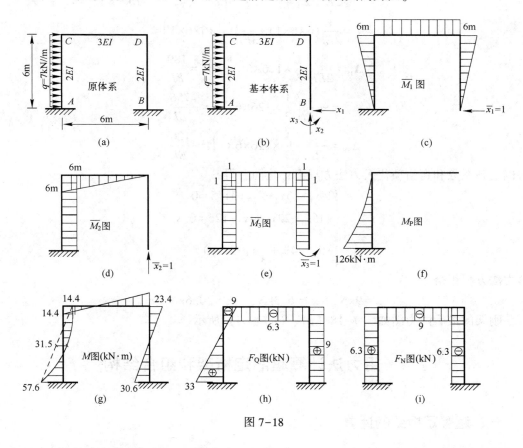

图 7-18

解：此结构为三次超静定结构。取基本体系如图 7-18（b）所示。根据支座 B 处不能产生位移的条件，建立力法方程组

$$\begin{cases} \delta_{11}x_1+\delta_{12}x_2+\delta_{13}x_3+\Delta_{1P}=0 \\ \delta_{21}x_1+\delta_{22}x_2+\delta_{23}x_3+\Delta_{2P}=0 \\ \delta_{31}x_1+\delta_{32}x_2+\delta_{33}x_3+\Delta_{3P}=0 \end{cases}$$

分别作出基本结构的单位弯矩图和荷载弯矩图,如图 7-18（c）、（d）、（e）、（f）所示。用图乘法求得柔度系数和自由项为

$$\delta_{11}=\frac{2}{2EI}\left(\frac{1}{2}\times6\times6\times\frac{2}{3}\times6\right)+\frac{1}{3EI}(6\times6\times6)=\frac{144}{EI}$$

$$\delta_{22}=\frac{1}{2EI}(6\times6\times6)+\frac{1}{3EI}\left(\frac{1}{2}\times6\times6\times\frac{2}{3}\times6\right)=\frac{132}{EI}$$

$$\delta_{33}=\frac{2}{2EI}(1\times6\times1)+\frac{1}{3EI}(1\times6\times1)=\frac{8}{EI}$$

$$\delta_{12}=\delta_{21}=-\frac{1}{2EI}\left(\frac{1}{2}\times6\times6\times6\right)-\frac{1}{3EI}\left(\frac{1}{2}\times6\times6\times6\right)=-\frac{90}{EI}$$

$$\delta_{13}=\delta_{31}=-\frac{2}{2EI}\left(\frac{1}{2}\times6\times6\times1\right)-\frac{1}{3EI}(6\times6\times1)=-\frac{30}{EI}$$

$$\delta_{23}=\delta_{32}=\frac{1}{2EI}(6\times6\times1)+\frac{1}{3EI}\left(\frac{1}{2}\times6\times6\times1\right)=\frac{24}{EI}$$

$$\Delta_{1P}=\frac{1}{2EI}\left(\frac{1}{3}\times126\times6\times\frac{1}{4}\times6\right)=\frac{189}{EI}$$

$$\Delta_{2P}=-\frac{1}{2EI}\left(\frac{1}{3}\times126\times6\times6\right)=-\frac{756}{EI}$$

$$\Delta_{3P}=-\frac{1}{2EI}\left(\frac{1}{3}\times126\times6\times1\right)=-\frac{126}{EI}$$

将以上各系数和自由项代入力法方程组,化简后得

$$\begin{cases} 24x_1-15x_2-5x_3+31.5=0 \\ -15x_1+22x_2+4x_3-126=0 \\ -5x_1+4x_2+\frac{4}{3}x_3-21=0 \end{cases}$$

解力法方程组得

$$x_1=9\text{kN},\quad x_2=6.3\text{kN},\quad x_3=30.6\text{kN}\cdot\text{m}$$

刚架的最后内力图如图 7-18（g）、（h）、（i）所示。

7.4 用力法计算超静定桁架和组合结构

一、超静定桁架的计算

用力法计算超静定桁架的原理和步骤与计算超静定梁和超静定刚架基本相同。由于桁架一般只承受结点荷载,所以桁架中的各杆只产生轴力。力法方程中的柔度系数和自由项按下式计算：

$$\begin{cases} \delta_{ii} = \sum \dfrac{\overline{F}_{\mathrm{N}1}^2}{EA}l \\ \delta_{ij} = \sum \dfrac{\overline{F}_{\mathrm{N}i}\overline{F}_{\mathrm{N}j}}{EA}l \\ \Delta_{ip} = \sum \dfrac{\overline{F}_{\mathrm{N}i}F_{\mathrm{NP}}}{EA}l \end{cases} \quad (7-11)$$

当求出多余未知力 $x_i(i=1,2,\cdots,n)$ 后,桁架各杆的轴力按下式计算:

$$F_{\mathrm{N}} = \overline{F}_{\mathrm{N}1}x_1 + \overline{F}_{\mathrm{N}2}x_2 + \cdots + \overline{F}_{\mathrm{N}n}x_n + F_{\mathrm{NP}} \quad (7-12)$$

例 7-5 试分析图 7-19(a)所示超静定桁架,绘制其轴力图。

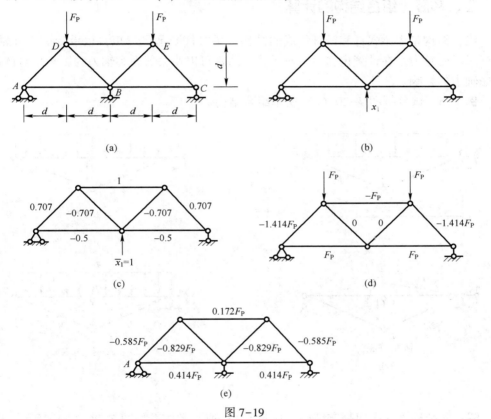

图 7-19

解:此结构为一次超静定桁架。取基本体系如图 7-19(b)所示。根据支座 B 处竖直方向位移等于零的条件,建立力法方程:

$$\delta_{11}x_1 + \Delta_{1P} = 0$$

分别求出单位荷载作用在基本结构上的各杆轴力和外荷载作用在基本结构上的轴力如图 7-19(c)、(d)所示。依式(7-11)计算:

$$\delta_{11} = \sum \dfrac{\overline{F}_{\mathrm{N}1}^2}{EA}l = \dfrac{1}{EA}[(0.707)^2 \times 1.414d \times 2 + (-0.707)^2 \times 1.414d \times 2 +$$

$$(-0.5)^2 \times 2d \times 2 + 1^2 \times 2d] = \dfrac{5.827d}{EA}$$

$$\Delta_{1P} = \sum \frac{\overline{F}_{N1} F_{NP}}{EA} = \frac{1}{EA}[0.707 \times (-1.414 F_P) \times 1.414 d \times 2 +$$
$$1 \times (-F_P) \times 2d + (-0.5 \times F_P \times 2d \times 2)] = -\frac{6.827 F_P a}{EA}$$

将 δ_{11}、Δ_{1P} 的计算结果代入力法方程，可求得 x_1：

$$x_1 = -\frac{\Delta_{1P}}{\delta_{11}} = \frac{6.827 F_P d}{5.827 d} = 1.172 F_P$$

按式（7-12）计算各杆轴力并将计算结果标在桁架计算简图上，如图 7-19（e）所示。

二、超静定组合结构的计算

组合结构是由梁式杆和链杆组成的结构。梁式杆既承受弯矩，也承受剪力和轴力；链杆只承受轴力。在计算位移时，对梁式杆通常可以略去剪力和轴力的影响，对链杆只考虑轴力的影响。

例 7-6 试分析图 7-20（a）所示组合结构。

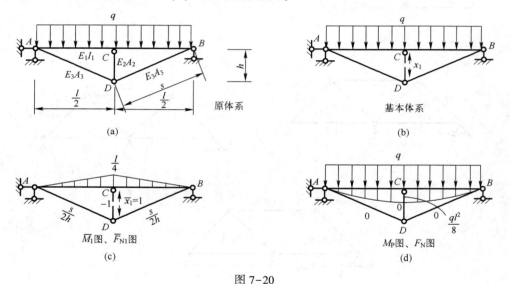

图 7-20

解：此结构为一次超静定结构。切断 CD 杆取基本体系如图 7-20（b）所示。根据切口两侧截面沿杆轴方向相对位移等于零的条件，建立力法方程：

$$\delta_{11} x_1 + \Delta_{1P} = 0$$

分别绘出单位荷载和外荷载作用在基本结构上的弯矩图，并求出各链杆中的轴力如图 7-20（c）、（d）所示。计算柔度系数和自由项：

$$\delta_{11} = \int \frac{\overline{M}_1^2}{E_1 I_1} ds + \sum \frac{\overline{F}_{N1}^2 l}{EA} = \frac{2}{E_1 I_1}\left(\frac{1}{2} \times \frac{l}{4} \times \frac{l}{2} \times \frac{2}{3} \times \frac{l}{4}\right) + \frac{(-1)^2 h}{E_2 A_2} + \frac{2\left(\frac{s}{2h}\right)^2 s}{E_3 A_3}$$
$$= \frac{l^3}{48 E_1 A_1} + \frac{h}{E_2 A_2} + \frac{s^3}{2h^2 E_3 A_3}$$

$$\Delta_{1P} = \int \frac{\overline{M}_1 M_P}{E_1 I_1} ds + \sum \frac{\overline{F}_{N1} F_{NP} l}{EA} = -\frac{2}{E_1 I_1}\left(\frac{2}{3} \times \frac{ql^2}{8} \times \frac{l}{2} \times \frac{5}{8} \times \frac{l}{4}\right) + 0 = -\frac{5ql^4}{384 E_1 I_1}$$

代入力法方程解得

$$x_1 = -\frac{\Delta_{1P}}{\delta_{11}} = \frac{\dfrac{5ql^4}{384 E_1 I_1}}{\dfrac{l^3}{48 E_1 I_1} + \dfrac{h}{E_2 A_2} + \dfrac{s^3}{2h^2 E_3 A_3}}$$

原结构 AB 梁的最后弯矩图和各链杆的轴力分别按下式计算：

$$M = x_1 \overline{M}_1 + M_P$$
$$F_N = x_1 \overline{F}_{N1} + F_{NP}$$

分析以上结果：因为 $x_1 \overline{M}_1$ 与 M_P 的符号相反，故叠加后 M 的数值比 M_P 要小。这表明横梁由于下部链杆的支承，弯矩大为减小。如果链杆的截面很大，如 $E_2 A_2$ 和 $E_3 A_3$ 都趋于无穷大，则 x_1 趋于 $5ql/8$，即横梁的 M 图接近两跨连续梁的 M 图。如果链杆的截面很小，如 $E_2 A_2$ 和 $E_3 A_3$ 都趋于零，则 x_1 趋于零，即横梁的 M 图接近于简支梁的 M 图。

单层厂房往往采用排架结构。排架也属于组合结构。它由屋架（或屋面大梁）、柱和基础组成。柱与基础为刚性联结，屋架与柱顶则为铰联结。工程中常采用如下的近似计算方法。

（1）在屋面荷载作用下，屋架按桁架计算。有关桁架计算简图的选取及计算在前面的章节已作介绍。

（2）当柱承受水平荷载时，屋架对柱顶只起联系作用，由于屋架在其平面内的刚度很大，所以在计算排架柱的内力时，可以不考虑桁架变形的影响，而用一根 $EA \to \infty$ 的链杆代替。例如某不等高排架的计算简图如图 7-21（a）所示。用力法分析时，一般以链杆作为多余约束，选用如图 7-21（b）所示的基本体系。

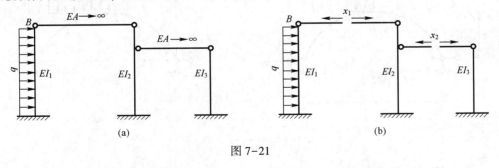

图 7-21

7.5 两铰拱及系杆拱的计算

一、两铰拱的计算

超静定拱在工程中得到广泛应用。在建筑工程中，除采用落地式拱顶结构外，还采用带拉杆的拱式屋架。在桥梁工程中，历史上有著名的赵州石拱桥（图 7-22（a））。

近年来，双曲拱桥也被广泛采用，图 7-22（b）所示为丹集线下河口双曲拱桥。

(a)

(b)

图 7-22

两铰拱是一次超静定结构（图 7-23（a））。在竖向荷载作用下，当其支座发生竖向位移时并不引起内力，因此在地基可能发生较大不均匀沉降地区宜于采用。两铰拱的弯矩在支座处等于零，向拱顶逐渐增大；因此在设计拱时，拱截面亦应由支座向拱顶逐渐增加。当跨度不大时，两铰拱也常设计成等截面的。

用力法计算超静定拱的原理和步骤仍如前所述。若拱轴曲率较大，则应考虑它对变形的影响。但通常拱的曲率都较小，计算结果表明，曲率的影响可以略去不计，仍可采用直杆的位移计算公式。下面讨论两铰拱的计算方法。

计算两铰拱时，通常去掉一个支座的水平约束，并以多余力 x_1 代替。图 7-23（a）、(b) 所示为一两铰拱和相应的基本体系。由原体系在支座 B 处的水平位移等于零的条件，可以建立力法方程

$$\delta_{11}x_1 + \Delta_{1P} = 0$$

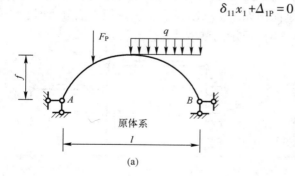

原体系

(a)

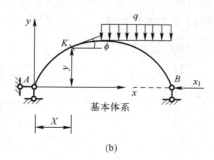

基本体系

(b)

图 7-23

计算柔度系数和自由项时，一般可略去剪力影响，而轴力影响通常仅当拱高 f 小于跨度 l 的 1/3，拱的截面厚度 t 与跨度 l 之比小于 1/10 时，才在 δ_{11} 中予以考虑，因此有

$$\begin{cases} \delta_{11} = \int \dfrac{\overline{M}_1^2}{EI}\mathrm{d}s + \int \dfrac{\overline{F}_{N1}^2}{EA}\mathrm{d}s \\ \Delta_{1P} = \int \dfrac{\overline{M}_1 M_P}{EI}\mathrm{d}s \end{cases} \tag{7-13}$$

设规定弯矩以使拱的内侧纤维受拉为正，轴力以使截面受压为正，取图 7-23（b）所示坐标系，则基本结构在多余力 $\overline{x}_1=1$ 作用下，任意截面的内力为

$$\overline{M}_1 = -y, \quad \overline{F}_{N1} = \cos\varphi \tag{7-14}$$

式中：y 为拱任意截面 K 处的纵坐标；φ 为 K 点处拱轴线的切线与 x 轴所成的夹角。

将式（7-14）代入式（7-13）得

$$\begin{cases} \delta_{11} = \int \dfrac{y^2}{EI}\mathrm{d}s + \int \dfrac{\cos^2\varphi}{EA}\mathrm{d}s \\ \Delta_{1P} = -\int \dfrac{yM_P}{EI}\mathrm{d}s \end{cases}$$

进而由力法方程可解得

$$x_1 = -\frac{\Delta_{1P}}{\delta_{11}} = \frac{\displaystyle\int \frac{yM_P}{EI}\mathrm{d}s}{\displaystyle\int \frac{y^2}{EI}\mathrm{d}s + \int \frac{\cos^2\varphi}{EA}\mathrm{d}s} \tag{7-15}$$

按式（7-15）计算 x_1 时，因拱轴为曲线，所以必须采用积分法计算。当拱轴线形状、截面变化规律较复杂时，直接积分会遇到困难，此时可应用近似的数值积分法，如可应用高等数学的梯形公式或抛物线公式作数值求和。

对于只承受竖向荷载且两拱趾同高的两铰拱，当求得了水平推力 x_1 后，拱上任意截面处的弯矩、剪力和轴力均可用叠加法求得，即

$$\begin{cases} M = M^0 - x_1 y \\ F_Q = F_Q^0 \cos\varphi - x_1 \sin\varphi \\ F_N = F_Q^0 \sin\varphi + x_1 \cos\varphi \end{cases} \tag{7-16}$$

式中：M^0、F_Q^0 分别表示相应简支梁的弯矩和剪力。

二、系杆拱的计算

当拱的基础比较弱时，如支承在砖墙或独立柱上的两铰拱式屋盖结构，通常可在两铰拱的底部设置拉杆以承担水平推力，图 7-24（a）所示为拱式屋架的示意图，其计算简图如图 7-24（b）所示。

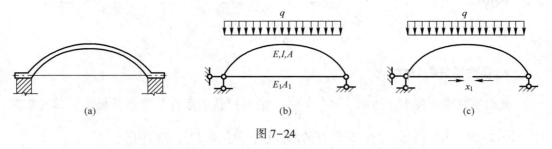

图 7-24

带拉杆的两铰拱也称系杆拱。带拉杆的两铰拱的计算方法与无拉杆情况相似。以拉杆的拉力 x_1 作为多余未知力，其计算简图如图 7-24（c）所示。根据拉杆断口两侧相对水平线位移等于零的条件建立力法方程

$$\delta_{11}x_1 + \Delta_{1P} = 0$$

式中，自由项 Δ_{1P} 的计算与无拉杆两铰拱的情况完全相同，系数 δ_{11} 的计算则除拱本身的

变形外，还须考虑拉杆轴向变形的影响。在单位力 $\bar{x}_1=1$ 作用下，拉杆由于轴向变形引起的相对位移为 $\dfrac{l}{E_1A_1}$，其中 E_1、A_1 分别为拉杆的弹性模量和横截面面积。于是，多余力 x_1 的计算公式为

$$x_1 = -\dfrac{\Delta_{1P}}{\delta_{11}} = \dfrac{\int \dfrac{yM_P}{EI}ds}{\int \dfrac{y^2}{EI}ds + \int \dfrac{\cos^2\varphi}{EA}d + \dfrac{l}{E_1A_1}} \tag{7-17}$$

求出 x_1 后，可按式（7-16）计算拱的内力。

分析式（7-17）：当拉杆的刚度 $E_1A_1 \to \infty$ 时，式（7-17）与无拉杆的计算公式即式（7-15）完全一样；当拉杆的刚度 $E_1A_1 \to 0$ 时，拱的推力将趋于零，此时该结构将变为曲梁，不再具有拱的特征。因此，在设计带拉杆的拱时，为了减小拱本身的弯矩、改善拱的受力状况，应适当加大拉杆的刚度。

此外，工程中有些系杆拱，其系杆颇为粗大，它不仅能承受轴力，而且能承受弯矩和剪力。因此在确定这一类系杆拱的计算简图时，应该按照拱圈与系杆二者抗弯刚度的相对大小来考虑。考查图 7-25（a）所示系杆拱，设拱圈与系杆材料相同，且拱圈的截面惯性矩为 I_a，系杆的截面惯性矩为 I_b，则可以有以下三种情况：

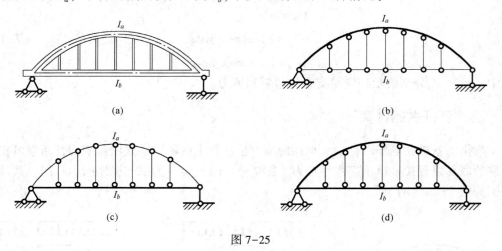

图 7-25

1. 柔性系杆刚性拱

此时系杆刚度甚小，例如 $\dfrac{I_b}{I_a}=\dfrac{1}{80}\sim\dfrac{1}{100}$，故可以认为系杆只能承受轴力。其计算简图如图 7-25（b）所示，为一带拉杆的两铰拱，是一次超静定结构。

2. 刚性系杆柔性拱

此时拱圈刚度甚小，例如 $\dfrac{I_b}{I_a}=80\sim100$，故可以认为拱仅能承受轴力，系杆则可以承受弯矩和剪力。其计算简图如图 7-25（c）所示，为一带链杆拱杆的加劲梁，也是一次超静定结构。

3. 刚性系杆刚性拱

此时拱圈与系杆二者刚度相差不大，均能承受弯矩和剪力。吊杆通常刚度较小，可视为链杆。其计算简图如图 7-25（d）所示，为多次超静定结构。

例 7-7 试分析如图 7-26（a）所示带拉杆的等截面两铰拱，拱轴线为抛物线 $y = \dfrac{4f}{l^2}x(l-x)$。试求集中荷载 F_P 作用下拉杆的内力。

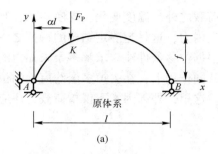
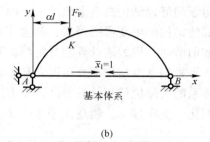

(a) 原体系 (b) 基本体系

图 7-26

解：取基本结构如图 7-27（b）所示。为了便于计算，采用如下简化假设：①忽略拱身内轴力对变形的影响，即只考虑弯曲变形；②由于拱身较平，可近似地取 $ds = dx$。因此，式（7-17）简化为

$$x_1 = -\frac{\Delta_{1P}}{\delta_{11}} = \frac{\int \dfrac{yM_P}{EI}dx}{\int \dfrac{y^2}{EI}dx + \dfrac{l}{E_1 A_1}} \tag{7-18}$$

在集中力 F_P 作用点 K 的两侧 M_P 的表达式不同，即

当 $0 \leq x \leq \alpha l$ 时，$M_P = F_P(1-\alpha)x$

当 $\alpha l \leq x \leq l$ 时，$M_P = F_P \alpha(1-x)$

故式（7-18）中的有关积分需分段计算：

$$\Delta_{1P} = \int \frac{yM_P}{EI}dx = -\frac{1}{EI}\left[\int_0^{\alpha l} F_P(1-\alpha)x \cdot \frac{4f}{l^2}x(l-x)dx + \int_{\alpha l}^{l} F_P \alpha(1-x) \frac{4f}{l^2}x(l-x)dx\right]$$

$$= -\frac{1}{EI}\frac{F_P f l^2}{3}(\alpha - \alpha^3 + \alpha^4)$$

$$\delta_{11} = \int \frac{y^2}{EI}dx + \frac{l}{E_1 A_1} = \frac{1}{EI}\int_0^l \left[\frac{4f}{l^2}x(l-x)\right]^2 dx + \frac{l}{E_1 A_1} = \frac{8}{15}\cdot\frac{f^2}{EI} + \frac{l}{E_1 A_1}$$

将它们代入式（7-18），可以求得

$$x_1 = -\frac{\Delta_{1P}}{\delta_{11}} = \frac{5}{8}\cdot\frac{F_P l}{f}(\alpha - 2\alpha^3 + \alpha^4)\eta$$

其中

$$\eta = \frac{1}{1+\dfrac{15}{8f^2}\cdot\dfrac{EI}{E_1 A_1}}$$

从计算结构可以看出，拉杆中的拉力与荷载 F_P 成正比，而与拱的高跨比 $\dfrac{f}{l}$ 成反比，即拱越扁平，拉杆承受的拉力也越大。

7.6 温度变化和支座移动时超静定结构的计算

由于超静定结构具有多余约束，因此，除荷载之外，温度变化、支座移动、制造误差等能使结构产生变形的因素，都会使结构产生内力，这是超静定结构的特征之一。

如前所述，用力法计算超静定结构时，要根据位移条件建立求解多余未知力的力法方程，即根据基本结构在外部因素和多余力的共同作用下，在去掉多余约束处的位移应与原体系的实际位移相符的条件建立力法方程。这里，外部因素不仅指荷载，还应包括温度变化、支座移动、制造误差等广义荷载。

一、温度变化时超静定结构的计算

考查图 7-27（a）所示的超静定刚架，设刚架外侧的表面温度上升了 $t_1\,℃$，内侧的表面温度上升了 $t_2\,℃$，现在用力法计算其内力。

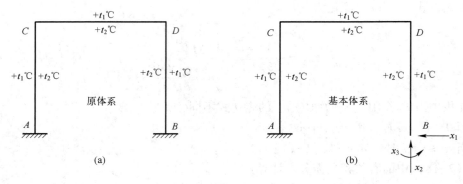

图 7-27

去掉支座 B 处的三个多余约束，以相应的多余未知力 x_1、x_2、x_3 代替，得到如图 7-27（b）所示的基本体系。设基本结构的 B 点由于温度改变，沿 x_1、x_2、x_3 方向产生的位移分别为 Δ_{1t}、Δ_{2t}、和 Δ_{3t}，它们可按第 6 章介绍的方法计算。

$$\Delta_{it} = \sum (\pm) \int \overline{F}_{Ni} \alpha t_0 \mathrm{d}s + \sum (\pm) \int \dfrac{\overline{M}_i \alpha \Delta t}{h} \mathrm{d}s \quad (i=1,2,3) \tag{7-19}$$

若每一杆件沿其全长温度改变相同，且截面尺寸不变，则上式可改写为

$$\Delta_{it} = \sum (\pm) \alpha t_0 A_{\overline{F}_{Ni}} + \sum (\pm) \dfrac{\alpha \Delta t}{h} A_{\overline{M}_i} \quad (i=1,2,3) \tag{7-20}$$

根据基本结构在多余力 x_1、x_2 和 x_3 以及温度改变的共同作用下，B 点位移应与原体系相同的条件，可以列出如下的力法方程：

$$\begin{cases} \delta_{11}x_1+\delta_{12}x_2+\delta_{13}x_3+\Delta_{1t}=0 \\ \delta_{21}x_1+\delta_{22}x_2+\delta_{23}x_3+\Delta_{2t}=0 \\ \delta_{31}x_1+\delta_{32}x_2+\delta_{33}x_3+\Delta_{3t}=0 \end{cases} \quad (7-21)$$

上式中柔度系数的计算仍与以前所述相同，自由项则按式（7-19）或式（7-20）计算。由于基本结构是静定的，温度改变并不使其产生内力。因此由式（7-21）解出多余力 x_1、x_2 和 x_3 后，原体系的弯矩按下式计算：

$$M=x_1\overline{M}_1+x_2\overline{M}_2+x_3\overline{M}_3 \quad (7-22)$$

求出弯矩后，剪力和轴力可通过取相应隔离体，利用平衡条件解出，且最后内力只与多余力有关。计算 n 次超静定结构由于温度引起的内力，方法与此相同。

例 7-8 图 7-28（a）所示刚架外侧温度升高了 25℃，内侧温度升高了 15℃，试绘制其弯矩图并计算横梁中点的竖向位移。刚架 EI 等于常数，截面为矩形，其高度 $h=0.6$m，材料线膨胀系数为 α。

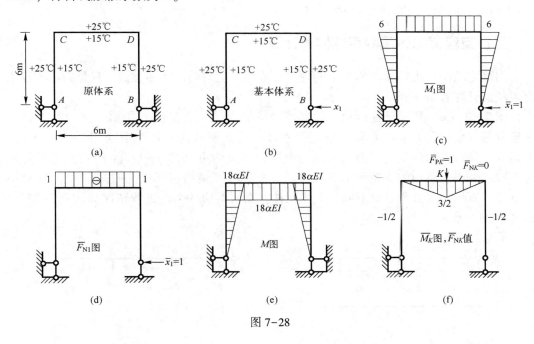

图 7-28

解：这是一次超静定刚架，取图 7-28（b）所示基本体系，相应力法方程为

$$\delta_{11}x_1+\Delta_{1t}=0$$

绘出单位力作用下的 $\overline{M}_1$ 图和 $\overline{F}_{N1}$ 图（图 7-28（c）、（d）），求得柔度系数和自由项为

$$\delta_{11}=\sum\int\frac{\overline{M}_1^2\mathrm{d}s}{EI}=\frac{1}{EI}\left(2\times\frac{6\times6}{2}\times\frac{2\times6}{3}+6\times6\times6\right)=\frac{360}{EI}$$

$$\Delta_{1t}=\sum(\pm)\alpha t_0 A_{\overline{F}_{Ni}}+\sum(\pm)\frac{\alpha\Delta t}{h}A_{\overline{M}_i}$$

$$=-\alpha\times\frac{25+15}{2}\times(1\times6)+\frac{\alpha}{0.6}\times(25-15)\times\left(2\times\frac{6\times6}{2}+6\times6\right)$$

$$=-120\alpha+1200\alpha=1080\alpha$$

将柔度系数和自由项代入力法方程

$$x_1 = -\frac{\Delta_{1t}}{\delta_{11}} = -\frac{1080\alpha}{\frac{360}{EI}} = -3.00\alpha EI$$

最后的弯矩图如图 7-28（e）所示。由计算结果可知，在温度变化影响下，超静定结构的内力与各杆刚度的绝对值有关，这与荷载作用下的情况是不同的。

为求横梁中点 K 的竖向位移，应在基本结构 K 点竖直方向加一虚拟单位力，作出 $\overline{M}_K$ 图并计算各杆轴力 $\overline{F}_{NK}$（图 7-28（f）），然后由位移计算公式求得

$$\Delta_{KV} = \sum \int \frac{\overline{M}_K M_P}{EI}ds + \sum(\pm)\alpha t_0 A_{\overline{F}_{Ni}} + \sum(\pm)\frac{\alpha\Delta t}{h}A_{\overline{M}_i}$$

$$= \frac{1}{EI}\left(\frac{1}{2}\times 6\times\frac{3}{2}\times 18\alpha EI\right) - \alpha\times\frac{25+15}{2}\times 2\times\frac{1}{2}\times 6 - \frac{\alpha(25-15)}{0.6}\times\left(\frac{1}{2}\times\frac{3}{2}\times 6\right)$$

$$= 81\alpha - 120\alpha - 75\alpha = -114\alpha(\uparrow)$$

二、支座移动时超静定结构的计算

超静定结构在支座移动情况下的内力计算原则上与前面所述类似，只是力法方程中自由项的计算有所不同。

图 7-29（a）所示的连续梁，设其支座 B 下沉了 c_1，支座 C 下沉了 c_2。现考查三种选取基本结构的方案：方案 I 是把产生移动的支座视为多余约束（图 7-29（b））；方案 II 是保留移动的支座，而把其他约束视为多余约束（图 7-29（c））；方案 III 是同时选取部分产生移动的支座和部分无移动支座作为多余约束（图 7-29（d））。针对不同方案，所列力法方程自然不同。上述三种方案所对应的力法方程依次如式（7-23）~式（7-25）所示。

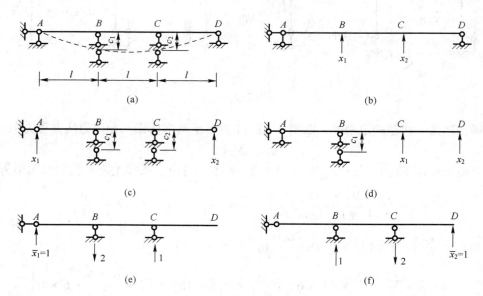

图 7-29

$$\begin{cases} \delta_{11}x_1 + \delta_{12}x_2 = -c_1 \\ \delta_{21}x_1 + \delta_{22}x_2 = -c_2 \end{cases} \tag{7-23}$$

$$\begin{cases} \delta_{11}x_1 + \delta_{12}x_2 + \Delta_{1C} = 0 \\ \delta_{21}x_1 + \delta_{22}x_2 + \Delta_{2C} = 0 \end{cases} \tag{7-24}$$

$$\begin{cases} \delta_{11}x_1 + \delta_{12}x_2 + \Delta_{1C} = -c_2 \\ \delta_{21}x_1 + \delta_{22}x_2 + \Delta_{2C} = 0 \end{cases} \tag{7-25}$$

以上所列力法方程中的自由项 $\Delta_{ic}(i=1,2)$ 表示基本结构由于支座移动所引起的、沿多余力 x_i 方向相应的位移。该位移可按下式计算：

$$\Delta_{ic} = -\sum \overline{F}_{Ri} C_a$$

以基本体系方案 II 为例（图 7-29（c）），其相应力法方程（式（7-24））中的自由项，可参照图 7-29（e）、（f）计算如下：

$$\Delta_{1c} = -(2 \times c_1 - 1 \times c_2) = c_2 - 2c_1$$
$$\Delta_{2c} = -(-1 \times c_1 + 2 \times c_2) = c_1 - 2c_2$$

柔度系数的计算和最后弯矩图的绘制与前面所述相同。因静定基本结构在支座移动下并不产生内力，故原体系的弯矩计算式为

$$M = \overline{M}_1 x_1 + \overline{M}_2 x_2$$

例 7-9 如图 7-30（a）所示为一单跨超静定梁，设固定支座 A 处发生转角 θ_A。试求梁的内力和支座反力。

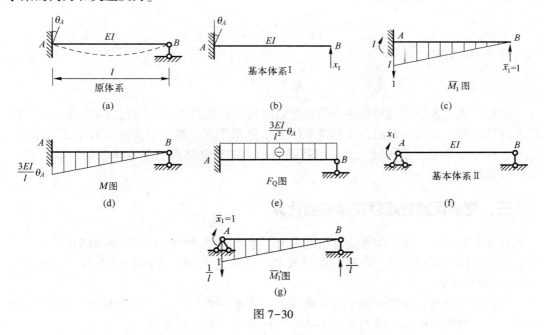

图 7-30

解：选取基本体系如图 7-30（b）所示。根据原体系支座 B 处竖向位移等于零的位移条件，建立力法方程

$$\delta_{11}x_1 + \Delta_{1C} = 0$$

绘出 $\overline{M}_1$ 图如图 7-30（c）所示，相应的支座反力 $\overline{F}_{Ri}$ 也标在图中，由此求得

$$\delta_{11} = \frac{1}{EI}\left(\frac{1}{2} \times l \times l \times \frac{2}{3} \times l\right) = \frac{l^3}{3EI}$$

$$\Delta_{1C} = -\sum \overline{F}_{Ri} \cdot C_a = -(l \times \theta_A) = -l\theta_A$$

代入力法方程，可求得

$$x_1 = -\frac{\Delta_{1C}}{\delta_{11}} = \frac{3EI}{l^2}\theta_A$$

所得结果为正，说明多余力的作用方向与图 7-30（b）中所设的方向相同。

根据 $M = \overline{M}_1 x_1$ 作出最后弯矩图如图 7-30（d）所示，根据 M 图，由 AB 杆的平衡条件，可求得 F_{QAB} 和 F_{QBA}，进而绘出该超静定结构的剪力图（图 7-30（e））。梁的支座反力为

$$F_{RB} = x_1 = \frac{3EI}{l^2}\theta_A(\uparrow)$$

$$F_{RA} = -F_{RB} = -\frac{3EI}{l^2}\theta_A(\downarrow)$$

$$M_A = \frac{3EI}{l}\theta_A(\downarrow)$$

如果选取基本结构 Ⅱ 如图 7-30（f）所示，则相应的力法方程为

$$\delta_{11}x_1 = \theta_A$$

绘出 $\overline{M}'_1$ 图并求出柔度系数

$$\delta_{11} = \frac{1}{EI}\left(\frac{1}{2} \times 1 \times l \times \frac{2}{3}\right) = \frac{l}{3EI}$$

代入力法方程，解得

$$x_1 = \frac{3EI}{l}\theta_A$$

根据计算结果绘出的最后弯矩图和剪力图仍分别如图 7-30（d）、（e）所示。比较以上两种计算方法可以看出，虽然选取的基本体系不同，相应的力法方程形式也不同，但最后内力图是完全相同的。这表明超静定结构的计算结果与基本体系的选取形式无关，计算结果是唯一的。

三、制造误差时超静定结构的计算

超静定结构由于制造误差也会引起内力。考查图 7-31（a）所示的桁架，CD 杆在制造时比准确长度短 2cm，现将其拉伸安装。试求由此而引起的各杆内力。已知各杆 $EA = 7.68 \times 10^5 \mathrm{kN}$。

分析此桁架时，可将该桁架的六根杆件中任意一根杆件视为多余约束，例如以 AD 杆作为多余约束，取基本结构如图 7-31（b）所示。力法方程为

$$\delta_{11}x_1 + \Delta_{1\lambda} = 0$$

$\Delta_{1\lambda}$ 表示基本结构由于制造误差的原因所产生的沿 x_1 方向的位移。由虚功原理可以求得

$$\Delta_{1\lambda} = \sum \overline{F}_{Ni} e_i$$

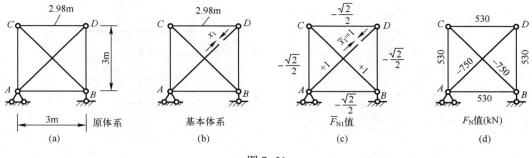

图 7-31

式中：$\overline{F}_{Ni}$ 表示在多余力 $\overline{x}_1 = 1$ 作用下，基本结构中各杆的轴力，以拉力为正；e_i 表示各杆的制造误差，以比准确值偏大为正。对本题，参照图 7-31（c）计算柔度系数和自由项为

$$\delta_{11} = \sum \frac{\overline{F}_{N1}^2}{EA} l = \frac{1}{7.68 \times 10^5} \left[\left(-\frac{\sqrt{2}}{2} \right)^2 \times 3 \times 4 + (1)^2 \times 3\sqrt{2} \times 2 \right] = 1.886 \times 10^{-5}$$

$$\Delta_{1\lambda} = \sum \overline{F}_{Ni} e_i = \left(-\frac{\sqrt{2}}{2} \right) \times (-0.02) = 1.414 \times 10^{-2}$$

代入力法方程，解得

$$x_1 = -\frac{\Delta_{1\lambda}}{\delta_{11}} = -\frac{1.414 \times 10^{-2}}{1.886 \times 10^{-5}} = -750 \text{kN}$$

根据 $F_N = \overline{F}_{N1} x_1$ 计算出各杆的轴力如图 7-31（d）所示。

7.7 对称结构的计算

在工程中，很多结构是对称的。利用对称性可以使对称结构的计算得到简化。

一、结构和荷载的对称性

1. 结构的对称性

所谓对称结构，是指结构的几何形状、支承情况、杆件的截面尺寸和弹性模量均对称于某一几何轴线的结构。也就是说，将结构绕该轴线对折后，结构在轴线两边的部分将完全重合。该轴线称为结构的对称轴。图 7-32（a）所示的刚架即为对称结构，它有一根竖向对称轴 y—y。如图 7-32（b）所示的封闭框格有两根对称轴 x—x、y—y。

2. 对称荷载

为了简化计算，作用在对称结构上的荷载（图 7-33（a））一般可分解为对称荷载和反对称荷载。所谓对称荷载是指荷载绕对称轴对折后，左、右两部分的荷载彼此重合，具有相同的作用点、相同的数值和相同的方向，如图 7-33（b）所示。

3. 反对称荷载

荷载绕对称轴对折后，左、右两部分的荷载彼此重合，具有相同的作用点、相同的数值和相反的方向，如图 7-33（c）所示。

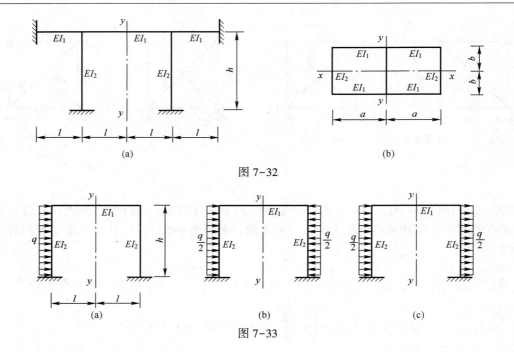

图 7-32

图 7-33

二、对称结构承受对称荷载

考查如图 7-33（b）所示对称结构承受对称荷载的情况。选择对称的基本体系，并取对称力 x_1 和 x_2、反对称力 x_3 作为多余未知力（图 7-34（a））。相应的力法方程为

$$\begin{cases} \delta_{11}x_1+\delta_{12}x_2+\delta_{13}x_3\Delta_{1P}=0 \\ \delta_{21}x_1+\delta_{22}x_2+\delta_{23}x_3\Delta_{2P}=0 \\ \delta_{31}x_1+\delta_{32}x_2+\delta_{33}x_3\Delta_{3P}=0 \end{cases} \quad (7-26)$$

作出单位弯矩图和荷载弯矩图如图 7-34（b）、（c）、（d）、（e）所示。由于对称多余力 x_1 和 x_2 的单位弯矩图及对称荷载作用下的弯矩图是对称的，相应的变形（图中虚线所示）也是对称的，而反对称多余力 x_3 的单位弯矩图是反对称的，相应的变形也是反对称的，因此，在计算力法方程的柔度系数和自由项时，对称的 $\overline{M}_1$ 图、$\overline{M}_2$ 图和 M_P 图与反对称的 $\overline{M}_3$ 图相乘时，其结果为零，即

$$\delta_{13}=\delta_{31}=\sum\int\frac{\overline{M}_1\overline{M}_3}{EI}\mathrm{d}s=0$$

$$\delta_{23}=\delta_{32}=\sum\int\frac{\overline{M}_2\overline{M}_3}{EI}\mathrm{d}s=0$$

$$\Delta_{3P}=\sum\int\frac{\overline{M}_3M_P}{EI}\mathrm{d}s=0$$

这样力法方程（式（7-26））简化为

$$\begin{cases} \delta_{11}x_1+\delta_{12}x_2+\Delta_{1P}=0 \\ \delta_{21}x_1+\delta_{22}x_2+\Delta_{2P}=0 \\ \delta_{33}x_3=0 \end{cases} \quad (7-27)$$

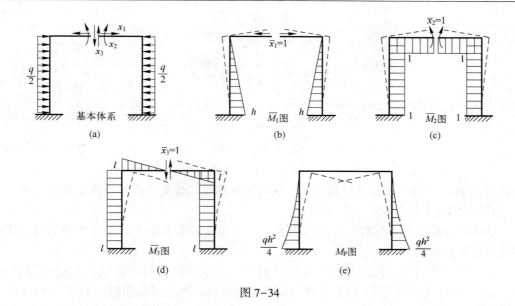

图 7-34

由式（7-27）的第三式可知，反对称多余力 $x_3=0$，只需用式（7-27）的前两式计算对称多余力 x_1 和 x_2 即可。

结论：对称结构在对称荷载作用下，只存在对称多余力，反对称多余力等于零；其变形是对称的。

三、对称结构承受反对称荷载

考查如图 7-33（c）所示对称结构承受反对称荷载的情况。选择对称的基本体系，并取对称力 x_1 和 x_2、反对称力 x_3 作为多余未知力（图 7-35（a））。相应的力法方程仍为式（7-26）。

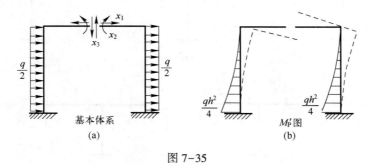

图 7-35

由于单位弯矩图没有变化，仍如图 7-34（b）、（c）、（d）所示，故柔度系数也没有变化；但由于此时的荷载是反对称荷载，故其弯矩图 M_P 为反对称的，相应的变形也是反对称的，如图 7-35（b）所示。此时对称单位力弯矩图与反对称荷载弯矩图相乘，其结果为零；而反对称单位力弯矩图与反对称荷载弯矩图相乘，其结果不为零：

$$\Delta_{1P} = \sum \int \frac{\overline{M}_1 M_P}{EI} \mathrm{d}s = 0$$

$$\Delta_{2P} = \sum \int \frac{\overline{M}_2 M_P}{EI} ds = 0$$

$$\Delta_{3P} = \sum \int \frac{\overline{M}_3 M_P}{EI} ds \neq 0$$

这样力法方程（式（7-26））简化为

$$\begin{cases} \delta_{11}x_1 + \delta_{12}x_2 = 0 \\ \delta_{21}x_1 + \delta_{22}x_2 = 0 \\ \delta_{33}x_3 + \Delta_{3P} = 0 \end{cases} \qquad (7-28)$$

由式（7-28）的前两式，并根据二元一次齐次方程组的性质，可知对称多余力 $x_1 = x_2 = 0$。由第三式可求出反对称多余力 x_3。

结论：对称结构在反对称荷载作用下，只存在反对称多余力，对称多余力等于零；其变形是反对称的。

以上介绍了利用对称的基本体系计算对称结构的方法。当对称结构承受一般荷载时，如图 7-33（a）所示，我们可以将荷载分解成对称和反对称两组，如图 7-33（b）、（c）所示。分别计算上述两组荷载下的内力，而后将它们叠加，即可求得原结构的内力。这样做会使计算工作简化。

现在讨论对称结构的中柱恰好位于对称轴上的情况（图 7-36（a））。计算这类结构时，同样可以将荷载分为对称和反对称两组（图 7-36（b）、（c）），并根据支座反力的对称性，分别计算上述两组荷载下的内力，而后将它们叠加，即可求得原结构的内力。相应于上述对称和反对称两组情况的基本体系分别如图 7-36（d）、（e）所示，图中 x_1、x_2 为广义多余未知力；相应的力法方程为

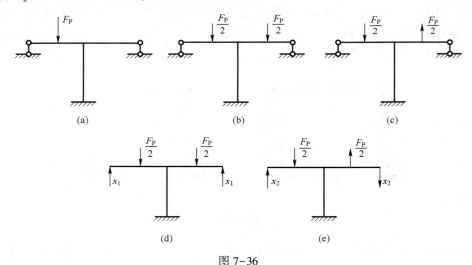

图 7-36

$$\delta_{11}x_1 + \Delta_{1P} = 0$$
$$\delta_{22}x_2 + \Delta_{2P} = 0$$

式中：系数 $\delta_{ii}(i=1,2)$ 应理解为基本结构由于广义力 $\overline{x}_i = 1$ 作用所引起的与广义力 $\overline{x}_i = 1$ 相应的位移；$\Delta_P(i=1,2)$ 应理解为基本结构由于外荷载作用所引起的与广义力 $\overline{x}_i = 1$ 相

应的位移。

例 7-10 试分析如图 7-37（a）所示刚架，绘出刚架内力图。已知各杆 EI 为常数。

解：此刚架为四次超静定对称刚架，承受反对称荷载作用。取对称形式的基本体系如图 7-37（b）所示。因为对称结构在反对称荷载作用下，正对称多余未知力等于零，所以图中只绘出反对称多余力 x_1。力法方程为

$$\delta_{11}x_1+\Delta_{1P}=0$$

分别绘出 $\overline{M}_1$ 图和 M_P 图如图 7-37（c）、（d）所示。柔度系数和自由项计算如下：

$$\delta_{11}=\frac{1}{EI}\left[\left(\frac{1}{2}\times a\times a\right)\times\left(\frac{2}{3}\times a\right)\times 4+(a\times a)\times a\times 2\right]=\frac{10a^3}{3EI}$$

$$\Delta_{1P}=\frac{1}{EI}\left[\left(\frac{1}{2}\times a\times a\right)\times\left(\frac{2}{3}\times 2aF_P\right)+\left(\frac{2F_Pa+F_Pa}{2}\right)\right]\times 2=\frac{13F_Pa^3}{3EI}$$

将 δ_{11}、Δ_{1P} 代入力法方程，解得

$$x_1=-\frac{\Delta_{1P}}{\delta_{11}}=-\frac{13F_Pa^3}{3EI}\cdot\frac{3EI}{10a^3}=-1.3F_P$$

依 $M=\overline{M}_1x_1+M_P$ 绘出刚架的弯矩图，进而根据杆件和结点的平衡条件，绘出刚架的剪力图和轴力图，如图 7-37（e）、（f）、（g）所示。

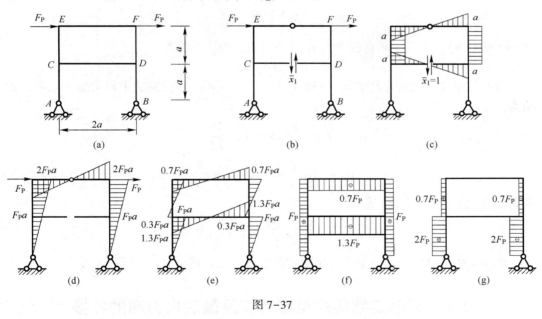

图 7-37

例 7-11 试分析如图 7-38（a）所示刚架，绘出刚架弯矩图。已知各杆 EI 为常数。

解：结构有两个对称轴，外荷载对于此二轴也是对称的，利用这个特点可使此三次超静定体系的计算大为简化。取基本体系如图 7-38（b）所示，切口处反对称多余未知力应为零。又考虑到结构受力的对称性和水平对称轴以上部分的平衡条件可知 $x_1=\frac{1}{2}\times$

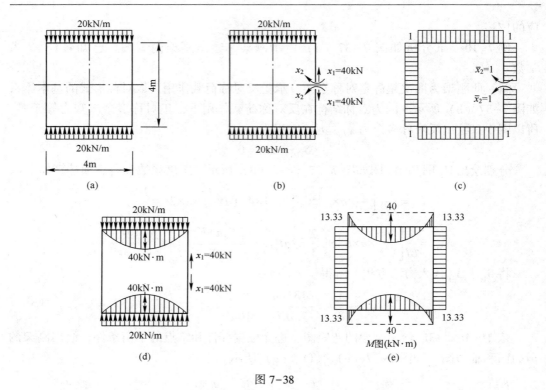

图 7-38

$20 \times 4 = 40 (kN)$。于是，只有多余力 x_2 是待定的，力法方程为

$$\delta_{22} x_2 + \Delta_{2P} = 0$$

分别绘出 $\overline{M}_2$ 图和 M_P 图如图 7-38（c）、（d）所示。用图乘法求得柔度系数和自由项为

$$\delta_{22} = \frac{4}{EI}(1 \times 4 \times 1) = \frac{16}{EI}$$

$$\Delta_{2P} = -\frac{2}{EI}\left(\frac{2}{3} \times 4 \times 40 \times 1\right) = -\frac{640}{3EI}$$

将 δ_{22}、Δ_{2P} 代入力法方程，解得

$$x_2 = -\frac{\Delta_{2P}}{\delta_{22}} = \frac{640}{3EI} \cdot \frac{EI}{16} = 13.33 (kN \cdot m)$$

依 $M = \overline{M}_2 x_2 + M_P$ 绘出刚架的弯矩图如图 7-38（e）所示。

7.8 超静定结构的位移计算及最后内力图的校核

一、超静定结构的位移计算

在第 6 章讨论了静定结构的位移计算，并给出了位移计算的一般公式：

$$\Delta_{ka} = \sum \int \frac{\overline{M}_K M_P}{EI} ds + \sum \int \frac{k \overline{F}_{QK} F_{QP}}{GA} ds + \sum \int \frac{\overline{F}_{NK} F_{NP}}{EA} ds$$

$$+ \sum (\pm) \int \overline{F}_{NK} \alpha t_0 ds + \sum (\pm) \int \overline{M}_K \cdot \frac{\alpha \Delta t}{h} ds - \sum \overline{F}_{Ri} C_a \qquad (7-29)$$

对于超静定结构，只要求出多余力，将多余力也当作外荷载与原荷载同时加在基本结构上，则静定基本结构在上述荷载、温度改变、支座移动等外部因素共同作用下所产生的位移也就是原超静定结构的位移。这样，超静定结构的位移计算问题通过基本体系转化成了静定结构的位移计算问题，因而式（7-29）仍可适用，但应注意：式中 M_P、F_{QP}、F_{NP} 应为基本结构由于外荷载和所有多余力 x_i 共同作用下的内力，即原超静定结构的实际内力；而 $\overline{M}_K$、$\overline{F}_{QK}$、$\overline{F}_{NK}$ 和 $\overline{F}_{RK}$ 为基本结构由于虚拟单位力 $\overline{F}_{PK}=1$ 的作用所引起的内力和支座反力；t_0、Δt、C_a 分别为基本结构所承受的温度改变和支座移动，它们即是原结构的温度改变和支座移动。

根据以上分析，当计算超静定梁和超静定刚架由于外荷载引起的位移时，可首先求出原体系的最后弯矩图并将该图作为求位移的 M_P 图；而后求哪个方向的位移就在要求位移的方向上加上相应的单位力，绘出 $\overline{M}_K$ 图；最后按下式计算原体系的位移：

$$\Delta = \sum \int \frac{\overline{M}_K M_P}{EI} ds$$

计算超静定结构的位移时，还应注意以下问题。

（1）由于超静定结构的内力并不因所选取的基本结构不同而有所改变，因此可取任一基本结构作为求位移的虚拟状态。为了简化计算，尽量取单位弯矩图比较简单的基本结构。

（2）基本结构是由原超静定结构简化而来的，所以虚拟状态的约束不能大于原超静定结构的约束。

（3）计算超静定结构由于温度改变、支座移动、制造误差引起的位移时，其位移除包括 $\overline{M}_K$ 图与 M_P 图相乘部分外，还应包括上述因素在基本结构上引起的位移。

下面举例说明超静定结构的位移计算。

例 7-12 试计算如图 7-39（a）所示超静定梁中点 C 的竖线位移 Δ_{CV}。

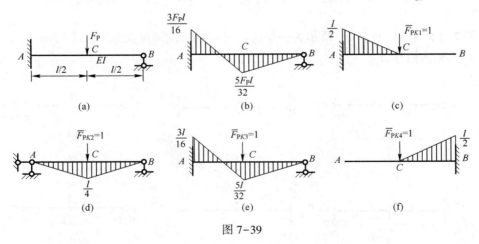

图 7-39

解：计算原体系（计算过程略），绘出原体系的最后弯矩图，如图 7-39（b）所示。为求梁中点 C 的竖向位移，应在 C 点竖直方向上加上相应单位力。单位力可以加在由原超静定结构简化而来的任一基本结构上（图 7-39（c）、(d)），也可以加在原结构上（图 7-39（e）），用以上三种情况下的单位弯矩图 $\overline{M}_{K1}$ 或 $\overline{M}_{K2}$ 或 $\overline{M}_{K3}$ 中的任一个与 M 图相乘，都可以得到原结构 C 点的竖向位移，显然 $\overline{M}_{K1}$ 图与 M 图相乘比较简便：

$$\Delta_{CV} = \int_l \frac{\overline{M}_{K1} M}{EI} ds = \frac{1}{EI}\left[\left(\frac{1}{2}\times\frac{l}{2}\times\frac{l}{2}\right)\times\left(\frac{2}{3}\times\frac{3F_P l}{16} - \frac{1}{3}\times\frac{5F_P l}{32}\right)\right] = \frac{7F_P l^3}{768 EI}(\downarrow)$$

如果用 $\overline{M}_{K4}$ 图（图 7-39（f））与 M 图相乘，所得结果则是错误的，因为单位弯矩图中 B 点的约束大于原结构的约束，它不是由原超静定结构简化而来的约束。

例 7-13 试计算如图 7-40（a）所示超静定刚架在荷载作用下横梁 CD 的水平位移 Δ_{CD}^H。已知横梁的抗弯刚度为 $3EI$，竖柱的抗弯刚度为 $2EI$。

解： 此刚架为三次超静定。求解刚架（计算过程略），绘出荷载作用下刚架的最后弯矩图（图 7-40（b））。为求 CD 杆的水平位移，在基本结构的 D 点加一水平单位力，并绘出单位弯矩图如图 7-40（c）所示。将单位力弯矩图与刚架的最后弯矩图相乘，即可求得 CD 杆的水平位移为

$$\Delta_{CD}^H = \frac{1}{2EI}\left[\left(\frac{1}{2}\times 6 \times 6\right)\times\left(\frac{2}{3}\times 138.24 - \frac{1}{3}\times 34.56\right) - \left(\frac{2}{3}\times 6 \times 75.6 \times \frac{1}{2}\times 6\right)\right]$$

$$= \frac{1}{2EI}(1451.52 - 907.2) = \frac{272.16}{EI}(\rightarrow)$$

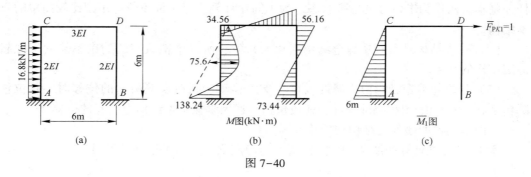

图 7-40

例 7-14 图 7-41（a）所示为一单跨超静定梁。设固定支座 A 发生转角 θ，试求梁中点 C 的竖向位移 Δ_{CV}。

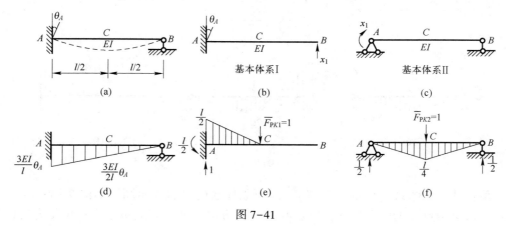

图 7-41

解：取基本体系Ⅰ（图7-41（b））或基本体系Ⅱ（图7-41（c）），经计算后求得最后弯矩图（图7-41（d））。为求 C 点竖向位移 Δ_{CV}，可在基本结构Ⅰ上加单位力，绘出 $\overline{M}_{K1}$ 图并求出支座反力 $\overline{F}_{RK1}$（图7-41（e）），于是有

$$\Delta_{CV} = \int_l \frac{\overline{M}_{K1} M}{EI} ds - \sum \overline{F}_{RK1} \cdot C_a$$

$$= -\frac{1}{EI}\left[\left(\frac{1}{2} \times \frac{l}{2} \times \frac{l}{2}\right) \times \left(\frac{2}{3} \times \frac{3EI}{l}\theta_A + \frac{1}{3} \times \frac{3EI}{2l}\theta_A\right)\right] + \frac{l}{2} \times \theta_A$$

$$= -\frac{5}{16} l\theta_A + \frac{1}{2} l\theta_A = \frac{3}{16} l\theta_A(\downarrow)$$

也可以在基本结构Ⅱ上加单位力，绘出 $\overline{M}_{K2}$ 图并求出支座反力 $\overline{F}_{RK2}$（图7-41（f）），由于与虚拟支座反力 $\overline{F}_{RK2}$ 相应的真实支座位移 C_a 等于零，于是有

$$\Delta_{CV} = \int_l \frac{\overline{M}_{K2} M}{EI} ds - \sum \overline{F}_{RK2} \cdot C_a$$

$$= \frac{1}{EI}\left[\left(\frac{1}{2} \times l \times \frac{l}{4}\right) \times \left(\frac{3EI}{2l}\theta_A\right)\right] + 0 = \frac{3}{16} l\theta_A(\downarrow)$$

所得结果与前面相同。

二、超静定结构最后内力图的校核

内力图是结构设计的依据，因此，绘出内力图后必须进行校核。校核工作可从两方面进行：首先，可根据弯矩、剪力与荷载集度之间的微分关系，对内力图的形状、走势进行定性的分析，具体方法已在静定结构内力图校核部分作过介绍；其次，依据"正确的内力图必须同时满足平衡条件和位移条件"的要求，对内力图竖标数值进行定量校核。现以图7-42（a）所示刚架及其最后内力图（图7-42（b）、（c）、（d））为例，说明平衡条件和位移条件的校核方法。

1. 平衡条件的校核

平衡条件的校核，主要是校核结点处的弯矩、杆件的剪力和轴力，验算它们是否满足相应的平衡条件。因此，可以截取结构的任一部分，以它们为研究对象，并依据待检验的内力图绘出该隔离体的受力图，进而检验它们是否满足平衡条件。例如：为了校核 M 图，可截取结点 C（图7-42（e））为研究对象，有

$$\begin{cases} \sum X = 4.85 - 4.85 = 0 \\ \sum Y = 31.90 - 31.90 = 0 \\ \sum M_C = 10 + 2.93 - 12.93 = 0 \end{cases}$$

可见满足平衡条件。

如截取结点 D（图7-42（f））为研究对象，有

$$\begin{cases} \sum X = 4.85 - 4.05 - 0.80 = 0 \\ \sum Y = 76.40 - 48.10 - 28.30 = 0 \\ \sum M_D = 33.20 + 2.13 - 35.34 \approx 0 \end{cases}$$

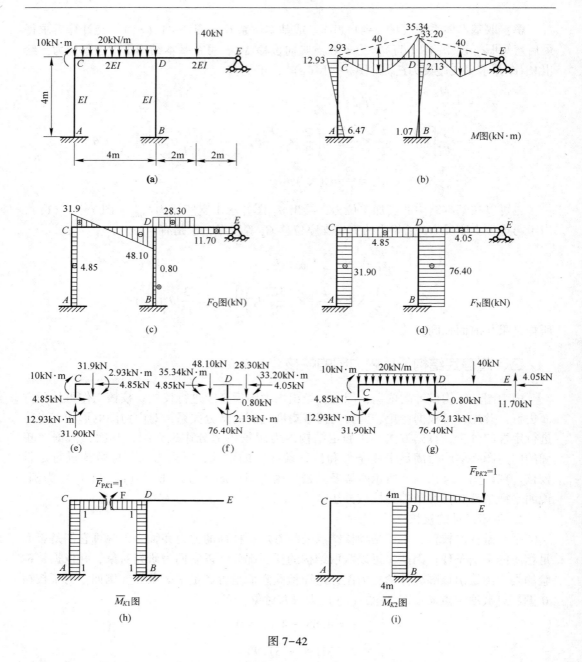

图 7-42

可见也满足平衡条件。再如截取杆件 CDE（图 7-42（g）），有

$$\begin{cases} \sum X = 4.85 - 0.80 - 4.05 = 0 \\ \sum Y = 31.90 + 76.40 + 11.70 - 20 \times 4 - 40 = 0 \\ \sum M_C = 10 + 2.13 - 12.93 + 20 \times 4 \times 2 + 40 \times 6 - 11.70 \times 8 - 76.40 \times 4 = 0 \end{cases}$$

仍然满足平衡条件。

2. 位移条件的校核

只有平衡条件的校核,还不能保证超静定结构的内力图一定是正确的。这是因为最后内力图是在求出多余力后,将多余力连同原结构上的各种外部因素同时加在基本结构上,而后依据基本结构的平衡条件绘出的。在这种情况下,即使多余力计算有误,也不会由平衡条件反映出来,因此还必须进行位移条件的校核。

由于多余力是根据结构的位移条件求出的(力法方程就是以多余未知力表示的位移条件),所以如果多余力是正确的,则依据正确的多余力作出的内力图必定能使结构满足已知的位移条件。基于以上分析,超静定结构的最后内力图除验算平衡条件外,还必须验算位移条件。只有既满足平衡条件又满足已知位移条件的内力图才是唯一正确的。

按位移条件进行校核时,对梁和刚架只承受外荷载的情况,通常是根据结构的最后弯矩图(M图),验算沿任一多余力$x_i(i=1,2,\cdots,n)$方向的位移,看它是否与原结构的实际位移(Δ_C)相符。具体校核方法为:去掉与已知位移相应的约束并以单位力$\bar{x}_i=1$代替,进而写出$\overline{M}_i$弯矩表达式或作出$\overline{M}_i$图,代入下式进行验算:

$$\Delta_i = \sum \int \frac{\overline{M}_i M}{EI} ds = \Delta_{iC} \quad (i=1,2,\cdots,n)$$

例如,为了校核如图7-42(b)所示的M图,可选取如图7-42(h)所示的基本结构,并校核切口F处两侧截面的相对转角是否等于零。为此,在切口F处加一对单位力偶$\bar{F}_{K1}=1$,相应的单位弯矩图$\overline{M}_{K1}$如图7-42(h)所示。用$\overline{M}_{K1}$图与M图相乘:

$$\theta_F = \frac{1}{EI}\left[(1\times 4)\times\left(\frac{6.47-12.92}{2}\right)\right]$$
$$+\frac{1}{2EI}\left[-(1\times 4)\times\left(\frac{2.93+35.34}{2}\right)+\left(\frac{2}{3}\times 4\times 40\right)\times 1\right]$$
$$+\frac{1}{EI}\left[(1\times 4)\times\left(\frac{1.07-2.13}{2}\right)\right]\approx 0$$

可见满足切口F处两侧截面的相对转角等于零的位移条件,说明$ACDB$部分弯矩图是正确的。为验算DE部分的弯矩图是否正确,可选取图7-42(i)所示的基本结构,并校核E支座的竖向位移,为此在E处加一竖向单位力$\bar{F}_{K2}=1$,相应的单位弯矩图$\overline{M}_{K2}$如图7-42(i)所示。用$\overline{M}_{K2}$图与M图相乘:

$$\Delta_{EV} = \frac{1}{EI}\left[(4\times 4)\times\left(\frac{1.07-2.13}{2}\right)\right]$$
$$+\frac{1}{2EI}\left[\left(\frac{1}{2}\times 4\times 4\right)\times\left(\frac{2}{3}\times 33.20\right)-\left(\frac{1}{2}\times 4\times 40\right)\times\left(\frac{1}{2}\times 4\right)\right]\approx 0$$

可见满足E支座的竖向位移等于零的位移条件。由以上分析可以看出,如果单位弯矩图$\overline{M}_i$中,各杆都有弯矩,则位移条件的校核工作可一次完成,如果单位弯矩图$\overline{M}_i$中只部分杆件有弯矩,则必须另外选取单位弯矩图进行校核。总之必须使所有杆件的弯矩图都参与运算,这时变形条件的校核才是正确和全面的。

当原结构除承受荷载之外,还存在温度改变、支座移动等外部因素时,位移条件的验算应按式(7-29)进行。此时所验算的位移除包括$\overline{M}_K$图与最后弯矩图相乘部分外,还应包括温度改变、支座移动等因素在基本结构上引起的位移。

复习思考题

1. 说明静定结构与超静定结构的区别。多余约束与非多余约束有什么不同？
2. 如何确定超静定次数？在确定超静定次数时应注意什么问题？
3. 静定结构的内力（弯矩、剪力、轴力）是静定的，能否保证它们的任意截面上的应力（正应力和剪应力）也是静定的？
4. 原结构、原体系、基本结构和基本体系各是怎样定义的？它们之间有什么区别和联系？
5. 用力法计算超静定结构思路是什么？试说明力法方程的物理意义。
6. 在力法计算中可否利用超静定结构作为基本结构？
7. 力法原理与叠加原理有什么联系？当叠加原理不适用时，是否还能用力法原理分析超静定结构？
8. 用力法计算超静定梁和超静定刚架时，一般忽略剪力和轴力对位移的影响，具体分析时是如何体现的？
9. 工程实际中，很多梁两端都是铰支座，是一次超静定结构，为什么在横向荷载作用下可以按简支梁计算？
10. 为什么静定结构的内力状态与 EI 无关，而超静定结构的内力状态与 EI 有关？
11. 为什么对于刚性支座上的刚架，在荷载作用下，多余力和内力的大小都只与各杆弯曲刚度 EI 的相对值有关，而与其绝对值无关？
12. 计算超静定桁架时，取切断多余链杆的基本体系与取去掉多余链杆的基本体系，两者的力法方程有何异同？
13. 图 7-21（a）中的排架，若链杆的抗拉压刚度 EA 为有限值，应该如何进行分析？
14. 用力法分析超静定桁架和组合结构时，力法方程中的柔度系数和自由项的计算需要考虑那些变形因素？
15. 如何考虑拱轴曲率对位移计算的影响？
16. 为什么两铰拱在支座发生竖向不均匀沉降时并不产生内力？什么样的支座位移才会引起两铰拱的内力？
17. 系杆拱有几类？它们各有什么特点？两铰拱与系杆拱的计算有何异同？
18. 为什么超静定结构在温度变化、支座移动和制造误差情况下会引起内力？
19. 计算超静定结构时，在什么情况下只需给定各杆 EI 的比值？在什么情况下必需给定各杆 EI 的绝对值？
20. 在什么情况下制造误差不会引起结构的内力？能否有意识地利用制造误差来改变结构的受力性能？试举例说明。
21. 为什么对称结构在对称荷载作用下，反对称未知力等于零？反之，在反对称荷载作用下，对称未知力等于零？
22. 习主席曾高度评价："港珠澳大桥的建设创下多项世界之最，非常了不起，体现了一个国家逢山开路、遇水架桥的奋斗精神,体现了我国综合国力、自主创新能力,体现了勇创世界一流的民族志气。这是一座圆梦桥、同心桥、自信桥、复兴桥。"在选取桥梁结构的计算简图时,通常会将其简化为多跨连续梁模型,请同学们利用对称性分析图 7-43 所示多跨连续梁的受力特征和变形特征。

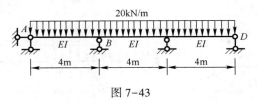

图 7-43

23. 对于图 7-38（a）所示具有两个对称轴的结构,能否取其四分之一结构进行计算?

24. 试说明广义未知力在对称性中的应用及对应的力法方程的物理意义?

25. 计算静定结构的位移与计算超静定结构的位移,两者之间有什么区别与联系?

26. 计算超静定结构位移时应注意那些问题?

27. 为什么计算超静定结构位移时,单位荷载可加在任一基本体系上?

28. 正确的内力图应满足什么条件?如何进行这些条件的校核?

习　题

习题 7-1　试确定下列结构的超静定次数,并用撤除多余约束的方法将超静定结构变为静定结构。

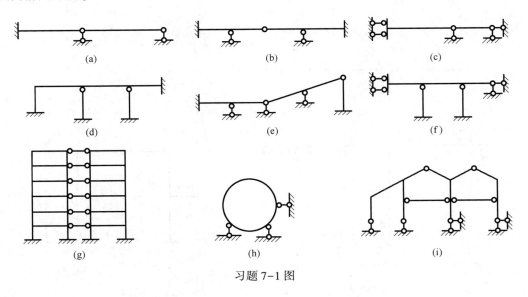

习题 7-1 图

习题 7-2 ~ 习题 7-6　试用力法计算图示超静定梁,并绘其 M、F_Q 图。

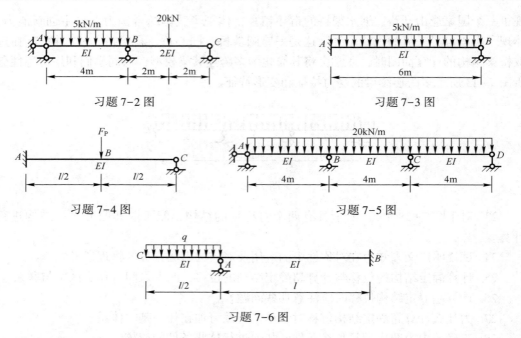

习题 7-2 图

习题 7-3 图

习题 7-4 图

习题 7-5 图

习题 7-6 图

习题 7-7~习题 7-10 试用力法计算图示超静定刚架，并绘其内力图。

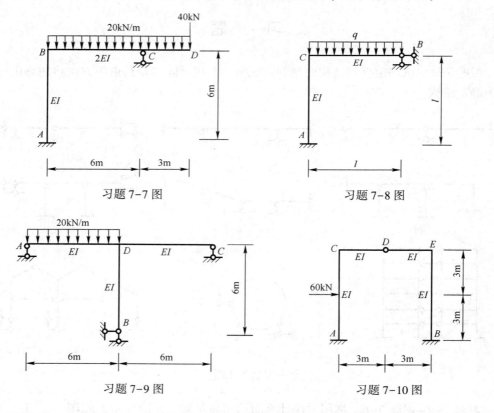

习题 7-7 图

习题 7-8 图

习题 7-9 图

习题 7-10 图

习题 7-11~习题 7-14 试用力法计算图示超静定桁架的轴力。设各杆 EA 均相同。

习题 7-15~习题 7-18 试用力法计算图示排架，绘 M 图。

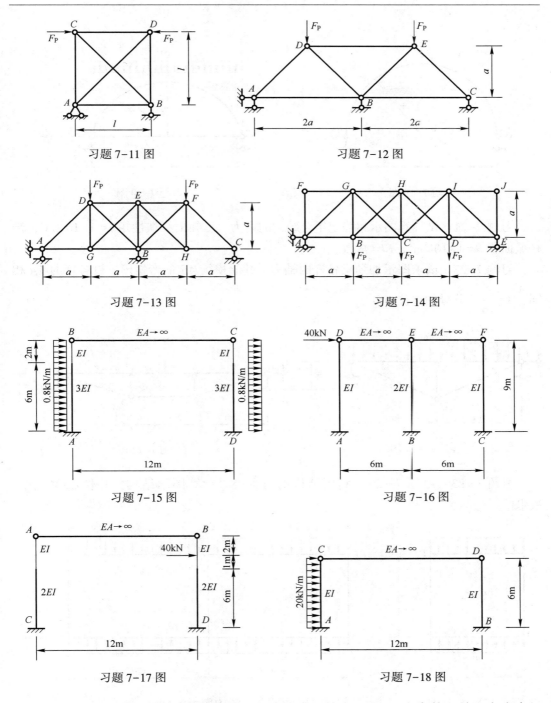

习题 7-11 图

习题 7-12 图

习题 7-13 图

习题 7-14 图

习题 7-15 图

习题 7-16 图

习题 7-17 图

习题 7-18 图

习题 7-19　试求图示等截面半圆拱的支座水平推力。设 EI 为常数，并只考虑弯矩对位移的影响。

习题 7-20　试推导抛物线两铰拱在均布荷载作用下拉杆内力的表达式。拱截面 EI 等于常数，拱轴方程为 $y=\dfrac{4f}{l^2}x(l-x)$，计算位移时拱肋只考虑弯矩的影响，并设 $ds=dx$。

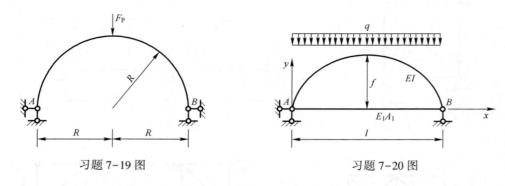

习题 7-19 图   习题 7-20 图

习题 7-21　试计算图示超静定组合结构的内力。已知横梁惯性矩 $I=1\times10^{-4}\,\mathrm{m}^4$，链杆截面积 $S=1\times10^{-3}\,\mathrm{m}^2$，$EI=$ 常数。

习题 7-22　试求图示加劲梁各杆的轴力，并绘横梁 AB 的弯矩图。设各杆的 EA 相同，$A=\dfrac{I}{16}$（分母的单位：m^2）。

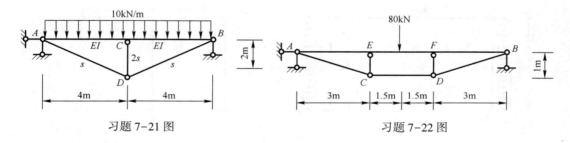

习题 7-21 图   习题 7-22 图

习题 7-23 ~ 习题 7-26　利用结构的对称性，计算图示结构，并作出 M、F_Q、F_N 图。

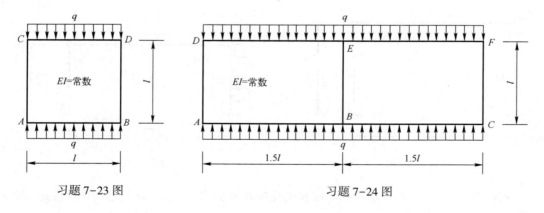

习题 7-23 图   习题 7-24 图

习题 7-27 ~ 习题 7-29　单跨超静定梁发生支座移动如图所示，试绘制其 M、F_Q 图。

习题 7-30　结构温度改变如图所示，试绘制结构内力图。设各杆截面为矩形，截面高度为 $h=l/10$，线膨胀系数为 α，EI 为常数。

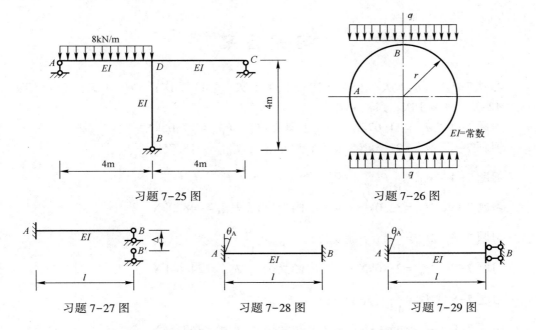

习题 7-25 图   习题 7-26 图

习题 7-27 图   习题 7-28 图   习题 7-29 图

习题 7-31 结构温度改变如图所示，试绘制结构弯矩图。设各杆截面为矩形，截面高度为 h，线膨胀系数为 α，EI 为常数。

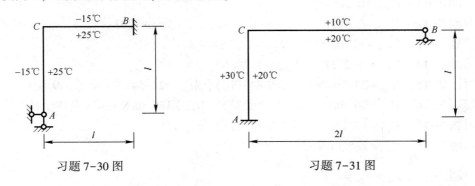

习题 7-30 图   习题 7-31 图

习题 7-32 图示结构支座 A 转动 θ_A，$EI=$ 常数，用力法计算并绘制弯矩图。

习题 7-33 图示结构中 CD 杆在制造时比准确长度长 0.02m，将其压缩后安装。试求由此引起的内力。$EA = 7.68 \times 10^5 \text{kN}$。

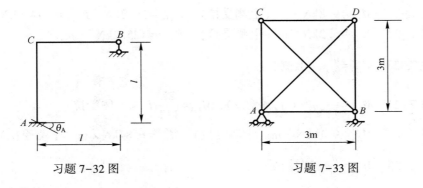

习题 7-32 图   习题 7-33 图

习题答案

习题 7-1　(a) 1 次；(b) 4 次；(c) 1 次；(d) 7 次；(e) 4 次；(f) 5 次；(g) 42 次；(h) 3 次；(i) 3 次

习题 7-2　$M_{BC} = 11.67 \text{kN} \cdot \text{m}$（上侧受拉），$F_{QAB} = +7.08 \text{kN}$

习题 7-3　$M_{AB} = 22.5 \text{kN} \cdot \text{m}$（上侧受拉），$F_{QAB} = +18.75 \text{kN}$

习题 7-4　$M_{AB} = \dfrac{3}{16}Pl$（上侧受拉），$F_{QAB} = \dfrac{11}{16}F_P$

习题 7-5　$M_{BA} = 32.0 \text{kN} \cdot \text{m}$（上侧受拉），$F_{QBA} = -48.0 \text{kN}$

习题 7-6　$M_{BA} = \dfrac{ql^2}{16}$（下侧受拉），$F_{QBA} = \dfrac{3ql}{16}$

习题 7-7　$M_{BC} = 2.16 \text{kN} \cdot \text{m}$（内侧受拉），$F_{QBC} = 24.64 \text{kN}$

习题 7-8　$M_{CA} = \dfrac{ql^2}{14}$（左侧受拉），$F_{QBC} = -\dfrac{3ql}{7}$

习题 7-9　$M_{DA} = 45.0 \text{kN} \cdot \text{m}$（上侧受拉），$F_{QDA} = -67.5 \text{kN}$

习题 7-10　$M_{AC} = 143.04 \text{kN} \cdot \text{m}$（左侧受拉）

习题 7-11　$F_{NAB} = 0.104P$

习题 7-12　$F_{NAB} = 0.415 F_P$，$F_{NAD} = -0.578 F_P$，$F_{NDE} = 0.170 F_P$

习题 7-13　$F_{NGE} = +0.3373 F_P$，$F_{RB} = 1.328 F_P(\uparrow)$

习题 7-14　$F_{NFB} = 1.293 F_P$，$F_{NHC} = 0.3056 F_P$

习题 7-15　$M_{AB} = 23.26 \text{kN} \cdot \text{m}$（左侧受拉），$M_{DC} = 21.54 \text{kN} \cdot \text{m}$（左侧受拉）

习题 7-16　$M_{AD} = 90.0 \text{kN} \cdot \text{m}$（左侧受拉），$M_{BE} = 180.0 \text{kN} \cdot \text{m}$（左侧受拉）

习题 7-17　$M_{CA} = 11.76 \text{kN} \cdot \text{m}$（左侧受拉）

习题 7-18　$M_{AC} = 225.0 \text{kN} \cdot \text{m}$（左侧受拉）

习题 7-19　$F_{Ax} = F_{Bx} = \dfrac{P}{\pi}(\rightarrow \leftarrow)$

习题 7-20　$F_{NAB} = \dfrac{ql^2}{8f} \dfrac{1}{1+\dfrac{15}{8}\dfrac{EI}{E_1 A_1 f^2}}$

习题 7-21　$M_{CA} = 9.8 \text{kN} \cdot \text{m}$（上侧受拉），$F_{NAD} = 50.2 \text{kN}$，$F_{NCD} = -44.9 \text{kN}$

习题 7-22　$M_{EA} = 5.2 \text{kN} \cdot \text{m}$（上侧受拉），$F_{NCD} = 125.2 \text{kN}$

习题 7-23　$M_{CD} = \dfrac{ql^2}{24}$（上侧受拉）

习题 7-24　$M_{DE} = \dfrac{9}{112}ql^2$（上侧受拉），$M_{ED} = \dfrac{27}{112}ql^2$（上侧受拉）

习题 7-25　$M_{DA} = 9.16 \text{kN} \cdot \text{m}$（上侧受拉），$M_{DC} = 6.84 \text{kN} \cdot \text{m}$（上侧受拉）

习题 7-26　$M_{AB} = \dfrac{qr^2}{4}$（左侧受拉）

第 7 章　力法

习题 7-27　$M_{AB} = \dfrac{3EI}{l^2}\Delta$（上侧受拉），$F_{QAB} = \dfrac{3EI}{l^3}\Delta$

习题 7-28　$M_{AB} = \dfrac{4EI}{l}\theta_A$（上侧受拉），$F_{QAB} = -\dfrac{6EI}{l^2}\theta_A$

习题 7-29　$M_{AB} = \dfrac{EI}{l}\theta_A$（下侧受拉），$F_{QAB} = 0$

习题 7-30　$M_{CB} = \dfrac{3750\alpha EI}{7l}$（上侧受拉），$M_{BC} = \dfrac{2220\alpha EI}{7l}$（上侧受拉）

习题 7-31　$M_{CB} = \dfrac{7.5\alpha EI}{l}$（上侧受拉），$F_{By} = \dfrac{15\alpha EI}{4l^2}(\downarrow)$

习题 7-32　$M_{CB} = \dfrac{3EI\theta_A}{4l}$（下侧受拉），$F_{By} = \dfrac{3EI\theta_A}{4l^2}(\uparrow)$

习题 7-33　$F_{NAB} = -530\text{kN}$，$F_{NAD} = 750\text{kN}$

第 8 章 位 移 法

8.1 等截面直杆的转角位移方程

位移法计算超静定结构的基础是单跨超静定杆的分析，因此，学习位移法之前需要先研究单跨超静定杆的杆端力与杆端位移及荷载等因素之间的关系，该关系表达式习惯上被称为转角位移方程。

在位移法中，位移和内力采用以下正负号规则：

结点转角、杆端转角以顺时针方向为正；杆两端垂直于杆轴线的相对线位移（或弦转角）以顺时针方向为正。

研究杆件时，杆端弯矩以顺时针方向为正；由作用力和反作用力的特性可知，研究结点时，杆端弯矩以逆时针方向为正。杆端剪力以使隔离体发生顺时针转动趋势时为正。轴力以使杆件受拉为正。

例如，图 8-1 所示三个隔离体上标注的截面内力均为正方向。

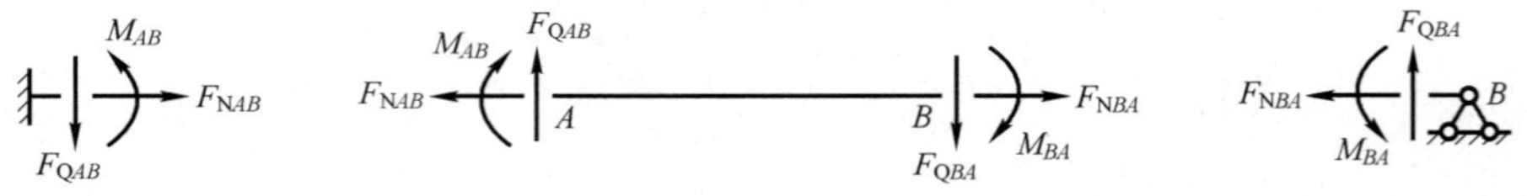

图 8-1

需要注意：这里对杆端弯矩的正负号作出规定，是为了在应用位移法时便于建立位移法方程。在绘制弯矩图时，仍按以前的规定，把弯矩图绘在杆件受拉的一侧。

单跨超静定杆包括两端固定、一端固定另一端铰支、一端固定另一端滑动三种类型。接下来，分别建立三类单跨超静定杆的转角位移方程。

1. 两端固定等截面直杆的转角位移方程

先计算各种因素单独作用下的杆端内力，然后利用叠加原理可以得到多种因素共同作用时等截面直杆的转角位移方程。

1）杆的一端有角位移

图 8-2（a）所示为两端固定等截面直杆 AB，截面抗弯刚度 EI 为常数，仅 A 端发生了顺时针方向角位移 θ_A。用力法可以求出其杆端弯矩为

$$\begin{cases} M_{AB} = \dfrac{4EI}{l}\theta_A \\ M_{BA} = \dfrac{2EI}{l}\theta_A \end{cases} \tag{8-1}$$

其杆端剪力为

$$\begin{cases} F_{QAB} = -\dfrac{6EI}{l^2}\theta_A \\ F_{QBA} = -\dfrac{6EI}{l^2}\theta_A \end{cases} \quad (8\text{-}2)$$

绘出弯矩图和剪力图如图 8-2（b）、(c) 所示。

同理，当杆仅 B 端发生顺时针方向角位移 θ_B 时，杆端弯矩和杆端剪力为

$$\begin{cases} M_{AB} = \dfrac{2EI}{l}\theta_B \\ M_{BA} = \dfrac{4EI}{l}\theta_B \\ F_{QAB} = -\dfrac{6EI}{l^2}\theta_B \\ F_{QBA} = -\dfrac{6EI}{l^2}\theta_B \end{cases} \quad (8\text{-}3)$$

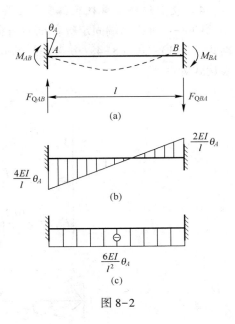

图 8-2

当杆端位移为单位值 1 时，单跨超静定杆的杆端力称为等截面直杆的刚度系数。因刚度系数只与杆件材料性质、尺寸及截面几何形状有关，故也被称为形常数。例如当 $\theta_A = 1$ 时，两端固定等截面直杆 A 端弯矩的形常数为 $\dfrac{4EI}{l}$，B 端弯矩的形常数为 $\dfrac{2EI}{l}$，两端剪力的形常数均为 $-\dfrac{6EI}{l^2}$。三类单跨超静定杆的形常数见表 8-1。

2）杆的两端有垂直于杆轴线的相对线位移

图 8-3（a）所示两端固定等截面直杆 AB，其两端发生了垂直于杆轴线的相对线位移 Δ_{AB}，用力法计算出杆端弯矩和杆端剪力为

$$\begin{cases} M_{AB} = -\dfrac{6EI}{l^2}\Delta_{AB} \\ M_{BA} = -\dfrac{6EI}{l^2}\Delta_{AB} \\ F_{QAB} = \dfrac{12EI}{l^3}\Delta_{AB} \\ F_{QBA} = \dfrac{12EI}{l^3}\Delta_{AB} \end{cases} \quad (8\text{-}4)$$

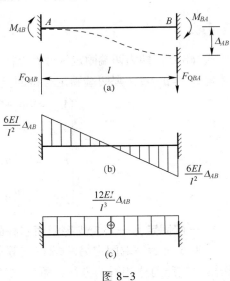

图 8-3

绘出弯矩图和剪力图如图 8-3（b）、(c) 所示。

3）杆上有荷载或温度变化作用

单跨超静定杆在荷载或温度变化作用下的杆端弯矩和杆端剪力称为固端弯矩和固端剪力。它们可用杆端弯矩和杆端剪力的符号

加右上角标"F"的方法表示,例如 M_{AB}^F 和 F_{QAB}^F 分别表示 AB 杆 A 端的固端弯矩和固端剪力。

利用力法可以计算单跨超静定杆在各种荷载和温度变化作用下的固端弯矩和固端剪力。因固端弯矩和固端剪力是与荷载形式有关的常数,故也被称为载常数。

4)支座位移、荷载及温度变化共同作用下的转角位移方程

图 8-4 所示两端固定等截面直杆同时受到支座位移、外荷载和温度变化作用,根据式(8-1)~式(8-4)并考虑杆的固端弯矩和固端剪力,利用叠加原理可得杆端内力表达式为

$$\begin{cases} M_{AB} = \dfrac{4EI}{l}\theta_A + \dfrac{2EI}{l}\theta_B - \dfrac{6EI}{l^2}\Delta_{AB} + M_{AB}^F \\ M_{BA} = \dfrac{2EI}{l}\theta_A + \dfrac{4EI}{l}\theta_B - \dfrac{6EI}{l^2}\Delta_{AB} + M_{BA}^F \\ F_{QAB} = -\dfrac{6EI}{l^2}\theta_A - \dfrac{6EI}{l^2}\theta_B + \dfrac{12EI}{l^3}\Delta_{AB} + F_{QAB}^F \\ F_{QBA} = -\dfrac{6EI}{l^2}\theta_A - \dfrac{6EI}{l^2}\theta_B + \dfrac{12EI}{l^3}\Delta_{AB} + F_{QBA}^F \end{cases} \quad (8\text{-}5)$$

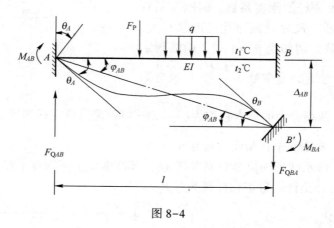

图 8-4

式(8-5)即为两端固定等截面直杆的转角位移方程。若定义杆件的线刚度 $i = EI/l$,弦转角 $\varphi_{AB} = \Delta_{AB}/l$,则两端固定等截面直杆的转角位移方程也可以表示为如下形式:

$$\begin{cases} M_{AB} = 4i\theta_A + 2i\theta_B - 6i\varphi_{AB} + M_{AB}^F \\ M_{BA} = 2i\theta_A + 4i\theta_B - 6i\varphi_{AB} + M_{BA}^F \\ F_{QAB} = -\dfrac{6i}{l}\theta_A - \dfrac{6i}{l}\theta_B + \dfrac{12i}{l}\varphi_{AB} + F_{QAB}^F \\ F_{QBA} = -\dfrac{6i}{l}\theta_A - \dfrac{6i}{l}\theta_B + \dfrac{12i}{l}\varphi_{AB} + F_{QBA}^F \end{cases} \quad (8\text{-}6)$$

2. 一端固定另一端铰支等截面直杆的转角位移方程

图 8-5 所示一端固定另一端铰支等截面直杆同时受到支座位移、外荷载和温度变化作用,按照前述相同的方法,可建立其转角位移方程:

$$\begin{cases} M_{AB} = 3i\theta_A - 3i\varphi_{AB} + M_{AB}^F \\ M_{BA} = 0 \\ F_{QAB} = -\dfrac{3i}{l}\theta_A + \dfrac{3i}{l}\varphi_{AB} + F_{QAB}^F \\ F_{QBA} = -\dfrac{3i}{l}\theta_A + \dfrac{3i}{l}\varphi_{AB} + F_{QBA}^F \end{cases} \tag{8-7}$$

式中：$i=EI/l$；$\varphi_{AB}=\Delta_{AB}/l$；$M_{AB}^F$、$F_{QAB}^F$、$F_{QBA}^F$ 为一端固定另一端铰支等截面直杆的固端弯矩或固端剪力。

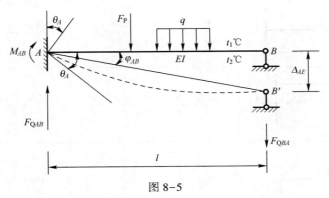

图 8-5

3. 一端固定另一端滑动等截面直杆的转角位移方程

图 8-6 所示一端固定另一端滑动等截面直杆同时受到支座位移、外荷载和温度变化作用，按照前述相同的方法，可建立其转角位移方程：

$$\begin{cases} M_{AB} = i\theta_A + M_{AB}^F \\ M_{BA} = -i\theta_A + M_{BA}^F \\ F_{QAB} = F_{QAB}^F \\ F_{QBA} = 0 \end{cases} \tag{8-8}$$

式中：$i=EI/l$；M_{AB}^F、M_{BA}^F、F_{QAB}^F 为一端固定另一端滑动等截面直杆的固端弯矩或固端剪力。

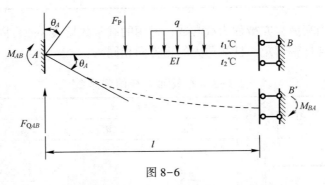

图 8-6

需要注意的是，三类单跨超静定杆的转角位移方程之间是有联系的，例如式（8-7）和式（8-8）可由式（8-6）导出。说明一端固定另一端铰支和一端固定另一端滑动等截面直杆均可以看成是两端固定等截面直杆的特殊情况。

4. 等截面直杆的形常数和载常数

利用式（8-6）~式（8-8）可以得到三类单跨超静定杆的弯矩和剪力形常数，形常数用 $\overline{M}_{AB}$、$\overline{M}_{BA}$、$\overline{F}_{QAB}$、$\overline{F}_{QBA}$ 表示，汇总结果见表8-1。

表 8-1 等截面直杆的形常数

编号	简 图	杆端弯矩		杆端剪力	
		$\overline{M}_{AB}$	$\overline{M}_{BA}$	$\overline{F}_{QAB}$	$\overline{F}_{QBA}$
1		$\dfrac{4EI}{l}=4i$	$\dfrac{2EI}{l}=2i$	$-\dfrac{6EI}{l^2}=-\dfrac{6i}{l}$	$-\dfrac{6EI}{l^2}=-\dfrac{6i}{l}$
2		$-\dfrac{6EI}{l^2}=-\dfrac{6i}{l}$	$-\dfrac{6EI}{l^2}=-\dfrac{6i}{l}$	$\dfrac{12EI}{l^3}=\dfrac{12i}{l^2}$	$\dfrac{12EI}{l^3}=\dfrac{12i}{l^2}$
3		$\dfrac{3EI}{l}=3i$	0	$-\dfrac{3EI}{l^2}=-\dfrac{3i}{l}$	$-\dfrac{3EI}{l^2}=-\dfrac{3i}{l}$
4		$-\dfrac{3EI}{l^2}=-\dfrac{3i}{l}$	0	$\dfrac{3EI}{l^3}=\dfrac{3i}{l^2}$	$\dfrac{3EI}{l^3}=\dfrac{3i}{l^2}$
5		$\dfrac{EI}{l}=i$	$-\dfrac{EI}{l}=-i$	0	0

固端弯矩和固端剪力亦被称为载常数，常用的载常数见表8-2。固端弯矩和固端剪力的正方向分别与杆端弯矩、杆端剪力的正方向相同。

表 8-2 等截面直杆的载常数

编号	简 图	固端弯矩		固端剪力	
		M_{AB}^{F}	M_{BA}^{F}	F_{QAB}^{F}	F_{QBA}^{F}
1		$-\dfrac{F_P ab^2}{l^2}$	$\dfrac{F_P a^2 b}{l^2}$	$\dfrac{F_P b^2 (l+2a)}{l^3}$	$-\dfrac{F_P a^2 (l+2b)}{l^3}$

续表

编号	简图	固端弯矩		固端剪力	
		M_{AB}^{F}	M_{BA}^{F}	F_{QAB}^{F}	F_{QBA}^{F}
2		$-\dfrac{F_P l}{8}$	$\dfrac{F_P l}{8}$	$\dfrac{F_P}{2}$	$-\dfrac{F_P}{2}$
3		$-\dfrac{ql^2}{12}$	$\dfrac{ql^2}{12}$	$\dfrac{ql}{2}$	$-\dfrac{ql}{2}$
4		$-\dfrac{qa^2}{12l^2}(6l^2-8la+3a^2)$	$\dfrac{qa^3}{12l^2}(4l-3a)$	$\dfrac{qa}{2l^3}(2l^3-2la^2+a^3)$	$-\dfrac{qa^3}{2l^3}(2l-a)$
5		$-\dfrac{ql^2}{20}$	$\dfrac{ql^2}{30}$	$\dfrac{7ql}{20}$	$-\dfrac{3ql}{20}$
6		$M\dfrac{b(3a-l)}{l^2}$	$M\dfrac{a(3b-l)}{l^2}$	$-M\dfrac{6ab}{l^3}$	$-M\dfrac{6ab}{l^3}$
7		$-\dfrac{EI\alpha\Delta t}{h}$	$\dfrac{EI\alpha\Delta t}{h}$	0	0
8		$-\dfrac{F_P ab(l+b)}{2l^2}$	0	$\dfrac{F_P b(3l^2-b^2)}{2l^3}$	$-\dfrac{F_P a^2(2l+b)}{2l^3}$
9		$-\dfrac{3F_P l}{16}$	0	$\dfrac{11F_P}{16}$	$-\dfrac{5F_P}{16}$
10		$-\dfrac{ql^2}{8}$	0	$\dfrac{5ql}{8}$	$-\dfrac{3ql}{8}$

续表

编号	简图	固端弯矩 M_{AB}^F	固端弯矩 M_{BA}^F	固端剪力 F_{QAB}^F	固端剪力 F_{QBA}^F
11	三角形分布荷载 q(A端大),长 l,A固定B铰支	$-\dfrac{ql^2}{15}$	0	$\dfrac{2ql}{5}$	$-\dfrac{ql}{10}$
12	三角形分布荷载 q(B端大),长 l,A固定B铰支	$-\dfrac{7ql^2}{120}$	0	$\dfrac{9ql}{40}$	$\dfrac{11ql}{40}$
13	集中力偶 M 作用于距A为 a,距B为 b	$M\dfrac{l^2-3b^2}{2l^2}$	0	$M\dfrac{3(l^2-b^2)}{2l^3}$	$-M\dfrac{3(l^2-b^2)}{2l^3}$
14	温度变化 $\Delta t=t_2-t_1$,A固定B铰支	$-\dfrac{3EI\alpha\Delta t}{2h}$	0	$\dfrac{3EI\alpha\Delta t}{2hl}$	$\dfrac{3EI\alpha\Delta t}{2hl}$
15	集中力 F_P 作用于距A为 a,距B为 b,A固定B定向支座	$-\dfrac{F_Pa(l+b)}{2l}$	$-\dfrac{F_Pa^2}{2l}$	F_P	0
16	集中力 F_P 作用于B端,A固定B定向支座	$-\dfrac{F_Pl}{2}$	$-\dfrac{F_Pl}{2}$	F_P	$F_{QBL}=F_P$ $F_{QBR}=0$
17	均布荷载 q,A固定B定向支座	$-\dfrac{ql^2}{3}$	$-\dfrac{ql^2}{6}$	ql	0
18	温度变化 $\Delta t=t_2-t_1$,A固定B定向支座	$-\dfrac{EI\alpha\Delta t}{h}$	$\dfrac{EI\alpha\Delta t}{h}$	0	0

8.2 位移法基本原理

位移法是超静定结构分析的另一种基本方法。同力法一样,位移法也是伴随着生产实践的发展而产生的。力法产生于 19 世纪后半叶,到 19 世纪末已经应用于分析各种超静定结构。20世纪初，多、高层刚架结构逐渐增多。对于这类高次超静定结构，用力法分析未知量数目太大，计算十分繁琐，人们开始探求新的计算方法，于是位移法应运而生，并随着时间的推移而逐步完善。现在通用结构分析软件所使用的矩阵位移法就是以位移法为基础建立的。

纵观人类社会的发展历程，人类总是处于"遇到问题→解决问题，达到新的高度→出现新的问题→解决新的问题，达到更高的高度"这样一个不断螺旋上升的过程，充满了辩证逻辑。大至国家，小到个人，都是如此。党的二十大提出中国式现代化，在实现中国式现代化的过程中，就一定会遇到各种艰难险阻，只要全国人民坚定道路自信、理论自信、制度自信和文化自信，团结一心、努力奋斗，我们一定能够战胜一切艰难险阻，最终实现中华民族的伟大复兴。作为个体，每个人在学习、工作、生活中都可能遇到各种各样的困难和问题，只要我们坚定目标、勇于创新、刻苦钻研，将个人努力融入国家发展，就一定能够克服各种困难，促进个人发展，为中华民族的伟大复兴贡献力量，实现自己的人生价值。

力法以多余约束力作为基本未知量，而位移法以结构的结点位移作为基本未知量。位移法的理论依据是：对于线弹性范围内的小变形结构，在计算其内力和变形时可使用叠加原理；同时，由于杆端内力与杆端位移之间具有恒定的关系（转角位移方程），当结构位移已知时，可以求出结构的内力，因此可以将结构位移作为基本未知量。

位移法的基本思路：在结构可能发生位移的结点处施加相应的约束，将原结构变成若干单跨超静定杆的组合体；利用单跨超静定杆的转角位移方程，用结点位移表示杆端内力，再根据隔离体（结点或杆件）的平衡条件建立位移法方程，即可求解结点位移，并最终求出结构内力。

用位移法计算超静定结构时，为了减少基本未知量数目，通常采用以下假设：

（1）受弯杆件忽略轴向变形和剪切变形的影响。

（2）杆件的变形很微小，忽略弯曲缩短效应，即杆件发生弯曲变形后，杆件两端结点之间的距离保持不变。

1. 位移法的基本体系

下面以图 8-7（a）所示结构为例说明位移法的基本原理。

图 8-7（a）所示刚架，在给定荷载作用下将发生虚线所示的变形，在忽略杆件轴向变形的条件下，结点 B 没有线位移，只发生角位移 θ_B。由于结点 B 为刚结点，因此 AB、BC、BD 三根杆在 B 端有相同的角位移 θ_B，与此同时，B 端截面会有弯矩。如果把原结构拆成 AB、BC、BD 三根单杆，那么三根单杆的 B 端都可以用固定端支座表示，但同时 B 支座都发生了 θ_B 的角位移。由图 8-7（b）可以看出，杆 AB 和 BD 实际上为两端固定单跨超静定杆，BC 为一端固定另一端铰支单跨超静定杆。由转角位移方程式（8-6）和式（8-7）可知，只要 θ_B 已知，我们即可获得三根单杆亦即原结构的内力，因此，结点 B 的角位移 θ_B 就是用位移法求解该结构时唯一的基本未知量。

为了方便大家理解和记忆，我们将位移法与力法之间建立一一对应关系，求解过程采用基本体系的表述方法。基本体系是计算原超静定结构的桥梁，位移法的基本体系可以分两步建立。

第一步，在原结构的结点 B 处施加一个限制转动的约束，称为刚臂，用符号"▽"

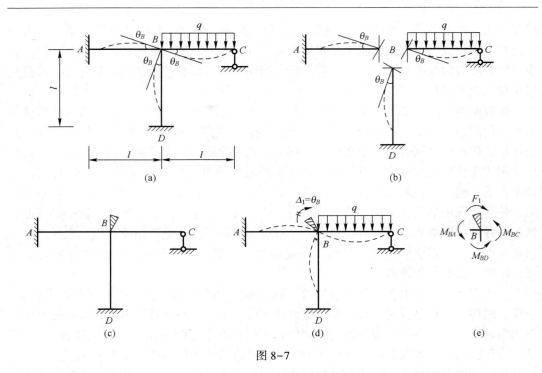

图 8-7

表示。注意刚臂只能限制结点的转动，而不能限制结点的移动。施加刚臂后，结点 B 既不能移动，也不能转动，相当于固定端，于是杆 AB 和 BD 变成两端固定单跨超静定杆，杆 BC 变成一端固定另一端铰支单跨超静定杆。原超静定结构变成三根单跨超静定杆的组合体，该组合体称为位移法的基本结构，见图 8-7 （c）。

第二步，控制（放松）刚臂使结点 B 发生与实际结构相同的转角 θ_B（以广义未知量 Δ_1 表示），即得到位移法的基本体系，见图 8-7 （d）。

可以看出，基本体系的荷载和变形情况与原结构完全相同，因此，基本体系与原结构是等效的，我们可以用基本体系代替原结构。

2. 位移法方程

接下来我们建立求解基本未知量 Δ_1 的方程——位移法方程。

基本体系上施加了刚臂，而原结构上没有刚臂，要使基本体系与原结构等效，则基本体系上的刚臂必须不起作用，亦即刚臂中的广义约束力（此处为约束力矩）F_1 应等于零，即

$$F_1 = 0 \tag{8-9}$$

式（8-9）就是求解基本未知量 Δ_1 的控制条件。由基本体系结点 B 的力矩平衡条件可知（图 8-7 （e）），附加刚臂中的约束力矩 $F_1=0$，意味着结点 B 处三个杆端弯矩自相平衡，反映了基本体系是与原结构等效的。

基本体系是基本结构受基本未知量 Δ_1 和荷载共同作用。利用叠加原理，把基本体系分解为图 8-8 （a）、(b) 所示两种情况：在图 8-8 （a） 中，基本结构只有 Δ_1 单独作用，刚臂中的约束力矩为 F_{11}；在图 8-8 （b） 中，基本结构只有荷载单独作用，刚臂中的约束力矩为 F_{1P}。故有

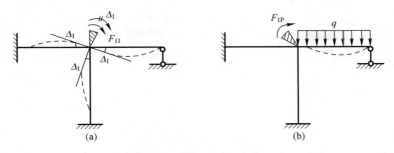

图 8-8

$$F_1 = F_{11} + F_{1P} = 0 \tag{8-10}$$

假设在 $\Delta_1 = 1$ 单独作用下基本结构刚臂中的约束力矩为 k_{11}，则利用叠加原理有 $F_{11} = k_{11}\Delta_1$，代入式（8-10）可得

$$k_{11}\Delta_1 + F_{1P} = 0 \tag{8-11}$$

式（8-11）即为一个未知量结构的位移法方程。式中 k_{11} 称为结构的刚度系数，F_{1P} 称为自由项，二者均为附加约束中的约束力，它们的正方向与基本未知量的正方向相同。

由式（8-11）可知，位移法方程**实质**上是静力平衡方程。它的**物理意义**是：在基本未知量和外荷载共同作用下，基本结构在附加约束中产生的总约束力等于零。

3. 求解位移法方程并作结构内力图

由式（8-11）可知，要计算基本未知量 Δ_1，需先计算刚度系数 k_{11} 和自由项 F_{1P}。根据 k_{11} 和 F_{1P} 的物理意义，利用转角位移方程或者表 8-1 中的形常数可绘出基本结构在 $\Delta_1 = 1$ 单独作用下的弯矩图——$\overline{M}_1$ 图（亦称单位弯矩图，见图 8-9（a）），利用表 8-2 中的载常数可绘出基本结构在荷载单独作用下的弯矩图——M_P 图（亦称荷载弯矩图，见图 8-9（b））；然后，分别以两个弯矩图中的结点 B 为隔离体（图 8-9（c）、（d）），利用结点 B 的力矩平衡条件，可计算出 k_{11} 和 F_{1P}。

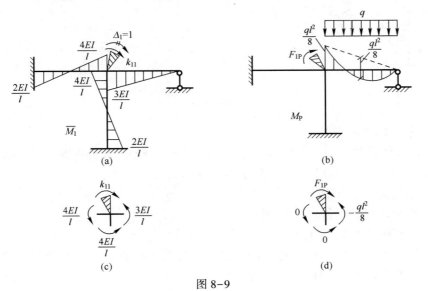

图 8-9

$$k_{11} = \frac{4EI}{l} + \frac{4EI}{l} + \frac{3EI}{l} = \frac{11EI}{l}$$

$$F_{1P} = -\frac{ql^2}{8}$$

将 k_{11} 和 F_{1P} 代入式（8-11），得

$$\Delta_1 = -\frac{F_{1P}}{k_{11}} = \frac{ql^2}{8} \times \frac{l}{11EI} = \frac{ql^3}{88EI}$$

求出 Δ_1 后，根据单位弯矩图和荷载弯矩图，利用叠加原理 $M = \overline{M}_1 \Delta_1 + M_P$ 可绘出原结构的弯矩图，如图 8-10（a）所示。各杆杆端弯矩已知后，分别以各段杆和结点 B 为隔离体（图 8-10（b）），利用静力平衡条件，可计算各杆的杆端剪力和轴力，原结构的剪力图和轴力图分别如图 8-10（c）、（d）所示。

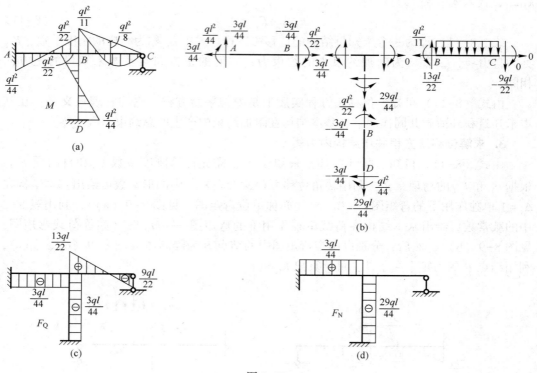

图 8-10

4. 位移法的计算步骤

由上述分析过程可知，用位移法计算超静定梁和刚架的计算步骤可以归纳为：

（1）确定基本未知量，建立位移法的基本体系。

（2）建立位移法方程。

（3）作单位弯矩图和荷载弯矩图。

（4）计算刚度系数和自由项，计算基本未知量。

（5）用叠加方法作结构的弯矩图；根据杆件的平衡条件计算杆端剪力作剪力图；根据结点的平衡条件计算杆件轴力作轴力图。

位移法的计算步骤与力法的计算步骤类似，二者有一一对应的关系，两种方法相互对比有助于理解和记忆。接下来我们讨论两种方法的共同点和主要不同之处。

可以看出，位移法和力法都是以基本体系作为桥梁来解决问题，两种方法的**共同点**是都需要同时考虑静力平衡条件和变形协调条件。力法通过单位内力图和荷载内力图保证结构平衡，通过力法方程保证变形协调条件；而位移法通过基本未知量保证杆件之间的变形协调，通过单位弯矩图和荷载弯矩图保证杆件的平衡，通过位移法方程保证结构的平衡。

位移法和力法的**不同之处**主要有：①二者的基本未知量不同。力法以多余约束力作为基本未知量，而位移法以结点位移作为基本未知量。②二者的基本思路不同。力法的基本思路是去掉多余约束，将超静定结构的计算问题转变为静定结构的计算问题；而位移法的基本思路是增加约束，将原结构转变为单跨超静定杆的组合体，以单跨超静定杆的转角位移方程作为计算基础。③二者的基本方程不同。力法方程实质上是位移方程（变形协调方程），而位移法方程实质上是静力平衡方程。④二者的适用范围不同。力法可以用来分析各种超静定结构，但不适用于静定结构；而位移法既适用于超静定结构，也适用于静定结构，通常用来分析梁结构和刚架结构。

8.3 基本未知量的确定

位移法以结点位移作为基本未知量，结点位移包括角位移和线位移两类。基本未知量数目越少，则位移法方程数越少，求解越方便，因此，手算时通常追求最少的未知量数目。

位移法的基本思路是通过增加约束，把结构转变为单跨超静定杆的组合体，位移法以单跨超静定杆的转角位移方程作为计算基础，因此，**在确定位移法的基本未知量时，首先要确定结构中单跨超静定杆的种类和数量，然后根据各段杆的转角位移方程同时结合结点可能发生的位移去确定基本未知量**。例如，对于两端固定单跨超静定杆，杆两端结点的非零角位移和垂直于杆轴线的非零线位移需要作为基本未知量，因为转角位移方程包含这些位移，通过这些位移才能计算杆端力。同理，对于一端固定另一端铰支单跨超静定杆，固定端结点的非零角位移和垂直于杆轴线的非零线位移需要作为基本未知量，而**铰结点的角位移不作为基本未知量**。对于一端固定、另一端滑动的单跨超静定杆，两端结点的非零角位移需要作为基本未知量，而垂直于杆轴线的线位移不作为基本未知量。

由以上分析可知，三类单跨超静定杆中固定端结点的非零角位移通常要作为基本未知量，而单跨超静定杆中的固定端对应的是实际结构中的固定端支座或者刚结点，因此，**结构中所有杆端刚结点的非零角位移通常都需要作为基本未知量**。因组合结点包含刚结点，故组合结点中刚结点的角位移也需要作为基本未知量。由于转角位移方程中的线位移均垂直于杆轴线方向，因此，我们只需判断结构中的杆端结点能否发生垂直于杆轴线的线位移，如果能发生，则该线位移需要作为基本未知量。

在确定位移法基本未知量时，角位移未知量用加刚臂的方式表示，线位移未知量用沿位移方向加链杆约束的方式表示，则附加刚臂数量与附加链杆数量的和即为位移法的基本未知量数目。**通常我们只需要找到结构中的所有杆端刚结点（包括组合结点），在每一个刚结点上加刚臂即可确定角位移未知量数目**。线位移未知量通常根据结构形式直接判断，在可能发生线位移的结点上施加链杆约束。由于受弯杆件两端结点之间的距离保持不变，因此，**由两个已知不动点所引出的不共线的两根受弯杆的交点也是不动点**。依据这一结论，通过逐一考查各个结点的位移情况，可以确定结构的线位移未知量数目。

图 8-11 所示刚架有两个梁柱刚结点，故有两个角位移未知量，需在结点 B、C 处各施加一个刚臂。不考虑受弯杆件的轴向变形和弯曲缩短，则各梁柱结点均无线位移，即结构没有线位移未知量，故该结构总共有两个位移法基本未知量，其基本结构和基本体系分别如图 8-11（b）和（c）所示。

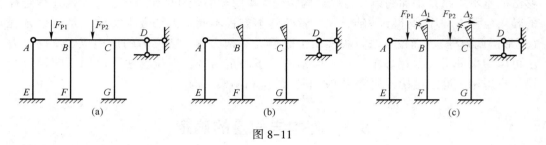

图 8-11

图 8-12 所示刚架有一个梁柱刚结点，故有一个角位移未知量，需在结点 C 处施加一个刚臂；不考虑受弯杆件的轴向变形和弯曲缩短，结点 C、D 只能发生水平线位移，且两点的水平线位移大小相等，故只需在其中一个结点处施加一个水平链杆约束。施加一根水平链杆后，所有杆端结点不能再发生线位移，即结构只有一个线位移未知量，故该结构总共有两个位移法基本未知量，其基本结构和基本体系分别如图 8-12（b）和（c）所示。

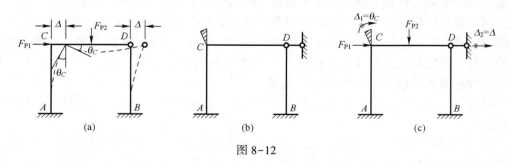

图 8-12

图 8-13 所示刚架有 4 个梁柱刚结点，故有 4 个角位移未知量，需在四个梁柱结点处加刚臂。此外，梁柱结点可以发生水平位移，若在结点 D、F 处各加一个水平链杆约束，则结点 D、F 成为不动点，随之结点 C、E 也成为不动点，即结构有两个线位移未知量，故该结构总共有 6 个位移法基本未知量，其基本结构和基本体系分别如图 8-13（b）和（c）所示。

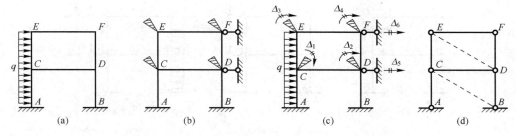

图 8-13

确定线位移未知量,还可采用"铰化结点,增加链杆"的方法。先把结构中的所有刚结点都变成铰结点,把固定端支座变成固定铰支座,得到一个铰结体系;然后通过增加链杆的方法使该铰结体系变为无多余约束的几何不变体系;则所增加的链杆总数即为原结构的线位移未知量数目。例如,图 8-13 所示刚架改为铰结体系后,只需增加 2 根链杆就能使其变为无多余约束的几何不变体系(图 8-13(d)),故原刚架有 2 个线位移未知量。

若超静定结构包含内力静定的部分,则在计算结构内力时,可将内力静定部分先去掉,用位移法分析剩余结构,但需将内力静定部分的荷载效应等效到剩余结构上;最后作原结构的内力图时,只需将内力静定部分的内力图补充上去即可。如图 8-14(a)所示刚架,由于 AB 部分内力静定,用位移法计算内力时可以截开刚结点 B 把 AB 杆去掉,剩余结构只需在刚结点 C 处加一个刚臂和一个水平链杆约束,故原结构有一个角位移未知量和一个线位移未知量,基本结构如图 8-14(b)所示。由于 AB 杆上有外荷载,故确定基本体系时,需将刚结点 B 截面上的内力作为基本体系的荷载作用在 B 点,如图 8-14(c)所示。

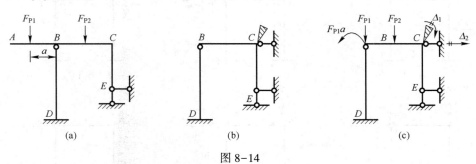

图 8-14

若结构包含抗弯刚度为无穷大的杆件(亦称刚性杆),则该杆两端结点的角位移不作为基本未知量,只将结点线位移作为基本未知量。 刚性杆的变形为零,杆两端结点的角位移是由两端结点的相对线位移引起的刚体转角,说明刚性杆结点的角位移与线位移之间是相关的,二者不是独立的位移,因此,只将结点线位移作为基本未知量。如图 8-15 所示刚架,梁的抗弯刚度为无穷大,故梁只能发生刚体位移;不考虑柱的轴向变形和弯曲缩短,则梁不可能发生刚体转动,只能发生刚体平移,因此,用位移法求解该结构时,没有角位移未知量,只有两个线位移未知量,其基本结构和基本体系分别如图 8-15(b)和(c)所示。

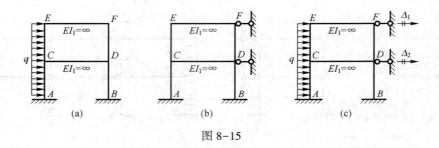

图 8-15

8.4 位移法的典型方程

在 8.2 节中，我们以一个未知量的结构为例阐述了位移法的基本原理。现在我们讨论如何建立多个未知量结构的位移法方程——位移法典型方程。

图 8-16（a）所示刚架用位移法求解有三个基本未知量，即刚结点 C、D 的角位移以及 CD 杆的水平线位移，位移法基本体系如图 8-16（b）所示。由于基本体系与原结构等效，因此，基本体系中的附加约束必须不起作用，即附加约束中的总约束力应等于零：

$$\begin{cases} F_1 = 0 \\ F_2 = 0 \\ F_3 = 0 \end{cases} \tag{8-12}$$

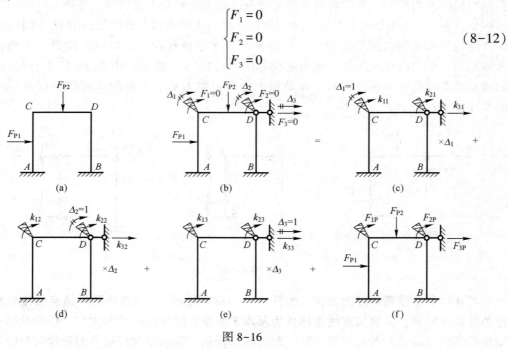

图 8-16

式（8-12）即建立位移法方程的条件。根据叠加原理，图 8-16（b）所示的基本体系可分解为图 8-16（c）~（f）四种情况的叠加，因此，基本体系附加约束中的总约束力可以由图 8-16（c）~（f）四种情况的约束力叠加计算。于是，式（8-12）可写为

$$\begin{cases} k_{11}\Delta_1 + k_{12}\Delta_2 + k_{13}\Delta_3 + F_{1P} = 0 \\ k_{21}\Delta_1 + k_{22}\Delta_2 + k_{23}\Delta_3 + F_{2P} = 0 \\ k_{31}\Delta_1 + k_{32}\Delta_2 + k_{33}\Delta_3 + F_{3P} = 0 \end{cases} \qquad (8\text{-}13)$$

式（8-13）即为具有 3 个未知量结构的位移法方程。其中第一和第二个方程分别表示结点 C 和结点 D 的附加刚臂中的总约束力矩等于零，这意味着结点 C、D 处各杆端弯矩要自相平衡。第三个方程表示附加链杆中的总约束力等于零，这意味着以梁为隔离体时，柱的剪力要与隔离体上全部荷载的水平投影保持平衡。由此可见，**位移法方程实质上是以结点位移表示的静力平衡方程**。

对于具有 n 个未知量的结构，运用同样的分析方法，根据每一附加约束中的总约束力等于零的条件，可建立 n 个静力平衡方程

$$\begin{cases} k_{11}\Delta_1 + k_{12}\Delta_2 + \cdots + k_{1n}\Delta_n + F_{1P} = 0 \\ k_{21}\Delta_1 + k_{22}\Delta_2 + \cdots + k_{2n}\Delta_n + F_{2P} = 0 \\ \vdots \\ k_{i1}\Delta_1 + k_{i2}\Delta_2 + \cdots + k_{ii}\Delta_n + F_{iP} = 0 \\ \vdots \\ k_{n1}\Delta_1 + k_{n2}\Delta_2 + \cdots + k_{nn}\Delta_n + F_{nP} = 0 \end{cases} \qquad (8\text{-}14)$$

式（8-14）即位移法方程的一般形式，通常称为位移法的典型方程。

在位移法典型方程中，$k_{ij}(i,j=1,2,\cdots,n)$ 称为刚度系数，其中，下角标相同的系数 $k_{ii}(i=1,2,\cdots,n)$ 称为**主系数**，它的意义是基本结构仅附加约束 i 发生单位位移（$\Delta_i=1$）时，在该约束中引起的约束力（从另一个角度看，即要使基本结构的附加约束 i 发生单位位移，需在该约束中施加的约束力）；下角标不同的系数 $k_{ij}(i\neq j)$ 称为**副系数**，它的意义是基本结构仅附加约束 j 发生单位位移（$\Delta_j=1$）时，在附加约束 i 中引起的约束力。$F_{iP}(i=1,2,\cdots,n)$ 称为**自由项**，它的意义是基本结构受外荷载单独作用时，在附加约束 i 中引起的约束力。

由主系数的意义可知，主系数的值恒为正；而副系数和自由项的值可正、可负、可为零。计算时，先分别作出 $\Delta_i=1(i=1,2,\cdots,n)$ 和外荷载各自单独作用下基本结构的弯矩图（$\overline{M}_i$ 图和 M_P 图），然后利用隔离体的平衡条件，可求出刚度系数和自由项的值；将刚度系数和自由项代入位移法方程即可求出基本未知量。根据反力互等定理有 $k_{ij}=k_{ji}$，利用该公式可减轻计算工作量。

8.5 位移法应用举例

例 8-1 试用位移法计算图 8-17（a）所示连续梁，并绘出结构的弯矩图。各杆 EI 相同且为常数。

解：此连续梁有 B、C 两个中间支座刚结点，故有两个角位移未知量，无线位移未知量，基本体系如图 8-17（b）所示。

根据基本体系附加刚臂中的约束力矩等于零的条件，可建立位移法方程：

$$\begin{cases} k_{11}\Delta_1 + k_{12}\Delta_2 + F_{1P} = 0 \\ k_{21}\Delta_1 + k_{22}\Delta_2 + F_{2P} = 0 \end{cases}$$

分别绘出 $\Delta_1 = 1$、$\Delta_2 = 1$ 以及外荷载各自单独作用下基本结构的弯矩图（$\overline{M}_1$ 图、$\overline{M}_2$ 图和 M_P 图）如图 8-17（c）、（d）、（e）所示。

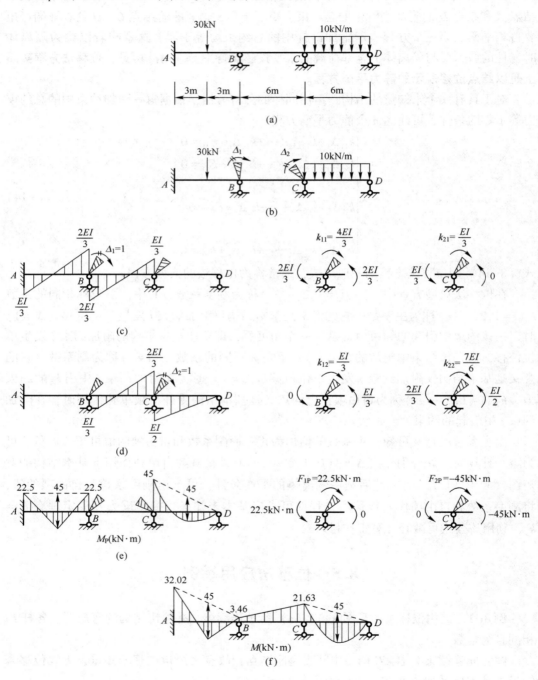

图 8-17

在本例题中，刚度系数和自由项都代表附加刚臂中的约束力矩，因而可分别取 B 结点和 C 结点为隔离体，利用力矩平衡条件 $\sum M = 0$ 求出。例如，为求图 8-17（c）中 B 结点附加刚臂中的约束力矩 k_{11}，可取结点 B 为隔离体，由

$$\sum M_B = 0: \quad k_{11} - \frac{2EI}{3} - \frac{2EI}{3} = 0$$

求得

$$k_{11} = \frac{4EI}{3}$$

由 C 结点的平衡条件可得

$$k_{21} = \frac{EI}{3} + 0 = \frac{EI}{3}$$

类似地，利用图 8-17（d），分别由 B、C 结点的平衡条件可得

$$k_{12} = 0 + \frac{EI}{3} = \frac{EI}{3}, \quad k_{22} = \frac{2EI}{3} + \frac{EI}{2} = \frac{7EI}{6}$$

利用图 8-17（e），分别由 B、C 结点的平衡条件可得

$$F_{1P} = 22.5 + 0 = 22.5(\text{kN} \cdot \text{m}), \quad F_{2P} = 0 - 45 = -45(\text{kN} \cdot \text{m})$$

根据反力互等定理，k_{12} 和 k_{21} 是互等的，只需计算其中之一即可。

将求得的各刚度系数和自由项代入位移法方程，得

$$\begin{cases} \dfrac{4EI}{3}\Delta_1 + \dfrac{EI}{3}\Delta_2 + 22.5 = 0 \\ \dfrac{EI}{3}\Delta_1 + \dfrac{7EI}{6}\Delta_2 - 45 = 0 \end{cases}$$

解以上联立方程，可求得

$$\begin{cases} \Delta_1 = -\dfrac{28.56}{EI} \\ \Delta_2 = \dfrac{46.73}{EI} \end{cases}$$

式中：Δ_1 为负值，说明 B 结点的角位移方向与假设方向相反，即为逆时针方向。

最后，利用叠加原理 $M = \overline{M}_1 \Delta_1 + \overline{M}_2 \Delta_2 + M_P$ 可绘出该连续梁的弯矩图如图 8-17（f）所示。

例 8-2 试用位移法计算图 8-18（a）所示刚架，绘出结构的内力图。各杆 EI 相同且为常数。

解：此刚架有一个角位移未知量 Δ_1 和一个线位移未知量 Δ_2。取基本体系如图 8-18（b）所示。根据附加刚臂和附加链杆中的约束力等于零的条件，可建立位移法方程

$$\begin{cases} k_{11}\Delta_1 + k_{12}\Delta_2 + F_{1P} = 0 \\ k_{21}\Delta_1 + k_{22}\Delta_2 + F_{2P} = 0 \end{cases}$$

分别绘出单位弯矩图 $\overline{M}_1$、$\overline{M}_2$ 和荷载弯矩图 M_P，如图 8-18（c）、（d）、（e）所示，图中 $i = \dfrac{EI}{4}$。

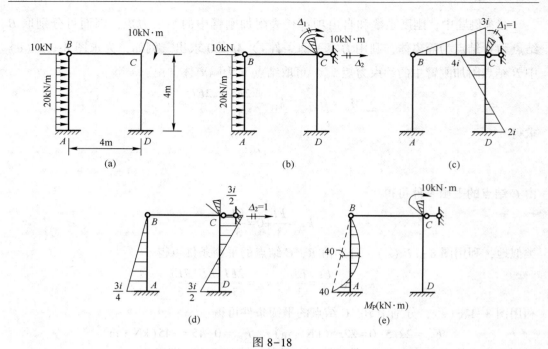

图 8-18

k_{11}、k_{12}、F_{1P} 分别为 $\Delta_1=1$、$\Delta_2=1$ 以及外荷载单独作用下，在附加刚臂中产生的约束力矩；可以取结点 C 为隔离体，利用力矩平衡方程求出。例如，取图 8-18（c）的结点 C 为隔离体，由 $\sum M_C = 0$，可求出 $k_{11}=4i+3i=7i$。

同理，取图 8-18（d）的结点 C 为隔离体，由 $\sum M_C = 0$，可求出 $k_{12}=-\dfrac{3i}{2}$。

取图 8-18（e）的结点 C 为隔离体，由 $\sum M_C = 0$，可求出 $F_{1P}=-10\text{kN}\cdot\text{m}$。

k_{21}、k_{22}、F_{2P} 分别为 $\Delta_1=1$、$\Delta_2=1$ 以及外荷载单独作用下，在附加链杆中产生的约束力；可以取刚架梁为隔离体，利用水平方向力的投影平衡方程求出。例如，取图 8-18（c）中的梁为隔离体，受力图如图 8-19（a）所示，利用 $\sum F_x = 0$，可求得

$$k_{21}=F_{QBA}+F_{QCD}=0-\dfrac{1}{4}\times(4i+2i)=-\dfrac{3}{2}i$$

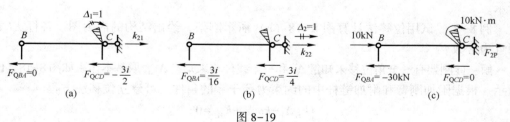

图 8-19

由反力互等定理可知 $k_{12}=k_{21}$，显然用力矩平衡方程求 k_{12} 要比用力的投影方程求 k_{21} 来得容易。取图 8-18（d）中的梁为隔离体，受力图如图 8-19（b）所示，利用 $\sum F_x = 0$，可求得

$$k_{22}=F_{QBA}+F_{QCD}=\frac{1}{4}\times\frac{3i}{4}+\frac{1}{4}\times\left(\frac{3i}{2}+\frac{3i}{2}\right)=\frac{15}{16}i$$

取图 8-18（e）中的梁为隔离体，受力图如图 8-19（c）所示。

$$F_{2P}=F_{QBA}+F_{QCD}-10=-30+0-10=-40(\text{kN})$$

将求得的刚度系数和自由项代入位移法方程，得

$$\begin{cases}7i\Delta_1-\dfrac{3}{2}i\Delta_2-10=0\\ -\dfrac{3}{2}i\Delta_1+\dfrac{15}{16}i\Delta_2-40=0\end{cases}$$

解方程，得

$$\begin{cases}\Delta_1=\dfrac{370}{23i}\\ \Delta_2=\dfrac{4720}{69i}\end{cases}$$

最后，利用叠加原理 $M=\overline{M}_1\Delta_1+\overline{M}_2\Delta_2+M_P$ 可作出刚架的弯矩图（图 8-20（a））；利用各杆和结点的平衡条件可计算各杆的剪力和轴力，作出刚架的剪力图和轴力图（图 8-20（b）和（c））。

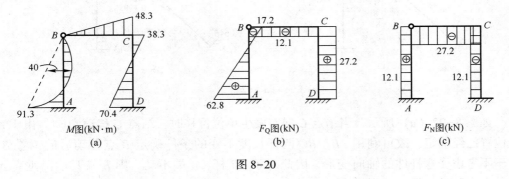

图 8-20

例 8-3 试用位移法计算图 8-21（a）所示刚架，并作弯矩图。各杆材料相同，截面惯性矩如图中标注所示。

解：用位移法计算具有斜杆的刚架，其计算原理和计算步骤与前面所述相同，只是当刚架有结点线位移时，计算各杆的相对线位移较为复杂一些。

取基本体系如图 8-21（b）所示，图中同时标注了各杆的线刚度（令 $EI/l=1$），其位移法方程为

$$\begin{cases}k_{11}\Delta_1+k_{12}\Delta_2+k_{13}\Delta_3+F_{1P}=0\\ k_{21}\Delta_1+k_{22}\Delta_2+k_{23}\Delta_3+F_{2P}=0\\ k_{31}\Delta_1+k_{32}\Delta_2+k_{33}\Delta_3+F_{3P}=0\end{cases}$$

分别绘出单位弯矩图 $\overline{M}_1$、$\overline{M}_2$、$\overline{M}_3$ 和荷载弯矩图 M_P，如图 8-21（c）、（d）、（e）、（f）所示。绘制 $\overline{M}_3$ 图时，首先需要确定当结点 C 向右移动单位位移时，刚架中三根杆件的相对线位移，现就此问题说明如下。

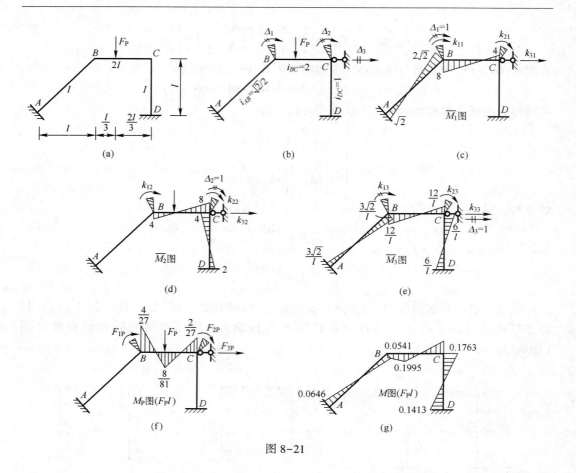

图 8-21

如图 8-22（a）所示，当结点 C 向右发生单位位移时，结点 C 移动到 C'。由于 A、C' 位置已经确定，故可利用 AB、BC 两杆长度不变的条件确定 B 点移动后的位置 B'。由于不考虑受弯杆件的轴向变形，因此对于 AB 杆，A 端不动，则 B 端只能沿垂直 AB 杆的方向移动，即 B' 必然位于过 B 点且垂直于 AB 的直线上；对于 BC 杆，B' 必然位于过 B'' 点且垂直于 BC 的直线上；于是，上述两垂线的交点就是 B 点移动后的位置 B'。用虚线连接 A、B'、C' 及 D 点，可得各杆变形后的弦线。故图中 BB' 为 AB 杆两端的相对线位移，$B''B'$ 和 CC' 分别为 BC 杆和 CD 杆两端的相对线位移。又 $CC' = BB'' = 1$，因此，直角三角形 $BB''B'$ 的三个边长就是三根杆的两端相对线位移。由于杆两端的相对线位移以顺时针方向转动为正，故 AB 杆和 CD 杆两端的相对线位移为正值，而 BC 杆两端的相对线位移为负值。根据几何条件可以求得

$$\Delta_{CD} = CC' = 1$$
$$\angle BB'B'' = \alpha = 45°$$
$$\Delta_{BC} = -B''B' = -1$$
$$\Delta_{AB} = BB' = \sqrt{2}$$

继而，根据转角位移方程可求得 $\overline{M}_3$ 图中各杆由于相对线位移而产生的杆端弯矩：

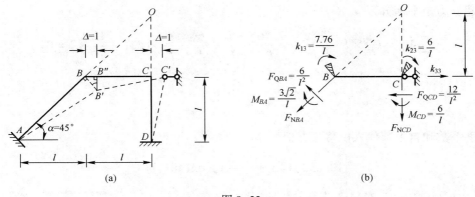

图 8-22

$$M_{AB} = M_{BA} = -\frac{6i_{AB}}{l_{AB}}\Delta_{AB} = -\frac{6 \times \frac{1}{\sqrt{2}}}{\sqrt{2}\,l} \times \sqrt{2} = -\frac{3\sqrt{2}}{l}$$

$$M_{BC} = M_{CB} = -\frac{6i_{BC}}{l_{BC}}\Delta_{BC} = -\frac{6 \times 2}{l} \times (-1) = \frac{12}{l}$$

$$M_{CD} = M_{DC} = -\frac{6i_{CD}}{l_{CD}}\Delta_{CD} = -\frac{6 \times 1}{l} \times 1 = -\frac{6}{l}$$

因而可作出 $\overline{M}_3$ 弯矩图如图 8-21（e）所示。

由各单位弯矩图和荷载弯矩图，可求得各刚度系数和自由项如下：

$$k_{11} = 2\sqrt{2} + 8 = 10.83$$

$$k_{22} = 8 + 4 = 12$$

$$k_{33} = \frac{44.48}{l^2}$$

$$k_{12} = k_{21} = 4$$

$$k_{13} = k_{31} = \frac{12}{l} - \frac{3\sqrt{2}}{l} = \frac{7.76}{l}$$

$$k_{23} = k_{32} = \frac{12}{l} - \frac{6}{l} = \frac{6}{l}$$

$$F_{1P} = -\frac{4}{27}F_P l = -0.148 F_P l$$

$$F_{2P} = \frac{2}{27}F_P l = 0.074 F_P l$$

$$F_{3P} = -0.741 F_P$$

计算 k_{33} 和 F_{3P} 时，需要以梁 BC 为隔离体；计算其他系数时，只需以刚结点 B 或 C 为隔离体（计算 k_{31} 或 k_{32} 时，可利用反力互等定理转化为计算 k_{13} 或 k_{23}）。下面以 k_{33} 为例说明附加链杆中约束力的计算方法。截开两根柱的柱顶截面，取 BC 梁为隔离体，受力图如图 8-22（b）所示。由于两根柱的轴力未知，故以两柱轴线的交点 O 为力矩中

心，建立力矩平衡方程

$$\sum M_O = k_{33} \times l - \frac{3\sqrt{2}}{l} - \frac{7.76}{l} - \frac{6}{l} - \frac{6}{l} - \frac{6}{l^2} \times \sqrt{2}l - \frac{12}{l^2} \times l = 0$$

可得

$$k_{33} = \frac{44.48}{l^2}$$

将刚度系数和自由项代入位移法方程，得

$$\begin{cases} 10.83\Delta_1 + 4\Delta_2 + \dfrac{7.76}{l}\Delta_3 - 0.148F_P l = 0 \\ 4\Delta_1 + 12\Delta_2 + \dfrac{6}{l}\Delta_3 + 0.074F_P l = 0 \\ \dfrac{7.76}{l}\Delta_1 + \dfrac{6}{l}\Delta_2 + \dfrac{44.48}{l^2}\Delta_3 - 0.741F_P = 0 \end{cases}$$

解得

$$\begin{cases} \Delta_1 = 0.00746F_P l \\ \Delta_2 = -0.01751F_P l \\ \Delta_3 = 0.01771F_P l^2 \end{cases}$$

最后，利用叠加原理 $M = \overline{M}_1\Delta_1 + \overline{M}_2\Delta_2 + \overline{M}_3\Delta_3 + M_P$ 可作出结构的弯矩图如图 8-21（g）所示。

8.6 直接利用平衡条件建立位移法方程

按照 8.2 节所述基本体系法计算超静定结构时，需增加约束建立基本体系并利用附加约束力为零的条件建立位移法方程，再求出各系数和自由项便可求解位移法方程。我们知道，所建立的位移法方程实质上是隔离体（结点或杆件）的静力平衡方程，因此，我们也可以不通过基本体系，在依据转角位移方程得到杆端力与结点位移关系式后，直接利用原结构隔离体的静力平衡条件来建立位移法方程，此法简称为"直接平衡法"。现以例 8-2 中刚架为例（图 8-23（a）），说明"直接平衡法"的计算过程。

此刚架共有两个位移法基本未知量，即刚结点 C 的角位移 $\Delta_1 = \theta_C$ 和结点 B、C 的水平位移 Δ_2。Δ_1 以顺时针方向为正，Δ_2 以向右为正。

首先利用转角位移方程将各杆的杆端弯矩表示为基本未知量的函数。AB 杆可视为下端固定上端铰支等截面直杆，其 A 端无结点位移，B 端有水平位移 Δ_2，故垂直于杆的相对线位移为 Δ_2，AB 杆同时承受外荷载作用；BC 杆可视为右端固定左端铰支等截面直杆，其 C 端有角位移 Δ_1，同时该杆发生水平平移，但没有垂直于杆的相对线位移；CD 杆可视为两端固定等截面直杆，其 C 端同时有角位移 Δ_1 和水平位移 Δ_2，D 端无结点位移，故垂直于杆的相对线位移为 Δ_2。利用转角位移方程式（8-6）、式（8-7）和表 8-2 的载常数，可写出原结构各杆的杆端弯矩表达式（其中 $i = EI/4$），即

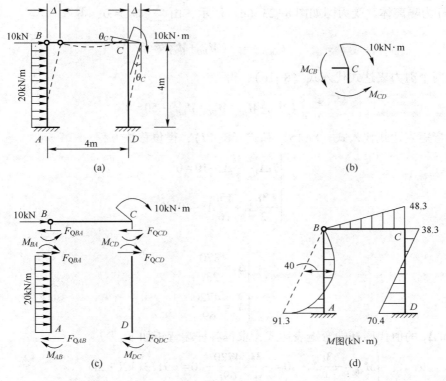

图 8-23

$$\begin{cases} M_{AB} = -3i_{AB}\varphi_{AB} + M_{AB}^F = -\dfrac{3i}{4}\Delta_2 - 40 \\ M_{BA} = M_{BC} = 0 \\ M_{CB} = 3i_{BC}\theta_C = 3i\Delta_1 \\ M_{CD} = 4i_{CD}\theta_C - 6i\varphi_{CD} = 4i\Delta_1 - \dfrac{3i}{2}\Delta_2 \\ M_{DC} = 2i_{CD}\theta_C - 6i\varphi_{CD} = 2i\Delta_1 - \dfrac{3i}{2}\Delta_2 \end{cases}$$

由以上各式可以看出，只要 Δ_1、Δ_2 已知，则所有杆端弯矩即可求得。接下来建立求解基本未知量 Δ_1、Δ_2 的位移法方程。

先取结点 C 为隔离体，受力图如图 8-23（b）所示，列出结点的力矩平衡方程

$$\sum M_C = 0: \quad M_{CB} + M_{CD} - 10 = 0 \tag{8-15}$$

再取 BC 杆为隔离体，受力图如图 8-23（c）所示，列出隔离体的水平投影平衡方程

$$\sum F_x = 0: \quad F_{QBA} + F_{QCD} - 10 = 0 \tag{8-16}$$

式（8-16）中的两个剪力可以利用 AB、CD 杆的平衡条件通过杆端弯矩来计算。取 AB 杆为隔离体，受力图如图 8-22（c）所示，由 $\sum M_A = 0$，得

$$F_{QBA} = -\dfrac{1}{4}(M_{AB} + M_{BA}) - 40$$

取 CD 杆为隔离体，受力图如图 8-23（c）所示，由 $\sum M_D = 0$，得

$$F_{QCD} = -\frac{1}{4}(M_{DC} + M_{CD})$$

将以上两个剪力表达式代入式（8-16），得

$$-\frac{1}{4}(M_{AB} + M_{BA} + M_{DC} + M_{CD}) - 50 = 0 \tag{8-17}$$

将杆端弯矩表达式代入式（8-15）和式（8-17），得位移法方程

$$\begin{cases} 7i\Delta_1 - \dfrac{3i}{2}\Delta_2 - 10 = 0 \\ -\dfrac{3i}{2}\Delta_1 + \dfrac{15i}{16}\Delta_2 - 40 = 0 \end{cases}$$

解得

$$\begin{cases} \Delta_1 = \dfrac{370}{23i} \\ \Delta_2 = \dfrac{4720}{69i} \end{cases}$$

将 Δ_1 和 Δ_2 的值代回杆端弯矩表达式，求得各杆端弯矩如下：

$$\begin{cases} M_{AB} = -\dfrac{3i}{4}\Delta_2 - 40 = -\dfrac{3i}{4} \times \dfrac{4720}{69i} - 40 = -91.3 \, (\text{kN} \cdot \text{m}) \\ M_{BA} = M_{BC} = 0 \\ M_{CB} = 3i\Delta_1 = 3i \times \dfrac{370}{23i} = 48.3 \, (\text{kN} \cdot \text{m}) \\ M_{CD} = 4i\Delta_1 - \dfrac{3i}{2}\Delta_2 = 4i \times \dfrac{370}{23i} - \dfrac{3i}{2} \times \dfrac{4720}{69i} = -38.3 \, (\text{kN} \cdot \text{m}) \\ M_{DC} = 2i\Delta_1 - \dfrac{3i}{2}\Delta_2 = 2i \times \dfrac{370}{23i} - \dfrac{3i}{2} \times \dfrac{4720}{69i} = -70.4 \, (\text{kN} \cdot \text{m}) \end{cases}$$

根据所求得的杆端弯矩可绘出结构的弯矩图如图 8-22（d）所示。可以看出弯矩图与例 8-2 中的结果完全相同。

由上述求解过程可知，用"直接平衡法"计算超静定梁和刚架的计算步骤可以归纳为：

（1）确定位移法基本未知量。
（2）利用转角位移方程列出各杆的杆端内力表达式（用基本未知量表示）。
（3）根据隔离体的平衡条件建立位移法方程。
（4）将杆端内力表达式代入位移法方程，求解基本未知量。
（5）将基本未知量的结果回代杆端内力表达式，计算各杆的杆端内力值。
（6）作结构的内力图。

由此可见，"直接平衡法"和"基本体系法"在建立位移法方程时所采取的途径不同，导致计算步骤有所不同。但两种方法建立的位移法方程本质上一样，因此，计算结果完全相同。

8.7 对称性的利用

通过学习第 7 章，我们知道，对称结构承受对称荷载作用，其内力和变形都是对称的；对称结构承受反对称荷载作用，其内力和变形都是反对称的。用力法分析超静定对称结构时，我们可以利用上述特性来减少基本未知量（即方程）数目，从而简化计算。用位移法分析对称结构时，我们同样可以利用对称性来简化计算。我们可以取一半结构进行分析，但取半结构时，与对称轴相交的截面应加上与位移条件相应的支座，这种方法通常称为"半刚架法"。下面我们讨论对称结构取半结构的方法。

一、对称荷载作用

1. 奇数跨对称结构

图 8-24（a）所示奇数跨对称刚架，在对称荷载作用下，内力和变形均对称，故与对称轴相交的 C 截面没有角位移和水平位移，只有竖向位移；同时 C 截面上只有轴力和弯矩，剪力为零（因为轴力和弯矩满足对称，而剪力不满足对称）。左半刚架的受力情况如图 8-24（b）所示，它与图 8-24（c）所示刚架的受力情况完全相同。因此，图 8-24（c）所示刚架即为原对称结构的半结构，用位移法求解时，只有结点 A 的角位移一个基本未知量。只要计算出图 8-24（c）刚架的内力，利用内力对称性，即可获得原结构的内力。

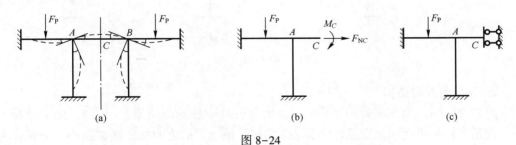

图 8-24

2. 偶数跨对称结构

图 8-25（a）所示偶数跨对称刚架，在对称荷载作用下，内力和变形均对称。由于对称轴处有一根柱，而柱的轴向变形忽略不计，故刚结点 C 既没有角位移也没有线位移，相当于固定端支座。由于对称轴上中柱的内力也要满足对称性，因此，该柱只能有轴力，弯矩和剪力均为零。梁上结点 C 左侧和右侧截面的剪力只要大小相等、方向相同即可满足对称性，故 C 截面的剪力大小可以不为零，它们应与中柱的轴力平衡，因此，取半结构时可以不考虑对称轴上的中柱。左半刚架的受力情况如图 8-25（b）所示，图 8-25（c）所示刚架即为原对称结构的半结构，用位移法求解时，只有结点 A 的角位移一个基本未知量。

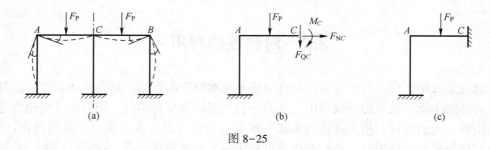

图 8-25

二、反对称荷载作用

1. 奇数跨对称结构

图 8-26（a）所示奇数跨对称刚架，在反对称荷载作用下，内力和变形均反对称，因此与对称轴相交的 C 截面没有竖向位移，但有角位移和水平位移；同时 C 截面上只有剪力，轴力和弯矩均为零（因为剪力满足反对称，而轴力和弯矩不满足反对称）。左半刚架的受力情况如图 8-26（b）所示，图 8-26（c）所示刚架即为原对称结构的半结构，用位移法求解时，有结点 A 的角位移和水平位移两个基本未知量。

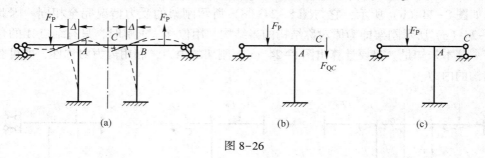

图 8-26

2. 偶数跨对称结构

图 8-27（a）所示偶数跨对称刚架，对称轴处中柱的截面惯性矩为 I。为了分析方便，设想中柱是由两根截面惯性矩为 $I/2$ 的柱组成，它们之间相距非常微小，分别在对称轴的两侧与横梁刚结，其等效体系如图 8-27（b）所示。设沿对称轴将此两柱之间的横梁切开，由于荷载是反对称的，故在切开的截面上只有剪力（图 8-27（c））。由于剪力 F_{QC} 只使对称轴两侧的两根柱产生大小相等、方向相反的轴力，而原结构中柱的内力等于此两根柱内力之和，因而由剪力 F_{QC} 所产生的中柱轴力刚好相互抵消，即剪力 F_{QC} 对原结构的内力无任何影响，于是可将 F_{QC} 忽略，则图 8-27（d）所示刚架即为原对称结构的半结构。通过位移法求得左半刚架的内力后，利用内力反对称，可获得右半刚架的内力。需要注意的是：原结构中柱的内力为图 8-27（b）中间两根分柱内力的叠加。由于内力反对称，故两根分柱的弯矩、剪力相同，而轴力大小相等、方向相反，因此，原结构中柱的轴力为零，而弯矩、剪力分别为图 8-27（d）中右柱弯矩、剪力的 2 倍。

从以上例子可以看出，利用对称性，可以减少位移法基本未知量数目，从而简化计算。若对称结构上的荷载不对称，则可利用 7.7 节的方法将荷载分解为对称和反对称两

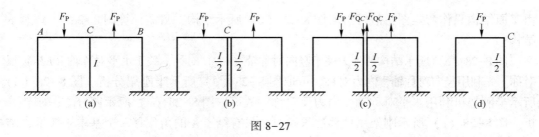

图 8-27

组荷载分别作用，然后利用对称性分别进行计算，最后将两组荷载作用下的内力叠加即可得到原结构的内力。有的时候这样做可能基本未知量总数并无变化，但需联立求解的未知量数减少，因此计算工作也可得到简化。

例 8-4 试用位移法分析图 8-28（a）所示刚架，并绘制刚架的弯矩图。设刚架中柱的抗弯刚度为 $2EI$，其余杆件的抗弯刚度均为 EI。

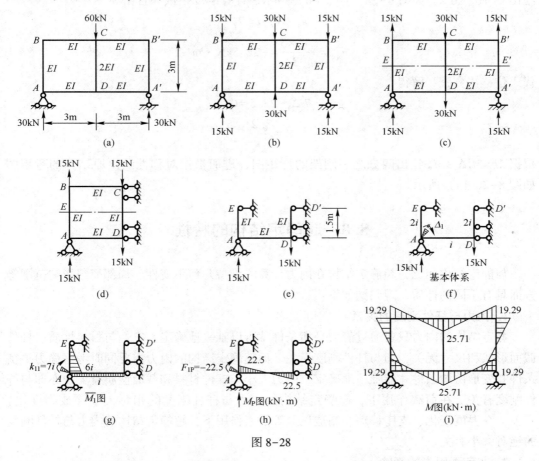

图 8-28

解：首先求出支座反力，用支座反力代替支座后，原结构变为具有两条对称轴的对称结构。可利用两次对称性。由于荷载和支座反力关于水平对称轴不对称，故将它们分解成图 8-28（b）、（c）两种情况。图 8-28（b）中三对外力大小相等方向相反，作用在三根柱上，分别与三根柱的轴力平衡，故图 8-28（b）所示结构各杆均不产生弯矩。

由于原结构只作弯矩图，故可忽略图 8-28（b）所示结构，只需计算图 8-28（c）所示结构。

图 8-28（c）所示结构的外力关于竖向对称轴（CD）对称，关于水平对称轴（EE'）反对称。先利用竖向对称轴，内力对称，可取图 8-28（d）所示半刚架分析。图 8-28（d）所示半刚架再利用水平对称轴，内力反对称，故可取图 8-28（e）所示四分之一刚架分析。图 8-28（e）所示刚架用位移法求解时，只有结点 A 的角位移一个基本未知量，结点 D 的竖向位移不作为基本未知量；而原结构不考虑对称性的话，用位移法求解，有 6 个角位移和 2 个线位移共 8 个基本未知量。由此可见，该结构利用对称性能极大地简化计算。

图 8-28（e）所示刚架的位移法基本体系如图 8-28（f）所示，位移法方程为

$$k_{11}\Delta_1 + F_{1P} = 0$$

绘出 $\overline{M}_1$ 图、M_P 图如图 8-28（g）、（h）所示。计算刚度系数和自由项

$$k_{11} = 6i + i = 7i$$

$$F_{1P} = -\frac{15 \times 3}{2} = -22.5 \text{kN} \cdot \text{m}$$

代入位移法方程，解得

$$7i\Delta_1 - 22.5 = 0$$

$$\Delta_1 = \frac{3.21}{i}$$

根据 $M = \overline{M}_1\Delta_1 + M_P$ 绘出四分之一刚架的弯矩图，进而根据对称性绘出原结构的弯矩图如图 8-28（i）所示。

8.8 超静定结构的特性

与静定结构相比，超静定结构在内力计算、维持几何不变性、局部荷载影响范围等方面具有不同的性质。现归纳如下：

1. 内力与杆件刚度的关系

静定结构的内力只要通过静力平衡条件就可以唯一地确定，它们与材料性质、杆件截面形状和尺寸无关，即与杆件刚度无关。而超静定结构的内力需要同时考虑静力平衡条件和变形协调条件才能唯一地确定，内力大小与杆件材料和截面性质有关，亦即与杆件刚度有关。在荷载作用下，超静定结构的内力与杆件刚度的相对大小（或刚度比）有关；在温度变化、支座移动、制造误差等因素作用下，超静定结构的内力与杆件刚度的绝对大小有关。

2. 非荷载因素的影响

在温度变化、支座移动、制造误差等非荷载因素作用下，静定结构会发生位移或变形，但不会有内力。而在超静定结构中，上述非荷载因素引起的结构位移或变形，往往会受到多余约束的限制，导致结构产生内力。因此，在温度变化、支座移动、制造误差等因素作用下，超静定结构一般会产生内力。

3. 维持几何不变性

静定结构没有多余约束，一旦有约束遭到破坏，结构就变成几何可变体系，不能继续承担荷载。而超静定结构存在多余约束，当多余约束遭到破坏后，结构还能维持几何不变，仍具有承载能力。因此，超静定结构比静定结构具有更强的抵御破坏的能力。

4. 荷载及局部荷载的影响

一般而言，在相同荷载作用下，静定结构产生的内力和变形通常比相同跨度、相同截面的超静定结构的内力和变形要大。例如，图 8-29（a）所示为两跨静定梁在荷载作用下的变形和弯矩图，图 8-29（b）所示为两跨连续梁在相同荷载作用下的变形和弯矩图。尽管两种结构的跨度和截面都相同，但前者的跨中挠度和跨中弯矩值均大于后者的相应值。

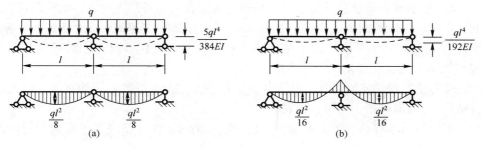

图 8-29

局部荷载对超静定结构的影响范围通常比它对静定结构的影响范围更大，但所产生的内力和变形更小，内力分布更均匀。例如，图 8-30（a）所示多跨静定梁，当中跨承受荷载时，只有中跨产生内力和变形，两个边跨没有内力和变形。而图 8-30（b）所示连续梁，当中跨承受同样的荷载时，除了中跨产生内力和变形外，两个边跨也会产生内力和变形，但连续梁中跨的内力和变形比多跨静定梁中跨的内力和变形要小。

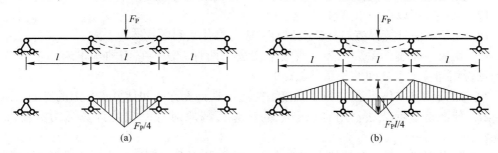

图 8-30

复习思考题

1. 位移法的基本结构和基本体系是怎样定义的？它们与力法的基本结构和基本体系有何异同？
2. 为什么说位移法的基本结构是单跨超静定杆的组合体？基本结构在荷载作用下，

各杆件的联结点会产生结点线位移或结点角位移吗？

3. 试说明位移法的解题思路，并与力法作一比较。

4. 位移法中杆端弯矩、杆端剪力的正负号是如何规定的？它们与材料力学中弯矩、剪力的正负号规定有何异同？

5. 什么是形常数？什么是载常数？形常数和载常数与转角位移方程之间是什么关系？

6. 用力法算出表 8-1 中各项形常数并熟记。

7. 用力法算出表 8-2 中 2、3、9、10 等项载常数并熟记。

8. 如何确定位移法基本未知量？确定结点线位移数目，通常可采用哪两种方法？

9. 位移法基本未知量数目与结构的超静定次数有关系吗？为什么？试举例说明。

10. 用位移法计算图 8-14（a）所示结构时，如果在结点 B、C 处各加一个刚臂，同时在结点 C 处加一水平链杆，并在结点 A 处加一竖向链杆；取这样的基本体系进行分析是否可以？请说明理由。

11. 位移法方程的实质是什么？为什么位移法方程中主系数 k_{ii} 恒为正值，而副系数 k_{ij} 和自由项 F_{iP} 的值可正、可负，或者为零？

12. 用位移法求解具有多个未知量的超静定结构时，位移条件和平衡条件是如何得到满足的？

13. 在位移法中，能否不通过基本体系这一中间环节，而直接取结点或结构的一部分为隔离体建立求解基本未知量的方程？

14. 当绘出结构的最后弯矩图后，如何根据弯矩图绘制剪力图和轴力图？

15. 什么情况下独立的结点线位移可以不作为位移法基本未知量？试举例予以说明。

16. 非结点处的截面位移是否可作为位移法的基本未知量？

17. 位移法可以用来求解静定结构吗？为什么？

18. 用位移法计算具有斜杆的刚架时，应注意什么问题？

19. 比较"基本体系法"和"直接平衡法"两种方法，它们的基本未知量和基本方程是否相同？二者之间的关系是怎样的？

20. 比较"基本体系法"和"直接平衡法"在计算方法和计算步骤上的异同。

21. 什么是半刚架法？用半边刚架的计算代替原对称刚架的计算通常有哪几种情况？

22. 除半刚架法外，是否可以以整个刚架为分析对象，利用变形的对称性减少基本未知量数目？试举例说明。

23. 结构对称但荷载不对称，在这种情况下能否用半刚架法进行计算？

习　　题

习题 8-1　试确定图示结构用位移法计算时的最少基本未知量数目，并绘出基本结构。

第 8 章 位移法

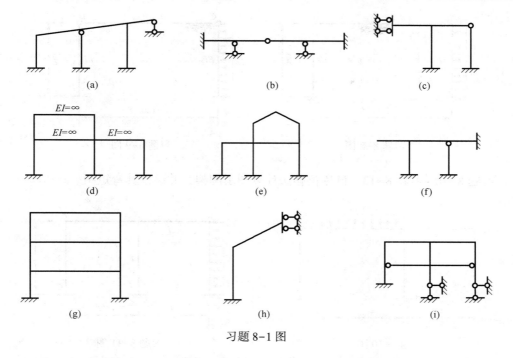

习题 8-1 图

习题 8-2～习题 8-5 试用位移法计算图示连续梁，并绘制其弯矩图、剪力图。

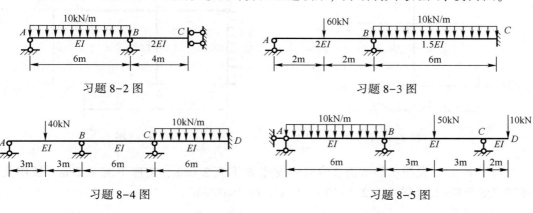

习题 8-6～习题 8-9 试用位移法计算图示结构，并绘制其内力图。

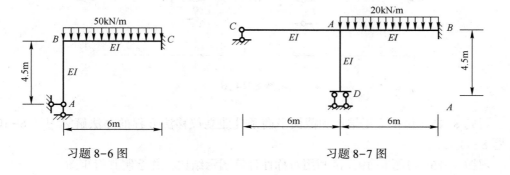

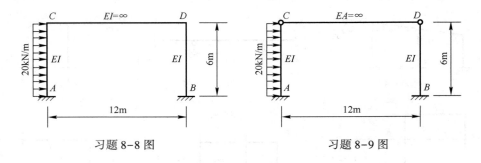

习题 8-8 图 习题 8-9 图

习题 8-10~习题 8-13 试用位移法计算图示刚架，并绘制其弯矩图。

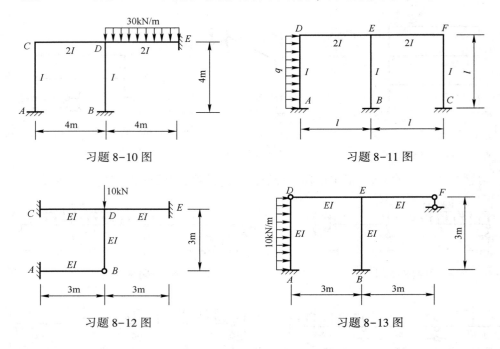

习题 8-10 图 习题 8-11 图

习题 8-12 图 习题 8-13 图

习题 8-14 设图示等截面连续梁的支座 B 下沉 2.0cm，支座下沉 1.2cm，试作此连续梁的弯矩图。已知 $E = 2.1 \times 10^4 \text{kN/cm}^2$，$I = 2 \times 10^4 \text{cm}^4$。

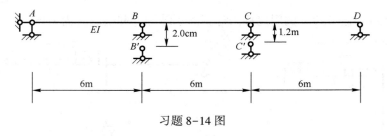

习题 8-14 图

习题 8-15 试按应用结点和截面平衡条件建立位移法方程的办法解算习题 8-10、习题 8-11。

习题 8-16~习题 8-19 试利用对称性计算图示结构，并绘制其弯矩图。

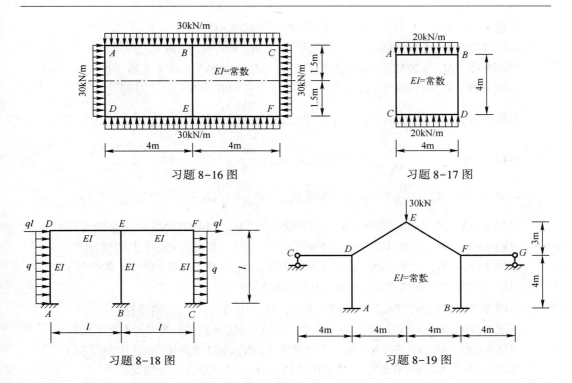

习题 8-16 图　　　　　　习题 8-17 图

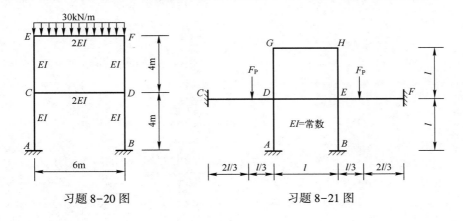

习题 8-18 图　　　　　　习题 8-19 图

习题 8-20 ~ 习题 8-21　试利用对称性计算图示结构，并绘制其弯矩图。

习题 8-20 图　　　　　　习题 8-21 图

习题答案

习题 8-1　（a）4 个；（b）3 个；（c）1 个；（d）2 个；（e）9 个；（f）2 个；（g）9 个；（h）2 个；（i）8 个

习题 8-2　$M_{BA}=22.5$ kN·m（上侧受拉）

习题 8-3　$M_{BA}=36.0$ kN·m（上侧受拉），$M_{CB}=27.0$ kN·m（上侧受拉）

习题 8-4　$M_{DC}=41.54$ kN·m（上侧受拉），$M_{CD}=-6.92$ kN·m（上侧受拉）

习题 8-5　$M_{BA}=45.63$ kN·m（上侧受拉），$M_{CB}=20.0$ kN·m（上侧受拉）

习题 8-6　$M_{BC}=3.0\text{kN}\cdot\text{m}$（上侧受拉），$F_{QCB}=-18.0\text{kN}$

习题 8-7　$M_{BA}=74.4\text{kN}\cdot\text{m}$（上侧受拉），$M_{DA}=9.6\text{kN}\cdot\text{m}$（左侧受拉）

习题 8-8　$M_{AC}=225\text{kN}\cdot\text{m}$（左侧受拉），$M_{BD}=135\text{kN}\cdot\text{m}$（左侧受拉）

习题 8-9　$M_{AC}=150\text{kN}\cdot\text{m}$（左侧受拉），$M_{BD}=90.0\text{kN}\cdot\text{m}$（左侧受拉）

习题 8-10　$M_{AC}=\dfrac{10}{7}\text{kN}\cdot\text{m}$（左侧受拉），$M_{BD}=\dfrac{30}{7}\text{kN}\cdot\text{m}$（右侧受拉）

习题 8-11　$M_{AD}=\dfrac{11ql^2}{56}$（左侧受拉），$M_{CF}=\dfrac{ql^2}{14}$（左侧受拉）

习题 8-12　$M_{AB}=\dfrac{10}{3}\text{kN}\cdot\text{m}$（上侧受拉），$M_{ED}=\dfrac{20}{3}\text{kN}\cdot\text{m}$（上侧受拉）

习题 8-13　$M_{AD}=20.13\text{kN}\cdot\text{m}$（左侧受拉），$M_{BE}=14.21\text{kN}\cdot\text{m}$（左侧受拉）

习题 8-14　$M_{BA}=50.4\text{kN}\cdot\text{m}$（下侧受拉），$M_{CD}=5.6\text{kN}\cdot\text{m}$（上侧受拉）

习题 8-16　$M_{AB}=29.5\text{kN}\cdot\text{m}$（上侧受拉），$M_{BA}=45.25\text{kN}\cdot\text{m}$（上侧受拉）

习题 8-17　$M_{AB}=13.33\text{kN}\cdot\text{m}$（上侧受拉）

习题 8-18　$M_{AD}=0.84ql^2$（左侧受拉），$M_{BE}=0.512ql^2$（左侧受拉）

习题 8-19　$M_{AD}=16.74\text{kN}\cdot\text{m}$（右侧受拉），$M_{DE}=17.28\text{kN}\cdot\text{m}$（上侧受拉）

习题 8-20　$M_{AC}=5.36\text{kN}\cdot\text{m}$（左侧受拉），$M_{EF}=51.85\text{kN}\cdot\text{m}$（上侧受拉）

习题 8-21　$M_{AD}=0.026F_P l$（左侧受拉），$M_{CD}=0.10F_P l$（上侧受拉）

第9章 用渐进法计算超静定梁和刚架

前面介绍的力法和位移法,是求解超静定结构的两种基本方法。这两种方法都要求建立和求解典型方程。当未知数目较多时,解联立方程的工作是非常繁重的。为了避免组成和求解联立方程,人们又寻求便于实际应用的计算方法,于是陆续出现了各种渐进法。本章主要介绍其中应用较广泛的力矩分配法、无剪力分配法和剪力分配法。

力矩分配法是美国结构工程教授 Hardy cross 于 1930 年提出的,它是以位移法为基础,对于连续梁以及无结点线刚架的计算特别方便。虽然随着有限元软件大量出现,人们逐渐以电算为主计算实际工程,但是这种方法在设计初期对工程的概念设计仍有不可代替的作用。正是因为有了深厚的理论基础,才有了这些知识的创新和不断发展。习近平在二十大报告中指出:必须坚持科技是第一生产力、人才是第一资源、创新是第一动力,深入实施科教兴国战略、人才强国战略、创新驱动发展战略,不断塑造发展新动能新优势。只有掌握了扎实的理论知识,建立合理的知识结构,我们才有可能为祖国的发展贡献一份力量。

9.1 力矩分配法的基本概念

一、力矩分配法中的几个概念

力矩分配法是由只有一个结点角位移的超静定结构的计算问题导出的,主要用于连续梁和无结点线位移的刚架的计算,其理论基础为位移法,所以力矩分配法中对杆端转角、杆端弯矩、固端弯矩正负号的规定与位移法相同,即都假设对杆端顺时针方向旋转为正。在此方法中,要用到转动刚度、传递系数以及分配系数的概念,现系统介绍如下。

1. 转动刚度（S_{ij}）

使等截面直杆的杆端发生单位转角时在该杆端需要施加的力矩,即为转动刚度,用 S_{ij} 表示。转动刚度表示杆端对转动的抵抗能力,它的大小与杆件的线刚度 $i=EI/l$ 有关,也与杆件另一端的支承情况有关。当 B 端（也称远端）为不同支承情况时,S_{AB} 的大小不同。求转动刚度时,通常取近端为固定端（或铰支端）,然后使其发生单位支座转动,用力法求出 S_{AB} 值。对于等截面直杆,转动刚度的数值实际上就是位移法中杆端转动单位转角时的弯矩形常数,如图 9-1 所示,用公式表示如下。

远端固定： $\qquad S_{AB}=4i$ \qquad (9-1)

远端铰支： $\qquad S_{AB}=3i$ \qquad (9-2)

远端滑动： $\qquad S_{AB}=i$ \qquad (9-3)

远端自由： $S_{AB}=0$ (9-4)

2. 传递系数（C_{ij}）

如图 9-1 所示，当杆件 A 端（近端）发生单位转角时，A 端产生了弯矩 M_{AB}，称为近端弯矩，同时在 B 端（远端）也产生了弯矩 M_{BA}，称远端弯矩，这好比近端的弯矩按一定的比例传到了远端一样，故将远端弯矩与近端弯矩之比称为传递系数，用 C_{ij} 表示。

远端固定：
$$C_{AB}=\frac{M_{BA}}{M_{AB}}=\frac{1}{2} \quad (9\text{-}5)$$

远端铰支：
$$C_{AB}=\frac{M_{BA}}{M_{AB}}=0 \quad (9\text{-}6)$$

远端滑动：
$$C_{AB}=\frac{M_{BA}}{M_{AB}}=-1 \quad (9\text{-}7)$$

利用传递系数，远端弯矩可由近端弯矩求出：
$$M_{BA}=C_{AB}M_{AB} \quad (9\text{-}8)$$

图 9-1

3. 分配系数（μ_{ij}）

如图 9-2（a）所示的刚架，此刚架由三根等截面直杆组成并刚接于结点 A。设外力偶 M 作用于结点 A，并使 A 结点发生转角 θ_A，即各杆端均产生了转角 θ_A，各杆端在 A 端产生的杆端弯矩分别为

$$\begin{cases} M_{AB}=4i_{AB}\theta_A=S_{AB}\theta_A \\ M_{AC}=3i_{AC}\theta_A=S_{AC}\theta_A \\ M_{AD}=i_{AD}\theta_A=S_{AD}\theta_A \end{cases} \quad (9\text{-}9)$$

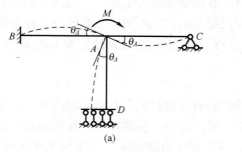
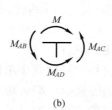

图 9-2

取 A 结点作隔离体（图 9-2（b）），由 $\sum M_A=0$ 得
$$M_{AB}+M_{AC}+M_{AD}=M$$
即
$$(S_{AB}+S_{AC}+S_{AD})\theta_A=M$$

所以
$$\theta_A = \frac{M}{S_{AB} + S_{AC} + S_{AD}} = \frac{M}{\sum_A S} \tag{9-10}$$

式中 $\sum_A S$ 为汇交于 A 结点的各杆 A 端转动刚度之和。

将式（9-10）代入式（9-9）式，得

$$\begin{cases} M_{AB} = \dfrac{S_{AB}}{\sum_A S} M \\[2mm] M_{AC} = \dfrac{S_{AC}}{\sum_A S} M \\[2mm] M_{AD} = \dfrac{S_{AD}}{\sum_A S} M \end{cases} \tag{9-11}$$

由式（9-11）知，各杆 A 端的弯矩与各杆 A 端的转动刚度成正比。令

$$\mu_{Aj} = \frac{S_{Aj}}{\sum_A S} \tag{9-12}$$

式中：μ_{Aj} 为分配系数；j 可为 B、C、D，如 μ_{AB} 为 AB 在 A 端的分配系数，它等于杆 AB 的转动刚度与交于 A 点的各杆转动刚度之和的比值。

式（9-11）可统一写成

$$M_{Aj} = \mu_{Aj} M \tag{9-13}$$

由式（9-13）可知，作用于结点 A 的外力偶 M，可按各杆的分配系数分配给各杆的近端，而远端的弯矩可由式（9-8）求得，它等于近端弯矩乘以传递系数。

下面以单结点结构为例，说明力矩分配法的基本运算。

二、单结点力矩分配

图 9-3（a）所示为一两跨连续梁，在荷载作用下各杆端产生了弯矩 M_{AB}、M_{BA}、M_{BC}、M_{CB}。下面用力矩分配法计算，步骤如下：

（1）在 B 点处加一附加刚臂，阻止其转动。这时 AB 和 BC 在荷载作用下单独发生变形。AB 杆件可看作两端固定的单跨梁，BC 杆件看作一端固定、另一端铰支的单跨梁。它们在荷载作用下分别产生固端弯矩 M_{AB}^F、M_{BA}^F、M_{BC}^F、M_{CB}^F。这时 B 结点的附加刚臂上的力矩 M_B 可由 B 结点平衡求得

$$M_B = M_{BA}^F + M_{BC}^F$$

称 M_B 为约束弯矩或不平衡力矩，它等于 B

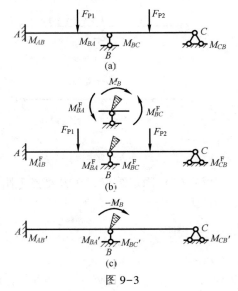

图 9-3

结点各固端弯矩之和，以顺时针为正。

（2）由于原结构在 B 点没有约束，也不存在 M_B，为了与原结构等效，在 B 点处附加一反向的 M_B，以抵消附加刚臂的作用。外力偶 $-M_B$ 作用于结点 B 处，使 AB 与 BC 杆在 B 端产生弯矩 M'_{BA}、M'_{BC}，称为分配弯矩，可由式（9-13）求得，同时远端 A、C 截面也产生弯矩 M'_{AB}、M'_{CB}，称为传递弯矩，可由式（9-8）求得。

（3）将以上两种情况的弯矩进行叠加，即为图 9-3（a）情况下的弯矩。即

$$M_{AB} = M_{AB}^F + M'_{AB}$$
$$M_{BA} = M_{BA}^F + M'_{BA}$$
$$M_{BC} = M_{BC}^F + M'_{BC}$$
$$M_{CB} = M_{CB}^F + M'_{CB}$$

将以上的步骤归纳如下：

（1）固定结点。在刚结点上加一附加刚臂，使原结构成为单跨超静定梁的组合体，计算分配系数、各杆端固端弯矩及结点不平衡力矩。

（2）放松结点。取消刚臂，将不平衡力矩反向加在结点上，按分配系数分配，同时向远端进行传递。

将以上两种情况所得的各杆固端弯矩、分配弯矩、传递弯矩相叠加，即得到各杆的最后弯矩。

例 9-1 试作图 9-4（a）所示连续梁的弯矩图。

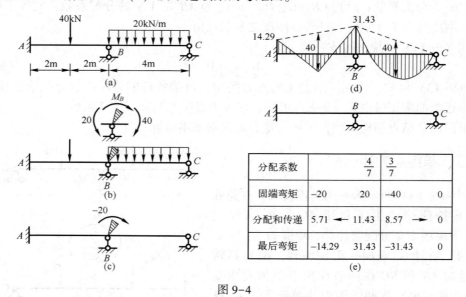

图 9-4

解：（1）固定结点。在 B 结点上附加一刚臂（图 9-4（b）），计算各杆分配系数、固端弯矩。

令 $i = \dfrac{EI}{l}$，则

$$\mu_{BA} = \frac{S_{BA}}{S_{BA} + S_{BC}} = \frac{4i}{4i + 3i} = \frac{4}{7}$$

$$\mu_{BC} = \frac{S_{BC}}{S_{BA}+S_{BC}} = \frac{3i}{4i+3i} = \frac{3}{7}$$

$$M_{AB}^F = -\frac{F_P l}{8} = -\frac{40\times 4}{8} = -20(\text{kN}\cdot\text{m})$$

$$M_{BA}^F = \frac{F_P l}{8} = \frac{40\times 4}{8} = 20(\text{kN}\cdot\text{m})$$

$$M_{BC}^F = -\frac{ql^2}{8} = -\frac{20\times 4^2}{8} = -40(\text{kN}\cdot\text{m})$$

$$M_{CB}^F = 0$$

(2) 放松结点 B。B 结点上的不平衡力矩 $M_B = -40+20 = -20\text{kN}\cdot\text{m}$，将其反号后加在 B 结点上（图9-4（c）），计算分配弯矩、传递弯矩。

$$M'_{BA} = \mu_{BA}(-M_B) = \frac{4}{7}\times 20 = 11.43(\text{kN}\cdot\text{m})$$

$$M'_{BC} = \mu_{BC}(-M_B) = \frac{3}{7}\times 20 = 8.57(\text{kN}\cdot\text{m})$$

$$M'_{AB} = C_{BA}M'_{BA} = \frac{1}{2}\times\frac{80}{7} = 5.71(\text{kN}\cdot\text{m})$$

$$M'_{CB} = C_{BC}M'_{BC} = 0$$

(3) 将以上两结果叠加，即得最后的杆端弯矩。

$$M_{AB} = M_{AB}^F + M'_{AB} = -20+5.71 = -14.29(\text{kN}\cdot\text{m})$$

$$M_{BA} = M_{BA}^F + M'_{BA} = 31.43(\text{kN}\cdot\text{m})$$

$$M_{BC} = M_{BC}^F + M'_{BC} = -40+8.57 = -31.43(\text{kN}\cdot\text{m})$$

$$M_{CB} = M_{CB}^F + M'_{CB} = 0$$

弯矩图如图9-4（d）所示。

上述计算过程可直接写在图下面的表格内，如图9-4（e）所示。

例 9-2 试作图9-5（a）所示刚架的弯矩图。

解：(1) 固定结点。在 A 结点上附加一刚臂（图9-5（b）），计算各杆分配系数、固端弯矩。

$$\mu_{AB} = \frac{S_{AB}}{S_{AB}+S_{AC}+S_{AD}} = \frac{4\times\frac{EI}{4}}{4\times\frac{EI}{4}+\frac{2EI}{4}+3\times\frac{2EI}{4}} = 0.33$$

$$\mu_{AC} = \frac{S_{AC}}{S_{AB}+S_{AC}+S_{AD}} = \frac{\frac{2EI}{4}}{4\times\frac{EI}{4}+\frac{2EI}{4}+3\times\frac{2EI}{4}} = 0.17$$

$$\mu_{AD} = \frac{S_{AD}}{S_{AB}+S_{AC}+S_{AD}} = \frac{3\times\frac{2EI}{4}}{4\times\frac{EI}{4}+\frac{2EI}{4}+3\times\frac{2EI}{4}} = 0.5$$

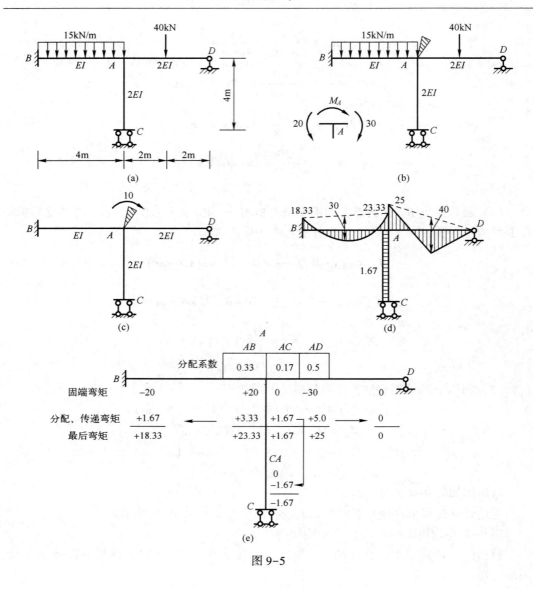

图 9-5

$$M_{BA}^F = -\frac{ql^2}{12} = -\frac{15\times 4^2}{12} = -20(\text{kN}\cdot\text{m})$$

$$M_{AB}^F = \frac{ql^2}{12} = \frac{15\times 4^2}{12} = 20(\text{kN}\cdot\text{m})$$

$$M_{AD}^F = -\frac{3F_P l}{16} = -\frac{3\times 40\times 4}{16} = -30(\text{kN}\cdot\text{m})$$

$$M_{DA}^F = 0, \quad M_{AC}^F = 0, \quad M_{CA}^F = 0$$

（2）放松结点 A。A 结点上的不平衡力矩 $M_A = -30+20 = -10\text{kN}\cdot\text{m}$，将其反号后加在 A 结点上（图 9-5（c）），计算分配弯矩、传递系数。

$$M'_{AB} = \mu_{AB} \cdot (-M_A) = \frac{1}{3}\times 10 = 3.333(\text{kN}\cdot\text{m})$$

$$M'_{AD} = \mu_{AD} \cdot (-M_A) = \frac{1}{2} \times 10 = 5 (\text{kN} \cdot \text{m})$$

$$M'_{AC} = \mu_{AC} \cdot (-M_A) = \frac{1}{6} \times 10 = 1.67 (\text{kN} \cdot \text{m})$$

$$M'_{BA} = C_{AB} M'_{AB} = \frac{1}{2} \times 3.33 = 1.67 (\text{kN} \cdot \text{m})$$

$$M'_{CA} = C_{AC} M'_{AC} = -1 \times 1.67 = -1.67 (\text{kN} \cdot \text{m})$$

$$M'_{DA} = 0$$

(3) 将以上两结果叠加，即得最后的杆端弯矩。

$$M_{AB} = M^F_{AB} + M'_{AB} = 20 + 3.33 = 23.33 (\text{kN} \cdot \text{m})$$

$$M_{BA} = M^F_{BA} + M'_{BA} = -20 + 1.67 = -18.33 (\text{kN} \cdot \text{m})$$

$$M_{AD} = M^F_{AD} + M'_{AD} = -30 + 5 = -25 (\text{kN} \cdot \text{m})$$

$$M_{DA} = M^F_{DA} + M'_{DA} = 0$$

$$M_{AC} = M^F_{AC} + M'_{AC} = 0 + 1.67 = 1.67 (\text{kN} \cdot \text{m})$$

$$M_{CA} = M^F_{CA} + M'_{CA} = 0 - 1.67 = -1.67 (\text{kN} \cdot \text{m})$$

弯矩图如图 9-5（d）所示。

将上述计算过程写在图上，如图 9-5（e）所示。

9.2 用力矩分配法计算连续梁和无侧移刚架

9.1 节通过只有一个刚结点的结构，介绍了力矩分配法的基本概念。对于具有多个结点转角和无结点线位移的刚架，只要依次对每个结点应用上节所述的基本运算，经过几次循环后便可求得杆端弯矩的渐进解。下面结合一等截面连续梁（图 9-6（a））说明力矩分配法的计算过程。

该连续梁有两个结点角位移，用力矩分配法可按下述步骤进行：

第一步，在结点 B、C 处加上附加刚臂（图 9-6（b）），阻止结点的转动，这时连续梁变成了三根单跨超静定梁的组合体，计算各杆的固端弯矩。

$$M^F_{AB} = -\frac{ql^2}{12} = -\frac{10 \times 6^2}{12} = -30 (\text{kN} \cdot \text{m})$$

$$M^F_{BA} = \frac{ql^2}{12} = \frac{10 \times 6^2}{12} = 30 (\text{kN} \cdot \text{m})$$

$$M^F_{BC} = 0, \quad M^F_{CB} = 0$$

$$M^F_{CD} = -\frac{F_P l}{8} = -\frac{20 \times 6}{8} = -15 (\text{kN} \cdot \text{m})$$

$$M^F_{DC} = \frac{F_P l}{8} = \frac{20 \times 6}{8} = 15 (\text{kN} \cdot \text{m})$$

然后计算结点 B、C 上的不平衡力矩：

$$M_B = M^F_{BA} + M^F_{BC} = 30$$

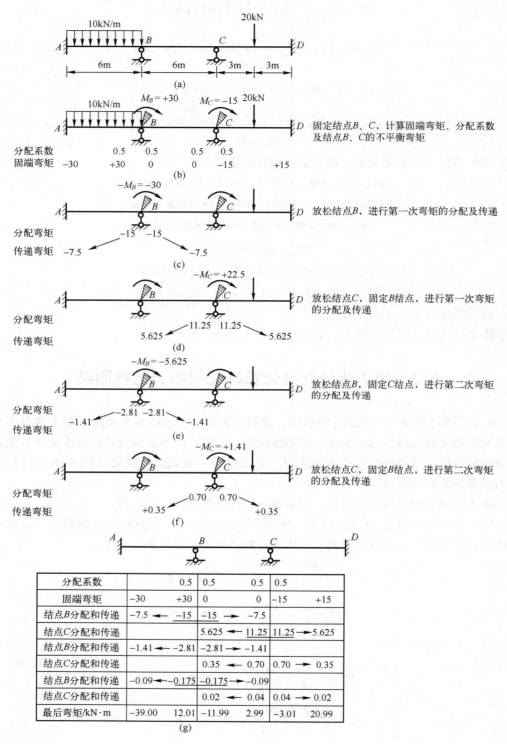

图 9-6

$$M_C = M_{CB}^F + M_{CD}^F = -15$$

第二步，为了抵消附加刚臂的作用，必须要放松结点 B、C，在此采用各结点轮流放松的方法。假设先放松结点 B，C 结点仍然固定，即在 B 结点处反号加上不平衡力矩 M_B，将其进行分配传递（图 9-6（c）），这时结点 C 的不平衡力矩为 $-15-7.5=-22.5(\text{kN}\cdot\text{m})$，结点 B 暂时获得了平衡。

第三步，将结点 B 固定，放松 C 结点，即在结点 C 处反号施加不平衡力矩 $22.5\text{kN}\cdot\text{m}$，并进行分配、传递（图 9-6（d）），结点 C 暂时获得了平衡。

第四步，由于放松 C 结点，使结点 B 上又有了新的不平衡力矩 $5.625\text{kN}\cdot\text{m}$，将 C 结点重新固定（图 9-6（e）），放松结点 B，按同样方法进行分配、传递等。如此反复地将各结点轮流固定、放松，不断地进行力矩的分配和传递，则不平衡力矩的数值将越来越小，直到小得可以忽略不计时，可以认为各结点已达到了平衡状态。

最后将各杆端的固端弯矩、每次的分配弯矩、传递弯矩叠加，便可得到各杆的杆端弯矩。

上述计算过程可列于图 9-6（g）所示的表格中。

下面再举两道例题。

例 9-3 用力矩分配法计算图 9-7（a）所示的连续梁，并绘 M 图。

解： 由于 AB 部分的内力是静定的，可将荷载所产生的弯矩和剪力作为外力加在 B 结点上，如图 9-7（b）所示。

（1）将 C、D、E 各结点加上附加刚臂，计算固端弯矩及分配系数。

$$M_{BC}^F = -20\text{kN}\cdot\text{m}, \quad M_{CB}^F = -10\text{kN}\cdot\text{m}$$

$$M_{CD}^F = -\frac{F_P l}{8} = -\frac{50\times 4}{8} = -25(\text{kN}\cdot\text{m}), \quad M_{DC}^F = \frac{F_P l}{8} = \frac{50\times 4}{8} = 25(\text{kN}\cdot\text{m})$$

$$M_{DE}^F = -\frac{ql^2}{12} = -\frac{10\times 6^2}{12} = -30(\text{kN}\cdot\text{m}), \quad M_{ED}^F = \frac{ql^2}{12} = \frac{10\times 6^2}{12} = 30(\text{kN}\cdot\text{m})$$

$$M_{EF}^F = -\frac{ql^2}{12} = -\frac{15\times 4^2}{12} = -20(\text{kN}\cdot\text{m}), \quad M_{FE}^F = \frac{ql^2}{12} = \frac{15\times 4^2}{12} = 20(\text{kN}\cdot\text{m})$$

$$\mu_{CB} = \frac{S_{CB}}{S_{CB}+S_{CD}} = \frac{3\times\frac{1}{3}}{3\times\frac{1}{3}+4\times\frac{2}{4}} = 0.33, \quad \mu_{CD} = \frac{S_{CD}}{S_{CB}+S_{CD}} = \frac{4\times\frac{2}{4}}{3\times\frac{1}{3}+4\times\frac{2}{4}} = 0.67$$

$$\mu_{DC} = \frac{S_{DC}}{S_{DC}+S_{DE}} = \frac{4\times\frac{2}{4}}{4\times\frac{2}{4}+4\times\frac{2}{6}} = 0.6, \quad \mu_{DE} = \frac{S_{DE}}{S_{DC}+S_{DE}} = \frac{4\times\frac{2}{6}}{4\times\frac{2}{4}+4\times\frac{2}{6}} = 0.4$$

$$\mu_{ED} = \frac{S_{ED}}{S_{ED}+S_{EF}} = \frac{4\times\frac{2}{6}}{4\times\frac{2}{6}+4\times\frac{2}{4}} = 0.4, \quad \mu_{EF} = \frac{S_{EF}}{S_{ED}+S_{EF}} = \frac{4\times\frac{2}{4}}{4\times\frac{2}{6}+4\times\frac{2}{4}} = 0.6$$

（2）将结点轮流放松进行力矩的分配和传递，为了使计算时收敛较快，分配宜从不平衡力矩数值较大的结点开始，可先放松结点 C，由于放松结点 C 时，结点 D 是固

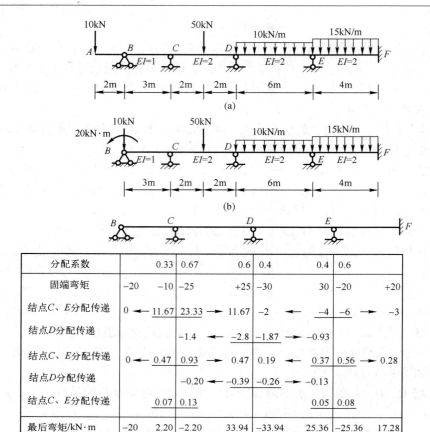

图 9-7

定的,所以可同时放松结点 E。因此,凡不相邻的各结点每次均可同时放松,这样便可加快收敛的速度。整个计算过程见图 9-7(c)。

(3) 计算杆端最后弯矩,并绘弯矩图(图 9-7(d))。

例 9-4 用力矩分配法计算图 9-8(a)所示的刚架,并绘 M 图。

解:(1) 将结点 B、C 固定,计算分配系数及固端弯矩。

令 $\dfrac{EI}{6}=1$。

第9章 用渐进法计算超静定梁和刚架

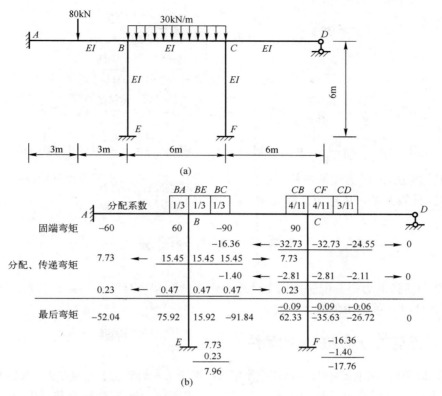

图 9-8

结点 B：
$$\mu_{BA}=\frac{S_{BA}}{S_{BA}+S_{BC}+S_{BE}}=\frac{4\times1}{4\times1+4\times1+4\times1}=\frac{1}{3}$$

$$\mu_{BC}=\frac{S_{BC}}{S_{BA}+S_{BC}+S_{BE}}=\frac{4\times1}{4\times1+4\times1+4\times1}=\frac{1}{3}$$

$$\mu_{BE}=\frac{S_{BE}}{S_{BA}+S_{BC}+S_{BE}}=\frac{4\times1}{4\times1+4\times1+4\times1}=\frac{1}{3}$$

结点 C：
$$\mu_{CB}=\frac{S_{CB}}{S_{CB}+S_{CD}+S_{CF}}=\frac{4\times1}{4\times1+3\times1+4\times1}=\frac{4}{11}$$

$$\mu_{CD} = \frac{S_{CD}}{S_{CB}+S_{CD}+S_{CF}} = \frac{3\times1}{4\times1+3\times1+4\times1} = \frac{3}{11}$$

$$\mu_{CF} = \frac{S_{CF}}{S_{CB}+S_{CD}+S_{CF}} = \frac{4\times1}{4\times1+3\times1+4\times1} = \frac{4}{11}$$

$$M_{AB}^{F} = -\frac{F_P l}{8} = -\frac{80\times6}{8} = -60(\text{kN}\cdot\text{m}), \quad M_{BA}^{F} = \frac{F_P l}{8} = \frac{80\times6}{8} = 60(\text{kN}\cdot\text{m})$$

$$M_{BC}^{F} = -\frac{ql^2}{12} = -\frac{30\times6^2}{12} = -90(\text{kN}\cdot\text{m}), \quad M_{CB}^{F} = \frac{ql^2}{12} = \frac{30\times6^2}{12} = 90(\text{kN}\cdot\text{m})$$

（2）将 B、C 结点轮流放松，进行力矩的分配和传递，计算过程见图 9-8（b）。

（3）计算杆端最后弯矩，并绘 M 图（图 9-8（c））。

9.3 无剪力分配法

9.2 节所讲的力矩分配法可用于计算无侧移的刚架。对于有侧移的刚架，在符合某些特定条件时，可采用无剪力分配法。

一、无剪力分配法的应用条件

下面以单跨对称刚架在反对称荷载作用下的半刚架为例来说明这种方法。如图 9-9（a）所示，刚架上作用着水平结点荷载，计算时常将荷载分解为对称荷载（9-9（b））和反对称荷载（9-9（c））分别求解。在对称荷载作用下，结点只有角位移，没有线位移，可用力矩分配法计算。在反对称荷载作用下，各结点不仅有角位移，还有线位移，这时可取半个刚架（图 9-9（d）），用下面的无剪力分配法计算。

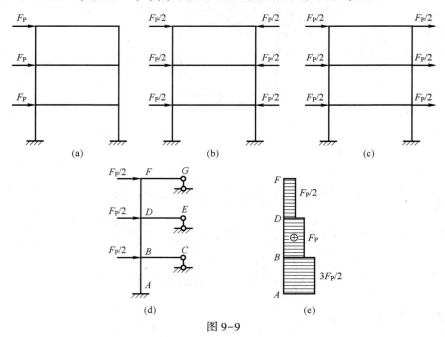

图 9-9

在图 9-9（d）中，各横梁 BC、DE、FG 虽有水平位移但两端并无相对线位移，这类杆件称为两端无相对线位移的杆件。各柱 AB、BD、DF 两端虽有相对侧移，但由于链杆支座 C、E、G 处并无水平反力，所以各柱的剪力是静定的，各柱的剪力图如图 9-9（e）所示。像这类杆件称为剪力静定杆件。

所以，无剪力分配法的应用条件是：刚架中除两端无相对线位移的杆件外，其余杆件都是剪力静定杆件。

二、剪力静定杆的固端弯矩

计算图 9-10（a）所示的半刚架时，与力矩分配法一样，可分为以下两步：第一步是固定结点，加附加刚臂以阻止结点的转动，但不阻止线位移（9-10（b）），求各杆端在荷载作用下的固端弯矩；第二步是放松结点（图 9-10（c）），使结点产生角位移和线位移，求各杆的分配弯矩和传递弯矩。将以上两步所得的杆端弯矩叠加，即得原刚架的杆端弯矩。

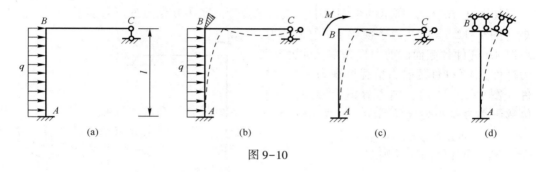

图 9-10

在计算 AB 杆件的固端弯矩时，因 AB 杆的剪力是静定的，在顶点 B 处的剪力为零。所以 AB 杆件的受力状态与图 9-10（d）所示下端固定、上端滑动的杆件相同，则 AB 杆件的固端弯矩可根据表 8-2 查得：

$$M_{AB}^F = -\frac{ql^2}{3}, \quad M_{BA}^F = -\frac{ql^2}{6}$$

AB 杆件两端的剪力为

$$F_{QBA} = 0, \quad F_{QAB} = ql$$

对于多层的情况，如图 9-11（a）所示，各横梁均为无侧移的杆件，各竖杆为剪力静定杆件，固定结点 B、C、D，阻止其转动，不阻止其线位移（图 9-11（b））。任取其中一柱 BC，其受力状态如图 9-11（c）所示，可将其看作下端固定、上端滑动的杆件，柱顶 C 处的剪力为 ql，因此，对于 BC 杆件，其两端的固端弯矩可按图 9-11（c）所示的情况求出。因此可推知，无论刚架有多少层，其中各层柱子均可视为上端滑动、下端固定的杆件，除本身所承受的荷载外，柱顶还承受剪力，其值等于柱顶以上各层所有水平荷载的代数和，这样便可根据表 8-2 计算各柱的固端弯矩。

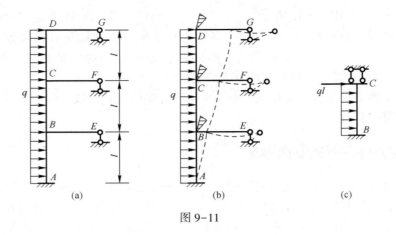

图 9-11

三、零剪力杆件的转动刚度和传递系数

在图 9-10（c）所示的半刚架中，放松结点 B，即在 B 结点处反号加上一不平衡力矩（图 9-12（a））。由于横梁 BC 中无轴力，所以 AB 杆件各截面的剪力也为零，称为零剪力杆件。AB 杆件的受力情况可视为一悬臂杆件（图 9-12（b）），结点 B 既有转角，又有侧移，在 B 结点发生转角时，杆端力偶为

$$M_{BA}=i_{AB}\theta_B, \quad M_{AB}=-M_{BA}$$

所以零剪力杆件的转动刚度为

$$S_{AB}=i_{AB} \qquad (9-14)$$

传递系数为

$$C_{AB}=-1 \qquad (9-15)$$

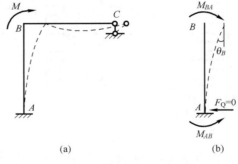

图 9-12

由上可见，在固定结点时，AB 柱的剪力为静定的，在放松结点时，将 B 端的分配弯矩乘以 -1 的传递系数传到 A 端，因此弯矩沿 AB 杆的全长为常数，而剪力为零。这样，在力矩的分配和传递过程中，柱中原有的剪力将保持不变而不增加新的剪力，所以这种方法称为无剪力分配法，它们的转动刚度和传递系数按式（9-14）和式（9-15）计算。

例 9-5 试用无剪力分配法计算图 9-13（a）所示的刚架。

解：由于刚架为对称刚架，将荷载分解为正对称和反对称两种情况（图 9-13（b）、(c)），其中正对称情况不需计算，对反对称取其半刚架进行计算（图 9-13（d））。

(1) 计算固端弯矩。立柱 AB、BC 为剪力静定杆件，其剪力为

$$F_{QBC}=20\text{kN}, \quad F_{QAB}=40\text{kN}$$

固端弯矩为

$$M_{CB}=M_{BC}=-\frac{1}{2}\times 20\times 4=-40(\text{kN}\cdot\text{m})$$

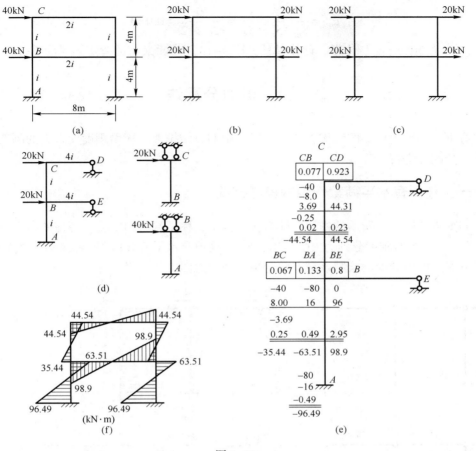

图 9-13

$$M_{BA} = M_{AB} = -\frac{1}{2} \times 40 \times 4 = -80 \, (\text{kN} \cdot \text{m})$$

(2) 计算分配系数。

C 结点：

$$S_{CD} = 3 \times 4i = 12i, \quad S_{CB} = i$$

$$\mu_{CD} = \frac{S_{CD}}{S_{CD} + S_{CB}} = \frac{12i}{12i + i} = 0.923$$

$$\mu_{CB} = \frac{S_{CB}}{S_{CD} + S_{CB}} = \frac{i}{12i + i} = 0.077$$

B 结点：

$$S_{BE} = 3 \times 4i = 12i, \quad S_{BC} = i, \quad S_{BA} = 2i$$

$$\mu_{BE} = \frac{S_{BE}}{S_{BE} + S_{BC} + S_{BA}} = \frac{12i}{12i + i + 2i} = 0.8$$

$$\mu_{BC} = \frac{S_{BC}}{S_{BE} + S_{BC} + S_{BA}} = \frac{i}{12i + i + 2i} = 0.067$$

$$\mu_{BA} = \frac{S_{BA}}{S_{BE}+S_{BC}+S_{BA}} = \frac{2i}{12i+i+2i} = 0.133$$

（3）力矩的分配与传递。计算过程见图 9-13（e），最后的弯矩图见图 9-13（f）。

9.4 剪力分配法

对于无结点角位移的结构，如工业厂房中的铰结排架、横梁刚度无限大的刚架，可用剪力分配法进行计算。

一、柱顶有水平荷载作用的铰结排架

如图 9-14（a）所示的排架，柱与横梁铰结，柱下端为固定端，各柱的高度分别为 h_1、h_2、h_3，弯曲刚度分别为 EI_1、EI_2、EI_3，柱顶有水平荷载作用，忽略横梁的轴向变形，下面用剪力分配法绘制该排架的弯矩图和剪力图。

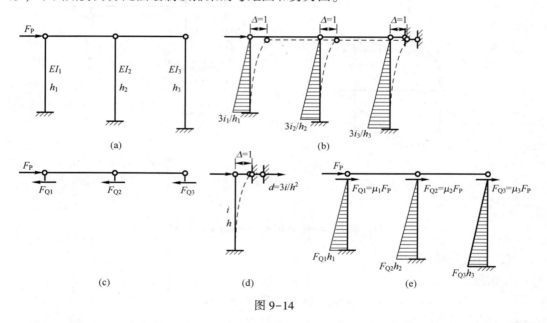

图 9-14

由于忽略横梁的轴向变形，在水平荷载作用下，三根柱的柱顶有水平线位移且相等，现在柱顶加一水平链杆阻止该水平线位移（图 9-14（b））。当各柱顶发生单位水平位移时，各柱顶的剪力分别为

$$\begin{cases} \overline{F}_{Q1} = \dfrac{3EI_1}{h_1^3} = \dfrac{3i_1}{h_1^2} \\[4pt] \overline{F}_{Q2} = \dfrac{3EI_2}{h_2^3} = \dfrac{3i_2}{h_2^2} \\[4pt] \overline{F}_{Q3} = \dfrac{3EI_3}{h_3^3} = \dfrac{3i_3}{h_3^2} \end{cases} \qquad (9-16)$$

式中：$i_j = \dfrac{EI_j}{h_j}(j=1,2,3)$ 为柱的线刚度。

当各柱顶发生相同的水平位移 Δ 时，各柱的剪力为

$$\begin{cases} F_{Q1} = \dfrac{3i_1}{h_1^2}\Delta \\ F_{Q2} = \dfrac{3i_2}{h_2^2}\Delta \\ F_{Q3} = \dfrac{3i_3}{h_3^2}\Delta \end{cases} \qquad (9-17)$$

由平衡条件，各柱顶剪力之和应等于 F_P（图 9-14（c）），即

$$F_{Q1} + F_{Q2} + F_{Q3} = F_P \qquad (9-18)$$

由式（9-17）、式（9-18）得

$$F_{Qj} = \dfrac{\dfrac{3i_j}{h_j^2}}{\dfrac{3i_1}{h_1^2} + \dfrac{3i_2}{h_2^2} + \dfrac{3i_3}{h_3^2}} \cdot F_P \quad (j=1,2,3) \qquad (9-19)$$

令

$$d_j = \dfrac{3i_j}{h_j^2} \qquad (9-20)$$

则式（9-19）可写为

$$F_{Qj} = \dfrac{d_j}{\sum_{j=1}^{3} d_j} \cdot F_P = \mu_j \cdot F_P \quad (j=1,2,3) \qquad (9-21)$$

式中

$$\mu_j = \dfrac{d_j}{\sum d_j} \qquad (9-22)$$

由式（9-21）可知，各柱顶剪力 F_{Qj} 与 d_j 成正比，且水平荷载 F_P 按各柱的比例分配给各柱，这里，称 d_j 为侧移刚度系数（图 9-14（d）），μ_j 为剪力分配系数，即在柱顶水平荷载 F_P 作用下，各柱顶的剪力可按各柱的剪力分配系数将 F_P 进行分配求得，由于弯矩零点在柱顶，从而可由剪力求得弯矩，这种方法称为剪力分配法。绘出其弯矩图，如图 9-14（e）所示。

二、横梁刚度无限大时刚架的剪力分配

如图 9-15（a）所示的刚架，横梁刚度无限大，柱顶作用水平力 F_P，用位移法计算时，该结构无结点角位移，只有水平线位移 Δ。对两端无转角的柱，当柱顶发生单位水平线位移时，柱顶的剪力为

$$F_Q = \dfrac{12i}{h^2}$$

令 $d = \dfrac{12i}{h^2}$，称为两端无转角柱的侧移刚度系数（图9-15（b））。

当各柱顶侧移均为 Δ 时，各柱的剪力为

$$F_{Qj} = F_Q \cdot \Delta = d_j \Delta \tag{9-23}$$

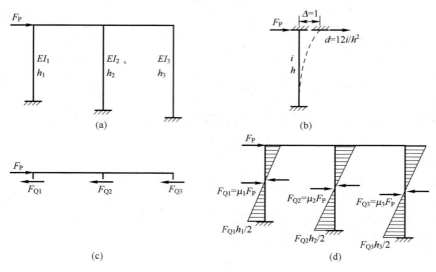

图 9-15

由平衡条件，各柱顶的剪力之和应等于 F_P，即

$$F_{Q1} + F_{Q2} + F_{Q3} = F_P \tag{9-24}$$

由式（9-23）、式（9-24）得

$$F_{Qj} = \dfrac{d_j}{\sum\limits_{j=1}^{3} d_j} \cdot F_P = \mu_j \cdot F_P \quad (j = 1, 2, 3) \tag{9-25}$$

由式（9-25）可知，对横梁刚度无限大的刚架，柱顶有水平荷载时，各柱顶的剪力也可按各柱的侧移刚度系数之比，即剪力分配系数，将水平荷载 F_P 进行分配求得。由剪力求弯矩时，应注意柱上端无转角，弯矩图的特点是柱中点的弯矩为零，柱上下端的弯矩是等值反向的。利用这个特点，可由剪力求得各柱两端弯矩为 $M = F_Q h / 2$，从而绘出柱的弯矩图（图9-15（d））。由结点的平衡，可求出梁端弯矩。

三、柱间有水平荷载作用时的计算

对铰结排架以及横梁刚度无限大的刚架（图9-16（a）），当荷载作用在柱间时，仍可用剪力分配法进行计算。步骤如下：

（1）先在柱顶加一水平链杆（图9-16（b）），阻止水平线位移，由表8-2可查出此时承受荷载的柱的柱顶剪力 F_{Q1}^F，进而求出附加链杆的约束反力 F_{1P}。

（2）将 F_{1P} 反向加在原结构上（图9-16（c）），此时可用剪力分配法进行计算。

（3）将（b）、（c）两种情况下的内力叠加，即得原结构的解。

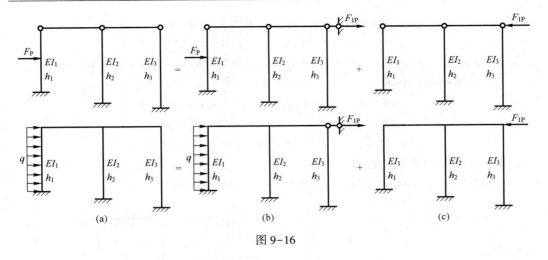

图 9-16

例 9-6 试用剪力分配法计算图 9-17（a）所示的排架。$F_P = 10\text{kN}$。

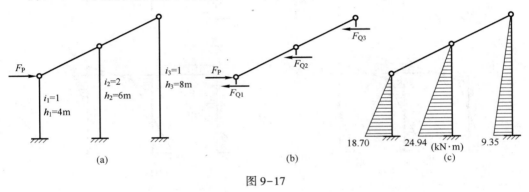

图 9-17

解：（1）求各柱的剪力分配系数。

$$d_1 = \frac{3i_1}{h_1^2} = \frac{3}{16}, \quad d_2 = \frac{3i_2}{h_2^2} = \frac{1}{6}, \quad d_3 = \frac{3i_3}{h_3^2} = \frac{3}{64}$$

$$\mu_1 = \frac{d_1}{\sum_{j=1}^{3} d_j} = \frac{\frac{3}{16}}{\frac{3}{16} + \frac{1}{6} + \frac{3}{64}} = 0.4675$$

$$\mu_2 = \frac{\frac{1}{6}}{\frac{3}{16} + \frac{1}{6} + \frac{3}{64}} = 0.4156$$

$$\mu_3 = \frac{\frac{3}{64}}{\frac{3}{16} + \frac{1}{6} + \frac{3}{64}} = 0.1169$$

（2）计算各柱剪力。

$$F_{Q1} = \mu_1 \cdot F_P = 0.4675 \times 10 = 4.675 \text{(kN)}$$
$$F_{Q2} = \mu_2 \cdot F_P = 0.4156 \times 10 = 4.156 \text{(kN)}$$
$$F_{Q3} = \mu_3 \cdot F_P = 0.1169 \times 10 = 1.169 \text{(kN)}$$

(3) 计算杆端弯矩。
$$M_1 = F_{Q1} \cdot h_1 = 4.675 \times 4 = 18.70 \text{(kN·m)}$$
$$M_2 = F_{Q2} \cdot h_2 = 4.156 \times 6 = 24.94 \text{(kN·m)}$$
$$M_3 = F_{Q3} \cdot h_3 = 1.169 \times 8 = 9.35 \text{(kN·m)}$$

(4) 绘制弯矩图（图9-17（c））。

例9-7 试用剪力分配法计算图9-18（a）所示的刚架。

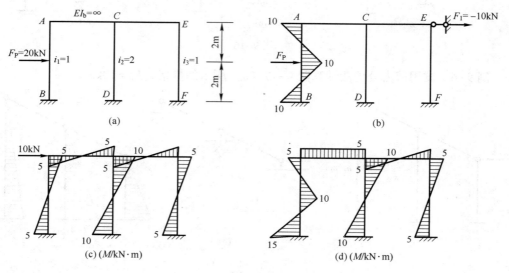

图9-18

解：(1) 在柱顶加水平链杆（图9-18（b）），求链杆的约束反力 F_1。画出 AB 柱的弯矩图，固端剪力 $F_{QAB}^F = -F_P/2 = -10 \text{kN}$。

由 $\sum F_X = 0$，得链杆的约束反力 $F_1 = -10 \text{kN}$。

(2) 将链杆的约束反力 F_1 反向加在原结构上，用剪力分配法计算。

$$\mu_1 = \frac{d_1}{\sum_{j=1}^{3} d_j} = \frac{1}{1+2+1} = 0.25, \quad \mu_2 = \frac{2}{1+2+1} = 0.5, \quad \mu_3 = 0.25$$

柱顶剪力为
$$F_{Q1} = F_{Q3} = \mu_1 \cdot F_1 = 0.25 \times 10 = 2.5 \text{(kN)}$$
$$F_{Q2} = \mu_2 \cdot F_1 = 0.5 \times 10 = 5.0 \text{(kN)}$$

柱端弯矩为
$$M_1 = M_3 = -F_{Q1} \cdot \frac{h}{2} = -2.5 \times 2 = -5 \text{(kN·m)}$$
$$M_2 = -F_{Q2} \cdot \frac{h}{2} = -5 \times 2 = -10 \text{(kN·m)}$$

绘出弯矩图（图 9-18（c））。

（3）叠加图 9-18（b）、（c）即得最后弯矩图（图 9-18（d））。

9.5 力法、位移法、力矩分配法的联合应用

一、力法与位移法的联合应用

力法和位移法是计算超静定结构的基本方法。如果结构的多余约束少而结点位移多，用力法较方便。如图 9-19（a）所示的结构，用力法计算，基本未知量只有 2 个，而位移法的基本未知量有 5 个，所以用力法简便。如果结构的多余约束多而结点位移少，则用位移法较方便。如图 9-19（b）所示的结构，位移法的基本未知量只有 2 个，而力法的基本未知量有 6 个，所以用位移法简便。

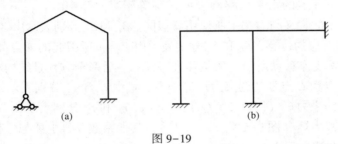

图 9-19

对有的结构，不管是用力法还是位移法，基本未知量都比较多，如图 9-20（a）所示的刚架，是由图 9-19（a）和图 9-19（b）中的两个刚架合成的，左边多余约束少而结点位移多，右边多余约束多而结点位移少，很显然，只采用力法或只采用位移法，计算都不太简便。这时可用混合法计算。

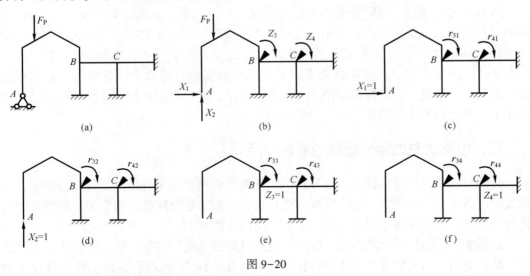

图 9-20

混合法是将力法和位移法同时用于一个结构上，所取的基本未知量既有位移，又有力。对图9-20（a）所示的刚架，左半部分可取多余未知力作为基本，右半部分可取结点位移作为基本未知量，所以基本结构如图9-20（b）所示，基本未知量共有4个，A支座的多余约束反力X_1、X_2，E、F结点的转角Z_3、Z_4，则基本结构在荷载、多余未知力和结点位移的共同作用下，沿每一多余约束反力方向的总位移应等于零，即A点的水平位移$\Delta_1=0$，竖向位移$\Delta_2=0$，以及在阻止结点转动的约束内的约束反力矩应等于零，即B点和C点处的约束力矩$R_3=0,R_4=0$。根据这些条件可建立混合法方程如下：

$$\begin{cases} \delta_{11}X_1+\delta_{12}X_2+\delta_{13}Z_3+\delta_{14}Z_4+\Delta_{1P}=0 \\ \delta_{21}X_1+\delta_{22}X_2+\delta_{23}Z_3+\delta_{24}Z_4+\Delta_{2P}=0 \\ r_{31}X_1+r_{32}X_2+r_{33}Z_3+r_{34}Z_4+R_{3P}=0 \\ r_{41}X_1+r_{42}X_2+r_{43}Z_3+r_{44}Z_4+R_{4P}=0 \end{cases} \quad (9-26)$$

该方程组的前两个方程是结构左边的力法方程，分别表示在X_1、X_2、Z_3、Z_4以及荷载的共同作用下A点的水平位移和竖向位移等于零。其中除δ_{13}、δ_{23}、δ_{14}、δ_{24}以外，其他系数和自由项的意义与力法中所使用者相同。δ_{13}和δ_{23}分别表示由$Z_3=1$所引起的A点处与X_1、X_2相对应的位移，δ_{14}和δ_{24}分别表示由$Z_4=1$所引起的A点处与X_1、X_2相对应的位移，它们按支座移动所引起的位移进行计算。后两个方程是结构右边的位移法方程，分别表示B点和C点处的约束力矩等于零。式中r_{31}和r_{32}分别表示由$X_1=1$、$X_2=1$所引起的E点的约束力矩（图9-20（c）、（d）），r_{41}和r_{42}分别表示由$X_2=1$、$X_2=1$所引起的F点的约束力矩（图9-20（c）、（d）），其他系数及自由项与位移法中所使用者相同。从上述混合法方程中解出基本未知量X_1、X_2、Z_3、Z_4后，刚架的弯矩图可按下式计算：

$$M=\overline{M}_1X_1+\overline{M}_2X_2+\overline{M}_3Z_3+\overline{M}_4Z_4+M_P$$

式中：$\overline{M}_1$、$\overline{M}_2$、$\overline{M}_3$、$\overline{M}_4$、M_P分别为$X_1=1$、$X_2=1$、$Z_3=1$、$Z_4=1$及荷载作用于基本结构时的弯矩图。

对有的对称结构，可联合应用力法与位移法。下面举例说明。如图9-21（a）所示的对称刚架，承受均布荷载作用。计算时可将荷载分解为正对称（图9-21（b））和反对称（图9-21（c））两种情况，分别用适宜的方法计算。对正对称情况，取半刚架如图9-21（d）所示，此时多余约束有4个而结点位移只有2个，显然用位移法较简便。对反对称情况，取半刚架如图9-21（e）所示，此时多余约束有2个而结点位移却有4个，显然用力法较简便。

二、位移法与力矩分配法的联合应用

力矩分配法只能计算无结点线位移的刚架及连续梁，对于有结点线位移的刚架，不能直接用力矩分配法计算，这时需联合应用位移法和力矩分配法，用力矩分配法考虑角位移的影响，用位移法考虑线位移的影响。下面举例说明。

如图9-22（a）所示的刚架，先用一附加链杆控制刚架的线位移，使它成为无结点线位移的刚架，用力矩分配法求出各杆的杆端弯矩，画出M_P图，并求出附加链杆上的反力R_{1P}（图9-22（b））。然后让附加链杆产生单位水平线位移$\Delta=1$，用力矩分配法求

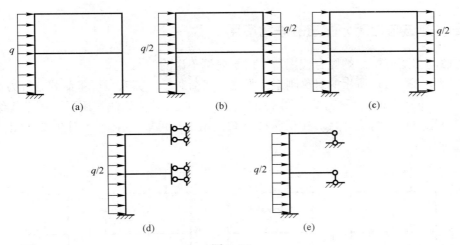

图 9-21

出各杆的杆端弯矩 M_1,并求出相应的附加链杆上的反力 r_{11}。则当线位移为 Z 时,附加链杆上的反力为 $r_{11}Z$ (图 9-22 (c))。

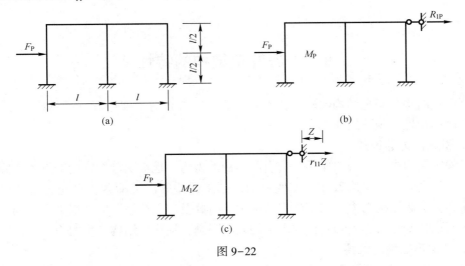

图 9-22

由位移法知,原结构的情况应是图 9-22 (b)、(c) 两种情况的叠加,原结构附加链杆上的反力应为零,即

$$r_{11}Z + R_{1P} = 0$$

从而求出位移:

$$Z = -\frac{R_{1P}}{r_{11}}$$

则原结构的弯矩为

$$M = M_P + M_1 \cdot Z$$

以上就是联合应用位移法和力矩分配法的全部过程,求 M_1 和 M_P 时用的是力矩分配法,求线位移用的是位移法方程。

三、力法与力矩分配法的联合应用

力法与力矩分配法的联合应用，可用下述例子说明。

如图 9-23（a）所示的对称刚架，承受一般荷载。计算时，可将荷载分解为正对称（图 9-23（b））和反对称荷载（图 9-23（c））。在正对称荷载作用下，刚架无结点线位移，可用力矩分配法计算。在反对称荷载作用下，可取半刚架（图 9-23（d）），用力法进行计算。

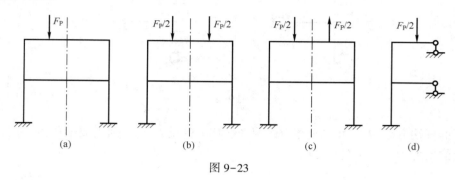

图 9-23

9.6　超静定结构的特性

超静定结构与静定结构比较，在受力性能、维持几何不变性等方面具有诸多不同，具有自己的特性。现归纳如下。

1. 引起内力的因素

在静定结构中，荷载的作用既会引起结构的内力，也会引起结构的变形。而除荷载之外的其他因素，如温度改变、支座移动、制造误差等广义荷载，只能引起结构的位移，而不会引起结构内力。在超静定结构中，荷载及广义荷载一般情况下将引起结构的变形，而这种变形由于受到结构的多余约束的限制，往往使结构产生内力。

2. 几何不变性的维持

静定结构当其任意约束遭到破坏后，即丧失几何不变性，成为几何可变体系，从而不能继续承受荷载。而超静定结构由于存在多余约束，所以当多余约束遭到破坏后，仍能维持其几何不变性，因而还具有一定的承载能力。因此超静定结构比静定结构有更强的抵抗破坏的防护能力。工程中的结构多采用超静定结构的形式。

3. 荷载及局部荷载的影响

一般而言，荷载及局部荷载对静定结构的影响范围较小，但所引起的内力及变形较大。而局部荷载对超静定结构的影响范围虽然较大，但所引起的内力及变形较小，且内力分布较均匀。例如，图 9-24（a）所示为两跨静定梁在荷载作用下的变形和弯矩图，图 9-24（b）所示为两跨连续梁在荷载作用下的变形和弯矩图。尽管两种结构的跨度、荷载是相同的，但因为前者是静定结构，后者是超静定结构，所以跨中挠度和跨中弯矩存在较大不同。再如，图 9-25（a）所示静定多跨梁，当中跨承受荷载时，除中跨产生内力外，两边跨不产生内力。但图 9-25（b）所示的连续梁则不同，当跨中承受同样荷载时，除中跨产生内力外，两边跨也产生内力，且静定结构的内力要比超静定结构的内力要大。

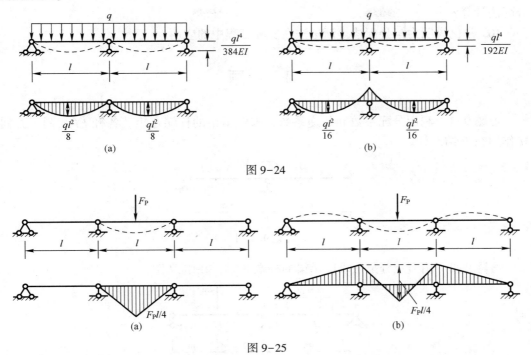

图 9-24

图 9-25

4. 全部内力的确定

静定结构的内力完全可以由静力平衡条件确定，其值与结构的材料性质及杆件截面尺寸无关。而在确定超静定结构的内力时，除应考虑平衡条件外，还必须同时考虑位移条件和物理条件。因此，超静定结构全部内力的确定与结构的材料性质及杆件截面尺寸有关。

复习思考题

1. 力矩分配法中对杆件的固端弯矩、杆端弯矩的正负号是怎样规定的？
2. 什么叫转动刚度？它与哪些因素有关？什么叫分配系数？为什么在一个结点上各杆的分配系数之和等于 1？
3. 结点上的不平衡力矩（约束力矩）与该结点的固端弯矩有何关系？为什么要将约束力矩变号后才能进行分配？
4. 什么叫传递弯矩和传递系数？传递系数如何确定？
5. 力矩分配法的计算过程为什么是收敛的？
6. 在多结点力矩分配中，"松开"结点的顺序不同，对杆端弯矩值有无影响？欲使分配收敛快，应从什么结点开始？

7. 当支座移动和温度发生改变时，可以用力矩分配法计算吗？

8. 什么是无剪力分配法？它的适用条件是什么？

9. 什么是剪力分配法？它的适用条件是什么？当柱间有荷载作用时，如何用剪力分配法计算？

10. 举例说明力矩分配法等渐进法在实际工程中的应用。

习　题

习题 9-1　利用分配系数和传递系数，求图示梁的杆端弯矩。各杆 EI 相同。力偶 M 作用在 B 结点处。

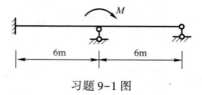

习题 9-1 图

习题 9-2　用力矩分配法求图示梁的杆端弯矩，并作 M 图。

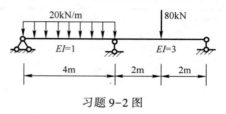

习题 9-2 图

习题 9-3　用力矩分配法求图示梁的杆端弯矩，并作 M 图。

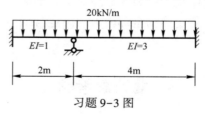

习题 9-3 图

习题 9-4　用力矩分配法作图示刚架的 M 图。

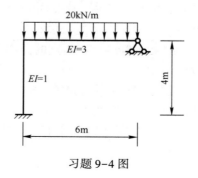

习题 9-4 图

习题 9-5 用力矩分配法作图示刚架的 M 图。

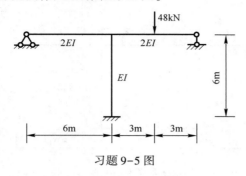

习题 9-5 图

习题 9-6 用力矩分配法计算图示连续梁，并作 M 图。

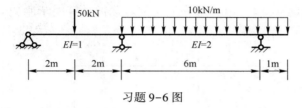

习题 9-6 图

习题 9-7 用力矩分配法计算图示连续梁，并作 M 图。

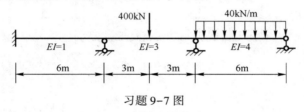

习题 9-7 图

习题 9-8 用力矩分配法计算图示连续梁，并作 M 图。

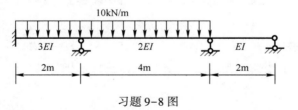

习题 9-8 图

习题 9-9 用力矩分配法计算图示刚架，并作 M 图。

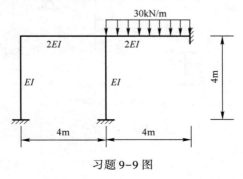

习题 9-9 图

习题 9-10　用力矩分配法计算图示刚架，并作 M 图。

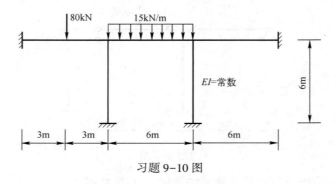

习题 9-10 图

习题 9-11~习题 9-14　用力矩分配法及对称性计算图示刚架，并作 M 图。

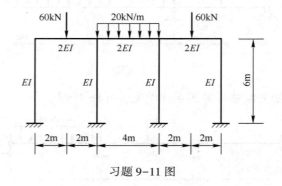

习题 9-11 图

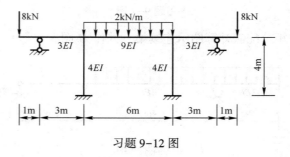

习题 9-12 图

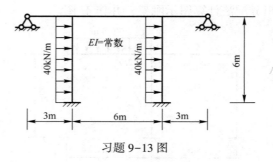

习题 9-13 图

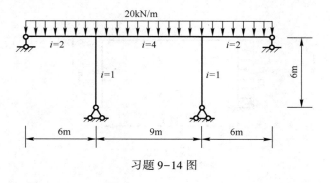

习题 9-14 图

习题 9-15 用力矩分配法计算图示刚架,并作 M 图。

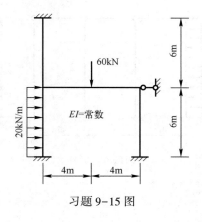

习题 9-15 图

习题 9-16~习题 9-17 用无剪力分配法计算图示刚架,并作 M 图。

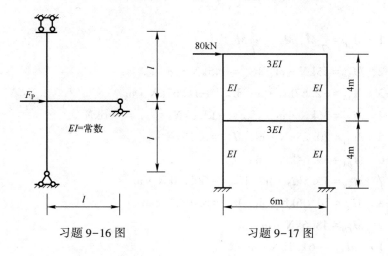

习题 9-16 图　　　　习题 9-17 图

习题 9-18 用剪力分配法计算图示刚架,并作 M 图。

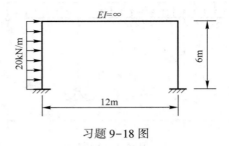

习题 9-18 图

习题 9-19 用剪力分配法计算图示排架，并作 M 图。

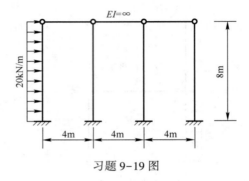

习题 9-19 图

习 题 答 案

习题 9-1　$M_{AB}=\dfrac{2}{7}M$，$M_{BC}=\dfrac{3}{7}M$

习题 9-2　$M_{BC}=45\text{kN}\cdot\text{m}$，$M_{CB}=-45\text{kN}\cdot\text{m}$

习题 9-3　$M_{AB}=-2.67\text{kN}\cdot\text{m}$，$M_{BC}=-14.67\text{kN}\cdot\text{m}$

习题 9-4　$M_{AC}=36\text{kN}\cdot\text{m}$，$F_{QAC}=-13.5\text{kN}$，$F_{NAC}=-66\text{kN}$

习题 9-5　$M_{BA}=20.25\text{kN}\cdot\text{m}$，$M_{DB}=6.75\text{kN}\cdot\text{m}$

习题 9-6　$M_{BA}=39.64\text{kN}\cdot\text{m}$

习题 9-7　$M_{AB}=45.5\text{kN}\cdot\text{m}$，$M_{CD}=-308.3\text{kN}\cdot\text{m}$

习题 9-8　$M_{BA}=14.06\text{kN}\cdot\text{m}$，$M_{CB}=6.45\text{kN}\cdot\text{m}$

习题 9-9　$M_{ED}=48.6\text{kN}\cdot\text{m}$

习题 9-10　$M_{AB}=-61.3\text{kN}\cdot\text{m}$

习题 9-11　$M_{BA}=34.05\text{kN}\cdot\text{m}$，$M_{BC}=-31.10\text{kN}\cdot\text{m}$

习题 9-12　$M_{BA}=4\text{kN}\cdot\text{m}$，$M_{BD}=-3\text{kN}\cdot\text{m}$，$M_{BE}=-1\text{kN}\cdot\text{m}$

习题 9-13　$M_{AB}=-135\text{kN}\cdot\text{m}$，$M_{BD}=-45\text{kN}\cdot\text{m}$，$M_{BA}=90\text{kN}\cdot\text{m}$

第9章 用渐进法计算超静定梁和刚架

习题 9-14 $M_{BA} = 79.4 \text{kN} \cdot \text{m}$, $M_{BD} = -113.8 \text{kN} \cdot \text{m}$

习题 9-15 $M_{BD} = 64.82 \text{kN} \cdot \text{m}$, $M_{BC} = -69.64 \text{kN} \cdot \text{m}$

习题 9-16 $M_{AB} = -\dfrac{F_P l}{4}$, $M_{BD} = -F_P l$

习题 9-17 $M_{AB} = -91.9 \text{kN} \cdot \text{m}$

习题 9-18 $M_{AC} = -150 \text{kN} \cdot \text{m}$

习题 9-19 $M_{AE} = -280 \text{kN} \cdot \text{m}$, $M_{CG} = -120 \text{kN} \cdot \text{m}$

第 10 章 影响线及其应用

10.1 影响线的概念

在前面几章中,作用在结构上的荷载都是固定荷载,即作用点的位置固定不动。但在一般工程结构中,除了承受固定荷载作用外,还要承受移动荷载的作用。例如,桥梁要承受列车、汽车的荷载;厂房中的吊车梁要承受吊车荷载等。固定荷载和移动荷载对结构所产生的影响肯定是不同的。在移动荷载作用下,结构中的内力和反力将随着荷载位置的变化而变化。而在结构设计中,必须要求出移动荷载作用下结构的反力及内力的最大值,作为结构设计的依据。所以,我们需要研究结构在移动荷载作用下其反力和内力的变化规律。对不同的反力和不同截面的内力,其变化规律是各不相同的,即使是同一截面,不同的内力(如弯矩、剪力和轴力)变化规律也不相同。因此,一次只能研究一个反力或某一个截面的某一项内力的变化规律。同时,要确定某一反力或某一内力的最大值,首先必须确定产生这一最大值的荷载位置,这一荷载位置称为该反力或内力的最不利荷载位置。

工程中移动荷载的类型很多,通常由很多间距不变的竖向荷载组成,我们不可能逐一加以研究,用固定荷载的方法解决这类问题,难度又较大。我们可以从最简单的荷载情况开始考虑。最简单的移动荷载是单位移动荷载,即 $F_P=1$。如果把单位移动荷载作用下结构的某一指定截面某一量值(弯矩、剪力、轴力、位移等)的变化规律研究出来,则根据叠加原理,就可以解决各类移动荷载作用下,该量值的计算问题以及该量值的最不利荷载位置的确定问题。为此,我们引入影响线的概念。影响线是研究移动荷载作用的基本工具。下面先给出影响线的定义,然后用一简单的例子加以说明。

影响线的定义:当一个指向不变的单位集中荷载(通常为竖直向下)沿结构移动时,表示某一指定截面某一量值(内力或反力)变化规律的图形,称为该量值的影响线。

图 10-1(a)所示简支梁受到一集中移动荷载 $F_P=1$ 作用,先讨论支座 A 的反力 F_{RA} 随 $F_P=1$ 移动的变化规律。

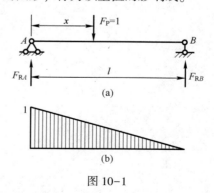

图 10-1

取 A 点为坐标原点,用 x 表示荷载 $F_P=1$ 的位置,由平衡方程可求出支座反力。

由 $\sum M_B=0$,得 $F_{RA}\cdot l-F_P(l-x)=0$,则

$$F_{RA}=\frac{l-x}{l} \quad (0\leq x\leq l) \qquad (10\text{-}1)$$

式(10-1)表示支座反力 F_{RA} 与荷载位置 x 之

间的函数关系，以横坐标表示荷载的位置，纵坐标表示支座反力 F_{RA} 的数值。当 $x=0$ 时，$F_{RA}=1$；当 $x=l/2$ 时，$F_{RA}=1/2$；当 $x=l$ 时，$F_{RA}=0$。将这些数值在水平的基线上用竖标绘出，由于式（10-1）为一次式，所以式（10-1）所表示的图形为一直线。用直线将这些竖标各顶点连起来，所得的图形即为 F_{RA} 的影响线（图10-1（b））。式（10-1）称为影响线方程。对于支座反力，通常规定向上为正，正值的竖标绘在基线的上方，并注明正号。

图 10-1（b）所示的影响线形象地表示了支座反力 F_{RA} 随荷载 $F_P=1$ 的移动而变化的规律：当荷载 $F_P=1$ 从 A 点开始逐渐向 B 点移动时，支座反力 F_{RA} 从最大值 $F_{RA}=1$ 逐渐减小，最后为零。

绘出某一量值的影响线后，就可以利用它来确定最不利的荷载位置，从而求出该量值的最大值。下面先讨论影响线的绘制方法，然后讨论影响线的应用。

10.2 用静力法绘制静定结构的影响线

绘制静定结构的反力或内力影响线有两种基本方法，即静力法和机动法。本节介绍静力法。

用静力法绘制影响线，就是以 x 表示荷载的作用位置，根据平衡条件确定所求量值（支座反力或内力）与荷载位置 x 之间的函数关系，这种关系式称为影响线方程，然后根据影响线方程作出影响线。

一、简支梁的影响线

1. 支座反力的影响线

如图 10-2（a）所示的简支梁，现绘制支座反力 F_{RA} 和 F_{RB} 的影响线。10.1 节已经讨论了 F_{RA} 的影响线，得出 F_{RA} 的影响线方程：

$$F_{RA}=\frac{l-x}{l} \quad (0 \leqslant x \leqslant l) \tag{10-2}$$

根据该方程绘出 F_{RA} 的影响线如图 10-2（b）所示。在绘影响线时，通常规定支座反力以向上为正，正值的竖标绘在基线的上方，并注明正号。

下面讨论支座反力 F_{RB} 的影响线。由 $\sum M_A=0$，得

$$F_{RB}l-F_P x=0$$

$$F_{RB}=\frac{x}{l} \quad (0 \leqslant x \leqslant l) \tag{10-3}$$

这就是 F_{RB} 的影响线方程，F_{RB} 是 x 的一次函数，所以 F_{RB} 的影响线也是一条直线：当 $x=0$ 时，$F_{RB}=0$；当 $x=l$ 时，$F_{RB}=1$。由这两点便可绘出 F_{RB} 的影响线，如图 10-2（c）所示。

根据影响线的定义，影响线的任一竖标即代表当荷载 $F_P=1$ 作用于该处时该量值的大小，如图 10-2（b）中的 y_K 即代表 $F_P=1$ 作用在 K 点时反力 F_{RA} 的大小。

在作影响线时，为了研究方便，假定荷载 $F_P=1$ 是不带任何单位的，即 $F_P=1$ 为一

无量纲量。由此可知，支座反力的影响线，其竖标也是一无量纲量。

2. 内力影响线

1）弯矩影响线

现在作简支梁（图 10-3（a））某指定截面 C 的弯矩 M_C 的影响线。当 $F_P=1$ 在 AC 段（$0 \leqslant x \leqslant a$）移动时，为了计算方便，取 BC 段为隔离体，并规定使梁下边的纤维受拉的弯矩为正，由平衡方程 $\sum M_C = 0$ 得

$$M_C = F_{RB}b = \frac{x}{l}b \quad (0 \leqslant x \leqslant a) \tag{10-4}$$

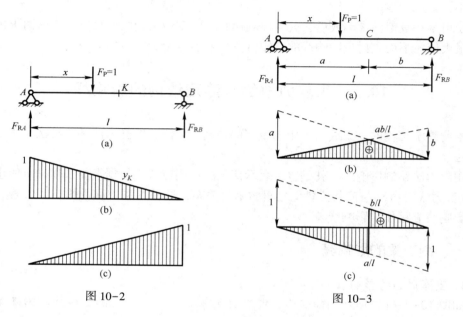

图 10-2　　　　　图 10-3

由此可知，M_C 的影响线在截面 C 以左的部分为一直线：当 $x=0$ 时，$M_C=0$；当 $x=a$ 时，$M_C=ab/l$。于是可绘出 $F_P=1$ 在截面 C 以左部分移动时 M_C 的影响线（图 10-3（b））。

当 $F_P=1$ 在 BC 段（$a \leqslant x \leqslant l$）移动时，取 AC 段为隔离体，由平衡方程 $\sum M_C = 0$ 得

$$M_C = F_{RA}a = \frac{l-x}{l}a \quad (a \leqslant x \leqslant l) \tag{10-5}$$

由式（10-5）可知，M_C 的影响线在截面 C 以右的部分也为一直线：当 $x=a$ 时，$M_C=ab/l$；当 $x=l$ 时，$M_C=0$。据此绘出 $F_P=1$ 在截面 C 以右的部分移动时 M_C 的影响线（图 10-3（b））。

由图 10-3（b）可知，M_C 的影响线由两段直线组成，两直线的交点正好在 C 点，其竖标为 ab/l，习惯上称截面以左的直线为左直线，截面以右的直线为右直线。

另外由式（10-4）、式（10-5）可看出，M_C 的影响线与支座反力 F_{RA}、F_{RB} 的影响线之间存在一定关系：左直线可由 F_{RB} 的影响线将竖标放大 b 倍，并取 AC 段而成；右直线可由 F_{RA} 的影响线放大 a 倍，并取 BC 段即成。这种利用以知的影响线来作其他量值的影响线是很方便的，以后还会经常遇到。

因为 $F_P=1$ 是无量纲量，所以弯矩影响线的量纲是长度单位。

2) 剪力影响线

下面绘制图 10-3（a）所示简支梁 C 截面的剪力影响线。

当 $F_P=1$ 在 AC 段移动时，取 BC 段为隔离体，剪力仍以使隔离体产生顺时针方向旋转的为正，列平衡方程：

$$F_{QC}=-F_{RB}$$

可见，绘 F_{QC} 影响线的左直线时，只要将 F_{RB} 的影响线反号并取 AC 段即可（图 10-3（c））。按比例关系，可求得 C 点的竖标为 $-a/l$。

当 $F_P=1$ 在 BC 段移动时，取 AC 段作隔离体，同样有下述平衡方程：

$$F_{QC}=F_{RA}$$

即 F_{QC} 影响线的右直线，只要画出 F_{RA} 的影响线，并取 BC 段即可（图 10-3（c））。按比例关系，求得 C 点的竖标为 b/l。由图 10-3（c）可知，F_{QC} 的影响线由两段互相平行的直线组成，在 C 点处竖标有突变，当 $F_P=1$ 在 AC 段移动时，F_{QC} 为负值；当 $F_P=1$ 在 BC 段移动时，F_{QC} 为正值；当 $F_P=1$ 从 C 点的左侧移到右侧时，截面 C 的剪力发生了突变。

同支座反力的影响线一样，剪力影响线的竖标也是一无量纲量。

例 10-1 试作图 10-4（a）所示外伸梁的反力 F_{RA}、F_{RB} 的影响线，C、D 截面弯矩和剪力的影响线以及支座 B 截面的剪力影响线。

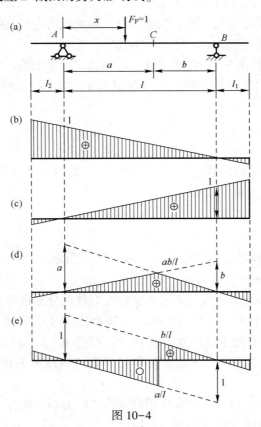

图 10-4

解：（1）作反力 F_{RA}、F_{RB} 的影响线。取 A 点为坐标原点，横坐标 x 以向右为正。由平衡条件可求出支座反力：

$$\begin{cases} F_{RA} = \dfrac{l-x}{l} \\ F_{RB} = \dfrac{x}{l} \end{cases} \quad (-l_2 \leqslant x \leqslant l+l_1) \tag{10-6}$$

式（10-6）与简支梁的反力影响线方程完全相同，只不过现在 x 的范围为 $-l_2 \leqslant x \leqslant l+l_1$，所以，只要将简支梁的反力影响线向两个伸臂部分延长，即得伸臂梁的反力影响线，如图 10-4（b）、（c）所示。

（2）跨内 C 截面 M_C、F_{QC} 的影响线。当 $F_P = 1$ 在 C 截面以左部分移动时，取 C 截面的右侧部分作隔离体，通过平衡方程可得到下式

$$\begin{cases} M_C = F_{RB} \cdot b \\ F_{QC} = -F_{RB} \end{cases} \tag{10-7}$$

当 $F_P = 1$ 在 C 截面以右部分移动时，取 C 截面的左侧部分作隔离体，通过平衡方程可得到下式

$$\begin{cases} M_C = F_{RA} \cdot a \\ F_{QC} = F_{RA} \end{cases} \tag{10-8}$$

根据式（10-7）、式（10-8）可绘出 M_C、F_{QC} 影响线，如图 10-4（d）、（e）所示。由图可看出，只要将简支梁相应截面的内力影响线的左右直线分别向左、右两伸臂部分延长，就可得到伸臂梁 M_C、F_{QC} 的影响线。

（3）外伸部分 D 截面（图 10-5（a））的 M_D、F_{QD} 影响线。

当 $F_P = 1$ 在 D 截面以左部分移动时，取 D 截面的右侧部分作隔离体，通过平衡方程可得到下式：

$$\begin{cases} M_D = 0 \\ F_{QD} = 0 \end{cases} \tag{10-9}$$

当 $F_P = 1$ 在 D 截面以右部分移动时，仍取 D 截面的右侧部分作隔离体，并取 D 点为坐标原点，x 以向右为正，则有

$$\begin{cases} M_D = -x \\ F_{QD} = 1 \end{cases} \tag{10-10}$$

作出 M_D、F_{QD} 的影响线，如图 10-5（b）、（c）所示。

（4）支座截面 B 的剪力影响线。

对于支座截面的剪力影响线，需对支座的左右截面分别进行讨论，这是因为支座的左右截面分别属于外伸部分和跨内部分。对于 F_{QB}^L 的影响线，可由 F_{QC} 的影响线（图 10-4（e））使截面 C 趋于截面 B 左而得到，如图 10-5（d）所示，对于 F_{QB}^R 的影响线，可由 F_{QD} 的影响线（图 10-5（c））使截面 D 趋于截面 B 右而得到，如图 10-5（e）所示。

由上面的例题可知，对于外伸梁作任意截面的内力影响线，只要作出其简支梁的影响线，将简支梁的影响线向伸臂部分延长即得。

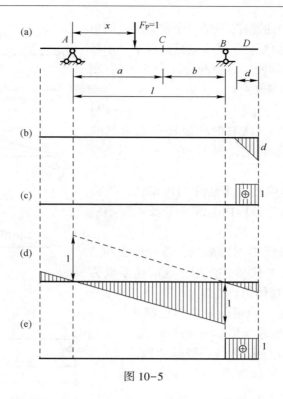

图 10-5

上面以简支梁和外伸梁为例，说明了用静力法绘制影响线的具体步骤。用静力法绘制影响线时，以单位荷载的位置 x 作为变量，适当选取隔离体，列出其平衡方程，从而找出所求量值与 x 之间的函数关系，即影响线方程。根据该方程即可绘出所求量值的影响线。当结构上各部分影响线方程不同时，应分段列出。

10.3 用机动法作影响线

机动法是绘制影响线的另外一种方法，它以虚位移原理为依据，把作影响线的静力问题转化为作位移图的几何问题。

下面以图 10-6（a）所示的简支梁 AB 的支座反力 F_{RB} 的影响线为例，说明机动法绘制影响线的原理和步骤。

为了求简支梁 AB 的支座反力 F_{RB}，首先去掉与 F_{RB} 相应的支座链杆同时代以正向的反力 F_{RB}（图 10-6（b）），这时体系为具有一个自由度的可变体系。然后给体系微小虚位移，使梁绕 A 点作微小转动，用 δ_X 和 δ_P 分别表示反力 F_{RB} 和荷载 F_P 的作用点沿作用线方向的虚位移。由于体系在 F_{RB}、F_P 和 F_{RA} 的共同作用下处于平衡状态，因此，由虚位移原理知各力在虚位移上所作的虚功之和应等于零，列出虚功方程如下：

$$\delta_X \cdot F_{RB} - F_P \cdot \delta_P = 0 \qquad (10-11)$$

由 $F_P = 1$ 得

$$F_{RB} = \frac{\delta_P}{\delta_X} \qquad (10-12)$$

式中：δ_X 在给定虚位移的情况下是一个常数；δ_P 随单位荷载 $F_P=1$ 的移动而变化，其实就是荷载 $F_P=1$ 移动时各点的竖向虚位移图。方便起见，令 $\delta_X=1$，则式（10-12）就成为：

$$F_{RB} = \delta_P \qquad (10\text{-}13)$$

由式（10-13）知，此时的虚位移图 δ_P 就代表 F_{RB} 的影响线。F_{RB} 的影响线（图 10-6（c））以虚位移向上为正。

以上这种绘制影响线的方法称为机动法。下面给出用机动法绘制静定结构内力或支座反力影响线的步骤：

（1）欲作某一量值 X 的影响线，首先撤去与 X 相对应的约束，并以 X 代替其作用，这时体系成为具有一个自由度的可变体系。

（2）使体系沿着 X 的正向发生虚位移 δ_X，作出虚位移图，即为所求量值影响线的轮廓。

（3）令 $\delta_X=1$，确定影响线各竖标的数值，横坐标以上的图形，竖标为正，以下的图形竖标为负。

用机动法作影响线的优点是不需要计算就能快速绘出影响线的轮廓。这对设计工作很有帮助，而且还可利用它来校核静力法所绘制影响线的正确性。

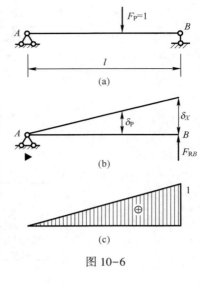

图 10-6

例 10-2　用机动法绘制图 10-7（a）所示的简支梁 C 截面的弯矩和剪力影响线。

解：（1）M_C 影响线。去掉与 M_C 相应的约束，即将 C 截面处改为铰结，并用一对力偶 M_C 代替原约束的作用，然后使 AC、BC 两部分沿 M_C 的正向发生虚位移（图 10-7（b）），列出虚功方程：

$$M_C \cdot (\alpha+\beta) - F_P \cdot \delta_P = 0$$

得

$$M_C = \frac{\delta_P}{\alpha+\beta}$$

式中：α、β 为 AC、BC 两部分的相对转角。令 $\alpha+\beta=1$，则所得的虚位移图（图 10-7（c））即为 M_C 的影响线，由比例关系可确定影响线在 C 点处的竖标为 ab/l。

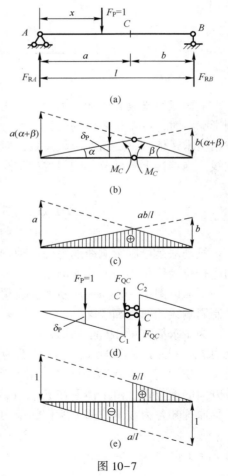

图 10-7

(2) F_{QC} 影响线。去掉与 F_{QC} 相应的约束，将 C 截面用两根水平链杆相联，同时加上一对正向剪力 F_{QC} 代替原约束的作用，然后使 AC、BC 两部分沿 F_{QC} 的正向发生虚位移（图 10-7（d）），列出虚功方程：

$$F_{QC} \cdot (CC_1 + CC_2) - F_P \cdot \delta_P = 0$$

得

$$F_{QC} = \frac{\delta_P}{CC_1 + CC_2}$$

式中：CC_1、CC_2 为截面左右两侧的相对竖向位移。令 $CC_1 + CC_2 = 1$，则所得的虚位移图（图 10-7（e））即为 F_{QC} 的影响线，由比例关系知 $CC_1 = a/l$，$CC_2 = b/l$。由于 AC 和 BC 两部分是用两根平行链杆相联的，它们之间只能作相对的平行移动，因此，图 10-7（d）所示的虚位移图中 AC_1、C_2B 应为两平行直线，也就是说 F_{QC} 影响线的左右直线是互相平行的。

例 10-3 用机动法作 10-8（a）所示外伸梁上截面 D 的弯矩和剪力影响线。

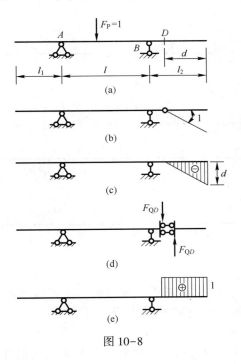

图 10-8

解：(1) M_D 影响线。去掉与 M_D 相应的约束，即将 D 截面处改为铰结，并用一对力偶 M_D 代替原约束的作用，然后使 D 截面左右两部分绕 D 点转动，由于左部分不可能有虚位移，所以使 D 截面右部分绕 D 点发生单位转角的虚位移图（图 10-8（c）），即为 M_D 的影响线。

(2) F_{QD} 影响线。去掉与 F_{QD} 相应的约束，在 D 处加两根互相平行的水平链杆，并加上一对正向剪力 F_{QD} 代替原约束的作用，然后使体系沿 F_{QD} 的正向发生虚位移，由于左部分不可能有虚位移，所以使 D 截面右部分沿 F_{QD} 正向发生单位位移的虚位移图

（图10-8（e）），即为F_{QD}的影响线。

例10-4 用机动法作10-9（a）所示多跨静定梁M_K、F_{QK}、F_{RB}、M_D、F_{QE}影响线。

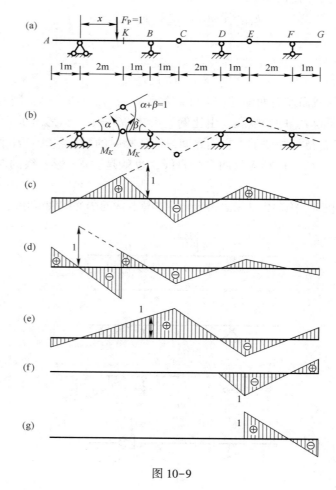

图10-9

解：(1) M_K影响线。去掉与M_K相应的约束，在K截面处加铰，使K截面左右两部分发生相对单位转角，这时的虚位移图（图10-9（b）），即为M_K的影响线（图10-9（c））。

(2) F_{QK}影响线。去掉与F_{QK}相应的约束，在K处加两根互相平行的水平链杆，并加上一对正向剪力F_{QK}代替原约束的作用，然后使体系沿F_{QK}的正向发生虚位移，这时的虚位移图（图10-9（d）），即为F_{QK}的影响线。

(3) F_{RB}影响线。去掉支座B，使发生虚位移，令B点的竖标为1，便得到F_{RB}的影响线（图10-9（e））。

(4) M_D影响线。在D截面处加铰，AC和CD段不可能有虚位移，附属部分DE和EG段可发生虚位移，令DE段的转角为1可得到M_D影响线，如图10-9（f）所示。

(5) F_{QE}影响线。在铰E处撤除与剪力F_{QE}相应的约束，这时E点的水平轴向约束仍保留，让E点两侧截面沿F_{QE}正向发生错动，由于基本部分AC段不能发生位移，CE段也没有位移，只有 EG 段可绕 F 点转动，令 E 点的竖标为 1 便得到影响线，如图 10-9（g）所示。

10.4 间接荷载作用下的影响线

前面所述的影响线，其荷载都是直接作用在梁上。在实际工程中，经常会遇到间接荷载的情况。例如，图 10-10（a）所示为桥梁结构中的纵横梁桥面系及主梁的简图，纵梁简支在横梁上，横梁又简支在主梁上，而荷载是直接作用在纵梁上，通过横梁传到主梁。所以主梁承受的荷载实际是各横梁处（结点处）的集中荷载。这种荷载对主梁来说就是间接荷载或结点荷载。下面以主梁上某截面 F 的弯矩 M_F 为例，说明如何绘制间接荷载作用下的影响线。

当 $F_P=1$ 作用于各结点，即 A、C、D、E、B 处时，情况与荷载直接作用于主梁上是完全相同的。因此，可先绘出直接荷载作用下主梁 M_F 的影响线（图 10-10（c））。在此影响线中，对于间接荷载来说，在各结点处的竖标和直接荷载在结点处的竖标是完全相等的。

当 $F_P=1$ 作用在任意两相邻结点 C、D 之间的梁段时（图 10-10（b）），设荷载 F_P 到 C 点的距离为 x，则纵梁 CD 两端的支座反力反向传到主梁，在 C 点处支座反力为 $(d-x)/d$，在 D 点处支座反力为 x/d，也就是说，此时主梁在 CD 段受到两结点荷载的

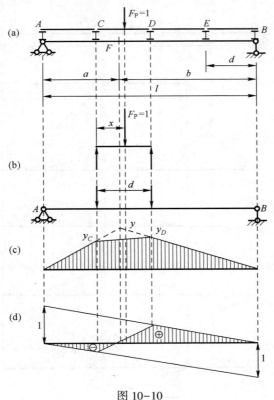

图 10-10

作用，根据影响线的定义以及叠加原理，可用下述方法求 M_F 的影响线。

设直接荷载作用下 M_F 的影响线在 C 点和 D 点处的竖标分别为 y_C 和 y_D，则在两结点荷载作用下，M_F 的值 y 应为

$$y = \frac{d-x}{d}y_C + \frac{x}{d}y_D \qquad (10-14)$$

由式（10-14）可知，M_F 的值 y 与 x 是一次函数关系：当 $x=0$ 时，$y=y_C$；当 $x=l$ 时，$y=y_D$。所以在 CD 段，M_F 的影响线为连接竖标 y_C 和 y_D 的直线。

上述方法同样适用于间接荷载作用下主梁的其他量值的影响线，因此，在结点荷载作用下，绘制影响线可按下述步骤进行：

（1）绘制直接荷载作用下的影响线。

（2）由于影响线在任两结点之间都为一直线，因此，将所有相邻两结点的竖标用直线相连，就得到在结点荷载作用下的影响线。

用同样的方法，可绘出结点荷载作用下主梁上 F 截面的剪力影响线，如图 10-10（d）所示。另外，对于主梁支座反力的影响线以及结点处截面的内力影响线与直接荷载作用时完全相同。

例 10-5　试作 10-11（a）所示的梁在结点荷载作用下 F_{RA}、F_{RB}、M_C、F_{QC} 的影响线。

解：（1）先作出直接荷载作用下 F_{RA}、F_{RB} 的影响线，然后用直线分别连接 D、E 和 H、I 结点处的竖标便得到 F_{RA} 和 F_{RB} 的影响线，如图 10-11（b）、（c）所示。

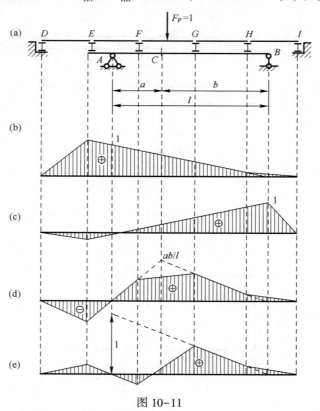

图 10-11

（2）先作出直接荷载作用下 M_C、F_{QC} 的影响线，然后用直线分别连接 D、E、H、I 和 F、G 结点处的竖标便得到 M_C、F_{QC} 的影响线，如图 10-11（d）、（e）所示。

10.5　桁架的影响线

桁架上的荷载一般是通过纵梁和横梁而作用于桁架结点上，因此可用 10.4 节所讲述的方法绘制。对于梁式桁架，其支座反力的影响线与相应单跨梁完全相同，所以本节只对桁架杆件内力的影响线进行讨论。

由于桁架只承受结点荷载，对任一杆件的内力影响线，在相邻两结点之间为一直线，因此，只要把单位荷载 $F_P=1$ 依次放在它在移动过程中所经过的各结点上，算出杆件轴力的数值就是各结点处影响线的竖标，用直线将各点竖标逐一相连，就得到所求量值的影响线。在计算杆件的轴力时，所用的方法仍然为第 5 章所讲述的结点法和截面法，只不过现在的荷载为移动的单位荷载。

下面以图 10-12（a）所示的桁架为例，说明如何绘制桁架的内力影响线。假设单位荷载在桁架的下弦杆移动。

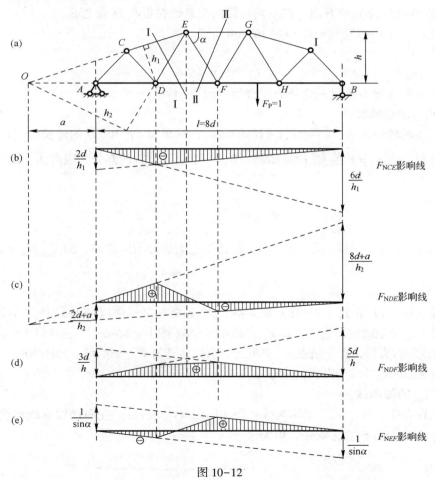

图 10-12

1. F_{NCE} 影响线

作 I - I 截面，当 $F_P = 1$ 在 AD 之间移动时，取 I - I 截面以右的部分为隔离体，对 D 点列力矩平衡方程，并设 F_{NCE} 为拉力，则有

$$F_{NCE} \cdot h_1 + F_{RB} \cdot 6d = 0$$

$$F_{NCE} = -\frac{6d}{h_1} \cdot F_{RB} \tag{10-15}$$

由式（10-15）知，只要将 F_{RB} 的影响线竖标乘以 $6d/h_1$，并取负号，即得 F_{NCE} 影响线的左直线（图 10-12（b））。

当 $F_P = 1$ 在 BD 之间移动时，取 I - I 截面以左的部分为隔离体，仍对 D 点列力矩平衡方程，则有

$$F_{NCE} \cdot h_1 + F_{RA} \cdot 2d = 0$$

$$F_{NCE} = -\frac{2d}{h_1} \cdot F_{RA} \tag{10-16}$$

由式（10-16）知，只要将 F_{RA} 的影响线竖标乘以 $2d/h_1$，并取负号，即得 F_{NCE} 影响线的右直线（图 10-12（b））。

由图 10-12（b）可看出，左右两直线的交点恰在矩心 D 点之下。

另外，式（10-15）和式（10-16）可写成

$$F_{NCE} = -\frac{M_D}{h_1}$$

即等于相应简支梁 D 截面的弯矩影响线乘以因子 $-1/h_1$。

2. F_{NDE} 的影响线

按上述同样的方法，绘制 F_{NDE} 的影响线时，只须对 CE 和 AD 的延长线交点 O 列力矩平衡方程。当 $F_P = 1$ 在 AD 段移动时，取 I - I 截面以右的部分为隔离体，由 $\sum M_O = 0$ 得

$$F_{NDE} = \frac{F_{RB} \cdot (8d+a)}{h_2} \tag{10-17}$$

当 $F_P = 1$ 在 BF 段移动时，取 I - I 截面以左的部分为隔离体，由 $\sum M_O = 0$ 得

$$F_{NDE} = -\frac{R_A \cdot (2d+a)}{h_2} \tag{10-18}$$

由式（10-17）和式（10-18）知，将 F_{RB} 的影响线竖标乘以 $(8d+a)/h_2$，并取 AD 部分，即得 F_{NDE} 影响线的左直线。将 F_{RA} 的影响线竖标乘以 $-(2d+a)/h_2$，并取 BF 段，即得 F_{NDE} 影响线的右直线，再于结点 D、F 间连以直线，即得 F_{NDE} 影响线，如图 10-12（c）所示。两段直线的延长线交点也在矩心 O 点下方。

3. F_{NDF} 的影响线

按同样方法，作出 F_{NDF} 的影响线如图 10-12（d）所示。左右两段直线的交点在矩心 E 点下方。左直线的影响线方程为

$$F_{NDF} = \frac{5d}{h} F_{RB}$$

右直线的影响线方程为

$$F_{NDF} = \frac{3d}{h} F_{RA}$$

上两式可统一写成

$$F_{NDF} = \frac{1}{h} M_E^0$$

式中：M_E^0 为相应简支梁 E 截面处的弯矩。

4. F_{NEF} 的影响线

作 Ⅱ-Ⅱ 截面，当 $F_P = 1$ 在 AD 段移动时，取 Ⅱ-Ⅱ 截面以右的部分为隔离体，列平衡方程 $\sum Y = 0$，并设 F_{NEF} 为拉力，则有

$$F_{NEF} \cdot \sin\alpha + F_{RB} = 0$$

$$F_{NEF} = -\frac{1}{\sin\alpha} F_{RB} \qquad (10-19)$$

当 $F_P = 1$ 在 BF 段移动时，取 Ⅱ-Ⅱ 截面以左的部分为隔离体，列平衡方程 $\sum Y = 0$，则有

$$F_{NEF} \cdot \sin\alpha - F_{RA} = 0$$

$$F_{NEF} = \frac{1}{\sin\alpha} F_{RA} \qquad (10-20)$$

由式（10-19）和式（10-20）作左右直线，并在结点 D、F 间连直线，即得 F_{NEF} 的影响线（图 10-12（e））。

在绘制桁架的内力影响线时，应注意单位荷载 $F_P = 1$ 是沿下弦移动，还是沿上弦移动，通常将沿上弦移动称为上承式桁架，沿下弦移动称为下承式桁架，这两种情况下所作出的影响线是不同的。

例 10-6 试作图 10-13（a）所示的平行弦桁架 F_{NdD}、F_{NeE}、F_{NDE} 的影响线。

解： 1）F_{NdD} 的影响线

（1）假设 $F_P = 1$ 沿上弦杆移动。作 Ⅰ-Ⅰ 截面，当 $F_P = 1$ 分别在 ac 段和 db 段移动时，由投影方程 $\sum Y = 0$，分别列出 F_{NdD} 的影响线方程：

$$F_{NdD} = F_{RB}$$
$$F_{NdD} = -F_{RA}$$

作出其影响线如图 10-13（b）所示。

（2）$F_P = 1$ 沿下弦杆移动时，同样绘出其影响线如图 10-13（b）所示。

2）F_{NeE} 的影响线

（1）$F_P = 1$ 沿上弦杆移动。由结点 e 的平衡可知，当 $F_P = 1$ 在 ad 段以及 fb 段移动时，$F_P = 1$ 在 e 点时，$F_{NeE} = -1$。绘出影响线如图 10-13（c）所示。

（2）$F_P = 1$ 沿下弦杆移动。此时 $F_{NeE} = 0$，其影响线与基线重合。

3）F_{NDE} 的影响线。

（1）$F_P = 1$ 沿上弦杆移动。由力矩平衡方程 $\sum M_d = 0$ 得

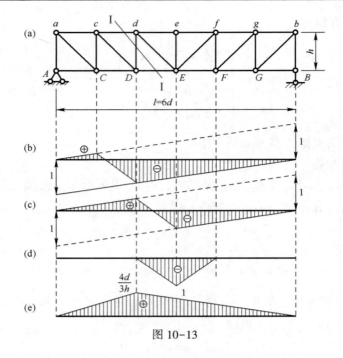

图 10-13

$$F_{NDE} = \frac{1}{h} M_d^0 \qquad (10-21)$$

可利用相应简支梁 d 截面的弯矩影响线来绘制，将竖标乘以 $1/h$，即得 F_{NDE} 的影响线（图 10-13（d））。

（2）$F_P = 1$ 沿下弦杆移动。此时影响线方程与式（10-21）完全相同，所绘制的影响线与上承式影响线完全相同。

10.6 三铰拱的影响线

在竖向荷载作用下，三铰拱的内力计算方法在第 4 章讲过，在绘制三铰拱的支座反力以及内力影响线时，仍然用这些公式计算。下面以图 10-14（a）所示的三铰拱为例，讨论如何绘制其支座反力和内力的影响线。

一、支座反力影响线

在第 4 章中已经得到

$$\begin{cases} F_{Ay} = F_{Ay}^0 \\ F_{By} = F_{By}^0 \\ F_H = F_{Ax} = F_{Bx} = \dfrac{M_C^0}{f} \end{cases} \qquad (10-22)$$

式中：F_{Ay}^0、F_{By}^0、M_C^0 为相应简支梁的支座反力和 C 截面的弯矩。

由式（10-22）知，三铰拱的竖向支座反力与简支梁的支座反力完全相同，水平推

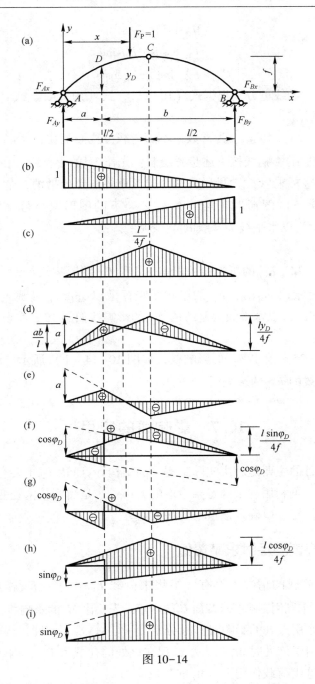

图 10-14

力 F_H 的影响线，只要将 M_C^0 的影响线竖标乘以因子 $1/f$ 即可，如图 10-14（c）所示。

二、内力影响线

现绘制三铰拱上 D 截面的内力影响线。

在第四章中已经给出竖向荷载作用下，任一截面 D 的弯矩、剪力、轴力的计算公式分别为

$$M_D = M_D^0 - F_H y_D \tag{10-23}$$

$$F_{QD} = F_{QD}^0 \cos\phi_D - F_H \sin\phi_D \tag{10-24}$$

$$F_{ND} = F_{QD}^0 \sin\phi_D + F_H \cos\phi_D \tag{10-25}$$

三铰拱的内力影响线可分别根据式（10-23）、式（10-24）、式（10-25）得到。

1. 弯矩影响线

由式（10-23）知，由于 y_D 为常数，不随荷载位置而变化，所以 M_D 的影响线可利用 M_D^0 及水平推力 F_H 的影响线按下述步骤绘制：先作 M_D^0 的影响线，在同一基线上作 F_H 的影响线，并将其竖标乘以 y_D，最后将两个图形重叠的部分抵消，余下的部分就是 M_D 的影响线。由 M_D^0 余下的图形取正号，由 $F_H y_D$ 余下的图形取负号（图 10-14（d））。图 10-14（e）所示为以水平线为基线的 M_D 影响线。

2. 剪力影响线

由式（10-24）知，F_{QD} 的影响线可根据 F_{QD}^0 和 F_H 的影响线绘制，式中 φ_D 为常数，将 F_{QD}^0 的影响线竖标乘以 $\cos\varphi_D$，F_H 的影响线竖标乘以 $\sin\varphi_D$，步骤与绘制弯矩影响线类似（图 10-14（f）），以水平线为基线的 F_{QD} 的影响线如图 10-14（g）所示。

3. 轴力影响线

同样按式（10-25）绘出 F_{ND} 的影响线，如图 10-14（h）所示。图 10-14（i）所示为以水平线为基线的 F_{ND} 的影响线。

10.7　影响线的应用

绘制影响线的目的主要是解决实际工程中的结构计算问题，主要有两种情况：一是当荷载位置固定时，可利用它来确定某量值的大小；二是当荷载位置变化时，利用它来确定荷载的最不利位置，以确定该量值的最大值。

一、当荷载位置固定时求某量值

首先讨论集中荷载的情况。设有一组集中荷载 F_{P1}、F_{P2}、F_{P3} 作用于一简支梁上（图 10-15（a）），要求利用影响线求截面 C 的弯矩。先绘出 M_C 的影响线，如图 10-15（b）所示，各集中荷载作用点处的影响线竖标分别为 y_1、y_2、y_3，根据影响线的定义，y_1 表示当荷载 $F_P = 1$ 作用于该处时 M_C 的大小，现在该处的荷载为 F_{P1}，则 M_C 应等于 $F_{P1} y_1$，根据叠加原理，在这组荷载作用下，M_C 的数值应为

$$M_C = F_{P1} y_1 + F_{P2} y_2 + F_{P3} y_3 \tag{10-26}$$

一般情况下，如果有一组荷载 F_{P1}、F_{P2}、$\cdots$、F_{Pn} 作用于结构上，结构某量值 S 的影响线在各荷载作用点处的竖标分别为 y_1、y_2、$\cdots$、y_n，则在这组荷载共同作用下，量值 S 的大小可按下式求得

$$S = F_{P1} y_1 + F_{P2} y_2 + \cdots + F_{Pn} y_n = \sum_{i=1}^{n} F_{Pi} y_i \tag{10-27}$$

如果梁在某段上有分布荷载作用，如 DE 段（图 10-16（a）），分布荷载的集度为 $q(x)$，则求截面 C 的弯矩时，可将分布荷载沿其长度分成许多无穷小的微段，每一微段 dx 上的荷载 $q(x)dx$ 可看作一集中荷载，它所产生的 M_C 的大小为 $q(x)dxy$，所以对整个分布荷载所产生的 M_C 的大小可按下式积分求得：

$$M_C = \int_D^E q(x) y dx \tag{10-28}$$

若 $q(x)$ 为均布荷载，则式（10-28）成为

$$M_C = q \int_D^E y dx = q\omega \tag{10-29}$$

式中：ω 为影响线在均布荷载作用段 DE 上的面积。

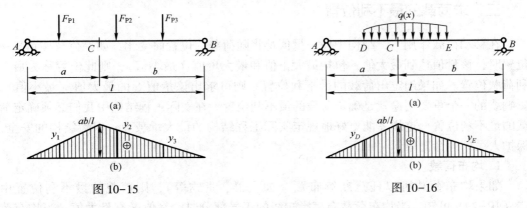

图 10-15   图 10-16

在应用式（10-27）、式（10-29）时，应注意竖标 y 和面积 ω 的正负号。综合以上两种情况，当荷载位置固定时，求某量值的大小可按下式计算：

$$S = \sum_{i=1}^n F_{Pi} y_i + q\omega \tag{10-30}$$

例 10-7　一简支梁承受荷载如图 10-17（a）所示，试利用截面 C 的剪力影响线求 F_{QC}。

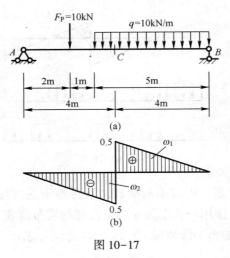

图 10-17

解：绘出 F_{QC} 的影响线如图 10-17（b）所示。

F_P 点处的竖标 $y_1 = -0.25$，均布荷载对应的影响线的面积为

$$\omega_1 = \frac{1}{2} \times 4 \times 0.5 = 1$$

$$\omega_2 = -\frac{1}{2} \times (0.5 + 0.25) \times 1 = -0.375$$

所以

$$F_{QC} = F_P y_1 + q(\omega_1 + \omega_2)$$
$$= 10 \times (-0.25) + 10 \times (1 - 0375) = 4.75 (\text{kN})$$

二、求荷载的最不利位置

在移动荷载作用下，结构中任一量值都将随荷载的位置而变化，如果荷载移到某一位置时，该量值达到最大值，包括最大正值和最大负值（最小值），则此位置称为最不利荷载位置。如果确定出荷载的最不利位置，则可求出该量值 S 的最大值（最小值）。影响线的一个重要用途就是确定荷载的最不利位置。在实际工程结构中我们必须确定荷载的最不利位置，这样才能更好地规定实际工程结构的最大承载力，保障结构的安全，保护人民的生命健康。

1. 均布荷载

如果均布荷载可以任意断续布置（如人群、货物等），则荷载的最不利位置由式（10-29）可知：当均布荷载布满影响线的正号部分时，量值 S 有最大值；当均布荷载布满影响线的负号部分时，量值 S 有最小值。例如欲求图 10-18（a）所示外伸梁 C 截面剪力 F_{QC} 的最大值，则荷载应按图 10-18（c）所示进行布置；欲求 F_{QC} 的最小值，荷载应按图 10-18（d）所示进行布置。

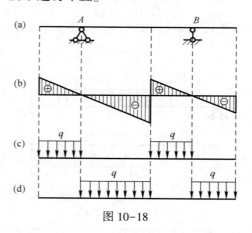

图 10-18

如果均布荷载长度固定，则其不利荷载位置可按下述方法确定。以图 10-19（a）所示的简支梁为例，梁上作用一长度为 d 的一段移动均布荷载，现确定梁上任一截面 C 的弯矩最大值。绘出 M_C 的影响线如图 10-19（b）所示，则

$$M_C = q\omega$$

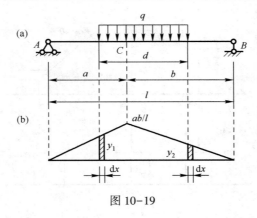

图 10-19

假设均布荷载在当前的 1、2 位置上右移一微段 dx，则影响线的面积将减小 $y_1 dx$，并增加 $y_2 dx$，所以 M_C 的增量为 $dM_C = q(y_2 dx - y_1 dx)$，即

$$\frac{dM_C}{dx} = q(y_2 - y_1) \tag{10-31}$$

当 $dM_C/dx = 0$ 时，M_C 有极值。所以有 $y_1 = y_2$。

式（10-31）表明：一段长度为 d 的移动均布荷载，当移动至两端点所对应的影响线竖标相等时，所对应的影响线面积最大，此时量值 S 有最大值。

2. 集中荷载

如果集中荷载的情况比较简单，例如只有一个集中力 F_P 时，荷载的不利位置容易确定。将 F_P 置于 S 影响线的最大竖标处即产生 S_{max}，将 F_P 置于 S 影响线的最小竖标处即产生 S_{min}（图 10-20）。

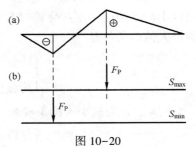

图 10-20

但实际工程中，移动的集中荷载多为一组相互平行且间距不变的集中荷载，这时 S 的最不利荷载位置，可通过讨论 S 随荷载移动的变化情况来入手。下面以图 10-21（a）所示的多边形影响线为例，说明如何确定荷载的最不利位置。各段影响线的倾角为 α_1、α_2、…、α_n，α 以逆时针为正。图 10-21（b）所示为一组平行且间距不变的移动荷载，设每直线区段内荷载的内力为 F_{R1}、F_{R2}、…、F_{Rn}，则它们所产生的量值 S 为

$$S = F_{R1}y_1 + F_{R2}y_2 + \cdots + F_{Rn}y_n = \sum_{i=1}^{n} F_{Ri}y_i$$

式中：y_1、y_2、…、y_n 为各合力在影响线上相应的竖标。若荷载向右移动微小距离 Δx，则在此移动过程中，各集中荷载都没有跨越影响线的顶点，因此各合力 F_R 大小不变，相应竖标 y_i 增量为

$$\Delta y_i = \Delta x \cdot \tan\alpha_i$$

则 S 的增量为

$$\Delta S = F_{R1} \cdot \Delta y_1 + F_{R2} \cdot \Delta y_2 + \cdots + F_{Rn} \cdot \Delta y_n$$
$$= F_{R1} \cdot \Delta x \tan\alpha_1 + F_{R2} \cdot \Delta x \tan\alpha_2 + \cdots + F_{Rn} \cdot \Delta x \tan\alpha_n$$
$$= \Delta x (F_{R1} \cdot \tan\alpha_1 + F_{R2} \cdot \tan\alpha_2 + \cdots + F_{Rn} \cdot \tan\alpha_n) = \Delta x \sum_{i=1}^{n} F_{Ri} \tan\alpha_i$$

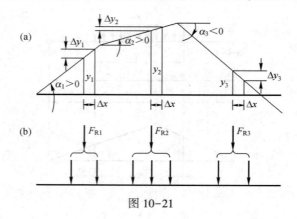

图 10-21

所以

$$\frac{\Delta S}{\Delta x} = \sum_{i=1}^{n} F_{Ri}\tan\alpha_i \tag{10-32}$$

要使 S 成为极大值，则这组荷载无论向右移动（$\Delta x>0$）或向左移动（$\Delta x<0$）时，ΔS 均减小（$\Delta S \leqslant 0$）。即：荷载向右移时，$\Delta S/\Delta x \leqslant 0$，荷载向左移时，$\Delta S/\Delta x \geqslant 0$，所以 S 为极大值的条件是

$$\begin{cases} 荷载向左移动时, \sum F_{Ri}\tan\alpha_i \geqslant 0 \\ 荷载向右移动时, \sum F_{Ri}\tan\alpha_i \leqslant 0 \end{cases} \tag{10-33}$$

同理，S 为极小值的条件是

$$\begin{cases} 荷载向左移动时, \sum F_{Ri}\tan\alpha_i \leqslant 0 \\ 荷载向右移动时, \sum F_{Ri}\tan\alpha_i \geqslant 0 \end{cases} \tag{10-34}$$

由式（10-33）、式（10-34）可知，要使 S 成为极值，必须使 ΔS 变号，也就是说，无论荷载向左移动或向右移动，$\sum F_{Ri}\tan\alpha_i$ 均变号。

由于 α_i 为影响线各段直线的斜率，为常数，因此要使 $\sum F_{Ri}\tan\alpha_i$ 变号，必须使各段的合力 F_{Ri} 发生变化，而这只有当某一个集中荷载正好作用在影响线的顶点时才有可能发生。所以当荷载稍向左或向右移动时，使合力 F_{Ri} 或 ΔS 变号的条件是有一个集中荷载作用于影响线的顶点，这是必要条件，但不是充分条件。我们把能使 ΔS 变号的集中荷载称为临界荷载，此时的荷载位置称为临界位置。临界位置可通过式（10-33）、式（10-34）判别。

一般情况下，临界位置可能不止一个，这时应对各临界位置求出其极值，从各极值中找出最大值或最小值。

综合以上，确定荷载的最不利位置可按以下步骤进行：

（1）将某一集中荷载置于影响线的一个顶点上。

（2）令荷载向左或向右稍移动，计算 $\sum F_{Ri}\tan\alpha_i$ 的数值。如果 $\sum F_{Ri}\tan\alpha_i$ 变号，则此荷载为临界荷载；若不变号，则换一个集中荷载重新计算。

（3）从各临界位置中求出其相应的极值，从中选出最大值或最小值，则相应的荷载位置即为最不利位置。

例 10-8 试求图 10-22（a）所示简支梁在移动荷载作用下截面 K 的最大弯矩，其中 $F_{P1}=70$kN，$F_{P2}=130$kN，$F_{P3}=50$kN，$F_{P4}=100$kN。

解：（1）作出 M_K 影响线如图 10-22（b）所示，各直线段的斜率为

$$\tan\alpha_1 = \frac{3}{4}, \quad \tan\alpha_2 = \frac{1}{4}, \quad \tan\alpha_3 = -\frac{1}{4}$$

（2）试将 $F_{P2}=130$kN 放在 C 点（图 10-22（c））。

荷载向左移：

$$\sum F_{Ri}\tan\alpha_i = 130 \times \frac{3}{4} - (50+100) \times \frac{1}{4} = \frac{390-150}{4} > 0$$

荷载向右移：

$$\sum F_{Ri}\tan\alpha_i = 70 \times \frac{3}{4} + 130 \times \frac{1}{4} - (50+100) \times \frac{1}{4} = \frac{340-150}{4} > 0$$

不满足判别式。

（3）将 $F_{P2}=130$kN 放在 D 点（图 10-22（d））。

荷载向左移：

$$\sum F_{Ri}\tan\alpha_i = 70 \times \frac{3}{4} + 130 \times \frac{1}{4} - (50+100) \times \frac{1}{4} = \frac{340-150}{4} > 0$$

荷载向右移：

$$\sum F_{Ri}\tan\alpha_i = 70 \times \frac{1}{4} - (130+50+100) \times \frac{1}{4} = \frac{70-280}{4} < 0$$

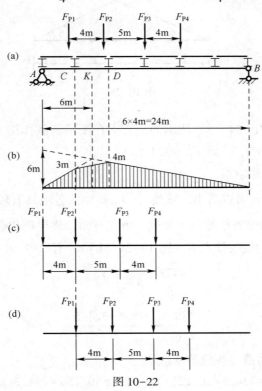

图 10-22

由于 $\sum F_{Ri}\tan\alpha_i$ 变号，所以此位置为临界位置。则

$$M_K = \sum F_{Pi} \cdot y_i = 70 \times 3 + 130 \times 4 + (50 \times 11 + 100 \times 7) \times \frac{1}{4} = 1042.5(\mathrm{kN \cdot m})$$

如果影响线为三角形（图 10-23）时，则临界位置可按下述方法判别。设 F_{Pcr} 为临界荷载，$\sum F_P^L$ 为影响线顶点左边所有的集中力，$\sum F_P^R$ 为影响线顶点右边所有的集中力，则式（10-33）可写成

荷载向左移动时，$\left(\sum F_P^L + F_{Pcr}\right)\tan\alpha - \sum F_P^R \tan\beta \geqslant 0$

荷载向右移动时，$\sum F_P^L \tan\alpha - \left(F_{Pcr} + \sum F_P^R\right)\tan\beta \leqslant 0$

由于 $\tan\alpha = h/a$，$\tan\beta = h/b$，所以对三角形影响线，荷载的临界位置可按下式判别：

$$\begin{cases} \dfrac{\sum F_P^L + F_{Pcr}}{a} \geqslant \dfrac{\sum F_P^R}{b} \\ \dfrac{\sum F_P^L}{a} \leqslant \dfrac{F_{Pcr} + \sum F_P^R}{b} \end{cases} \tag{10-35}$$

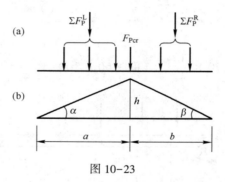

图 10-23

例 10-9 试求图 10-24（a）所示的简支梁在图示荷载作用下 B 支座的最大反力。已知：$F_{P1} = F_{P2} = 478.5\mathrm{kN}$，$F_{P3} = F_{P4} = 324.5\mathrm{kN}$。

解：（1）作出 F_{RB} 影响线。

（2）由 $S = \sum F_{Pi} y_i$ 可以看出，欲使 $\sum F_{Pi} y_i$ 中的各项具有较大的值，则在影响线顶点附近要有较大的和较密集的集中荷载。由此可知，临界荷载必然是 F_{P2} 或 F_{P3}。

将 F_{P2} 置于 F_{RB} 影响线的顶点 B（图 10-24（b）），有

$$\frac{2 \times 478.5}{6} > \frac{324.5}{6}$$

$$\frac{478.5}{6} < \frac{478.5 + 324.5}{6}$$

所以，F_{P2} 为临界荷载。相应的 F_{RB} 为

$$F_{RB} = 478.5 \times (0.125 + 1) + 324.5 \times 0.758 = 784.3(\mathrm{kN})$$

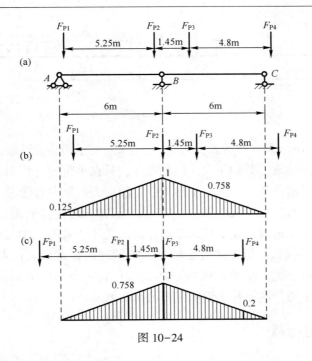

图 10-24

（3）将 F_{P3} 置于影响线的顶点 B（图 10-24（c）），有

$$\frac{478.5+324.5}{6} > \frac{324.5}{6}$$

$$\frac{478.5}{6} < \frac{2\times 324.5}{6}$$

所以，F_{P3} 也是临界荷载。相应的影响量 F_{RB} 为

$$F_{RB} = 478.5\times 0.758 + 324.5\times(1+0.2) = 752.1(\text{kN})$$

（4）比较上述两值可知，当 F_{P2} 在 B 点时为最不利荷载位置，此时有

$$F_{RB\max} = 784.3(\text{kN})$$

10.8 铁路和公路的标准荷载制

由于铁路和公路上行驶的车辆种类繁多，载运情况复杂，在结构设计中，不可能对每一种荷载情况进行计算，因此，我国相关行业制定了有关的标准荷载。这种荷载是经过统计科学分析制定出来的，它既概括了各类车辆的情况，又适当考虑了将来的发展。

一、铁路标准荷载

由我国铁路桥涵设计基本规范（TB 10002.1—99）中规定：铁路列车竖向静活载必须采用中华人民共和国铁路标准活载，即"中-活载"，标准活载的计算图示见图 10-25（a）、（b）。

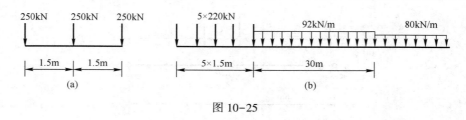

图 10-25

图 10-25（a）所示为特种活载，图 10-25（b）所示为普通活载。特种活载代表某些机车、车辆的较大轴重，其轴压大，但轴数少，只在小跨度（约7m以下）的受弯杆件起控制作用。普通活载代表一列火车的重量，前面五个集中力代表一台蒸汽机车的五个轴重，中部一段均布荷载（30m长）代表煤水车和与之连挂的第二台机车的平均重量，后面任意长的均布荷载代表车辆的平均重量。设计中采用"中-活载"加载时，可如图 10-25 所示任意截取，但不得变更轴距，所截取的荷载段可由左端或右端进入桥梁，以确定不利荷载位置。图 10-25 所示的荷载代表一个车道上的荷载，如果桥梁是单线的，且有两片主梁，则每片主梁承受图示荷载的一半。

二、公路标准荷载

我国公路桥涵设计基本规范中规定：使用的标准荷载，包扩计算荷载和验算荷载。计算荷载以汽车车队表示，有汽车-10级、汽车-15级、汽车-20级、汽车-超20级四个等级，其纵向排列如图 10-26 所示。

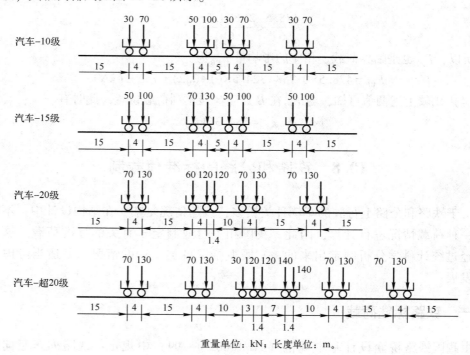

重量单位：kN；长度单位：m。

图 10-26

各车辆之间的距离可任意变更,但不得小于图示距离。每个车队中只有一辆重车,主车数目不限。验算荷载以履带车、平板挂车表示,有履带-50、挂车-80、挂车-100和挂车-120等。

三、换算荷载

在移动荷载作用下,求结构上某量值的最大(最小)值时,通常需先确定荷载的最不利布置,然后才能求出相应的量值。这一计算过程是很麻烦的。在实际设计中,对于铁路和公路的标准荷载,通常利用预先编制好的换算荷载表来进行计算。

换算荷载 K 是均布荷载,它所产生的某一量值,与实际移动荷载产生的该量值的最大值相等,即

$$K\omega = S_{\max} \tag{10-36}$$

式中:ω 是量值 S 影响线的面积。

由式(10-36)得该移动荷载的换算荷载为

$$K = \frac{S_{\max}}{\omega} \tag{10-37}$$

换算荷载的数值与移动荷载及影响线的形状有关。但对于长度相等、顶点位置相同的影响线,换算荷载是相等的。如图10-27(a)、(b)所示的影响线,$y_2 = ny_1$,从而 $\omega_2 = n\omega_1$,所以有

$$K_2 = \frac{\sum F_P y_2}{\omega_2} = \frac{n \sum F_P y_1}{n\omega_1} = \sum \frac{F_P y_1}{\omega_1} = K_1$$

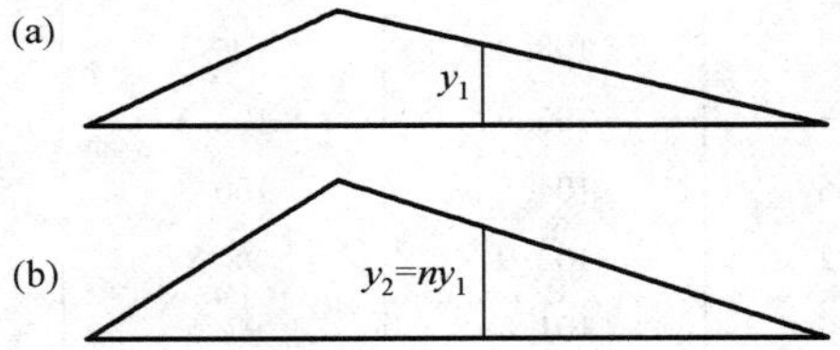

图 10-27

表10-1~表10-4列出了我国现行铁路、公路标准荷载的换算荷载,它是根据三角形的影响线绘制的。在使用时,应注意以下问题:

(1)加载长度 l 指同符号的影响长度(图10-28)。

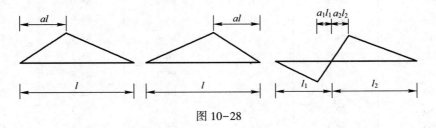

图 10-28

(2) al 是指顶点至较近零点的水平距离($0 \leqslant al \leqslant 0.5$)。

(3) 当 l 或 a 值在表列数值之间时，K 值可按直线内插法求得。

表 10-1　中-活载的换算荷载　　　　单位：kN/m 每线

加载长度 l/m	影响线最大纵标位置 a				
	0（端部）	1/8	1/4	3/8	1/2
1	500.0	500.0	500.0	500.0	500.0
2	312.5	285.7	250.0	250.0	250.0
3	250.0	238.1	222.2	200.0	187.5
4	234.4	214.3	187.5	175.0	187.5
5	210.0	197.1	180.0	172.0	180.0
6	187.5	178.6	166.7	161.1	166.7
7	179.6	161.8	153.1	150.9	153.1
8	172.2	157.1	151.3	148.5	151.3
9	165.5	151.5	147.5	144.5	146.7
10	159.8	146.2	143.6	140.0	141.3
12	150.4	137.5	136.0	133.9	131.2
14	143.3	130.8	129.4	127.6	125.0
16	137.7	125.5	123.8	121.9	119.4
18	133.2	122.8	120.3	117.3	114.2
20	129.4	120.3	117.4	114.2	110.2
24	123.7	115.7	112.2	108.3	104.0
25	122.5	114.7	111.0	107.0	102.5
30	117.8	110.3	106.6	102.4	99.2
32	116.2	108.9	105.3	100.8	98.4
35	114.3	106.9	103.3	99.1	97.3
40	111.6	104.8	100.8	97.4	96.1
45	109.2	102.9	98.8	96.2	95.1
48	107.9	101.8	97.6	95.5	94.5
50	107.1	101.1	96.8	95.0	94.1
60	103.6	97.8	94.2	92.8	91.9
64	102.4	96.8	93.4	92.0	91.1
70	100.8	95.4	92.2	90.9	89.9
80	98.6	93.3	90.6	89.3	88.2
90	96.9	91.6	89.2	88.0	86.8
100	95.4	90.2	88.1	86.9	85.5
110	94.1	89.1	87.6	85.9	84.6
120	93.1	88.1	86.4	85.1	83.6
140	91.4	86.7	85.1	83.8	82.8
160	90.0	85.7	84.2	82.9	82.2
180	89.0	84.9	83.4	82.3	81.7
200	88.1	84.2	82.8	81.8	81.4

第10章 影响线及其应用

表10-2 汽车-10级的换算荷载   单位：kN/m 每车列

跨径或荷载长度	影响线顶点位置 a									
	标准车列					无加重车列				
	0(端部)	1/8	1/4	3/8	1/2	0(端部)	1/8	1/4	3/8	1/2
1	200.0	200.0	200.0	200.0	200.0	140.0	140.0	140.0	140.0	140.0
2	100.0	100.0	100.0	100.0	100.0	70.0	70.0	70.0	70.0	70.0
3	66.7	66.7	66.7	66.7	66.7	46.7	46.7	46.7	46.7	46.7
4	50.0	50.0	50.0	50.0	50.0	35.0	35.0	35.0	35.0	35.0
6	38.9	37.3	35.2	33.3	33.3	26.7	25.7	24.4	23.3	23.3
8	31.3	30.4	29.2	27.5	25.0	21.3	20.7	20.0	19.0	17.5
10	26.0	25.4	24.7	23.6	22.0	17.6	17.3	16.8	16.2	15.2
13	21.5	20.4	19.9	19.3	19.4	14.0	13.7	13.5	13.1	12.5
16	18.9	18.0	16.9	17.3	17.0	11.6	11.4	11.3	11.0	10.6
20	17.1	16.0	15.8	16.1	15.2	9.8	9.3	9.2	9.0	8.8
26	14.6	13.9	13.8	14.0	13.4	9.1	8.2	7.4	7.1	7.0
30	13.3	12.7	12.6	12.7	12.3	8.6	7.9	7.0	6.4	6.1
35	12.5	11.5	11.4	11.4	11.1	7.9	7.4	6.8	6.3	5.6
40	11.8	10.8	10.7	10.5	10.2	7.5	6.9	6.4	6.0	5.4
45	11.0	10.3	10.2	10.0	9.7	7.3	6.6	6.1	5.8	5.6
50	10.5	9.7	9.7	9.5	9.3	7.3	6.5	5.8	5.5	5.1
60	9.8	9.0	8.7	8.7	8.7	6.7	6.2	5.7	5.5	5.6

表10-3 汽车-15级的换算荷载   单位：kN/m 每车列

跨径或荷载长度	影响线顶点位置 a									
	标准车列					无加重车列				
	0(端部)	1/8	1/4	3/8	1/2	0(端部)	1/8	1/4	3/8	1/2
1	260.0	260.0	260.0	260.0	260.0	200.0	200.0	200.0	200.0	200.0
2	130.0	130.0	130.0	130.0	130.0	100.0	100.0	100.0	100.0	100.0
3	86.7	86.7	86.7	86.7	86.7	66.7	66.7	65.7	66.7	66.7
4	65.0	65.0	65.0	65.0	65.0	50.0	50.0	50.0	50.0	50.0
6	51.1	48.9	45.9	43.3	43.3	38.9	37.3	35.2	33.3	33.3
8	41.3	40.0	38.3	36.0	32.5	31.3	30.4	29.2	27.5	25.0
10	34.4	33.6	32.5	31.0	28.8	26.0	25.4	24.7	23.6	22.0
13	29.5	27.5	26.4	25.5	25.9	20.7	20.4	19.9	19.3	18.3
16	26.0	24.7	23.0	23.5	23.0	17.2	17.0	16.7	16.3	15.6
20	23.7	22.0	21.7	22.1	20.7	14.5	13.9	13.7	13.4	13.0
26	20.2	19.3	19.1	19.3	18.5	13.5	12.1	10.9	10.6	10.4
30	18.7	17.6	17.4	17.6	17.0	12.8	11.7	10.4	9.5	9.1
35	17.7	16.0	15.9	15.8	15.3	11.8	11.1	10.1	9.3	8.3
40	16.7	15.2	15.0	14.5	14.2	11.1	10.4	9.6	9.0	8.1
45	15.6	14.5	14.3	13.9	13.4	11.0	9.8	9.1	8.6	8.4
50	14.9	13.7	13.6	13.3	12.9	10.7	9.6	8.7	8.2	8.6
60	13.9	12.8	12.3	12.2	12.2	10.1	9.2	8.5	8.2	8.4

表 10-4 汽车-20 级的换算荷载　　　　　　　　　单位：kN/m 每车列

跨径或荷载长度	影响线顶点位置 a									
	标 准 车 列					无加重车车列				
	0(端部)	1/8	1/4	3/8	1/2	0(端部)	1/8	1/4	3/8	1/2
1	260.0	260.0	260.0	260.0	260.0	260.0	260.0	260.0	260.0	260.0
2	156.0	144.0	130.0	130.0	130.0	130.0	130.0	130.0	130.0	130.0
3	122.7	117.3	110.2	100.0	86.7	86.7	86.7	86.7	86.7	86.7
4	99.0	96.0	92.0	86.4	78.0	65.0	65.0	65.0	65.0	65.0
6	72.7	69.3	67.6	65.1	61.3	51.1	48.9	45.9	43.3	43.3
8	59.6	57.4	54.5	51.6	49.5	41.3	40.0	38.3	36.0	32.5
10	50.2	48.8	46.9	44.3	43.7	34.2	33.6	32.5	31.0	28.8
13	40.3	39.5	38.4	36.3	36.0	27.5	27.0	26.4	25.5	24.1
16	33.7	33.1	32.4	31.4	31.1	22.8	22.5	22.1	21.5	20.6
20	29.2	27.2	26.7	26.1	25.9	19.3	18.4	18.1	17.8	17.2
26	25.1	23.8	23.9	22.6	21.4	17.9	16.1	14.5	14.1	13.7
30	22.7	21.8	22.4	21.5	19.9	17.0	15.6	13.9	12.6	12.1
35	20.9	19.9	20.5	19.8	18.7	15.7	14.7	13.4	12.4	11.1
40	20.0	18.9	18.3	17.5	14.9	14.9	13.8	12.7	12.0	10.8
45	19.0	18.4	17.7	16.9	16.8	14.6	13.1	12.0	11.5	11.2
50	18.0	17.7	17.0	16.4	16.3	14.2	12.8	11.6	11.0	11.4
60	16.9	16.3	15.7	15.3	15.2	13.4	12.2	11.3	10.9	11.2

例 10-10 利用换算荷载表计算图 10-29（a）所示的简支梁 AB 在"汽车-15 级"荷载作用下截面 C 的弯矩及剪力的最大值和最小值。

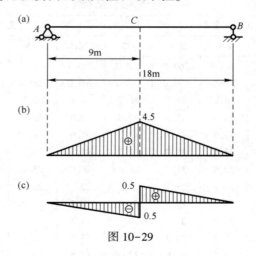

图 10-29

解：作出 C 截面的弯矩及剪力的影响线（图 10-29（b）、（c）），按影响线的形状查表 10-3。

（1）$M_{C\max}$。M_C 影响线的倾角 $\alpha=1/2$，而 $l=18\text{m}$，须在 16m 与 20m 之间求得 K 值。当 $\alpha=1/2$，$l_1=16\text{m}$ 时，$K_1=23.0$，$l_2=20\text{m}$ 时，$K_1=20.7$，按直线内插求得 $l=18\text{m}$ 时的 K 值为

$$K = 20.7 + \frac{20-18}{20-16} \times (23.0-20.7) = 21.85 (\text{kN/m})$$

影响线的面积

$$\omega = \frac{1}{2} \times 18 \times 4.5 = 40.50 (\text{m}^2)$$

所以

$$M_{C\max} = K\omega = 21.85 \times 40.50 = 884.93 (\text{kN} \cdot \text{m})$$

(2) $F_{QC\max}(F_{QC\min})$。影响线正、负号区段反对称，$\alpha=0$，而 $l=9\text{m}$，所以

$$K = \frac{1}{2} \times (41.3 + 34.4) = 37.85 (\text{kN/m})$$

$$\omega = \pm \frac{1}{2} \times 0.5 \times 9 = \pm 2.25 (\text{m})$$

$$F_{QC\max} = -F_{QC\min} = 37.85 \times 2.25 = 85.16 (\text{kN})$$

我国幅员辽阔，公路铁路里程众多，我们必须严格遵循公路和铁路的设计规范，严谨科学的对其进行设计和施工，绝不能出现由于设计或者施工不规范导致影响人民生命财产安全的事故。

10.9 简支梁的绝对最大弯矩及内力包络图

一、简支梁的绝对最大弯矩

移动荷载作用在简支梁上，可以使简支梁的某一截面发生最大弯矩，在整个梁中，又有某一截面的最大弯矩比任意其他截面的最大弯矩都大，称为绝对最大弯矩。在进行移动荷载作用下的结构设计时，必须确定结构上的绝对最大弯矩。

要确定简支梁上的绝对最大弯矩，不仅要确定出绝对最大弯矩的截面位置，而且要确定出此时的荷载位置。假定梁上有一组移动的集中荷载（图10-30），它们的间距保持不变。由前几节的讨论可知，梁在集中荷载组作用下，无论荷载在什么位置，弯矩图的顶点总是在集中荷载下面。因此可以断定，绝对最大弯矩必然发生在某一集中荷载的作用点处的截面上。究竟是哪个荷载，可采用试算的办法。

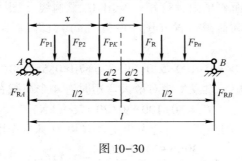

图 10-30

试取一集中荷载 F_{PK}，它的作用点到 A 支座的距离为 x，梁上所有荷载的合力 F_R 与

F_{PK} 作用线之间的距离为 a，由 $\sum M_B = 0$，得 A 支座的反力：

$$F_{RA} = \frac{F_R}{l}(l-x-a)$$

F_{PK} 作用点截面的弯矩 M 为

$$M = F_{RA}x - M_K = \frac{F_R}{l}(l-x-a) - M_K$$

式中：M_K 为 F_{PK} 左边的荷载对 F_{PK} 作用点的力矩之和，它是一个与 x 无关的常数。

当 $dM/dx = 0$ 时，M 有极值，即

$$\frac{dM}{dx} = \frac{F_R}{l}(l-x-a) = 0$$

由于 $F_R \neq 0$，所以有

$$l - x - a = 0$$

即

$$x = \frac{l-a}{2} \tag{10-38}$$

上式表明：当 F_{PK} 与 F_R 对称于梁的中点时，F_{PK} 作用点截面的弯矩达最大值，其值为

$$M_{max} = F_R \left(\frac{l-a}{2}\right)^2 \cdot \frac{1}{l} - M_K \tag{10-39}$$

用式（10-39）可计算出各个荷载作用点截面的最大弯矩，选择其中最大的一个，就是该梁的绝对最大弯矩。计算时，应注意 F_R 是梁上实有荷载的合力，在安排 F_{PK} 与 F_R 的位置时，可能有的荷载不在梁上了，这时需重新计算 F_R 的数值和位置。

如果移动荷载的数目比较多，则对每个荷载按式（10-39）计算仍是比较麻烦的。根据经验，简支梁的绝对最大弯矩总是发生在梁跨中附近。所以可以认为，使梁中点截面产生最大弯矩的临界荷载，也就是发生绝对最大弯矩的临界荷载。因此，计算绝对最大弯矩可按以下步骤进行：首先确定使梁中点截面发生最大弯矩的临界荷载 F_{PK}，然后移动荷载组，使 F_{PK} 与梁上荷载的合力 F_R 对称于梁的中点，最后算出 F_{PK} 所在截面的弯矩，即为绝对最大弯矩。

例 10-11 试求图 10-31（a）所示简支梁在汽车-10 级作用下的绝对最大弯矩，并与跨中截面最大弯矩比较。

解：（1）求跨中截面 C 的最大弯矩。绘出 M_C 影响线（图 10-31（b）），显然重车后轮位于 C 点时为最不利荷载位置（图 10-31（a）），即临界荷载为 100kN，M_C 最大值为

$$M_{Cmax} = 50 \times 3.0 + 100 \times 5.0 + 30 \times 2.5 + 70 \times 0.5 = 760(kN \cdot m)$$

（2）求绝对最大弯矩。设发生绝对最大弯矩时有 4 个荷载在梁上，其合力 F_R 为

$$F_R = 50 + 100 + 30 + 70 = 250(kN)$$

F_R 至临界荷载（100kN）的距离 a 由合力矩定理（以 100kN 作用点为矩心）求得：

$$a = \frac{30 \times 5 + 70 \times 9 - 50 \times 4}{250} = 2.32(m)$$

使 100kN 与 F_R 对称于梁的中点（图 10-31（c）），此时梁上荷载与求合力时相符，则

由式（10-39）得

$$M_{max} = 250 \times \left(\frac{20-2.32}{2}\right)^2 \times \frac{1}{20} - 50 \times 4 = 777(\text{kN} \cdot \text{m})$$

比跨中最大弯矩大 2.2%。在实际工作中，有时也用跨中最大弯矩来近似代替绝对最大弯矩。

二、简支梁的内力包络图

在设计桥梁、吊车梁等承受移动荷载的结构时，需要确定出各截面的内力最大值（最大正值和最大负值），作为结构设计的依据。把各截面的内力最大值按比例标在图上，连成曲线，这一曲线称位内力包络图。下面以简支梁在单个移动荷载作用时的情况为例，说明其弯矩包络图和剪力包络图的绘制方法。

当单个集中荷载在梁（图 10-31（a））AB 上移动时，某个截面 C 的弯矩影响线如图 10-31（b）所示。当荷载正好位于 C 点时，M_C 为最大值，其值为 $M_{C\max} = F_P ab/l$。由此可见，当荷载从 A 点移到 B 点时，只要逐个算出荷载作用点截面的弯矩，便可以得到弯矩包络图。一般情况下，将梁分成十等份，依次取 $a=0.1l$、$a=0.2l$、$\cdots$、$a=l$，对每一截面求出其弯矩最大值 $M_{C\max}=0.09F_P l$、$0.16F_P l$、$\cdots$、$0.09F_P l$，将这些值按比例以竖标标出并连成光滑曲线，便可以得到弯矩包络图（图 10-31（c））。

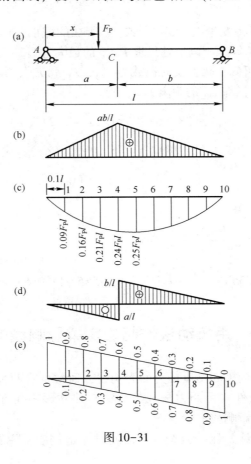

图 10-31

按同样的方法可绘出剪力包络图（10-31（e））。

在实际设计中，绘制包络图应同时考虑恒载和移动荷载（活载）的作用，对于活载要考虑动力效应，一般将活载的内力乘以动力系数，动力系数的确定在有关规范中都有明确规定。

例 10-12 求图 10-32（a）所示的吊车梁在图示吊车荷载作用下的绝对最大弯矩。

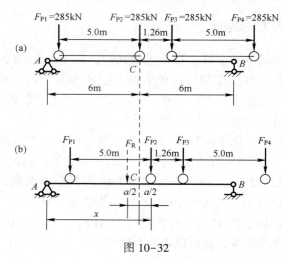

图 10-32

解：绝对最大弯矩将发生在荷载 F_{P2} 或 F_{P3} 所在的截面。由于对称，该梁在 F_{P2} 和 F_{P3} 下的绝对最大弯矩相等。所以本题只求 F_{P2} 下的最大弯矩。

由图 10-32（a）可知，梁上实有荷载为 F_{P1}、F_{P2} 和 F_{P3}，其合力为 $F_R=855$kN，设合力 F_R 位于 F_{P2} 的左方，与 F_{P2} 的距离为 a，则

$$a=\frac{1}{855}(285\times 5-285\times 1.26)=1.247(\text{m})$$

将 F_{P2} 与 F_R 分别位于梁中点 C 的对称位置（图 10-32（b）），由此可得

$$x=\frac{l}{2}-\frac{a}{2}=6.6235(\text{m})$$

则绝对最大弯矩为

$$M_{\max}=F_R\left(\frac{l-a}{2}\right)^2\cdot\frac{1}{l}-M_K$$

$$=855\left(\frac{12-1.247}{2}\right)^2\cdot\frac{1}{12}-285\times 5=1700.63(\text{kN}\cdot\text{m})$$

10.10 用机动法作超静定梁影响线的概念

绘制超静定结构的内力和支座反力的影响线，通常也有两种方法：一种是静力法，根据平衡条件和变形条件（可用力法或位移法）建立影响线方程；另一种是机动法，通过绘制位移图，得到影响线的轮廓。

用静力法绘制影响线，比较繁杂。下面通过一道例题，说明用力法绘制影响线的

过程。

例 10-13 如图 10-33（a）所示为一次超静定梁，绘制支座反力 F_{RB} 的影响线。

解：取基本体系（图 10-33（b）），建立力法方程：
$$\delta_{11}X_1 + \Delta_{1P} = 0$$

式中：
$$\Delta_{1P} = -\frac{1}{EI}\left[\frac{1}{2} \times x \times x \times \left(l-x+\frac{2}{3}x\right)\right] = -\frac{x^2}{2EI}\left(l-\frac{x}{3}\right)$$

$$\delta_{11} = \frac{1}{EI}\left(\frac{1}{2} \times l \times l \times \frac{2}{3}l\right) = \frac{l^3}{3EI}$$

所以有
$$F_{RB} = X_1 = -\frac{\Delta_{1P}}{\delta_{11}} = \frac{x^2(3l-x)}{2l^3}$$

由上式知：F_{RB} 是 x 的三次函数，F_{RB} 影响线的形状为曲线（图 10-33（e））。

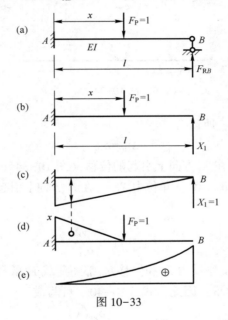

图 10-33

由上例知：用静力法（力法）绘制超静定结构的影响线，必须要解算超静定结构。当超静定次数较多时，解算过程显然是很麻烦的，在实际工作中，有时不需要知道影响线竖标的具体数值，只要知道影响线的轮廓，用机动法绘制就很方便。

图 10-34（a）所示为一超静定梁，下面以支座 C 的反力 F_{RC} 的影响线为例，说明用机动法绘制超静定梁影响线的概念。取 $F_{RC}(x)$ 做基本未知量，基本体系如图 10-34（b）所示，力法方程为
$$\delta_{11}X_1 + \Delta_{1P} = 0$$

则：
$$X_1 = -\frac{\Delta_{1P}}{\delta_{11}}$$

式中：δ_{11} 为单位力 $X_1=1$ 在 X_1 方向上引起的位移（图 10-34（d））。

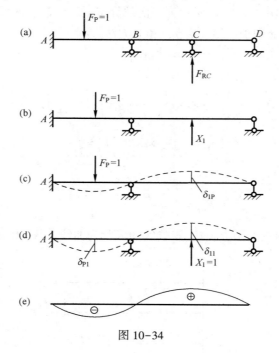

图 10-34

因 $F_P=1$ 为单位荷载，所以有

$$\Delta_{1P}=\delta_{1P}$$

式中：δ_{1P} 为单位力 $F_P=1$ 在 X_1 方向上引起的位移（图 10-34（c））。

由位移互等定理，$\delta_{1P}=\delta_{P1}$，δ_{P1} 为单位力 $X_1=1$ 在 F_P 方向上引起的位移（图 10-34（d））。所以有

$$F_{RC}=X_1=-\frac{\delta_{P1}}{\delta_{11}} \qquad (10-40)$$

在式（10-40）中，支座反力 X_1 和位移 δ_{P1} 都随荷载 F_P 的移动而变化，它们都是荷载位置 x 的函数，而 δ_{11} 常量，因此，式（10-40）可写成

$$F_{RC}=X_1=-\frac{\delta_{P1}(x)}{\delta_{11}} \qquad (10-41)$$

当 x 变化时，函数 X_1 的变化图就是 X_1 的影响线，而函数的 $\delta_{P1}(x)$ 的变化图形就是荷载作用点的竖向位移图。因此可以得出影响线与位移图之间的关系。根据这个关系，可以得出用机动法绘制超静定梁影响线的步骤：

（1）去掉与 X_1 相应的约束。
（2）使基本体系沿 X_1 正向发生位移，由此所得到的图形即为影响线的轮廓。
（3）梁轴线上方为正号，下方为负号。

下面再举一些绘制弯矩、剪力影响线的例子。如图 10-35（a）所示为一五跨连续梁。设绘制 K 截面的弯矩 M_K 的影响线，去掉与 M_K 相应的约束，将 K 截面用铰代替（图 10-35（b）），让该基本体系沿 M_K 正向发生相应的位移，则所得的位移图即为 M_K

影响线的轮廓。为绘制 F_{QK} 影响线，去掉与 F_{QK} 相应的约束，即在 K 截面处加上两个平行的链杆（图 10-35（c）），使体系沿 F_{QK} 正向发生相应的位移，则所得的位移图即为 F_{QK} 影响线的轮廓（图 10-35（d））。图 10-35（e）为 M_B 影响线的轮廓。

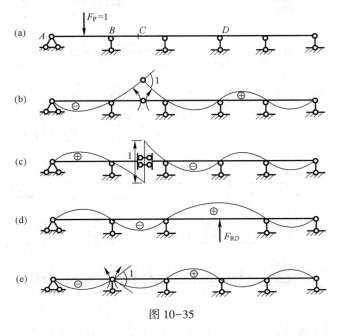

图 10-35

10.11 连续梁的内力包络图

房屋结构中的板、主梁、次梁一般都按连续梁计算。作用在连续梁上的荷载通常包括恒荷载和活荷载，其中恒荷载长期作用在梁上，而活荷载是随时间变化的，其大小、位置是不定的。所以进行结构设计时，必须考虑恒载和活载的共同影响。在恒载作用下，连续梁的内力是不变的，而活载产生的影响随活载的分布不同而不同。因此，为了保证结构在各种荷载作用下能安全使用，必须求得结构各截面在各种荷载作用下的最大内力。而其中最主要的问题在于确定活荷载的影响。只要求出活荷载作用下各截面的最大内力，再加上恒荷载作用下该截面的内力，就可以得到在恒荷载、活荷载共同作用下该截面的最大内力。

由于活荷载的位置是变化的，所以确定各截面的最大内力，需要确定活荷载的最不利布置，这可以通过影响线的形状来确定。

如图 10-36（a）所示一连续梁求支座截面 B 的弯矩 M_B 及截面 C 弯矩 M_C 的最不利荷载布置。绘出 M_B 及 M_C 的影响线轮廓如图 10-36（b）、（e）所示，由 $S=q\omega$ 可知：当均布荷载布满影响线的正号部分时，将产生该量值的最大值；布满影响线的负号部分时，将产生该量值的最小值（最大负值）。所以求 M_B 的最大负值时，活荷载应布满 B 支座的相邻跨及隔跨布置（图 10-36（c）），求 M_B 的最大值时，活荷载应布满第三跨、第五跨（图 10-36（d））。求跨中截面 C 的最大弯矩时，活荷载应布满本跨，然后隔跨布置（图 10-36（f）），求 M_C 的最小值（最大负值）时，最不利活荷载分布情况是：

本跨无活荷载，每隔一跨才有（图10-36（g））。

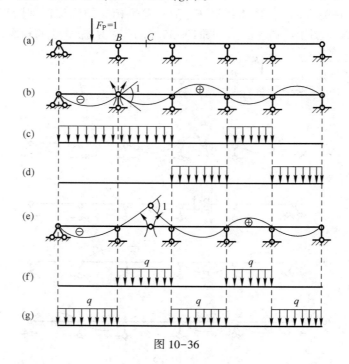

图10-36

将各截面在恒荷载和活荷载共同作用下的最大内力和最小内力，按比例标在图上，并连成两条光滑曲线，这个图形称为连续梁的内力包络图。连续梁的内力包络图可按以下步骤绘制：

（1）绘出恒荷载作用下的内力图。

（2）将每一跨单独布置活荷载情况下的内力图，逐一绘出。

（3）将各跨分成若干等份，对每一截面处在恒荷载作用下的内力值以及活荷载作用下的内力图对应的正（负）竖标值，进行叠加，得到该截面最大（小）内力值。

（4）将上述最大（小）值，按比例用竖标标在同一图上，并用曲线相连，即得到内力包络图。

下面举例说明。

例10-14 图10-37（a）所示为一三跨等截面连续梁，梁上的恒荷载 $q=16\text{kN/m}$，活荷载 $F_P=30\text{kN/m}$，试绘制该梁的弯矩包络图和剪力包络图。

解：（1）作弯矩包络图。首先用力矩分配法作出恒荷载作用下的弯矩图（图10-37（b））以及各跨分别作用活荷载的弯矩图（图10-37（c）、（d）、（e）），将梁的每一跨分为四等份，求出各弯矩图中等分点的竖标值。然后将恒载弯矩图（图10-37（b））的竖标值和所有活载弯矩图（图10-37（c）、（d）、（e））中对应的正（负）竖标值相加即得最大（最小）弯矩值。例如，在支座 B 处：

$$M_{B\max}=(-25.6)+8.00=-17.6(\text{kN}\cdot\text{m})$$

$$M_{B\min}=(-25.6)+(-31.98)+(-24.02)=-81.60(\text{kN}\cdot\text{m})$$

最后，将各个最大弯矩值和最小弯矩值分别用曲线相连，即得弯矩包络图（图10-37（f））。

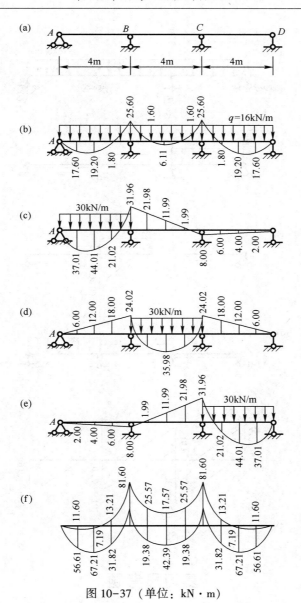

图 10-37（单位：kN·m）

（2）作剪力包络图。作出恒荷载作用下的剪力图（图 10-38（a））以及各跨分别作用活荷载的剪力图（图 10-38（b）、（c）、（d）），然后将恒载剪力图（图 10-37（a））中各支座左右两边截面处的竖标值和各跨分别作用活载时的剪力图（图 10-38（b）、（c）、（d））中对应的正（负）竖标值相加即得最大（最小）剪力值。例如，在支座 B 的左侧截面上：

$$F_{QB\max}^{L} = -(-38.40) + 2.00 = -36.40(\text{kN})$$

$$F_{QB\min}^{L} = (-38.4) + (-67.99) + (-6.00) = -112.39(\text{kN})$$

最后，将各个最大剪力值和最小剪力值分别用直线相连，即得剪力包络图（图 10-38（e））。

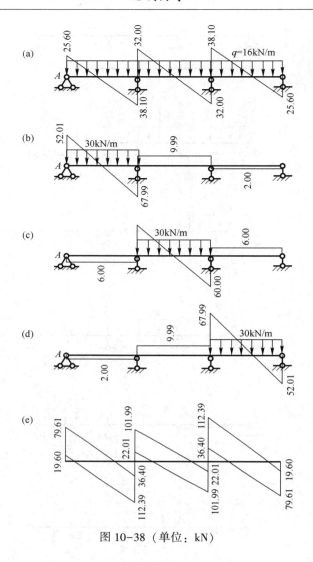

图 10-38（单位：kN）

复习思考题

1. "移动荷载也即动力荷载"这种说法对不对？
2. 影响线的含义是什么？影响线上任一点的横坐标和纵坐标各代表什么含义？各有什么样的量纲？
3. 作影响线时为什么要选用一个无量纲的单位移动荷载？
4. 用静力法求某量值的影响线与求在固定荷载下该量值的大小有什么不同？
5. 在什么情况下影响线方程必须分段列出？
6. 用静力法作桁架影响线时有什么特点？
7. 作桁架影响线时为什么要注意区分上弦承载还是下弦承载？在什么情况下两种承载方式的影响线是相同的？
8. 机动法作影响线的原理是什么？说明 δ_P 的含义。在荷载直接作用和荷载由结点传递两种情况下，δ_P 有什么区别？

9. 影响线的主要用途是什么？

10. 什么是荷载的临界位置？什么是最不利荷载位置？

11. 说明内力包络图的含义。它与内力图、影响线有什么不同？

12. 为什么不能用影响线求梁的绝对最大弯矩所在截面的位置？

13. 简支梁的绝对最大弯矩与跨中截面的最大弯矩是否相等？在什么情况下二者相等？

习　　题

习题 10-1　作图示悬臂梁支座反力 M_A、F_{Ay} 及截面内力 M_C、F_{QC} 的影响线。

习题 10-2　作图示外伸梁支座反力 F_{RA} 及截面内力 M_C、F_{QC}、M_D、F_{QD}、M_B、F_{QB}^L、F_{QB}^R 的影响线。

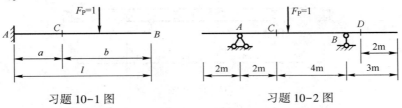

习题 10-1 图　　　　　　习题 10-2 图

习题 10-3　作图示斜梁支座反力 F_{RB} 及截面内力 M_C、F_{QC}、F_{NC} 的影响线。

习题 10-4　作图示多跨静定梁 M_D、F_{QC} 的影响线。

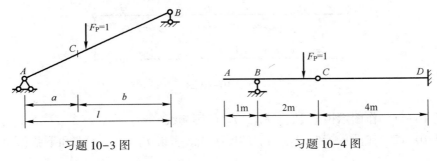

习题 10-3 图　　　　　　习题 10-4 图

习题 10-5　作图示梁 M_C、F_{QC} 的影响线。

习题 10-6　作图示结构 M_E、M_C、F_{QC}^R、F_{NCD} 的影响线。$F_P=1$ 沿 AB 移动。

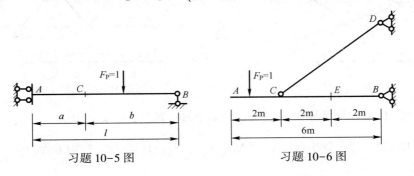

习题 10-5 图　　　　　　习题 10-6 图

习题 10-7 作图示结构 M_C、F_{QC} 的影响线。$F_P=1$ 沿 DE 移动。

习题 10-8 作图示结构 F_{RB}、M_E 的影响线。$F_P=1$ 沿 AC 移动。

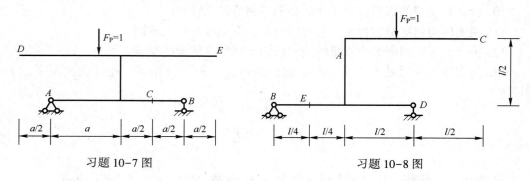

习题 10-7 图 习题 10-8 图

习题 10-9 单位荷载在 DE 上移动，试作 F_{RA}、M_C、F_{QC} 的影响线。

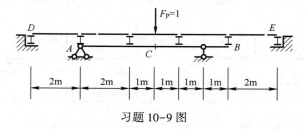

习题 10-9 图

习题 10-10 用机动法作图示梁的 F_{RC}、M_K、F_{QK}、F_{QE}、M_D 的影响线。

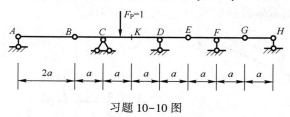

习题 10-10 图

习题 10-11 作图示桁架 F_{Na}、F_{Nb}、F_{Nc} 的影响线。

习题 10-12 作图示桁架 F_{Na}、F_{Nb} 的影响线。考虑 $F_P=1$ 在上弦和下弦移动。

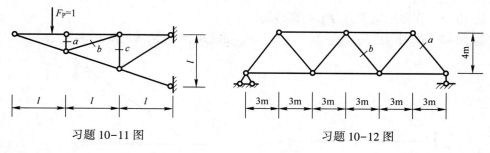

习题 10-11 图 习题 10-12 图

习题 10-13 作图示桁架 F_{N1}、F_{N2} 的影响线。$F_P=1$ 在上弦移动。

习题 10-14 作三铰拱截面 D 的 M_D、F_{QD}、F_{ND} 的影响线。拱轴方程为 $y=\dfrac{4f}{l^2}x(l-x)$。

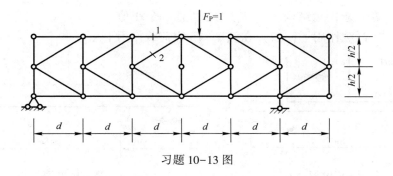

习题 10-13 图

习题 10-15 画出图示梁 M_A 的影响线，并利用影响线求出给定荷载下 M_A 的值。

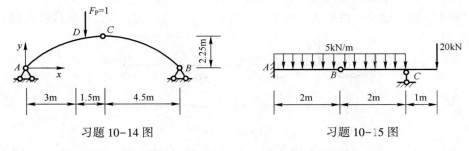

习题 10-14 图　　　　　习题 10-15 图

习题 10-16 画出图示结构 M_K 的影响线，并利用影响线求出给定荷载下 M_K 的值。

习题 10-17 试求图示梁在移动荷载作用下 M_C 的最大值。

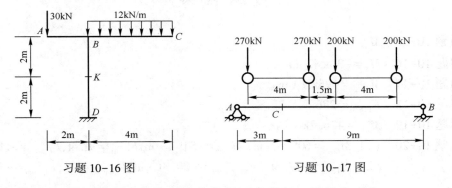

习题 10-16 图　　　　　习题 10-17 图

习题 10-18 求图示吊车梁在吊车荷载作用下支座 B 的最大反力。

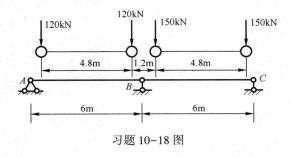

习题 10-18 图

习题 10-19 求图示简支梁的绝对最大弯矩，并与跨中截面的最大弯矩作比较。

习题 10-20 求图示结构 M_C、F_{QC} 的最大值和最小值。
（1）在中-活载作用下；（2）在汽车-15 级荷载作用下。

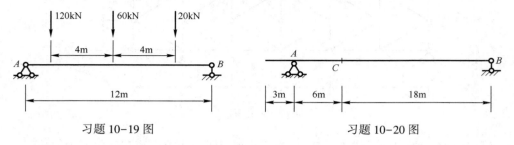

习题 10-19 图   习题 10-20 图

习题 10-21 用换算荷载表计算习题 10-20。

习题 10-22 试绘出图示连续梁 F_{RC}、M_B、F_{QB}^L、F_{QB}^R、M_E、F_{QE} 影响线的轮廓。

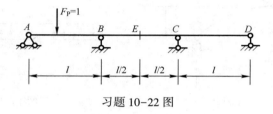

习题 10-22 图

习 题 答 案

习题 10-15 $M_A = 0$

习题 10-16 $M_K = -36 \text{kN} \cdot \text{m}$

习题 10-17 $M_{C\max} = 195 \text{kN} \cdot \text{m}$

习题 10-18 $F_{RB\max} = 276 \text{kN}$

习题 10-19 $M_{\max} = 426.7 \text{kN} \cdot \text{m}$

习题 10-20 （1）$M_{C\max} = 605.6 \text{t} \cdot \text{m}, M_{C\min} = -84.4 \text{t} \cdot \text{m}, F_{QC\max} = 91.4 \text{t}, F_{QC\min} = -14.1 \text{t}$；
（2）$M_{C\max} = 107.8 \text{t} \cdot \text{m}, M_{C\min} = -29.3 \text{t} \cdot \text{m}, F_{QC\max} = 18 \text{t}, F_{QC\min} = -3.8 \text{t}$

第 11 章 结构的动力计算

11.1 动力计算概述

前面各章讨论了结构在静力荷载作用下的计算问题,本章将讨论结构动力学,即讨论结构在动力荷载作用下的内力和位移的计算问题。关于结构动力学,我们在日常生活和自然界中会经常接触,如建筑物、桥梁在风和地震作用下会产生振动;飞机火箭在发动机推力、空气动力作用下会产生振动;车辆等运输装备在行使过程中会因为发动机、不平路面而引起振动。所以结构动力学被广泛应用于工程领域的各个学科,如航天、机械、能源、土木等,具有很强的工程实用性,如建筑物、桥梁等的抗震设计等。工程中由于振动特性设计不合理而造成的严重事故屡见不鲜,如美国的 Tacoma 大桥,跨度为 853m,1940 年在大约 19m/s 的风速下发生剧烈的振动而垮塌,主要原因就是设计缺陷,稳定性和强度都不够,在强风作用下发生了扭曲变形,引起了垮塌(图 11-1(a))。2008 年的四川汶川地震,是新中国成立以来破坏性最强、波及范围最广、灾害损失最严重的一次地震,地震灾害引起的大面积房屋倒塌是人员伤亡的主要原因(图 11-1(b))。所以设计安全可靠的房屋是减少地震灾害、人员伤亡的有效手段和途径。我国《抗震设计规范》规定在抗震设防区的房屋必须进行抗震设计。所以学习动力学的内容,对我们未来的工程师们来说意义重大,我们要认真学习领会党的二十大精神,要以中国式现代化全面推进中华民族伟大复兴的使命为己任,为了祖国的建设发展,为了实现人民对美好生活的向往,掌握扎实的力学专业知识,为国家建设贡献自己的青春和力量。

(a)　　　　　　　　　　　　(b)

图 11-1

一、动力计算的特点

首先说明动力荷载和静力荷载的区别。在工程结构中,除了结构自重及一些永久性荷载,可以看作静力荷载外,严格说来,绝大多数荷载都应属于动力荷载。但是,如果从加载过程及从荷载对结构产生的影响这个角度看，则可分为两种情况。一种情况是：加载过程缓慢，不足以使结构产生显著的加速度，因而可以略去惯性力对结构的影响。这类荷载称为静力荷载。此时结构的内力、位移等多种量值都不随时间而变化。另一种情况是：作用在结构上的荷载，其大小、方向、作用点随时间迅速变化，结构将发生振动，使得结构产生不容忽视的加速度，因而必须考虑惯性力的影响，此时的荷载为动力荷载。

其次说明结构的动力计算与静力计算的区别。根据达朗培尔原理，动力计算问题可以转化为静力平衡问题来处理。但是，这只是一种形式上的平衡，是在引进惯性力条件下的动平衡。也就是说，在动力计算中，虽然形式上仍是在列平衡方程，但要注意两个特点：第一，在所考虑的力系中要包括惯性力；第二，这里考虑的是瞬间的平衡，荷载、内力等量值都是时间的函数。

如果结构受到外部因素干扰发生振动，而在以后的振动过程中不再受外部干扰力作用，则这种振动称为自由振动；若在振动过程中还不断受到外部干扰力作用，则称为强迫振动。由于动力荷载作用使结构产生的内力和位移称为动内力和动位移，统称为动力反应。它们不仅是位置的函数，也是时间的函数。学习结构的动力计算，就是要掌握强迫振动时动力反应的计算原理和方法，确定它们随时间变化的规律，从而求出它们的最大值作为设计的依据。但是，结构的动力反应与结构本身的动力特性有着密切关系，而在分析自由振动时所得到的结构的自振频率、振型和阻尼参数等都是反映结构动力特性的指标。因此，分析自由振动即成为计算动力反应的前提和准备。在以后的讨论中，对各种结构体系，都先分析它的自由振动，再进一步研究其强迫振动的动力反应。

二、动力荷载的分类

作用于结构上的动力荷载，按其变化规律，主要有以下几种。

1. 简谐性周期荷载

周期荷载中最简单和最重要的一种称为简谐荷载，简谐荷载 $F_p(t)$ 随时间 t 的变化规律可用正弦或余弦函数表示（图 11-2（a））。例如具有旋转部件的机器在作等速运转时其偏心质量产生的离心力对结构的影响就是简谐荷载。

2. 冲击荷载

荷载以极大的集度出现，作用的时间很短，然后消失。例如爆炸引起空气的强大流动，在遇到结构时产生的冲击动力荷载（图 11-2（b））。

3. 碰撞荷载

由于物体间的碰撞作用，这类荷载作用于结构的时间很短，对结构的作用主要取决于它的冲量（图 11-2（c）），如汽锤在桩尖上的碰撞等。

4. 突加荷载

在结构上突然施加荷载，荷载值维持不变并继续留在结构上（图 11-2（d））。例如吊车的掣动力等就是这种荷载。

5. 随机荷载

前面几类荷载都属于确定性荷载，任一时刻的荷载值都是事先确定的。如果荷载在任一时刻的数值无法事先确定，则称为非确定性荷载或称为随机荷载。地震荷载和风荷载是随机荷载的典型例子（图 11-2（e）、(f)）。本书只讨论在确定性荷载作用下结构的动力反应计算。关于在随机荷载作用下结构的随机振动问题，可参考有关专著。

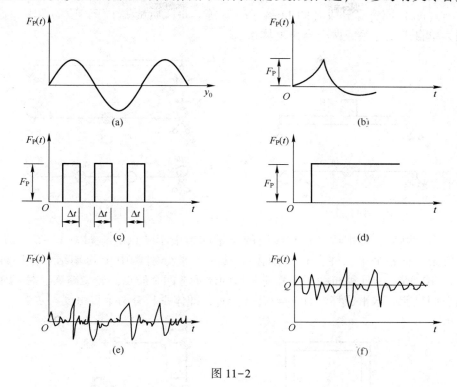

图 11-2

三、动力计算的自由度

动力问题的特点是需要考虑质点的惯性力，因此在选取动力计算的计算简图时，必须首先确定质点的分布情况和分析质点的位移情况。在动力计算中总是以质点的位移作为基本未知量，所以结构上全部质点有几个独立的位移，就有几个独立的未知量。在结构振动时，确定全部质点于某一时刻的位置所需要的独立的几何参变量的数目，称为体系的自由度。在进行结构动力计算时，首先就要确定体系的自由度和选择适当的几何坐标。

实际上，一切结构都是具有分布质量，严格说来都是无限自由度体系，但在一定条件下，常可略去次要因素而使问题简化，也就是说，将无限自由度体系问题简化为有限自由度体系问题。将实际结构简化为有限自由度体系的方法很多，最常用的方法就是集中质量法，即将分布质量集中为有限个质点，集中质点数目的多少可根据具体情况及精度要求来确定。

如图 11-3（a）所示简支梁跨中有一较大的质块，其质量为 m，我们可以略去梁的分布质量（或将梁的一部分质量集中到质块所在位置），而将梁简化为具有一个质块的体系。由于质块的大小与梁跨度相比很小，惯性力偶对动力分析的影响很小，可以略去，故只考虑惯性力的影响，这样就可以将质块看作质点。再加上通常我们不考虑杆件的轴向变形，这样体系就只有一个自由度（图 11-3（b））。有时梁上并没有质块，如图 11-4（a）所示，简支梁的分布质量集度为 $\overline{m}(\text{kg/m})$，为无限自由度体系。为得到近似解，我们采用集中质量法，将梁的分布质量沿轴线分段集中，将它分为二等分段（图 11-4（b））或三等分段（图 11-4（c））等，每段质量集中于该段的两端，这时体系分别为单自由度体系或两个自由度体系。

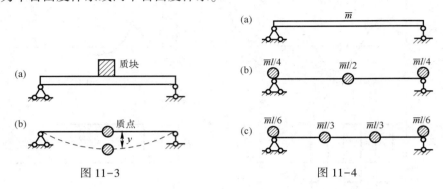

图 11-3　　　　　　　　　图 11-4

对于多层刚架，常把梁、柱和楼板的质量都集中于结点上。如图 11-5（a）所示一两层刚架，把各个梁、柱全长范围内质量的一半分别集中于两端结点上，即得如图 11-5（b）所示的计算简图，这样简化后的体系有四个质点。若忽略梁、柱的轴向变形，则它们只能有水平位移，且 $y_1=y_2$，$y_3=y_4$，即体系只有两个自由度。

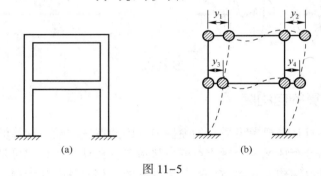

图 11-5

由以上分析可以看出，在确定结构振动的自由度时，不能根据结构有几个集中质点就判断它有几个自由度，而应该由确定质点位置所需的独立的几何参变量数目来判定。例如图 11-6（a）所示的结构，在绝对刚性的杆件上有两个集中质点，但它们的位置只需一个参数，即杆件的转角 α 便能确定，故其自由度为 1。又如图 11-6（b）所示的刚架虽然只有一个集中质点，但其位置需由水平位移 y_1 和竖向位移 y_2 两个独立参数才能确定，因此自由度为 2。

在确定比较复杂刚架的自由度时，我们可以采用附加链杆法，即加入最少数量的链杆以限制刚架上所有质点的位置，则该刚架的自由度数目就等于所加链杆的数目。例如图 11-7（a）所示的刚架虽然有三个集中质点，但加入两根链杆便可限制其全部质点的位置（图 11-7（b）），故其有 2 个自由度。如图 11-7（c）所示的刚架，需加入四根链杆（图 11-7（d）），故有 4 个自由度。又如图 11-7（e）所示的结构，需加入两根链杆（图 11-7（f）），故有 2 个自由度。

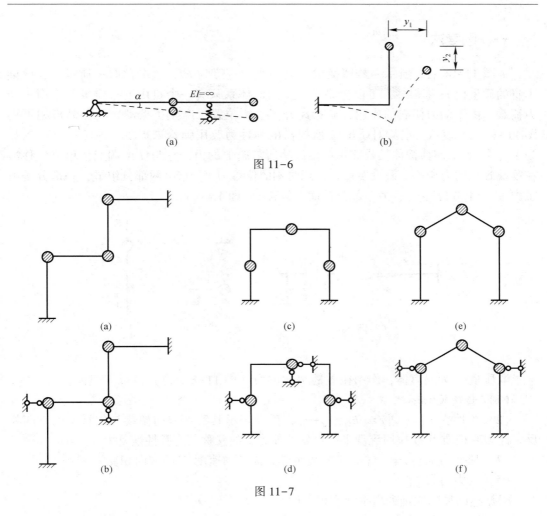

图 11-6

图 11-7

由以上几个例子可以看出：自由度的数目不完全取决于质点的数目；自由度的数目与结构是否静定或超静定无关；自由度的数目随计算要求的精确度不同而有所改变。如前述例子，若考虑杆件的轴向变形，则自由度的数目将有所增加。

11.2 单自由度体系的运动方程

单自由度体系的动力分析能反映振动的基本特性，是多自由度体系动力分析的基础，许多工程上的动力问题可简化成单自由度体系进行分析，因此单自由度体系的动力分析在结构的动力计算中占有很重要的地位。

由于动力计算的基本未知量是质点的位移，是时间 t 的函数，因此为了求动力反应，应先列出描述体系振动时质点动位移的数学表达式，即体系的运动方程。运动方程的建立是整个动力分析过程中最重要的部分。本节主要介绍如何建立单自由度体系的运动方程。建立运动方程时可以依据达朗贝尔原理来建立。具体做法有两种：刚度法和柔度法。

一、刚度法

如图 11-8（a）所示一悬臂横梁，梁的弯曲刚度为 EI，梁端部有一质量 m，设梁本身的质量比 m 小很多，可以忽略不计。因此体系只有一个自由度。质量上作用一动力荷载，由于动力荷载的作用，质量离开了平衡位置，产生了振动。其振动模型可用图 11-8（b）表示。横梁对质量 m 所提供的弹性力改用弹簧来提供。弹簧的刚度系数为 k_{11}，k_{11} 表示使弹簧伸长或缩短单位位移所需施加的力，它与使梁端产生单位位移需在梁端施加的力相等。假设质量在任意时刻的位移为 Y，它由两部分组成，一部分是由重力 W 产生的位移 y_{st}，另一部分是动力位移 y，即 $Y = y_{st} + y$。

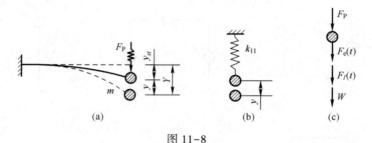

图 11-8

取质量 m 为隔离体，作用在质量 m 上的力（图 11-8（c））有以下四种。

（1）重力 $W = mg$。
（2）弹性力 $F_e = -k_{11}Y = -k_{11}(y_{st} + y)$，负号表示其实际方向始终与位移 y 的方向相反。此力有把质点 m 拉回到静平衡位置的能力，故又称其为弹性恢复力。
（3）惯性力 $F_I(t) = -m\ddot{y}$，负号表示其方向与加速度 $\ddot{y}$ 的方向相反。
（4）动力荷载 F_P。

根据达朗贝尔原理列出平衡方程，即

$$\sum F_y = 0$$

得

$$-k_{11}(y_{st} + y) - m\ddot{y} + F_P + mg = 0$$

由于 $mg = ky_{st}$，所以上式即为

$$m\ddot{y} + k_{11}y = F_P \tag{11-1}$$

这就是单自由度体系的运动方程。如果没有外荷载，即 $F_P = 0$，则振动即为自由振动，则方程变为

$$m\ddot{y} + k_{11}y = 0 \tag{11-2}$$

这就是单自由度体系自由振动的微分方程。

从这两个方程可以看出，方程中并没有出现重力 W，由此得出结论：重力对动力位移没有影响。所以在建立运动方程时，不考虑重力的影响。

例 11-1 用刚度法建立如图 11-9（a）所示梁的运动方程。梁的刚度 $EI = \infty$。

解：该体系为单自由度体系。设某一时刻体系的位移如图 11-9（b）所示。假设梁的转角为 α，则各质点所受的力如图 11-9（b）所示，则由 $\sum M_A = 0$ 得

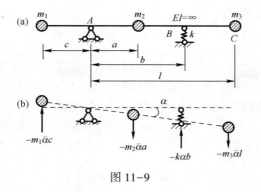

图 11-9

$$-m_1\ddot{\alpha}c \cdot c - m_2\ddot{\alpha}a \cdot a - k\alpha b \cdot b - m_3\ddot{\alpha}l \cdot l = 0$$

整理得

$$(m_1c^2 + m_2a^2 + m_3l^2)\ddot{\alpha} + kb^2\alpha = 0$$

例 11-2 用刚度法建立如图 11-10（a）所示刚架在动力荷载作用下的运动方程。结构的质量分布于刚性横梁上。

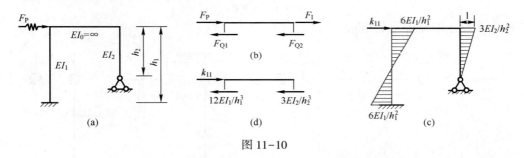

图 11-10

解：此为单自由度体系。设横梁在任一时刻的位移为 y，向右为正。取横梁为隔离体，受力如图 11-10（b）所示。则

$$\sum F_x = 0$$
$$F_P - F_{Q1} - F_{Q2} + F_I = 0$$

式中：

$$F_{Q1} = \frac{12EI_1}{h_1^3}y, \quad F_{Q2} = \frac{3EI_2}{h_2^3}y, \quad F_I = -m\ddot{y}$$

整理得运动方程

$$m\ddot{y} + k_{11}y = F_P$$

式中：

$$k_{11} = \frac{12EI_1}{h_1^3} + \frac{3EI_2}{h_2^3}$$

刚度系数 k_{11} 的计算如下：当梁端发生单位位移时，柱子的弯矩图如图 11-10（c）所示，根据该弯矩可求出柱端的剪力，k_{11} 即为各柱子的剪力之和（图 11-10（d））。

二、柔度法

如图 11-11（a）所示，一悬臂立柱在顶部有一质量 m，受外动力荷载作用，产生了水平振动，柱子质量忽略不计，为单自由度体系，其位移用 y 表示。该水平位移可看成是由惯性力和动力荷载共同作用在柱顶所产生的，即

$$y = \delta_{11}(-m\ddot{y}) + \delta_{11} \cdot F_P \tag{11-3}$$

即

$$m\ddot{y} + \frac{1}{\delta_{11}}y = F_P \tag{11-4}$$

式中：δ_{11} 为柔度系数，表示在单位力作用下引起的质量在该方向的位移（图 11-11（b）），其值与刚度系数互为倒数。即

$$k_{11} = \frac{1}{\delta_{11}} \tag{11-5}$$

则上式变为

$$m\ddot{y} + k_{11}y = F_P$$

与刚度法建立的方程完全相同。

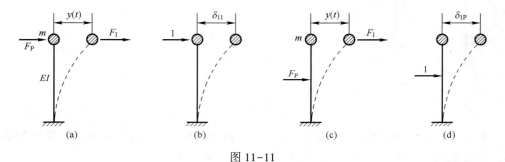

图 11-11

如果动力荷载不是直接作用在质量上（图 11-11（c）），则式（11-3）应为

$$y = \delta_{11}(-m\ddot{y}) + \delta_{1P}F_P \tag{11-6}$$

式中：δ_{1P} 为外力 $F_P = 1$ 时引起的质量在振动方向的位移（图 11-11（d））。

例 11-3 列出图 11-12（a）所示体系的运动方程。各杆 $EI =$ 常数。

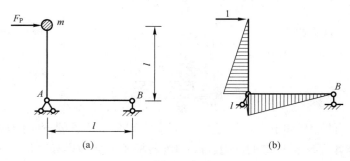

图 11-12

解：该体系为单自由度体系，用柔度法建立其运动方程。设质点在任一时刻的位移为 y，向右为正。则质点的运动方程为

$$y = \delta_{11}(-m\ddot{y}) + \delta_{11} \cdot F_P$$

为求柔度系数，画出单位荷载作用下的弯矩图，如图 11-12（b）所示。

$$\delta_{11} = \frac{1}{EI}\left(\frac{1}{2} \cdot l \cdot l \cdot \frac{2}{3}l\right) \times 2 = \frac{2l^3}{3EI}$$

整理得运动方程为

$$\ddot{y} + \frac{3EI}{2ml^3}y = \frac{F_P}{m}$$

例 11-4 列出图 11-13（a）所示体系的运动方程。各杆 EI = 常数。

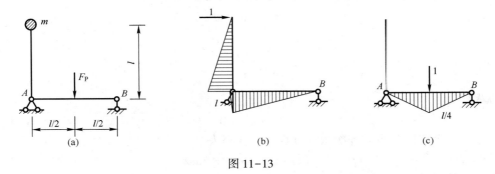

图 11-13

解：该体系仍为单自由度体系。与例 11-3 不同，本题中荷载不是直接作用在质点上。设质点在任一时刻的位移为 y，向右为正。则质点的运动方程为

$$y = \delta_{11}(-m\ddot{y}) + \delta_{1P} \cdot F_P$$

式中：δ_{11} 为单位力作用在质点上时引起的质点的位移；δ_{1P} 为外荷载为单位力时引起的质点的位移。因此，分别画出单位荷载作用下的弯矩图，如图 11-13（b）、（c）所示。用图乘法求得

$$\delta_{11} = \frac{1}{EI}\left(\frac{1}{2} \cdot l \cdot l \cdot \frac{2}{3}l\right) \times 2 = \frac{2l^3}{3EI}$$

$$\delta_{1P} = \frac{1}{EI}\left(\frac{1}{2} \cdot l \cdot \frac{l}{4} \cdot \frac{1}{2}l\right) = \frac{l^3}{16EI}$$

整理得运动方程为

$$\frac{2l^3}{3EI}m\ddot{y} + y = \frac{l^3}{16EI}F_P$$

建立运动方程小结：首先判断动力自由度数目，标出质量未知位移方向；其次沿所设位移的正向加惯性力、弹性恢复力，并冠以负号；最后根据求柔度系数方便还是刚度系数方便的原则，选择合适的方法，确定建立柔度方程或刚度方程。一般情况下，对于静定结构，求柔度系数更为方便；对于超静定结构，求刚度系数更为方便。

11.3 单自由度体系的自由振动

本节讨论单自由度体系的自由振动。所谓自由振动，是指结构在振动过程中不受到外部动荷载作用的振动。产生自由振动的原因取决于结构在初始时刻所具有的初始位移或初始速度，或者两者共同影响所引起的振动。

一、不考虑阻尼时的自由振动

1. 运动方程的建立及求解

11.2 节已经建立了单自由度体系自由振动的运动方程：

$$m\ddot{y} + k_{11}y = 0$$

令

$$\omega = \sqrt{\frac{k_{11}}{m}} \tag{11-7}$$

则方程变为

$$\ddot{y} + \omega^2 y = 0 \tag{11-8}$$

这是一个二阶常系数齐次微分方程，其通解为

$$y(t) = C_1 \cos\omega t + C_2 \sin\omega t \tag{11-9}$$

其中的系数 C_1 和 C_2 可由初始条件确定。设初始时刻 $t=0$ 时，质点 m 有初始位移 y_0 和初始速度 $\dot{y}_0$，即

$$y(0) = y_0, \quad \dot{y}(0) = \dot{y}_0$$

代入式（11-9），可得

$$C_1 = y_0, \quad C_2 = \frac{\dot{y}_0}{\omega}$$

于是式（11-9）可写成

$$y(t) = y_0 \cos\omega t + \frac{\dot{y}_0}{\omega} \sin\omega t \tag{11-10}$$

由式（11-10）可以看出，振动由两部分所组成：一部分是单独由初始位移 y_0（没有初始速度）引起的，质点按 $y_0 \cos\omega t$ 的余弦规律振动，如图 11-14（a）所示；另一部分是单独由初始速度 $\dot{y}_0$（没有初始位移）引起的，质点按 $\frac{\dot{y}_0}{\omega} \sin\omega t$ 的正弦规律振动，如图 11-14（b）所示。

式（11-10）还可以改写成另一种单项形式。

首先令

$$y_0 = C\sin\varphi \tag{11-11}$$

$$\frac{\dot{y}_0}{\omega} = C\sin\varphi \tag{11-12}$$

将式（11-11）、式（11-12）代入式（11-10），则有

$$y = C(\sin\varphi\cos\omega t + \cos\varphi\sin\omega t)$$

则有
$$y(t) = C\sin(\omega t + \varphi) \tag{11-13}$$

式（11-13）即为式（11-10）的另一种单项形式，振动图形如图 11-14（c）所示，可见这种振动是简谐振动。

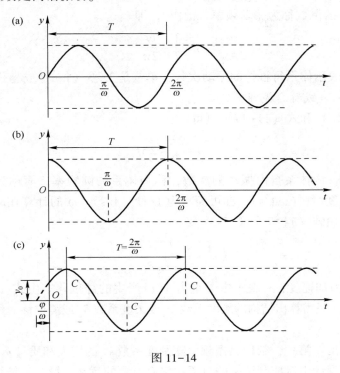

图 11-14

由式（11-11）和式（11-12）可得

$$C = \sqrt{y_0^2 + \frac{\dot{y}_0^2}{\omega^2}} \tag{11-14}$$

$$\tan\varphi = \frac{y_0}{\dfrac{\dot{y}_0}{\omega}}, \quad \varphi = \arctan\frac{y_0\omega}{\dot{y}_0} \tag{11-15}$$

式中：C 表示体系振动时质点 m 的最大位移，称为振幅；φ 为初始相位角。

2. 体系的自振周期和自振频率

1) 自振周期 T

由于未考虑阻尼因素，体系在自由振动开始时所具有的能量不会耗散，振动将持续不断。由式（11-13）右边可以看出质体所做的是简谐性的周期振动，因此每经历一定时间就要重复一次，结构出现前后同一运动状态（包括位移、速度等）所需的时间间隔称为自振周期，用 T 表示，其常用单位为秒（s）（图 11-14（c）），即

$$T = \frac{2\pi}{\omega} \tag{11-16}$$

显然给时间 t 一个增量 $T=\dfrac{2\pi}{\omega}$ 代入式（11-13）中，不难验证 $y(t)$ 确实满足周期运动的下列条件：

$$y(t+T)=y(t)$$

2）振动频率 f（也称工程频率）

自振周期 T 的倒数称为振动频率，记作 f，即

$$f=\dfrac{1}{T}=\dfrac{\omega}{2\pi} \qquad (11-17)$$

振动频率 f 表示体系每秒钟的振动次数，单位是 1/秒（1/s）或赫兹（Hz）。

3）圆频率 ω（或称自振频率）

由式（11-16）和式（11-17）可得

$$\omega=\dfrac{2\pi}{T}=2\pi f \qquad (11-18)$$

ω 表示在 2πs 内体系自由振动的次数，称为体系的圆频率，简称为自振频率或频率，其单位为弧度/秒（rad/s），亦可简写为 1/秒（1/s）。ω 的计算在动力学中有着重要意义，其值可由式（11-7）确定：

$$\omega=\sqrt{\dfrac{k_{11}}{m}}=\sqrt{\dfrac{1}{m\delta_{11}}}=\sqrt{\dfrac{g}{mg\delta_{11}}}=\sqrt{\dfrac{g}{w\delta_{11}}}=\sqrt{\dfrac{g}{y_s}} \qquad (11-19)$$

式中：g 表示重力加速度；y_s 表示由于重力 W 所产生的静位移。由式（11-19）可见，计算自振频率时，只需算出结构的刚度系数 k_{11} 或柔度系数 δ_{11} 或静位移 y_s 代入式（11-19）即可求得。

因此可以看出：第一，结构自振频率随刚度系数 k_{11} 的增大和质量 m 的减小而增大，这一特点在结构设计中对控制结构的自振频率有重要的意义。第二，结构的自振频率只取决于它自身的质量和刚度，与外部干扰因素无关，所以它反映的只是结构固有的动力特性；而外部干扰因素只影响振幅和初相角的大小而不能改变结构的自振频率。第三，如果两个结构具有相同的自振频率，则它们对动力荷载的反应也将是相同的。式（11-19）表明，ω 随 y_s 的增大而减小，就是说，若把质点安放在结构上产生最大位移处，则可得到最低的自振频率和最大的自振周期。

例 11-5 图 11-15（a）所示为一等截面的简支外伸梁，截面抗弯刚度为 EI，在其悬臂端处有一集中质量 m。如果忽略梁本身的质量，试求梁做竖向振动时的自振频率和周期。

解：首先绘出质量处作用有单位力时的弯矩图（图 11-15（b）），求其柔度系数为

$$\delta_{11}=\dfrac{1}{EI}\left(\dfrac{1}{2}\times l\times\dfrac{l}{2}\times\dfrac{2}{3}\times\dfrac{l}{2}+\dfrac{1}{2}\times\dfrac{l}{2}\times\dfrac{l}{2}\times\dfrac{2}{3}\times\dfrac{l}{2}\right)=\dfrac{l^3}{8EI}$$

由式（11-19）求自振频率：

$$\omega=\sqrt{\dfrac{1}{m\delta_{11}}}=\sqrt{\dfrac{8EI}{ml^3}}$$

自振周期为

$$T=\frac{2\pi}{\omega}=2\pi\sqrt{\frac{ml^3}{8EI}}$$

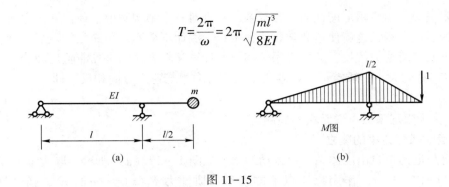

图 11-15

例 11-6 图 11-16（a）所示为一两跨刚架，横梁截面的抗弯刚度为 $EI=\infty$，横梁与负荷的总质量为 m。柱的质量可以忽略不计，试求刚架做水平振动时的频率。

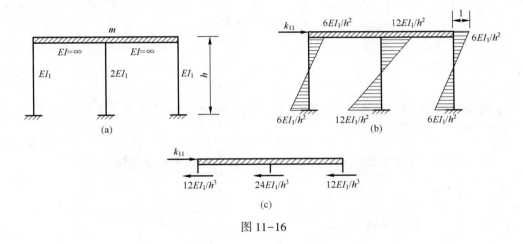

图 11-16

解：图 11-16（a）所示的体系，若忽略轴向变形，则横梁上各质点的水平位移相等。故为单自由度体系。先求刚架的刚度系数 k_{11}。画出刚架发生单位位移时的弯矩图（图 11-16（b））。以横梁为隔离体（图 11-16（c）），由平衡条件得

$$k_{11}=\frac{12EI_1}{h^3}+\frac{24EI_1}{h^3}+\frac{12EI_1}{h^3}=\frac{48EI_1}{h^3}$$

代入式（11-19），得

$$\omega=\sqrt{\frac{k_{11}}{m}}=\sqrt{\frac{48EI_1}{mh^3}}$$

二、有阻尼的自由振动

以上讨论了无阻尼的自由振动问题，但实际上，由于各种阻力的作用，体系开始所具有的能量将逐渐衰减下去，而运动不能无限延续，这种物理现象称为阻尼作用。

产生阻尼的主要因素有：结构材料的内摩擦力；支座、结点等构件联结处的摩擦力；周围介质对振动的影响，例如空气和液体的阻力；地基土等的内摩擦阻力以及人为

设置的阻尼等。由于阻尼的性质比较复杂,并且对一个结构来说,往往同时存在几种不同性质的阻尼因素,这就使得数学表达很困难,因而不得不采用简化的阻尼模型。目前有几种不同的阻尼力假设,其中应用较广泛且计算又较方便的是黏滞阻尼理论,它假设阻尼力 $F_C(t)$ 的大小与质点运动速度成正比,方向恒与速度方向相反,即

$$F_C(t) = -c\dot{y}(t) \tag{11-20}$$

式中:c 称为阻尼系数,通常由实验测定。

1. 运动微分方程的建立

具有阻尼的单自由度体系自由振动的模型如图 11-17 (a) 所示。取质量 m 为隔离体(图 11-17 (b))。作用在质点上的力有:惯性力 $F_I(t) = -m\ddot{y}(t)$,弹性恢复力 $F_e(t) = -k_{11}y(t)$ 和阻尼力 $F_c(t) = -c\dot{y}(t)$,于是,列出平衡方程为

$$F_I(t) + F_c(t) + F_e(t) = 0$$

即

$$m\ddot{y} + c\dot{y} + k_{11}y = 0 \tag{11-21}$$

令

$$\xi = \frac{c}{2m\omega} \tag{11-22}$$

ξ 称为阻尼比,并且 $\omega^2 = \frac{k_{11}}{m}$,则式(11-21)可改写为

$$\ddot{y} + 2\xi\omega\dot{y} + \omega^2 y = 0 \tag{11-23}$$

式(11-23)即为考虑阻尼时单自由度体系自由振动的微分方程。

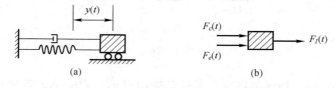

图 11-17

2. 运动微分方程的解

式(11-23)为二阶常系数齐次线性微分方程,其特征方程为

$$r^2 + 2\xi\omega r + \omega^2 = 0 \tag{11-24}$$

其两个根为

$$r_{1,2} = \omega(-\xi \pm \sqrt{\xi^2 - 1}) \tag{11-25}$$

式(11-24)的解取决于式(11-25)中根号里的值,其值可能为正、负或零,以下分三种情况考虑。

(1)当 $\xi < 1$ 时,即小阻尼情况。

首先令

$$\omega_r = \omega\sqrt{1-\xi^2} \tag{11-26}$$

则 r_1、r_2 为一对复根:

$$r_{1,2} = -\xi\omega \pm \mathrm{i}\omega_r$$

式（11-23）的通解为
$$y = e^{-\xi\omega t}(C_1\cos\omega_r t + C_2\sin\omega_r t)$$
式中：ω_r 为考虑阻尼时的圆频率；C_1、C_2 可由初始条件确定。设 $t=0$ 时，$y(0)=y_0$，$\dot{y}(0)=\dot{y}_0$，则上式可写为

$$y = e^{-\xi\omega t}\left(y_0\cos\omega_r t + \frac{\dot{y}_0+\xi\omega y_0}{\omega_r}\sin\omega_r t\right) \tag{11-27}$$

式（11-27）也可以写成单项形式，即

$$y = Ce^{-\xi\omega t}\sin(\omega_r t + \varphi) \tag{11-28}$$

式中

$$\begin{cases} C = \sqrt{y_0^2 + \left(\dfrac{\dot{y}_0+\xi\omega y_0}{\omega_r}\right)^2} \\ \varphi = \tan^{-1}\dfrac{y_0\omega_r}{\dot{y}_0+\xi\omega y_0} \end{cases} \tag{11-29}$$

由式（11-28）可画出小阻尼自由振动的位移——时间关系曲线，如图 11-18 所示，这是一条逐渐衰减的振动曲线，振幅 $Ce^{-\xi\omega t}$ 按指数规律衰减。严格说来，它不是周期运动，但可看出质点相邻两次通过静平衡位置的时间间隔是相等的，此时间间隔 $T_r = \dfrac{2\pi}{\omega_r}$ 习惯上也称为周期。将图 11-18 与图 11-14（c）相比，可看出小阻尼体系中阻尼对自振频率和振幅的影响。

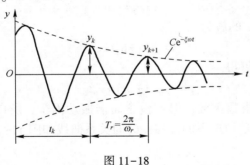

图 11-18

① 阻尼对自振频率的影响。从有阻尼与无阻尼的自振频率 ω_r 和 ω 之间的关系式（11-26）可看出，在 $\xi<1$ 的小阻尼情况下，ω_r 恒小于 ω，而且 ω_r 随 ξ 值的增大而减小。此外，在通常情况下，ξ 是一个小数（对一般建筑物约为 $0.01\sim0.1$）。如果 $\xi<0.2$，则 $0.96<\dfrac{\omega_r}{\omega}<1$，即 ω_r 与 ω 的值很接近。因此，在 $\xi<0.2$ 的情况下，阻尼对自振频率的影响不大，可以忽略，可认为 $\omega_r\approx\omega$。

② 阻尼对振幅的影响。在式（11-28）中，振幅为 $Ce^{-\xi\omega t}$，由此看出，由于阻尼的影响，振幅随时间而逐渐衰减。若用 y_k 表示某时刻 t_k 的振幅，用 y_{k+1} 表示经过一个周期 T_r 后的振幅，则相邻两个振幅之比为

$$\frac{y_{k+1}}{y_k} = \frac{e^{-\xi\omega(t_k+T_r)}}{e^{-\xi\omega t_k}} = e^{-\xi\omega T_r}$$

由此可见，ξ 值越大，则衰减速度越快。

由此可得

$$\ln \frac{y_k}{y_{k+1}} = \xi\omega T_r = \xi\omega \frac{2\pi}{\omega_r}$$

因此

$$\xi = \frac{1}{2\pi} \frac{\omega_r}{\omega} \ln \frac{y_k}{y_{k+1}}$$

若 $\xi<0.2$，则 $\frac{\omega_r}{\omega} \approx 1$，而

$$\xi \approx \frac{1}{2\pi} \ln \frac{y_k}{y_{k+1}} \tag{11-30a}$$

这里，$\ln \dfrac{y_k}{y_{k+1}}$ 称为对数递减率。利用式（11-30a），可以根据相邻振幅来计算阻尼比 ξ。实测中为了提高精度，通常取相邻 n 个周期的两个振幅 y_k 和 y_{k+n}，然后按下式计算阻尼比：

$$\xi = \frac{1}{2\pi n} \ln \frac{y_k}{y_{k+n}} \tag{11-30b}$$

（2）当 $\xi=1$ 时，即临界阻尼情况。

特征根：

$$r_{1,2} = -\omega$$

因此，式（11-23）的解为

$$y = (G_1 + G_2 t) e^{-\xi\omega t}$$

引入初始条件后，可得

$$y = [y_0(1+\omega t) + \dot{y}_0 t] e^{-\omega t} \tag{11-31}$$

式（11-31）含有指数函数，但不包含简谐振动因子，所以体系不发生振动。当 $y_0>0$，$\dot{y}_0>0$ 时，临界阻尼情形下的位移—时间关系曲线如图 11-19 所示。

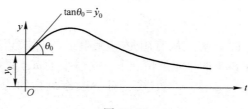

图 11-19

综合以上的讨论可知：当 $\xi<1$ 时，体系在自由反应中是会引起振动的，而当阻尼增大到 $\xi=1$ 时，体系在自由振动中不再引起振动，这时的阻尼系数称为临界阻尼系数，用 c_r 表示。在式（11-22）中令 $\xi=1$，可知临界阻尼系数为

$$c_r = 2m\omega = 2\sqrt{mk_{11}} \tag{11-32}$$

由式（11-22）和式（11-32）得

$$\xi = \frac{c}{c_r} \tag{11-33}$$

参数 ξ 表示实际阻尼系数 c 与临界阻尼系数 c_r 的比值，称为阻尼比。阻尼比 ξ 是反映阻尼情况的基本参数，它的数值可以通过实测得到。如果我们测得了两个振幅值 y_k 和 y_{k+n}，则由式（11-30）即可推算出 ξ 值，由式（11-22）可确定实际的阻尼系数。

（3）当 $\xi>1$ 时，为大阻尼情况。

由于阻尼很大，此时体系在自由反应中不会出现振动现象，当初始位移和初始速度不为零时，其位移—时间关系曲线与临界阻尼情况类似。由于在实际问题中很少遇到这种情况，故不做进一步讨论。对于大多数空气中振动的结构来说，都属于小阻尼范围，故我们仅限于讨论小阻尼振动的情形。

例 11-7 图 11-20 为一门式刚架，横梁 $EI=\infty$，质量集中于横梁，$m=1000\text{t}$。令刚架作水平自由振动。设 $t=0$ 时，初位移 $y_0=0.5\text{cm}$，初速度 $\dot{y}_0=0$，且测得周期 $T_r=1.5\text{s}$，设振动一周后横梁的侧移 $y_1=0.4\text{cm}$，试求刚架的阻尼系数及振动 10 周后的振幅。

解： 对数递减率为

$$\ln\frac{y_0}{y_1}=\ln\frac{0.5}{0.4}=0.223$$

阻尼比

$$\xi=\frac{1}{2\pi}\ln\frac{y_0}{y_1}=\frac{0.223}{2\pi}=0.0355$$

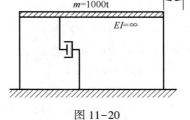

图 11-20

因阻尼对周期影响很小，可近似地取 $T=T_r=1.5\text{s}$，而 $\omega=\frac{2\pi}{1.5}$，于是阻尼系数为

$$c=\xi \cdot 2m\omega=0.0355\times 2\times 1\times 10^6\times\frac{2\pi}{1.5}=0.3(\text{Mkg/s})$$

计算振动 10 周后的振幅 y_{10}，由于

$$\frac{y_{10}}{y_0}=\text{e}^{-\xi\omega\cdot 10T_r},\quad \frac{y_1}{y_0}=\text{e}^{-\xi\omega\cdot T_r}$$

所以

$$y_{10}=\left(\frac{y_{10}}{y_0}\right)\cdot y_0=\left(\frac{y_1}{y_0}\right)^{10}\times 0.5=\left(\frac{0.4}{0.5}\right)^{10}\times 0.5=0.054(\text{cm})$$

利用阻尼耗能减震的性能，人们生产了阻尼器，其广泛应用于建筑、桥梁、铁路等工程中，在抗震抗风中发挥着重要的作用。

上海中心大厦阻尼器，大厦主体建筑地上 127 层，地下 5 层，楼高 632m。大厦阻尼器被称为上海慧眼，由配重物和吊索组成，类似巨型复摆，重达 1000t，是目前世界最重的阻尼器，约占大厦的 0.118%，安装位于大厦的倒数第三和第四层，距离地面 583m，由 12 根吊索吊在大厦内部，每根钢索长达 25m。当出现大风时，阻尼器就会产生在许可范围内的摆动，将大风作用在高楼上的机械能，转化为热能消散掉，可以降低风致峰值加速度，降低的幅度超过 43%，大大提高了人们的舒适度。

上海中心这台阻尼器全称为"摆式电涡流调谐质量阻尼器"，它采用的电涡流技术以往用于磁悬浮等工程，是世界上首次用于风阻尼器，为中国首创，体现了我国大国的制造力，展现出了中国科技、中国力量。

11.4 单自由度体系在简谐荷载作用下的强迫振动

一、有阻尼的强迫振动

所谓强迫振动，是指结构在动力荷载作用下产生的振动。本节讨论结构在简谐荷载 $F_\text{P}\sin\theta t$（或 $F_\text{P}\cos\theta t$）作用下的动力计算问题。首先考虑有阻尼的情形。若简谐荷载 $F_\text{P}\sin\theta t$ 直接作用在质点 m 上，则由质点的动力平衡条件，列出振动微分方程为

$$m\ddot{y} + c\dot{y} + k_{11}y = F_\text{P}\sin\theta t$$

或

$$\ddot{y} + 2\xi\omega\dot{y} + \omega^2 y = \frac{F_\text{P}}{m}\sin\theta t \tag{11-34}$$

式（11-34）的全解由相应的齐次方程的通解和非齐次方程的特解两部分组成，齐次解即为 11.3 节分析得到的式（11-27）。

下面设方程的特解为

$$y = A_1\cos\theta t + A_2\sin\theta t \tag{11-35}$$

将式（11-35）代入式（11-34），经计算可得常数：

$$\begin{cases} A_1 = \dfrac{F_\text{P}}{m}\dfrac{2\xi\omega\theta}{(\omega^2-\theta^2)+4\xi^2\omega^2\theta^2} \\ A_2 = \dfrac{F_\text{P}}{m}\dfrac{\omega^2-\theta^2}{(\omega^2-\theta^2)+4\xi^2\omega^2\theta^2} \end{cases} \tag{11-36}$$

方程的全解为

$$y(t) = \{e^{-\xi\omega t}(C_1\cos\omega_r t + C_2\sin\omega_r t)\} + \{A_1\cos\theta t + A_2\sin\theta t\} \tag{11-37}$$

式中两个常数 C_1、C_2 由初始条件确定。

式（11-37）右边分为两部分（各用大括号标出），表明体系的振动系由两个具有不同频率（ω_r 和 θ）的振动所组成。由于阻尼的作用，按频率 ω_r 振动的第一部分由于含有因子 $e^{-\xi\omega t}$，因此随着时间的增长逐渐衰减最后消失。而第二部分是特解描述的，不随时间衰减而按荷载频率 θ 进行的振动，称为纯强迫振动或称为稳态强迫振动。通常把振动开始的一段时间内两部分振动同时存在的阶段称为过渡阶段，把第二部分纯强迫振动的阶段称为平稳阶段。而过渡阶段比较短，因而在实际问题中平稳阶段比较重要，故一般只着重讨论纯强迫振动。

下面讨论纯强迫振动的情况。若将特解写成单项形式，首先由式（11-36），并令

$$\begin{cases} -\dfrac{F_\text{P}}{m}\dfrac{2\xi\omega\theta}{(\omega^2-\theta^2)+4\xi^2\omega^2\theta^2} = -A\sin\varphi \\ \dfrac{F_\text{P}}{m}\dfrac{\omega^2-\theta^2}{(\omega^2-\theta^2)+4\xi^2\omega^2\theta^2} = A\cos\varphi \end{cases} \tag{11-38}$$

则有

$$y = A\sin(\theta t - \varphi) \tag{11-39}$$

式中：A 为考虑阻尼时纯强迫振动的振幅；φ 是位移与荷载之间的相位差。由式（11-38）可得振幅为

$$A = \frac{F_P}{m} \frac{1}{\sqrt{(\omega^2 - \theta^2)^2 + 4\xi^2 \omega^2 \theta^2}} \tag{11-40}$$

相位差为

$$\varphi = \arctan \frac{2\xi\left(\dfrac{\theta}{\omega}\right)}{1 - \left(\dfrac{\theta}{\omega}\right)^2} \tag{11-41}$$

从式（11-40）分母中提出 ω^2，利用 $m\omega^2 = \dfrac{1}{\delta_{11}}$ 和 $F_P \delta_{11} = A_S$（A_S 为荷载幅值 F_P 所产生的静位移）的关系，式（11-40）可写为

$$A = \frac{1}{\sqrt{\left(1 - \dfrac{\theta^2}{\omega^2}\right)^2 + \dfrac{4\xi^2 \theta^2}{\omega^2}}} A_S = \beta A_S \tag{11-42}$$

式中

$$\beta = \frac{1}{\sqrt{\left(1 - \dfrac{\theta^2}{\omega^2}\right)^2 + \dfrac{4\xi^2 \theta^2}{\omega^2}}} \tag{11-43}$$

β 为考虑阻尼时的放大系数，也称为动力系数。可见动力系数 β 不仅与 θ 和 ω 的比值有关，而且与阻尼比 ξ 有关。对于不同的 ξ 值，可画出相应的 β 与 $\dfrac{\theta}{\omega}$ 之间的关系曲线，如图 11-21 所示。

下面由图 11-21 来研究当 ξ 取不同值的时候 β 随 $\dfrac{\theta}{\omega}$ 而变化的情况，并对位移与荷载之间的相位关系作简单的讨论。

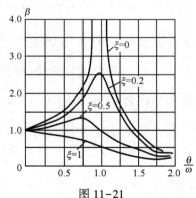

图 11-21

1. $\theta \ll \omega$ 情况

当 θ 远小于 ω 时，$\left(\dfrac{\theta}{\omega}\right)^2$ 值接近零，由式（11-43）看出，β 值接近 1，而 $A \approx A_S$。此时，相当于结构的刚度极大，或者荷载随时间变化极为缓慢的情形，即动荷载可以作为静荷载来计算。从式（11-43）看出分母根号内第二项已接近零，表明阻尼对 β 和 A 的影响很小，故可略去阻尼力，此时动荷载主要与结构的弹性恢复力维持平衡。

2. $\theta \gg \omega$ 情况

当 θ 远大于 ω 时，$\left(\dfrac{\theta}{\omega}\right)^2$ 远大于 1，由式（11-43）看出，β 值接近零，而 $A \approx 0$。这表明结构近似于不动或只作微小的颤动。这时由于振动很快，因而惯性力很大，结构的恢复力和阻尼力相对地说可以忽略，此时动荷载主要与惯性力维持平衡。

3. $\theta \to \omega$ 情况

当 θ 接近 ω，即动荷载频率接近于结构的自振频率时，动力系数 β 迅速增大。当 $\dfrac{\theta}{\omega}=1$ 时（称共振点），由于阻尼的存在，β 虽然不能成为无穷大，但仍有很大的值，这种状态称为共振。共振时弹性恢复力和惯性力却很小，此时动荷载主要与阻尼力维持平衡。共振时的动力系数由式（11-43）求出，即

$$\beta = \dfrac{1}{2\xi} \tag{11-44}$$

由式（11-44）和图 11-21 可以看出：在靠近共振点范围内，阻尼比 ξ 的数值对动力系数及振幅的大小有决定性的影响。通常将 $0.75<\dfrac{\theta}{\omega}<1.25$ 称为共振区。在共振区内，阻尼因素不能忽略，而且对 ξ 值应该力求精确，因为若 ξ 值有较小的差异，β 值将会有明显的改变。在共振区外，为了简化可以不考虑阻尼的影响，这样做比较安全。

4. 位移和振动荷载之间的相位关系

由式（11-41）可以看出，相位角 φ 是阻尼比 ξ 和比值 $\dfrac{\theta}{\omega}$ 的函数，它们之间的关系如图 11-22 所示。在不存在阻尼（$\xi=0$）的理想情况下，若 $\omega>\theta\left(\dfrac{\theta}{\omega}<1\right)$，则 $\varphi=0$，这表明位移与荷载或同时达到最大值或同时为零，即两者是同相位的。若 $\omega<\theta\left(\dfrac{\theta}{\omega}>1\right)$，则 $\varphi=\pi$，这表示当荷载由零到最大值时，位移由零到最小值，即两者是反相位的。在考虑阻尼情况下，荷载与位移之间的相位差则永远不等于零。当 $\dfrac{\theta}{\omega}<1$ 时，$0<\varphi<\dfrac{\pi}{2}$；当 $\dfrac{\theta}{\omega}>1$ 时，$\dfrac{\pi}{2}<\varphi<\pi$；而当 $\dfrac{\theta}{\omega}=1$ 时，$\varphi=\dfrac{\pi}{2}$。也就是说只要阻尼存在，则位移总是滞后于振动荷载。

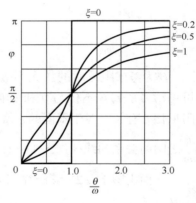

图 11-22

二、无阻尼时的强迫振动

由以上分析得知，当振动荷载频率处于共振区外时，为简化起见，可不考虑阻尼影响。在以上相应的各式中取 $\xi=0$，得稳态阶段无阻尼强迫振动的解：

$$y = A\sin\theta t = \beta A_s \sin\theta t \tag{11-45}$$

式中

$$\beta = \frac{1}{1-\dfrac{\theta^2}{\omega^2}} \quad (11-46)$$

为无阻尼时的动力系数，则振幅为

$$A = \beta A_S = \frac{P\delta_{11}}{1-\dfrac{\theta^2}{\omega^2}} \quad (11-47)$$

概括起来可以说，如果按照无阻尼情形进行动力计算，在共振区外所得振幅与实际出入不大。另外，从式（11-47）看出当 $\theta \to \omega$ 时，$A \to \infty$，所得振幅趋于无穷大的结果，虽不符合实际，却能表现出共振现象。而动荷载与位移之间存在的相位差则不能如实反映。

三、动力荷载作用在质体上时，弹性动内力幅值的比例算法

结构振动时，位移随时间而改变，动内力也随时间改变。由于结构的弹性内力与位移成正比，所以当位移达到幅值时，内力即达到幅值。图 11-23（a）所示为一单自由度体系，动力荷载作用在质体上。由于弹性结构的位移与外力成正比，而位移的幅值是 A，单位力产生的位移是 δ_{11}，因此产生幅值 A 的外力 F 按比例即应是

$$F = \frac{A}{\delta_{11}} = \frac{\beta F_P \delta_{11}}{\delta_{11}} = \beta F_P$$

也就是说，在位移达到幅值的时刻可用 βF_P 代替动荷载和惯性力的共同作用（图 11-23（b））。由此可知，将结构在 $F_P = 1$ 作用下的内力图放大 βF_P 倍就是结构的弹性动内力幅值图。注意到当位移达到幅值时，速度为零，故此时阻尼力为零。因而在计算中不必考虑阻尼力的作用。

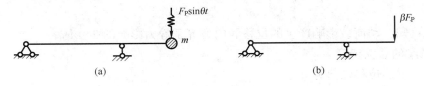

图 11-23

另外值得指出的是，求弹性动内力幅值除了用上述比例算法外，还可以用另外一种方法计算，即先求位移达到幅值的时间 t^*，再将此时此刻的动力荷载 $F_P\sin\theta t^*$ 和惯性力 $F_I(t^*)$ 一起加于结构上，然后用一般静力学方法即可求得反力和内力的幅值。在此，不再详细列举。

例 11-8 图 11-24（a）所示简支梁，在梁的中点作用一重量为 $W = 30\text{kN}$ 的动力机械，已知梁的弹性模量 $E = 210\text{GPa}$，惯性矩 $I = 8.0 \times 10^{-5}\text{m}^4$，动力机械转动时其离心力的垂直分力为 $F_P\sin\theta t$，且 $F_P = 10\text{kN}$，旋转速度 $N = 500\text{r/min}$。若不考虑阻尼，试求梁的最大挠度和弯矩（梁的自重略去不计）。

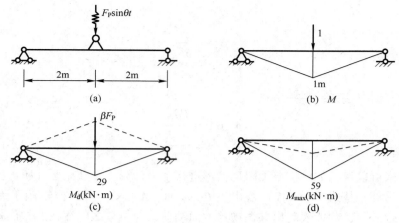

图 11-24

解：在单位力作用下 M 图为图 11-24（b），其柔度系数 δ_{11} 为

$$\delta_{11}=\frac{l^3}{48EI}=\frac{4^3}{48\times 210\times 10^9\times 8.0\times 10^{-5}}=7.9\times 10^{-8}\text{m/N}$$

自振频率为

$$\omega=\sqrt{\frac{1}{m\delta_{11}}}=\sqrt{\frac{g}{W\delta_{11}}}=\sqrt{\frac{9.81}{30\times 10^3\times 7.9\times 10^{-8}}}=64.3(\text{s}^{-1})$$

动力荷载频率为

$$\theta=\frac{2\pi N}{60}=\frac{2\times 3.14\times 500}{60}=52.3(\text{s}^{-1})$$

由式（11-46）求得动力系数为

$$\beta=\frac{1}{1-\dfrac{\theta^2}{\omega^2}}=\frac{1}{1-\left(\dfrac{52.3}{64.3}\right)^2}=2.9$$

由此可知，动荷载影响产生的位移和内力等于静力影响的 2.9 倍。

1. 求梁的最大挠度

此时，梁的位移幅值为

$$A=\beta F_P\delta_{11}=2.9\times 10\times 10^3\times 7.9\times 10^{-8}=2.29\times 10^{-3}(\text{m})$$

梁的总位移为静位移与动位移之和。当振动向下达到振幅位置时，总位移最大，设为 $\Delta_{\max}$，则

$$\Delta_{\max}=W\delta_{11}+A=30\times 10^{-3}\times 7.9\times 10^{-8}+2.29\times 10^{-3}=4.66\times 10^{-3}(\text{m})=4.66\text{mm}$$

2. 求梁的最大弯矩

梁的最大弯矩，为质体的重量引起的弯矩 M^W 与动荷载幅值放大 β 倍（图 11-24（c））起的弯矩 M^F 之和。设以 $M_{\max}$ 表示质体处的弯矩，则

$$M_{\max}=M^W+M^F=\frac{30\times 4}{4}+\frac{29\times 4}{4}=59(\text{kN}\cdot\text{m})$$

最后弯矩图如图 11-24（d）所示。

例 11-9 如图 11-25（a）所示结构，在柱顶有电动机，试求电动机转动时的最大水平位移和柱端弯矩。已知电动机和结构重量都集中于柱顶。$W=20\text{kN}$，电动机水平离心力的幅值 $F_\text{P}=250\text{N}$，电动机转速 $n=550\text{r/min}$，柱的线刚度 $i=EI/h=5.88\times10^6(\text{N}\cdot\text{m})$。

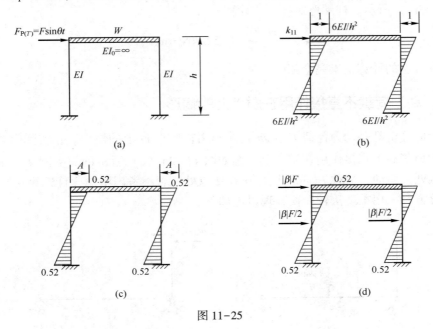

图 11-25

解：先画出刚架发生单位位移时的弯矩图（11-25（b）），则刚度系数 k_{11} 为

$$k_{11}=2\times\frac{12EI}{h^3}=\frac{24i}{h^2}=3.92\times10^6(\text{N/m})$$

自振频率为

$$\omega=\sqrt{\frac{k_{11}}{m}}=\sqrt{\frac{k_{11}g}{W}}=\sqrt{\frac{3.92\times10^6\times9.8}{2000}}=43.83(\text{s}^{-1})$$

干扰频率为

$$\theta=\frac{2\pi n}{60}=57.60(\text{s}^{-1})$$

动力系数为

$$\beta=\frac{1}{1-\dfrac{\theta^2}{\omega^2}}=\frac{1}{1-\left(\dfrac{57.6}{43.83}\right)^2}=-1.38$$

则水平方向的最大位移为

$$A=\beta\frac{F}{k_{11}}=-1.38\times\frac{250}{3.92\times10^6}=-87.82\times10^{-6}(\text{m})$$

负号表示最大位移的方向与外荷载的方向相反。

求柱端弯矩可采用两种方法。一是将弯矩图（图 11-25（b））所有纵标乘以最大水平位移，所得弯矩图即为最大动弯矩图（11-25（c））。即柱端弯矩为

$$6i\frac{A}{h}=0.52(\text{kN}\cdot\text{m})$$

二是采用动力系数法。将 βF_P 向右施加于柱顶上，用剪力分配法计算，其弯矩图如图（11-25（d））所示。柱端弯矩按下式计算：

$$\frac{|\beta|Fh}{4}=0.52(\text{kN}\cdot\text{m})$$

可见两种方法的计算结果完全相同。

四、动力荷载不直接作用在质点上的情形

以上的分析都是动力荷载 $F_P\sin\theta t$ 直接作用在质点 m 上的情形。在实际问题中，也可能有动力荷载不直接作用在质点上。例如图 11-26（a）所示的简支刚架，集中质点 m 在 1 点处，而动力荷载 $F_P\sin\theta t$ 则作用在 2 点处。若不考虑阻尼，首先建立质点 m 的运动微分方程，用柔度法较简便，现讨论如下。

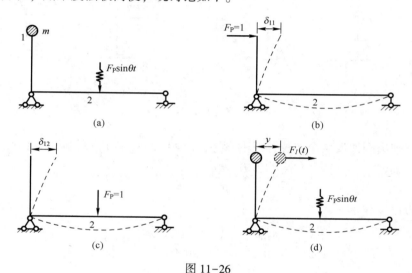

图 11-26

设单位力作用在 1 点时使 1 点产生的位移为 δ_{11}（图 11-26（b））；单位力作用在 2 点时使 1 点产生的位移为 δ_{12}（图 11-26（c））。若在任一时刻质点 m 处的位移为 y，则作用在质点 m 上的惯性力为 $F_I(t)$，在惯性力 $F_I(t)$ 和动荷载 $F_P\sin\theta t$ 共同作用下，如图 11-26（d）所示，质点 m 处的位移为

$$y=\delta_{11}F_I+\delta_{12}F_P\sin\theta t=\delta_{11}(-m\ddot{y})+\delta_{12}F_P\sin\theta t$$

即

$$m\ddot{y}+k_{11}y=\frac{\delta_{12}}{\delta_{11}}F_P\sin\theta t \qquad (11-48)$$

这就是质点 m 的运动微分方程。由此可见，对于这种情况，本节前面导出的各个计算公式都是适用的，只不过须将公式中的 $F_P\sin\theta t$ 用 $\frac{\delta_{12}}{\delta_{11}}F_P\sin\theta t$ 代替。由式（11-47）可

知，动位移幅值可用下式计算，即

$$A = \frac{\delta_{11}}{1-\frac{\theta^2}{\omega^2}} \times \frac{\delta_{12}}{\delta_{11}} F_P = \frac{1}{1-\frac{\theta^2}{\omega^2}} \delta_{12} F_P \tag{11-49}$$

例 11-10 图 11-27（a）所示简支刚架，在 1 点处有一质体，$m = 1000\text{kg}$，在 2 点处作用有动力荷载 $F_P\sin\theta t$，且 $F_P = 300\text{N}$，已知 $EI = 5.0 \times 10^7 \text{N} \cdot \text{m}^2$，设 $\theta = 0.5\omega$，不考虑阻尼。求质体 m 处的动位移幅值。

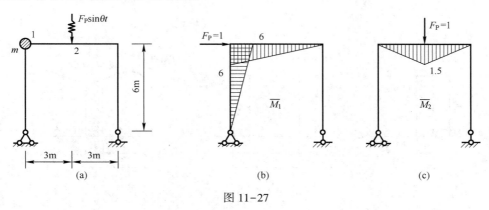

图 11-27

解： 由式（11-49）可知，首先求 δ_{12}。为此作出在 1 点处作用单位力引起的 $\overline{M}_1$ 图（图 11-27（b））和在 2 点处作用单位力引起的 $\overline{M}_2$ 图（图 11-27（c））。则

$$\delta_{12} = \sum \int \frac{\overline{M}_1 \overline{M}_2}{EI} ds = \frac{1}{2EI}\left(\frac{1}{2} \times 6 \times \frac{3}{2} \times \frac{1}{2} \times 6\right) = \frac{27}{4EI} = 1.35 \times 10^{-7} (\text{m/N})$$

动位移幅值为

$$A = \frac{1}{1-\frac{\theta^2}{\omega^2}} \times \delta_{12} F_P = \frac{1}{1-\left(\frac{0.5\omega}{\omega}\right)^2} \times 1.35 \times 10^{-7} \times 300 = 5.4 \times 10^{-5} (\text{m})$$

11.5 单自由度体系在任意荷载作用下的强迫振动

本节讨论在一般动荷载 $F_P(t)$ 作用下体系动位移的计算方法。首先研究瞬时冲量作用下的振动问题。所谓瞬时冲量就是荷载 $F_P(t)$ 只在极短时间（$\Delta t \to 0$）内作用所给予振动物体的冲量。

设 $t = 0$ 时体系处于静止状态。然后有瞬时冲量 Q 的作用，如图 11-28（a）所示在 Δt 时间内作用荷载 F_P，其冲量 $Q = F_P \Delta t$，即图中阴影线所表示的面积。在瞬时冲量作用下，体系将产生初速度 $\dot{y}_0$，但初位移仍为零。此时冲量 Q 全部转移给体系，使其增加动量，动量增值即为 $m\dot{y}_0$，故由 $Q = m\dot{y}_0$，可得

$$\dot{y}_0 = \frac{Q}{m} = \frac{F_P}{m}\Delta t$$

将 $y_0=0$ 和 $\dot{y}_0=\dfrac{Q}{m}=\dfrac{F_P}{m}\Delta t$ 代入式（11-27），便得到 $t=0$ 时在瞬时冲量 Q 作用下质点 m 的位移方程为

$$y=\mathrm{e}^{-\xi\omega t}\left(\dfrac{\dot{y}_0}{\omega_r}\sin\omega_r t\right)=\dfrac{Q}{m\omega_r}\mathrm{e}^{-\xi\omega t}\sin\omega_r t \tag{11-50}$$

如果在 $t=\tau$ 时作用瞬时冲量 Q（图 11-28（b）），则在以后任一时刻 t（$t>\tau$）的位移为

$$y=\dfrac{Q}{m\omega_r}\mathrm{e}^{-\xi\omega(t-\tau)}\sin\omega_r(t-\tau) \tag{11-51}$$

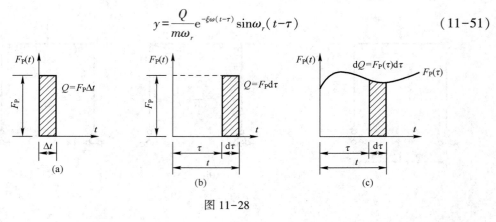

图 11-28

下面讨论图 11-28（c）所示任意动荷载 $F_P(t)$ 的动力反应。整个加载过程可看作由一系列瞬时冲量所组成。例如在时刻 $t=\tau$ 作用的荷载为 $F_P(\tau)$，此荷载在微分时段 $\mathrm{d}\tau$ 内产生的冲量为 $\mathrm{d}Q=F_P(\tau)\mathrm{d}\tau$。根据式（11-51），此微分冲量引起如下的动力反应。对于 $t>\tau$：

$$\mathrm{d}y=\dfrac{F_P(\tau)\mathrm{d}\tau}{m\omega_r}\mathrm{e}^{-\xi\omega(t-\tau)}\sin\omega_r(t-\tau) \tag{11-52}$$

然后将加载过程中产生的所有微分反应叠加起来，即对式（11-52）进行积分，可得出总反应如下：

$$y(t)=\dfrac{1}{m\omega_r}\int_0^t F_P(\tau)\mathrm{e}^{-\xi\omega(t-\tau)}\sin\omega_r(t-\tau)\mathrm{d}\tau \tag{11-53}$$

式（11-53）称为杜哈米（Duhamel）积分。这就是 $t=0$ 时处于静止状态的单自由度体系在任意荷载 $F_P(t)$ 作用下的位移公式。

若在 $t=0$ 时，质点还有初始位移 y_0 和初速度 $\dot{y}_0$，则质点位移应为

$$y(t)=\mathrm{e}^{-\xi\omega t}\left(y_0\cos\omega_r t+\dfrac{\dot{y}_0+\xi\omega y_0}{\omega_r}\sin\omega_r t\right)+\dfrac{1}{m\omega_r}\int_0^t F_P(\tau)\mathrm{e}^{-\xi\omega(t-\tau)}\sin\omega_r(t-\tau)\mathrm{d}\tau \tag{11-54}$$

如不考虑阻尼，即 $\xi=0$，$\omega_r=\omega$，则

$$y(t)=y_0\cos\omega t+\dfrac{\dot{y}_0}{\omega}\sin\omega t+\dfrac{1}{m\omega}\int_0^t F_P(\tau)\sin\omega(t-\tau)\mathrm{d}\tau \tag{11-55}$$

有了式（11-53）~式（11-55），只须把已知的动荷载 $F_P(\tau)$ 代入积分运算，便可

解算此种振动荷载作用下的受迫振动。下面讨论两种动荷载作用下的动力反应。

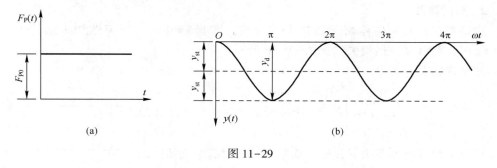

图 11-29

1. 突加荷载

设有一处于静止状态的单自由度体系，在 $t=0$ 时，突然承受荷载 F_{P0}，并一直作用在体系上，这种荷载称为突加荷载，荷载—时间关系曲线如图 11-29（a）所示，其荷载表达式为

$$F_P(t) = \begin{cases} 0, & t<0 \\ F_{P0}, & t \geq 0 \end{cases} \tag{11-56}$$

求体系的动位移。

先考虑有阻尼的情形。因初始条件为零，将 $F_P(\tau) = F_{P0}$ 代入式（11-53），进行积分求得的动位移如下：

$$\begin{aligned} y(t) &= \frac{F_{P0}}{m\omega^2}\left[1 - e^{-\xi\omega t}\left(\cos\omega_r t + \frac{\xi\omega}{\omega_r}\sin\omega_r t\right)\right] \\ &= y_{st}\left[1 - e^{-\xi\omega t}\left(\cos\omega_r t + \frac{\xi\omega}{\omega_r}\sin\omega_r t\right)\right] \end{aligned} \tag{11-57}$$

这里，$y_{st} = \dfrac{F_{P0}}{m\omega^2} = F_{P0}\delta_{11}$，表示在静荷载 F_{P0} 作用下所产生的静位移。将式（11-57）对 t 求一阶导数，并令其等于零，即可求得产生位移极值的各时刻。当 $t = \dfrac{\pi}{\omega_r}$ 时，最大动位移 y_d 为

$$y_d = y_{st}(1 + e^{-\frac{\xi\omega\pi}{\omega_r}}) \tag{11-58}$$

由此可得动力系数为

$$\beta = 1 + e^{-\frac{\xi\omega\pi}{\omega_r}} \tag{11-59}$$

若不考虑阻尼影响，则 $\xi=0$，$\omega_r = \omega$，式（11-57）成为

$$y(t) = y_{st}(1 - \cos\omega t) \tag{11-60}$$

由式（11-60）可绘出位移—时间关系曲线如图 11-29（b）所示。当 $t = \dfrac{\pi}{\omega}, \dfrac{3\pi}{\omega}\cdots$ 时，最大动位移为

$$y_d = 2y_{st} \tag{11-61}$$

即在突加荷载作用下，最大动力位移为静力位移的 2 倍，此时质点在静力平衡位置附近

作简谐振动。

2. 短时荷载

这是指在短时间内停留于结构上的荷载，即当 $t=0$ 时，荷突然加于结构上，但到 $t=t_0$ 时，荷载又突然消失，如图 11-30 所示。

其荷载的表达式为

$$F_P(t)=\begin{cases} 0, & t<0 \\ F_{P0}, & 0\leq t\leq t_0 \\ 0, & t>0 \end{cases} \quad (11-62)$$

对于这种情况可作如下分析：首先当 $t=0$ 时有上面所述的突加荷载加入，并一直作用于结构上；当 $t=t_0$ 时，又有一个大小相等且方向相反的突加荷载加入，以抵消原有荷载的作用。这样，便可利用上述突加荷载作用下的计算公式按叠加法来求

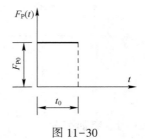

图 11-30

解。由于这种荷载作用时间短，最大位移一般发生在振动衰减还很少的开始一段短时间内，因此通常可以不考虑阻尼。于是由式（11-60）可得

（1）当 $0\leq t\leq t_0$ 时，有

$$y(t)=y_{st}(1-\cos\omega t) \quad (11-63)$$

（2）当 $t>t_0$ 时，有

$$\begin{aligned} y(t) &= y_{st}(1-\cos\omega t)-y_{st}[1-\cos\omega(t-t_0)] \\ &= y_{st}[\cos\omega(t-t_0)-\cos\omega t] \\ &= 2y_{st}\left[\sin\frac{\omega t_0}{2}\sin\omega\left(t-\frac{t_0}{2}\right)\right] \end{aligned} \quad (11-64)$$

下面分两种情况研究体系动位移的最大值。

（1）设 $t_0>\dfrac{T}{2}$（$T=\dfrac{2\pi}{\omega}$ 为体系的自振周期）。在式（11-63）中如 $t=\dfrac{T}{2}$，则有 $\cos\omega t=\cos\omega\dfrac{T}{2}=\cos\pi=-1$，$y(t)=y_{st}\times 2$，故动力系数 $\beta=2$，最大位移应发生在 $0\leq t\leq t_0$ 阶段。

（2）设 $t_0<\dfrac{T}{2}$。根据式（11-64）及其对时间的导数式可以看出：当 $t=t_0$ 时，位移和速度皆为正值，因此最大位移反应发生在 $t>t_1$ 阶段。由式（11-64）可知，当 $\sin\omega\left(t-\dfrac{t_0}{2}\right)$ 为 1 时，$y(t)$ 达到最大值 $y_{max}=y_{st}2\sin\dfrac{\omega t_0}{2}$，故动力系数

$$\beta=2\sin\frac{\omega t_0}{2}=2\sin\frac{\pi t_0}{T}$$

综合以上两种情况可得

$$\beta=\begin{cases} 2 & \dfrac{t_0}{T}>\dfrac{1}{2} \\ 2\sin\dfrac{\pi t T_0}{T} & \dfrac{t_0}{T}<\dfrac{1}{2} \end{cases} \quad (11-65)$$

动力系数的数值与 $\frac{t_0}{T}$ 有关,亦即短时荷载的动力效果将取决于其作用时间的长短。

11.6 多自由度体系的自由振动

在工程实际中,有一些结构可以简化成单自由度体系进行计算,但也有很多问题需要按多自由度来处理才能获得比较符合实际的解答。例如多层房屋及不等高厂房的横向振动、块体基础的平面振动、柔性较大的高耸结构的振动问题,就有必要按更为符合实际的多自由度体系来处理。

所谓多自由度体系是指两个自由度以上的体系。多自由度体系在强迫振动时的动力反应与它作自由振动时所表现出来的动力特性(自振频率、主振型等)有密切关系。因此,我们首先分析多自由度体系的自由振动。

通过前面对单自由度体系的分析已经看到,阻尼对自振频率的影响很小,在多自由度体系中也是如此。另外,在下面研究动力反应问题时,常要用到的是不考虑阻尼情况下分析体系的自由振动所得到的主振型。因此我们在分析中略去阻尼的影响。

下面首先讨论两个自由度体系,然后类推到 n 个自由度体系。

一、两个自由度体系的自由振动

图 11-31(a)所示无重立柱上有两个集中质量 m_1、m_2,这两个质量从静平衡位置量取的水平动位移分别为 $y_1(t)$、$y_2(t)$,这是一个具有两个自由度的体系。下面将分别用刚度法和柔度法来建立其振动微分方程并求解。

1. 刚度法

1)振动微分方程的建立

所谓刚度法,是指列质量处动平衡方程的方法。按刚度法建立振动微分方程时,可以采取类似位移法的步骤来处理。首先在 m_1、m_2 处加附加链杆以阻止质点处的位移(图 11-31(b)),然后在质量 m_1、m_2 处加惯性力

$$F_{I1}(t)=-m_1\ddot{y}_1,\quad F_{I2}(t)=-m_2\ddot{y}_2$$

并令其产生与实际情况相同的动位移 $y_1(t)$、$y_2(t)$,利用附加链杆处总的约束反力都为零的条件,即 $F_{R1}(t)=0$,$F_{R2}(t)=0$ 来建立振动方程。由叠加原理可知,求图 11-31(c)中的约束反力,可由惯性力单独作用产生的约束反力(图 11-31(d))及由 $y_1(t)$、$y_2(t)$ 各自单独作用时产生的约束反力(图 11-31(e)、(f))叠加而得。即

$$\begin{cases} F_{R1}(t)=m_1\ddot{y}_1+k_{11}y_1+k_{12}y_2=0 \\ F_{R2}(t)=m_2\ddot{y}_2+k_{21}y_1+k_{22}y_2=0 \end{cases} \quad (11\text{-}66)$$

由式(11-66)可得振动微分方程为

$$\begin{cases} m_1\ddot{y}_1+k_{11}y_1+k_{12}y_2=0 \\ m_2\ddot{y}_2+k_{21}y_1+k_{22}y_2=0 \end{cases} \quad (11\text{-}67)$$

式中:k_{11}、k_{22}、k_{12}、k_{21} 是结构的刚度系数,其物理意义见图 11-31(e)、(f)。例如

k_{12} 是使 2 点附加链杆沿运动方向产生单位位移（1 点位移保持为零）时，1 点处附加链杆产生的反力。由反力互等定理可知 $k_{12} = k_{21}$。

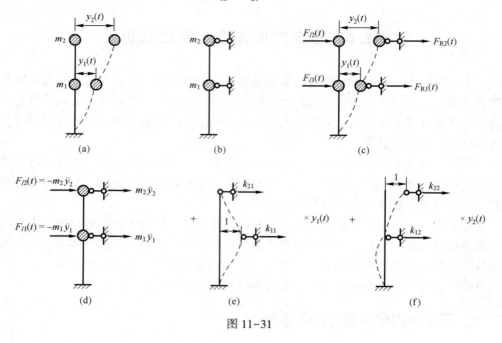

图 11-31

2）振动微分方程的解和频率方程

与单自由度体系自由振动的情况一样，这里也假设两个质点的振动为简谐振动，将式（11-67）的解设为如下形式：

$$\begin{cases} y_1(t) = X(1)\sin(\omega t + \varphi) \\ y_2(t) = X(2)\sin(\omega t + \varphi) \end{cases} \quad (11\text{-}68)$$

上式所表示的运动具有以下特点。

第一，在振动过程中，两个质点具有相同的频率 ω 和相同的相位角 φ，$X(1)$ 表示质点 1 处的位移幅值；$X(2)$ 表示质点 2 处的位移幅值。

第二，在振动过程中，两个质点的位移在数值上随时间而变化，但两者的比值始终保持不变，即

$$\frac{y_1(t)}{y_2(t)} = \frac{X(1)}{X(2)} = 常数 \quad (11\text{-}69)$$

这种结构位移形状保持不变的振动形式可称为主振型或振型。将式（11-68）代入式（11-67），消去公因子 $\sin(\omega t + \varphi)$，得

$$\begin{cases} (k_{11} - \omega^2 m_1)X(1) + k_{12}X(2) = 0 \\ k_{21}X(1) + (k_{22} - \omega^2 m_2)X(2) = 0 \end{cases} \quad (11\text{-}70)$$

式（11-70）为 $X(1)$、$X(2)$ 的齐次方程组，$X(1) = X(2) = 0$，虽然是方程的解，但它相应于没有发生振动的静止状态。为了要得到 $X(1)$、$X(2)$ 不全为零的解，应使其系数行列式为零，即

$$D = \begin{vmatrix} k_{11}-\omega^2 m_1 & k_{12} \\ k_{21} & k_{22}-\omega^2 m_2 \end{vmatrix} = 0 \qquad (11-71a)$$

上式称为频率方程或特征方程,用它可以确定频率 ω 的值。将上式展开,得

$$(k_{11}-\omega^2 m_1)(k_{22}-\omega^2 m_2) - k_{12}k_{21} = 0 \qquad (11-71b)$$

整理,得

$$(\omega^2)^2 - \left(\frac{k_{11}}{m_1} + \frac{k_{22}}{m_2}\right)\omega^2 + \frac{k_{11}k_{22}-k_{12}k_{21}}{m_1 m_2} = 0$$

上式是关于 ω^2 的二次方程,从中可解出 ω^2 的两个正实根:

$$\begin{cases} \omega_1^2 = \dfrac{1}{2}\left(\dfrac{k_{11}}{m_1}+\dfrac{k_{22}}{m_2}\right) - \sqrt{\dfrac{1}{4}\left(\dfrac{k_{11}}{m_1}+\dfrac{k_{22}}{m_2}\right)^2 - \dfrac{k_{11}k_{22}-k_{12}k_{21}}{m_1 m_2}} \\ \omega_2^2 = \dfrac{1}{2}\left(\dfrac{k_{11}}{m_1}+\dfrac{k_{22}}{m_2}\right) + \sqrt{\dfrac{1}{4}\left(\dfrac{k_{11}}{m_1}+\dfrac{k_{22}}{m_2}\right)^2 - \dfrac{k_{11}k_{22}-k_{12}k_{21}}{m_1 m_2}} \end{cases} \qquad (11-72)$$

由此可见,具有两个自由度的体系共有两个自振频率。其中较小的 ω_1 称为第一频率或基本频率,另一个 ω_2 称为第二频率。

3) 特定初始条件下体系的简谐振动——主振型

对应于两个 ω 值,可以得到 $y_1(t)$、$y_2(t)$ 的两组解。

(1) 对应 ω_1,得

$$\begin{cases} y_1(t) = X_1(1)\sin(\omega_1 t + \varphi_1) \\ y_2(t) = X_1(2)\sin(\omega_1 t + \varphi_1) \end{cases} \qquad (11-73)$$

再将 ω_1 值代入式 (11-70) 的两个方程求 $X_1(1)$、$X_1(2)$。但由于式 (11-70) 的系数行列式 $D=0$,两个方程不是独立的,因此,只能由其中任一个方程求得 $X_1(1)$ 与 $X_1(2)$ 的比值。例如将 ω_1 代入式 (11-70) 第一式,可得

$$\frac{X_1(2)}{X_1(1)} = \frac{\omega_1^2 m_1 - k_{11}}{k_{12}} = \rho_1 \qquad (11-74)$$

(2) 对应 ω_2,得

$$\begin{cases} y_1(t) = X_2(1)\sin(\omega_2 t + \varphi_2) \\ y_2(t) = X_2(2)\sin(\omega_2 t + \varphi_2) \end{cases} \qquad (11-75)$$

和

$$\frac{X_2(2)}{X_2(1)} = \frac{\omega_2^2 m_1 - k_{11}}{k_{12}} = \rho_2 \qquad (11-76)$$

以上分析表明,在特定的初始条件下,两个质点 m_1、m_2 按频率 ω_1 或 ω_2 做简谐振动,在振动过程中,两个质点同时经过静平衡位置和振幅位置,位移 $y_1(t)$、$y_2(t)$ 的比值保持为常数,结构的变形形式不变。这种情况下的振动形式称为主振型(有时也简称为振型)。当体系按 ω_1 振动时,两个质点 m_1 和 m_2 位移之比为 $1:\rho_1$,称为第一振型或基本振型。体系按 ω_2 振动时,两个质点 m_1 和 m_2 位移之比为 $1:\rho_2$,称为第二振型。当多自由度体系按某个振型作振动时,由于振动形式不变,只需一个几何坐标便能确定全部质点的位置,因此它实际上就像一个单自由度体系那样在振动。

下面研究图 11-31（a）中体系按主振型作简谐自由振动所需要的特定初始条件。可以看出，在振动过程中，不仅各质点的位移保持一定比值，各质点的速度也保持同一比值。因此，各质点的初位移和初速度也必须具有同样的比例关系。若拟通过给以初位移的方式使其产生第一振型（或第二振型）的自由振动，则质点 m_2 的初位移应该是质点 m_1 的初位移的 ρ_1（或 ρ_2）倍。同理，若拟通过给以初速度的方式使其产生第一振型（或第二振型）的自由振动，也应该按照上述的比例关系。

需要指出的是，体系能否按某一频率作自由振动由初始条件决定。但主振型的形式则和频率一样，与初始条件无关，而是完全由体系本身的动力特性所决定。

4）任意初始条件下体系的自由振动

一般情况下，体系振动时各质点位移包含两个分量即第一和第二振型分量。此时将运动方程式（11-67）的两个特解式（11-73）和式（11-75）进行线性组合即得到它的全解：

$$\begin{cases} y_1(t) = X_1(1)\sin(\omega_1 t+\varphi_1) + X_2(1)\sin(\omega_2 t+\varphi_2) \\ y_2(t) = X_1(2)\sin(\omega_1 t+\varphi_1) + X_2(2)\sin(\omega_2 t+\varphi_2) \end{cases} \quad (11-77)$$

式（11-77）中共有 4 个独立的待定常数，即 $X_1(1)$ [或 $X_1(2)$]、$X_2(1)$ [或 $X_2(2)$]、φ_1 和 φ_2。同时，也存在 4 个初始条件，即质点 m_1 的初位移和初速度以及质点 m_2 的初位移和初速度。所以，给定任意 4 个初始条件后，即可确定体系的自由振动。一般情况下，质点的位移是由具有不同频率的简谐分量叠加而成的，它不再是简谐振动。不同质点的位移的比值也不再是常数，而是随时间变化。因此，在这种自由振动中，体系也不能保持一定的变形形式。

例 11-11 图 11-32（a）所示为两层刚架。设横梁为刚性，质量集中于横梁，且 $m_1 = 200\text{t}$，$m_2 = 150\text{t}$。柱子的线刚度分别为 $i_1 = 20\text{MN}\cdot\text{m}$，$i_2 = 15\text{MN}\cdot\text{m}$，试求该刚架水平振动时的自振频率和振型。

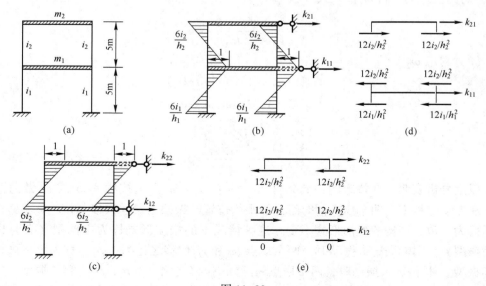

图 11-32

解：（1）计算刚架的刚度系数。首先画出 $\overline{M}_1$、$\overline{M}_2$ 图，即当第一层发生相对水平单位位移时以及第二层发生相对水平单位位移时刚架的弯矩图，见图 11-32（b）、图 11-32（c），据此可求得刚度系数（图 11-32（d）、图 11-32（e））。即

$$k_{11} = \frac{12i_1}{h_1^2} \times 2 + \frac{12i_2}{h_2^2} \times 2 = 33.6 (\text{MN/m})$$

$$k_{21} = -\frac{12i_2}{h_2^2} \times 2 = -14.4 (\text{MN/m})$$

$$k_{22} = \frac{12i_2}{h_2^2} \times 2 = 14.4 (\text{MN/m})$$

$$k_{12} = -\frac{12i_2}{h_2^2} \times 2 = -14.4 (\text{MN/m})$$

（2）求自振频率 ω_1 和 ω_2。利用式（11-72），得

$$\begin{cases} \omega_1^2 = \frac{1}{2}\left(\frac{k_{11}}{m_1} + \frac{k_{22}}{m_2}\right) - \sqrt{\frac{1}{4}\left(\frac{k_{11}}{m_1} + \frac{k_{22}}{m_2}\right)^2 - \frac{k_{11}k_{22} - k_{12}k_{21}}{m_1 m_2}} = 132 - 90.6 = 41.4 \\ \omega_2^2 = \frac{1}{2}\left(\frac{k_{11}}{m_1} + \frac{k_{22}}{m_2}\right) + \sqrt{\frac{1}{4}\left(\frac{k_{11}}{m_1} + \frac{k_{22}}{m_2}\right)^2 - \frac{k_{11}k_{22} - k_{12}k_{21}}{m_1 m_2}} = 132 + 90.6 = 222.6 \end{cases}$$

$$\omega_1 = 6.43 \text{s}^{-1}, \quad \omega_2 = 14.92 \text{s}^{-1}$$

（3）求主振型。利用式（11-74）和式（11-76）。

第一振型：

$$\rho_1 = \frac{\omega_1^2 m_1 - k_{11}}{k_{12}} = \frac{41.4 \times 200 \times 10^3 - 33.6 \times 10^6}{-14.4 \times 10^6} = 1.76$$

振型曲线见图 11-33（a）。

第二振型见图 11-33（b）：

$$\rho_2 = \frac{\omega_2^2 m_1 - k_{11}}{k_{12}} = \frac{222.6 \times 200 \times 10^3 - 33.6 \times 10^6}{-14.4 \times 10^6} = -0.76$$

振型曲线见图 11-33（b）。

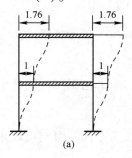 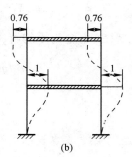

(a)　　　　　　　　　　　(b)

图 11-33

2. 柔度法

1) 振动微分方程的建立

所谓柔度法是指建立质点处的动位移方程的一种方法。其思路是：在自由振动的过

程中的任一时刻 t，质量 m_1、m_2 处的位移 $y_1(t)$、$y_2(t)$ 应当等于体系在惯性力 $F_{I1}(t)$、$F_{I2}(t)$ 作用下产生的静位移（图 11-34（a））。由叠加原理可知

$$\begin{cases} y_1 = -m_1 \ddot{y}_1 \delta_{11} - m_2 \ddot{y}_2 \delta_{12} \\ y_2 = -m_1 \ddot{y}_1 \delta_{21} - m_2 \ddot{y}_2 \delta_{22} \end{cases} \quad (11\text{-}78a)$$

上式可改写为

$$\begin{cases} m_1 \ddot{y}_1 \delta_{11} + m_2 \ddot{y}_2 \delta_{12} + y_1 = 0 \\ m_1 \ddot{y}_1 \delta_{21} + m_2 \ddot{y}_2 \delta_{22} + y_2 = 0 \end{cases} \quad (11\text{-}78b)$$

式（11-78）即为用柔度法建立的振动微分方程，其中 δ_{11}、δ_{22}、δ_{12}、δ_{21} 为体系的柔度系数，由位移互等定理可知 $\delta_{12} = \delta_{21}$，其物理意义如图 11-34（b）、（c）所示。

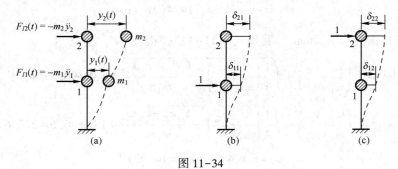

图 11-34

2）振动微分方程的解和频率方程

仍设解为如下形式：

$$\begin{cases} y_1(t) = X(1) \sin(\omega t + \varphi) \\ y_2(t) = X(2) \sin(\omega t + \varphi) \end{cases} \quad (11\text{-}79)$$

将式（11-79）代入式（11-78b），可以得到

$$\begin{cases} \left(\delta_{11} m_1 - \dfrac{1}{\omega^2} \right) X(1) + \delta_{12} m_2 X(2) = 0 \\ \delta_{21} m_1 X_1 + \left(\delta_{22} m_2 - \dfrac{1}{\omega^2} \right) X(2) = 0 \end{cases} \quad (11\text{-}80)$$

为了得到 $X(1)$、$X(2)$ 不全为零的解，应使式（11-80）系数行列式等于零，即

$$D = \begin{vmatrix} \delta_{11} m_1 - \dfrac{1}{\omega^2} & \delta_{12} m_2 \\ \delta_{21} m_1 & \delta_{22} m_2 - \dfrac{1}{\omega^2} \end{vmatrix} = 0 \quad (11\text{-}81)$$

式（11-81）就是用柔度系数表示的频率方程或特征方程，由它可以求出两个频率 ω_1 和 ω_2。

将式（11-81）展开，得

$$\left(\delta_{11} m_1 - \dfrac{1}{\omega^2} \right) \left(\delta_{22} m_2 - \dfrac{1}{\omega^2} \right) - \delta_{12} m_2 \delta_{21} m_1 = 0$$

设 $\lambda = \dfrac{1}{\omega^2}$，则上式化为一个关于 λ 的二次方程：

$$\lambda^2 - (\delta_{11}m_1 + \delta_{22}m_2)\lambda + (\delta_{11}\delta_{22}m_1m_2 - \delta_{12}\delta_{21}m_1m_2) = 0$$

由此可以解出 λ 的两个正实根：

$$\begin{cases} \lambda_1 = \dfrac{1}{2}(\delta_{11}m_1 + \delta_{22}m_2) + \dfrac{1}{2}\sqrt{(\delta_{11}m_1 + \delta_{22}m_2)^2 - 4(\delta_{11}\delta_{22} - \delta_{12}\delta_{21})m_1m_2} \\ \lambda_2 = \dfrac{1}{2}(\delta_{11}m_1 + \delta_{22}m_2) - \dfrac{1}{2}\sqrt{(\delta_{11}m_1 + \delta_{22}m_2)^2 - 4(\delta_{11}\delta_{22} - \delta_{12}\delta_{21})m_1m_2} \end{cases} \quad (11-82)$$

于是求得自振频率的两个值为

$$\omega_1 = \dfrac{1}{\sqrt{\lambda_1}}, \quad \omega_2 = \dfrac{1}{\sqrt{\lambda_2}}$$

下面求体系得主振型。将 $\omega = \omega_1$ 代入式（11-80）第一式得

$$\dfrac{X_1(2)}{X_1(1)} = \dfrac{\dfrac{1}{\omega_1^2} - m_1\delta_{11}}{m_2\delta_{12}} = \rho_1 \tag{11-83a}$$

同样，将 $\omega = \omega_2$ 代入式（11-79）第二式，可求得另一比值：

$$\dfrac{X_2(2)}{X_2(1)} = \dfrac{\dfrac{1}{\omega_2^2} - m_1\delta_{11}}{m_2\delta_{12}} = \rho_2 \tag{11-83b}$$

例 11-12 图 11-35（a）所示简支梁，在梁的三分点 1 和 2 处有两个相等的集中质量 m，试求自振频率和主振型。设梁的自重略去不计，EI = 常数。

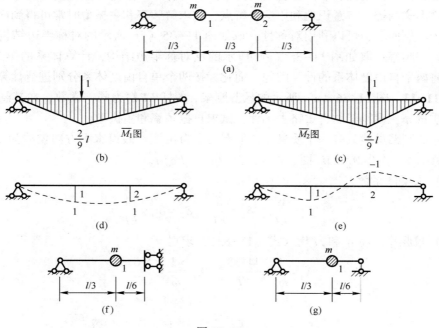

图 11-35

解:(1)先求柔度系数。为此作 $\overline{M}_1$、$\overline{M}_2$ 图如图 11-35(b)、(c)所示。由图乘法得

$$\delta_{11}=\delta_{22}=\frac{4l^3}{243EI}, \quad \delta_{12}=\delta_{21}=\frac{7l^3}{486EI}$$

(2)求自振频率。将 δ_{ij} 和 m 代入式(11-82),求得

$$\lambda_1=\frac{1}{\omega_1^2}=\frac{5}{162}\frac{ml^3}{EI}, \quad \lambda_2=\frac{1}{\omega_2^2}=\frac{1}{486}\frac{ml^3}{EI}$$

故

$$\omega_1=\frac{1}{\sqrt{\lambda_1}}=5.69\sqrt{\frac{EI}{ml^3}}, \quad \omega_2=\frac{1}{\sqrt{\lambda_2}}=22\sqrt{\frac{EI}{ml^3}}$$

(3)求主振型。由式(11-83)可得

$$\rho_1=\frac{X_1(2)}{X_1(1)}=\frac{\frac{1}{\omega_1^2}-m_1\delta_{11}}{m_2\delta_{12}}=\left(\frac{5ml^3}{162EI}-\frac{4ml^3}{243EI}\right)\cdot\frac{486EI}{7ml^3}=1$$

$$\rho_2=\frac{X_2(2)}{X_2(1)}=\frac{\frac{1}{\omega_2^2}-m_1\delta_{11}}{m_2\delta_{12}}=\left(\frac{ml^3}{486EI}-\frac{4ml^3}{243EI}\right)\cdot\frac{486EI}{7ml^3}=-1$$

因为 $y_1(t)$、$y_2(t)$ 都可以假设向下为正,因此由 ρ_1、ρ_2 的正负号和其绝对值可知:当梁按频率 ω_1 振动时,两个质点总在梁的同一侧且位移相等,即梁总保持对称形式;当梁按 ω_2 振动时,两个质点的位移的绝对值虽然相等,但总在梁的不同侧,即梁总保持反对称形式,这两个主振型分别如图 11-35(d)、(e)所示。

通过此例可以看出,若一多自由度体系具有对称性,它的主振型便可分为对称形式和反对称形式两类。有意识地利用这个特点,在求解频率和主振型时常可得到简化。例如,对于本例而言,可以利用对称性,取如图 11-35(f)所示的对称半边结构,计算体系的第一频率;取如图 11-35(g)所示的反对称半边结构,计算体系的第二频率。这样就将两个自由度体系的计算问题,简化为按两个单自由度体系分别进行计算。

例 11-13 图 11-36(a)所示的悬臂刚架,各杆 EI 都为同一常数,在其悬臂端有一集中质量 m,设刚架的自重略去不计,试求自振频率和主振型。

解:此刚架虽然只有一个质量 m,但有两个自由度。假设水平方向位移为 1,竖直方向位移为 2,作出 $\overline{M}_1$、$\overline{M}_2$ 图(图 11-36(b)、(c))。

(1)求柔度系数。

$$\delta_{11}=\frac{39}{EI}, \quad \delta_{22}=\frac{8}{EI}, \quad \delta_{12}=\delta_{21}=\frac{14}{EI}$$

(2)求频率。将 δ_{ij} 和 m 代入式(11-82),求得

$$\lambda_1=\frac{1}{\omega_1^2}=\frac{44.39}{EI}, \quad \lambda_2=\frac{1}{\omega_2^2}=\frac{2.61}{EI}$$

故

$$\omega_1=\frac{1}{\sqrt{\lambda_1}}=0.15\sqrt{\frac{EI}{m}}, \quad \omega_2=\frac{1}{\sqrt{\lambda_2}}=0.62\sqrt{\frac{EI}{m}}$$

(3) 求主振型。将 δ_{ij} 和 ω 值代入式 (11-83 (a)) 和式 (11-83 (b))。
第一主振型：
$$\rho_1 = \frac{X_1(2)}{X_1(1)} = \frac{\dfrac{1}{\omega_1^2} - m_1\delta_{11}}{m_2\delta_{12}} = \left(\frac{44.39m}{EI} - \frac{39m^3}{EI}\right) \cdot \frac{EI}{14m} = 0.39$$

振型曲线如图 11-36 (d) 所示。
第二主振型：
$$\rho_2 = \frac{X_2(2)}{X_2(1)} = \frac{\dfrac{1}{\omega_2^2} - m_1\delta_{11}}{m_2\delta_{12}} = \left(\frac{2.61m}{EI} - \frac{39m}{EI}\right) \cdot \frac{EI}{14m} = -2.59$$

振型曲线如图 11-36 (e) 所示。

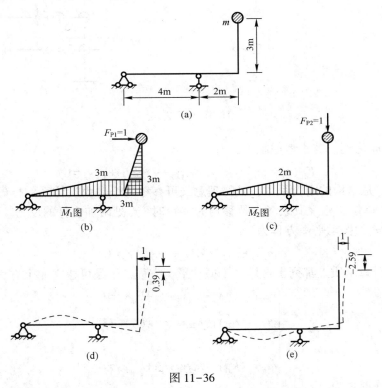

图 11-36

二、多自由度体系的自由振动

多自由度体系的自由振动和两个自由度体系一样，在建立振动微分方程时，同样可以用到两种方法，即刚度法和柔度法。同时，在书写方程时，将采用矩阵表示形式。下面将分别讨论。

1. 刚度法

1) 振动微分方程的建立

图 11-37 (a) 所示为一具有 n 个自由度的体系。按照前述的方法首先加入附加链

杆以阻止所有质点的位移（图11-37（b）），然后，在各质点处加惯性力 $F_{Ii}(t) = -m_i\ddot{y}_i$ $(i=1,2,\cdots,n)$，并令各质点 $m_i(i=1,2,\cdots,n)$ 处产生与实际情况相同的动位移 $y_i(t)$ $(i=1,2,\cdots,n)$（图11-37（c））。由叠加原理可知，利用上述两种情况单独作用时的叠加引起的附加链杆的约束反力为零的条件，即 $F_{Ri}(t) = 0 (i=1,2,\cdots,n)$，来列出各质点的振动平衡方程。

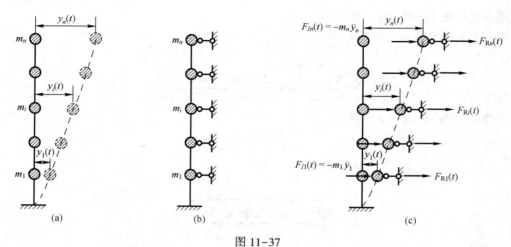

图 11-37

以质点 m_i 为例。若不考虑阻尼，有

$$F_{Ri}(t) = m_i\ddot{y}_i + k_{i1}y_1 + k_{i2}y_2 + \cdots + k_{ij}y_j + k_{in}y_n = 0 \tag{11-84}$$

式中：k_{ii}、k_{ij} 是结构的刚度系数，其物理意义可参考两个自由度体系的推导过程，例如 k_{ij} 为 j 点发生单位位移（其余各点位移均为零）时 i 点处附加链杆的反力。

则质点 m_i 的振动平衡方程为

$$m_i\ddot{y}_i + k_{i1}y_1 + k_{i2}y_2 + \cdots + k_{in}y_n = 0 \tag{11-85}$$

同理，对每个质点都列出这样一个振动平衡方程，于是可建立 n 个方程如下：

$$\begin{cases} m_1\ddot{y}_1 + k_{11}y_1 + k_{12}y_2 + \cdots + k_{1n}y_n = 0 \\ m_2\ddot{y}_2 + k_{21}y_1 + k_{22}y_2 + \cdots + k_{2n}y_n = 0 \\ \vdots \\ m_n\ddot{y}_n + k_{n1}y_1 + k_{n2}y_2 + \cdots + k_{nn}y_n = 0 \end{cases} \tag{11-86a}$$

写成矩阵形式为

$$\begin{bmatrix} m_1 & & & \\ & m_2 & & \\ & & \ddots & \\ & & & m_n \end{bmatrix} \begin{bmatrix} \ddot{y}_1 \\ \ddot{y}_2 \\ \vdots \\ \ddot{y}_n \end{bmatrix} + \begin{bmatrix} k_{11} & k_{12} & \cdots & k_{1n} \\ k_{21} & k_{22} & \cdots & k_{2n} \\ \vdots & \vdots & & \vdots \\ k_{n1} & k_{n2} & \cdots & k_{nn} \end{bmatrix} \begin{bmatrix} y_1 \\ y_2 \\ \vdots \\ y_n \end{bmatrix} = \begin{bmatrix} 0 \\ 0 \\ \vdots \\ 0 \end{bmatrix} \tag{11-86b}$$

或简写为

$$M\ddot{y} + Ky = 0 \tag{11-86c}$$

这里 y 为一 $n\times 1$ 阶的位移列阵，也常称为位移向量（n 维）。同样 $\ddot{y}$ 称为 n 维加速度向量。而 $\mathbf{0}$ 称为 n 维零向量。M 称为质量矩阵，在集中质点的结构中它是对角矩阵。

K 为刚度矩阵，根据反力互等定理，它是对称矩阵。

2) 频率和主振型

参照两个自由度体系的情况，设方程（11-86c）有如下特解：

$$y = X\sin(\omega t+\varphi) \qquad (11-87)$$

其中

$$X = \{X(1) \quad X(2) \quad \cdots \quad X(n)\}$$

是体系按某一频率 ω 振动时 n 个质点的振幅依次排列的一个列阵（列向量）。所以 X 也表征了主振型，称为振型向量。将位移向量 y 对时间微分两次，得

$$\ddot{y} = -\omega^2 X\sin(\omega t+\varphi) = -\omega^2 y$$

将上式和式（11-87）代入方程（11-86c），消去共同因子 $\sin(\omega t+\varphi)$，得

$$(K-\omega^2 M)X = 0 \qquad (11-88)$$

若体系发生振动，则必须有

$$|K-\omega^2 M| = 0 \qquad (11-89)$$

式（11-89）即为 n 个自由度体系的频率方程。将式（11-89）展开，可得 ω^2 的 n 次代数方程，它的 n 个根即相当于 n 个自振频率，其中最小的 ω_1 称为第一频率或基本频率，以下按数值由小到大为第二频率、第三频率等。

求出各个频率后，利用式（11-88）研究与各频率 ω 值相应的振型向量 X。因为 X 中各元素 $X(i)$ 的系数与 ω 有关，对不同的自振频率，振型向量也是不同的。下面的第 j 个频率 ω_j 的情况为例进行分析。这种情况下第 j 个振型向量 X_j 应满足以下方程：

$$(K-\omega_j^2 M)X_j = 0 \qquad (11-90)$$

由于其系数行列式必须为零，故式（11-90）所包括的 n 个代数方程只能有 $(n-1)$ 个独立的，因而由此只能得到各 $X_j(i)$ 的相对值。为了使振型向量 X_j 中各元素的大小能够完全确定，还要补充一个条件。经过这样处理后的第 j 个振型向量，称为第 j 个规准化振型向量，并改以 Φ_j 表示。一般有以下两种规准化的作法。

（1）在振型向量中任取一个元素作为标准（通常取第一个或最后一个元素，也可以取其中最大的一个元素），并令其值为1，然后利用式（11-90）即可确定其他元素的值。若取规准化振型向量 Φ_j 中第一个元素为1，则确定 Φ_j 的方程为

$$\begin{cases}(K-\omega_j^2 M)\Phi_j = 0 \\ \Phi_j(1) = 1\end{cases} \qquad (11-91)$$

（2）使 Φ_j 中各元素的数值满足以下条件

$$\Phi_j^T M \Phi_j = 1 \qquad (11-92)$$

这时由式（11-90）得

$$K\Phi_j = \omega_j^2 M \Phi_j$$

将其两侧前乘以 Φ_j^T，并考虑式（11-92），可导出

$$\Phi_j^T K \Phi_j = \omega_j^2 \qquad (11-93)$$

以上分析了与频率 ω_j 相应的规准化振型。同理可以求得与其他自振频率相应的规准化振型。对一个 n 个自由度的体系来说，与 n 个自振频率相应，总共应有 n 个规准化振型向量或振型。我们可以用这 n 个规准化振型向量组成一个方阵

$$\boldsymbol{\Phi} = \begin{bmatrix} \boldsymbol{\Phi}_1 & \boldsymbol{\Phi}_2 & \cdots & \boldsymbol{\Phi}_n \end{bmatrix} = \begin{bmatrix} \Phi_1(1) & \Phi_2(1) & \cdots & \Phi_n(1) \\ \Phi_2(2) & \Phi_2(2) & \cdots & \Phi_n(2) \\ \vdots & \vdots & & \vdots \\ \Phi_1(n) & \Phi_2(n) & \cdots & \Phi_n(n) \end{bmatrix} \quad (11\text{-}94)$$

这个方阵即称为振型矩阵。

2. 柔度法

1）振动微分方程的建立

按柔度法建立多自由度体系振动微分方程，可以仿照两个自由度体系的建立方法，即质点 m_i 处的动位移，等于各质点处惯性力（图 11-38（a））单独作用时引起质点处 m_i 位移的叠加，写为

$$y_i(t) = -m_1 \ddot{y}_1 \delta_{i1} - m_2 \ddot{y}_2 \delta_{i2} - \cdots - m_i \ddot{y}_i \delta_{ii} - \cdots - m_j \ddot{y}_j \delta_{ij} - \cdots - m_n \ddot{y}_n \delta_{in} \quad (11\text{-}95)$$

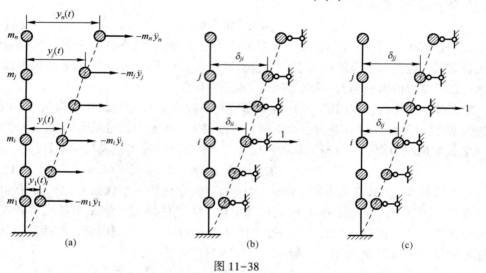

图 11-38

式中：δ_{ii}、δ_{ij}（$i \neq j$）是结构的柔度系数，其物理意义见图 11-38（b）、（c）。据此，可以建立 n 个位移方程：

$$\begin{cases} \delta_{11} m_1 \ddot{y}_1 + \delta_{12} m_2 \ddot{y}_2 + \cdots + \delta_{1n} m_n \ddot{y}_n + y_1 = 0 \\ \delta_{21} m_1 \ddot{y}_1 + \delta_{22} m_2 \ddot{y}_2 + \cdots + \delta_{2n} m_n \ddot{y}_n + y_2 = 0 \\ \quad \vdots \\ \delta_{n1} m_1 \ddot{y}_1 + \delta_{n2} m_2 \ddot{y}_2 + \cdots + \delta_{nn} m_n \ddot{y}_n + y_n = 0 \end{cases} \quad (11\text{-}96a)$$

写成矩阵形式为

$$\begin{bmatrix} \delta_{11} & \delta_{12} & \cdots & \delta_{1n} \\ \delta_{21} & \delta_{22} & \cdots & \delta_{2n} \\ \vdots & \vdots & & \vdots \\ \delta_{n1} & \delta_{n2} & \cdots & \delta_{nn} \end{bmatrix} \begin{bmatrix} m_1 & & & \\ & m_2 & & \\ & & \ddots & \\ & & & m_n \end{bmatrix} \begin{bmatrix} \ddot{y}_1 \\ \ddot{y}_2 \\ \vdots \\ \ddot{y}_n \end{bmatrix} + \begin{bmatrix} y_1 \\ y_2 \\ \vdots \\ y_n \end{bmatrix} = \begin{bmatrix} 0 \\ 0 \\ \vdots \\ 0 \end{bmatrix} \quad (11\text{-}96b)$$

或简写为

$$\delta M\ddot{y}+y=0 \tag{11-96c}$$

式中：δ 为结构的柔度矩阵，根据位移互等定理，δ 是对称矩阵。

式（11-96a）~式（11-96c）就是按柔度法建立的多自由度体系不考虑阻尼时的自由振动微分方程。

若对式（11-96c）左乘以 δ^{-1}，则有

$$\delta^{-1}y+M\ddot{y}=0 \tag{11-97}$$

与式（11-86c）对比，显然应有

$$\delta^{-1}=K \tag{11-98}$$

即柔度矩阵和刚度矩阵是互为逆阵的。可见不论刚度法或柔度法来建立结构的振动微分方程，实质都一样，只是表现形式不同而已。当结构的柔度系数比刚度系数较易求得时，宜采用柔度法，反之则宜采用刚度法。

2）频率和主振型

将式（11-87）代入式（11-96c），消去共同因子 $\sin(\omega t+\varphi)$，并整理得

$$\left(\delta M-\frac{1}{\omega^2}I\right)X=0 \tag{11-99}$$

式中：I 为 n 阶单位矩阵。因体系作自由振动时 X 的元素不能全为零，据此可得频率方程：

$$\left|\delta M-\frac{1}{\omega^2}I\right|=0 \tag{11-100}$$

求出频率后，即可利用式（11-99）计算各振型向量。若取规准化后的第一个元素为 1，则确定 $\boldsymbol{\Phi}_j$ 的方程为

$$\begin{cases}\left(\delta M-\dfrac{1}{\omega_j^2}I\right)\boldsymbol{\Phi}_j=0 \\ \boldsymbol{\Phi}_j(1)=1\end{cases} \tag{11-101}$$

例 11-14 图 11-39（a）所示的一三层刚架，各层楼面质量（包括柱子质量）分别为 $m_1=315\mathrm{t}$，$m_2=270\mathrm{t}$，$m_3=180\mathrm{t}$，各层的侧移刚度系数（即该层柱子上、下端发生单位相对位移时，该层各柱剪力之和）分别为 $k_1=245\mathrm{MN/m}$，$k_2=196\mathrm{MN/m}$，$k_3=98\mathrm{MN/m}$，试求刚架的自振频率和主振型。设横梁变形略去不计。

解：(1) 求自振频率。刚架的刚度系数如图 11-39（b）、（c）、（d）所示，刚度矩阵和质量矩阵分别为

$$K=\begin{bmatrix}k_{11}&k_{12}&k_{13}\\k_{21}&k_{22}&k_{23}\\k_{31}&k_{32}&k_{33}\end{bmatrix}=98\begin{bmatrix}4.5&-2&0\\-2&3&-1\\0&-1&1\end{bmatrix}\mathrm{MN/m} \tag{11-102}$$

$$M=\begin{bmatrix}m_1&0&0\\0&m_2&0\\0&0&m_3\end{bmatrix}=180\begin{bmatrix}1.75&0&0\\0&1.5&0\\0&0&1\end{bmatrix}\mathrm{t} \tag{11-103}$$

引入符号 η：

$$\eta=\frac{180\mathrm{t}}{98\mathrm{MN/m}}\cdot\omega^2 \tag{11-104}$$

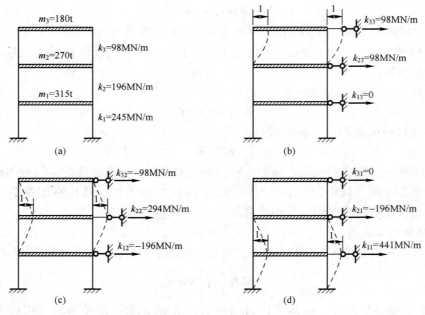

图 11-39

则

$$K-\omega^2 M = 98\text{MN/m}\begin{bmatrix} 4.5-1.75\eta & -2 & 0 \\ -2 & 3-1.5\eta & -1 \\ 0 & -1 & 1-\eta \end{bmatrix} \quad (11-105)$$

将式（11-105）代入频率方程

$$|K-\omega^2 M| = 0$$

并展开，得

$$\eta^3 - 5.571\eta^2 + 7.524\eta - 1.905 = 0 \quad (11-106)$$

用试算法求得方程的三个根为

$$\eta_1 = 0.328, \quad \eta_2 = 1.588, \quad \eta_3 = 3.655$$

代入式（11-104），得三个自振频率为

$$\omega_1^2 = \frac{98\text{MN/m}}{180\text{t}}\eta_1 = \frac{98\text{MN/m}}{180\text{t}} \times 0.328 = 178.578\text{s}^{-1}, \quad \omega_1 = 13.36\text{s}^{-1}$$

$$\omega_2^2 = \frac{98\text{MN/m}}{180\text{t}}\eta_2 = \frac{98\text{MN/m}}{180\text{t}} \times 1.588 = 864.578\text{s}^{-1}, \quad \omega_1 = 29.40\text{s}^{-1}$$

$$\omega_3^2 = \frac{98\text{MN/m}}{180\text{t}}\eta_3 = \frac{98\text{MN/m}}{180\text{t}} \times 3.655 = 1989.944\text{s}^{-1}, \quad \omega_1 = 44.61\text{s}^{-1}$$

（2）求主振型。求第一规准化振型。

设取各规准化振型的第一个元素为 1。由下述方程确定：

$$(K-\omega_1^2 M)\boldsymbol{\Phi}_1 = \boldsymbol{0} \quad (11-107)$$

$$\boldsymbol{\Phi}_1(1) = 1 \quad (11-108)$$

将 $\eta_1 = 0.328$ 代入式（11-105），得

$$K-\omega_1^2 M = 98\begin{bmatrix} 3.926 & -2 & 0 \\ -2 & 2.508 & -1 \\ 0 & -1 & 0.672 \end{bmatrix} \text{MN/m}$$

为了求 $\boldsymbol{\Phi}_1$ 的其他两个元素，可利用式（11-107）中的后两个方程，即

$$\begin{cases} -2\boldsymbol{\Phi}_1(1)+2.508\boldsymbol{\Phi}_1(2)-\boldsymbol{\Phi}_1(3)=0 \\ -\boldsymbol{\Phi}_1(2)+0.672\boldsymbol{\Phi}_1(3)=0 \end{cases} \quad (11\text{-}109)$$

由式（11-108）和式（11-109），得

$$\boldsymbol{\Phi}_1(2)=1.961, \quad \boldsymbol{\Phi}_1(3)=2.918$$

式（11-107）中的第一个方程可用来校核以上计算结果。

将 $\boldsymbol{\Phi}_1$ 的 3 个元素汇总在一起，得

$$\boldsymbol{\Phi}_1 = \{1.000 \quad 1.961 \quad 2.918\}$$

求第二和第三规准化振型。

仿照以上做法，得

$$\boldsymbol{\Phi}_2 = \{1.000 \quad 0.863 \quad -1.467\}$$
$$\boldsymbol{\Phi}_3 = \{1.000 \quad -0.950 \quad 0.358\}$$

三个主振型的大致形状如图 11-40 所示。

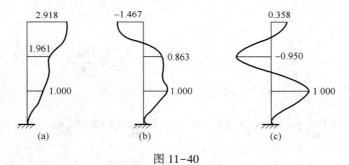

图 11-40

例 11-15 图 11-41（a）所示为一对称刚架，设横梁的弯曲刚度无穷大，两柱的弯曲刚度为 $EI = 6.0\text{MN} \cdot \text{m}^2$，横梁的总质量为 1600kg，两柱中点处的集中质量为 $m = 300$kg，求刚架的自振频率和主振型。

解： 由于刚架和质量分布都是对称的，因而当刚架按其自振频率做简谐振动时，其振型分正对称和反对称两种情况。下面分别研究这两种自由振动的情况。

（1）正对称形式的自由振动。这种振动形式下，刚架的内力和位移都是对称的。我们可取半个刚架进行计算，由于横梁不能变形，半刚架的计算简图如图 11-41（b）所示。这时，只有柱子产生振动，因此，半刚架为一单自由度体系。按柔度法，沿质点运动方向施加一单位力，得弯矩图如图 11-41（d）所示。由图乘法得

$$\delta_{11} = \frac{7m^3}{12EI}, \quad \omega = \sqrt{\frac{1}{m\delta_{11}}} = 185.16\text{s}^{-1}$$

（2）反对称形式的自由振动。这时，刚架的内力和位移都是反对称的。仍取半刚架（图 11-41（c））进行计算。它有两个自由度，用柔度法计算，绘出单位力作用下

的弯矩图 $\overline{M}_1$、$\overline{M}_2$ 图（图 11-41（e）、(f)）。

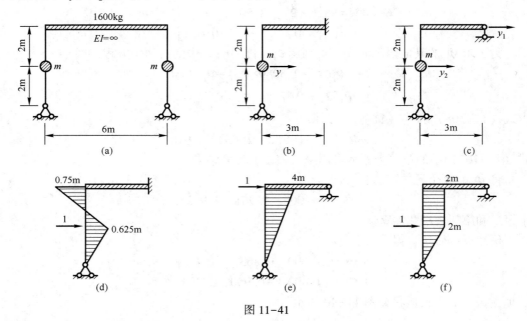

图 11-41

由图乘法，得

$$\delta_{11} = \frac{64m^3}{3EI}, \quad \delta_{12} = \frac{44m^3}{3EI}, \quad \delta_{22} = \frac{32m^3}{3EI}$$

将 δ_{ij} 和 m 代入式（11-82），求得

$$EI\frac{1}{\omega_1^2} = 20118.21(\text{kg} \cdot \text{m}^3), \quad EI\frac{1}{\omega_2^2} = 148.48(\text{kg} \cdot \text{m}^3)$$

故

$$\omega_1 = 17.27\text{s}^{-1}, \quad \omega_2 = 201.01\text{s}^{-1}$$

将 δ 和 ω 值代入式（11-83（a））和式（11-83（b）），可求得

$$\rho_1 = \frac{20118.21 - 800 \times \frac{64}{3}}{300 \times \frac{44}{3}} = 0.694$$

$$\rho_2 = \frac{148.48 - 800 \times \frac{64}{3}}{300 \times \frac{44}{3}} = -3.845$$

因此半刚架的第一、第二规准化振型向量为

$$\boldsymbol{\Phi}_1 = \{1.000 \quad 0.694\}, \quad \boldsymbol{\Phi}_2 = \{1.000 \quad -3.845\}$$

（3）原刚架的频率与主振型。综合以上所得正对称和反对称振动形式的 3 个自振频率，按其数值大小依次重新排列，即得原刚架的 3 个频率：

$$\omega_1 = 17.27\text{s}^{-1}, \quad \omega_2 = 185.16\text{s}^{-1}, \quad \omega_3 = 201.01\text{s}^{-1}$$

相应地也有 3 个主振型，其中第一、第三振型为反对称，第二为正对称。根据以上结果，它们的大致形状如图 11-42 所示。

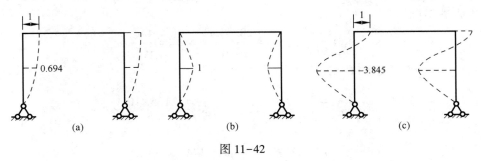

图 11-42

例 11-16 图 11-43（a）所示为一对称刚架，在其横梁的对称位置上作用有两个集中质量 $m = 150\text{kg}$，两柱的抗弯刚度为 $EI_1 = 8\text{MN}\cdot\text{m}^2$，横梁的抗弯刚度为 $EI_2 = 3EI_1$，略去刚架的自重，求刚架的自振频率和主振型。

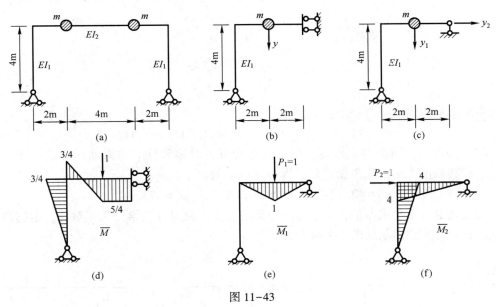

图 11-43

解：经分析该结构共有 3 个自由度。但利用对称性可简化计算。由对称性可知，其振型可分为正对称和反对称两种情况。正对称半刚架的计算简图如图 11-43（b）所示，反对称半刚架的计算简图如图 11-43（c）所示。下面分别研究这两种自由振动的情况。

（1）正对称形式的自由振动。如图 11-43（b）所示，此半刚架为一单自由度体系。按柔度法，沿质点运动方向施加一单位力，此结构为一次超静定，用力法绘出其弯矩图如图 11-43（d）所示。由图乘法得

$$\delta_{11} = 2.056\,\frac{\text{m}^3}{EI_1}, \quad \omega = \sqrt{\frac{1}{m\delta_{11}}} = 161.08\text{s}^{-1}$$

（2）反对称形式的自由振动。如图 11-43（c）所示，此刚架有两个自由度，以图

示的 y_1、y_2 为几何坐标，用柔度法计算，分别绘出在 y_1 方向和 y_2 方向施加单位力所作的弯矩图 $\overline{M}_1$、$\overline{M}_2$ 图（图11-43（e）、（f））。

由图乘法得

$$\delta_{11}=\frac{4m^3}{9EI_1}, \quad \delta_{12}=\frac{28.44m^3}{EI_1}, \quad \delta_{22}=\frac{4m^3}{3EI_1}$$

将 δ_{ij} 和 m 代入式（11-82），求得

$$\lambda_1=\frac{1}{\omega_1^2}=5.34\times10^{-4}, \quad \lambda_2=\frac{1}{\omega_2^2}=7.125\times10^{-4}$$

故

$$\omega_1=43.27\text{s}^{-1}, \quad \omega_2=374.6\text{s}^{-1}$$

将 δ 和 ω 值代入式（11-83（a））和式（11-83（b）），可求得

$$\rho_1=\frac{28.5-\dfrac{4}{9}}{\dfrac{4}{3}}=21.04$$

$$\rho_2=\frac{0.38-\dfrac{4}{9}}{\dfrac{4}{3}}=-0.048$$

因此半刚架的第一、第二规准化振型向量为

$$\boldsymbol{\Phi}_1=\{1.000 \quad 21.04\}, \quad \boldsymbol{\Phi}_2=\{1.000 \quad -0.048\}$$

(3) 原刚架的频率与主振型。综合以上所得正对称和反对称振动形式的 3 个自振频率，按其数值大小依次重新排列，即得原刚架的 3 个频率：

$$\omega_1=43.27\text{s}^{-1}, \quad \omega_2=161.08\text{s}^{-1}, \quad \omega_3=374.6\text{s}^{-1}$$

相应地也有 3 个主振型，其中第一、第三振型为反对称，第二为正对称。根据以上结果，它们的大致形状如图11-44所示。

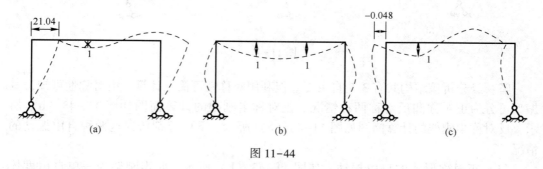

图 11-44

11.7 多自由度体系主振型的正交性

对于同一体系来说，它的不同的两个固有振型之间，存在着一个重要的特性，即主

振型的正交性。在分析体系的动力反应时，常要用到这个特性。

由上述可知，n 个自由度的体系具有 n 个自振频率及 n 个主振型，每一频率及其相应的主振型均满足式（11-88）即

$$(K-\omega^2 M)X = 0$$

我们将它改写为

$$KX = \omega^2 MX$$

对应 ω_i，有

$$KX_i = \omega_i^2 MX_i \tag{11-110}$$

对应 ω_j，有

$$KX_j = \omega_j^2 MX_j \tag{11-111}$$

以 X_j 的转置矩阵 X_j^T 前乘式（11-110）两边，以 X_i 的转置矩阵 X_i^T 前乘式（11-111）两边，可得

$$X_j^T KX_i = \omega_i^2 X_j^T MX_i \tag{11-112}$$

$$X_i^T KX_j = \omega_j^2 X_i^T MX_j \tag{11-113}$$

由于 K 为对称矩阵，M 为对角矩阵，因此 $K^T = K$，$M^T = M$。将式（11-113）两边转置，得

$$X_j^T KX_i = \omega_j^2 X_j^T MX_i \tag{11-114}$$

再将式（11-112）减去式（11-114），得

$$(\omega_i^2 - \omega_j^2) X_j^T MX_i = 0$$

因 $\omega_i \neq \omega_j$，故必有

$$X_j^T MX_i = 0 \quad (i \neq j) \tag{11-115}$$

这表明，不同频率的两个主振型对于质量矩阵 M 是彼此正交的，这是主振型之间的第一个正交条件，常称为对质量矩阵的带权正交性条件。将这一关系式代入式（11-112），可得

$$X_j^T KX_i = 0 \quad (i \neq j) \tag{11-116}$$

可见，不同频率的两个主振型对于刚度矩阵 K 也是彼此正交，这是主振型之间的第二个正交条件，常称为对刚度矩阵的带权正交条件。

值得提出的是，只要注意到振型 X_i 和 X_j 可分别看作由惯性力所产生的符合位移这一点，振型的正交性也可以利用功的互等定理导出，读者可自行推导。此处从略。

以上讨论了不同振型向量 X_i 与 X_j 之间的正交性，显然，这种关系对规准化振型向量 Φ_i 与 Φ_j 也应该成立，即

$$\Phi_j^T M\Phi_i = 0 \quad (i \neq j) \tag{11-117}$$

$$\Phi_j^T K\Phi_i = 0 \quad (i \neq j) \tag{11-118}$$

主振型的正交性也是体系所固有的而与外荷载无关的一种特性。利用这一特性，不仅可以简化结构的动力计算，而且可以检查所得振型是否正确。

例 11-17 验算例 11-14 中所得振型的正交性。

解：由例 11-14 的计算结果，得

$$\boldsymbol{\Phi}_1 = \begin{bmatrix} 1.000 \\ 1.961 \\ 2.918 \end{bmatrix}, \quad \boldsymbol{\Phi}_2 = \begin{bmatrix} 1.000 \\ 0.863 \\ -1.467 \end{bmatrix}, \quad \boldsymbol{\Phi}_3 = \begin{bmatrix} 1.000 \\ -0.950 \\ 0.358 \end{bmatrix}$$

刚度矩阵和质量矩阵分别见式（11-102）和式（11-103）。

验算 $\boldsymbol{\Phi}_1^\mathrm{T} \boldsymbol{M} \boldsymbol{\Phi}_2$：

$$\boldsymbol{\Phi}_1^\mathrm{T} \boldsymbol{M} \boldsymbol{\Phi}_2 = \begin{bmatrix} 1.000 & 1.961 & 2.918 \end{bmatrix} \begin{bmatrix} 1.75 & 0 & 0 \\ 0 & 1.5 & 0 \\ 0 & 0 & 1.0 \end{bmatrix} \begin{bmatrix} 1.000 \\ 0.863 \\ -1.467 \end{bmatrix} \times 180$$

$$= 180 \times (1 \times 1.75 \times 1 + 1.961 \times 1.5 \times 0.863 - 2.918 \times 1 \times 1.467)$$

$$= 180 \times 0.007$$

可以认为满足正交性要求。

验算 $\boldsymbol{\Phi}_1^\mathrm{T} \boldsymbol{K} \boldsymbol{\Phi}_3$：

$$\boldsymbol{\Phi}_1^\mathrm{T} \boldsymbol{K} \boldsymbol{\Phi}_3 = \begin{bmatrix} 1.000 & 1.961 & 2.918 \end{bmatrix} \begin{bmatrix} 4.5 & -2 & 0 \\ -2 & 3 & -1 \\ 0 & -1 & 1 \end{bmatrix} \begin{bmatrix} 1.000 \\ -0.950 \\ 0.358 \end{bmatrix} \times 98$$

$$= 98 \times (0.920 - 0.917)$$

$$= 98 \times 0.003$$

再验算其他正交性要求，均能满足，此处不赘述。

11.8 多自由度体系在简谐荷载作用下的强迫振动

多自由度体系的强迫振动问题与单自由度体系一样，在动荷载作用下多自由度体系的强迫振动开始也存在一个过度阶段。但是由于阻尼的存在，不久即进入平稳阶段。因此我们只讨论平稳阶段的纯强迫振动。在简谐荷载作用下，我们仍然以各质点的位移为对象进行计算，这样的解法即称为直接解法。本节仍首先研究两个自由度体系在简谐荷载作用下的强迫振动，然后类推到 n 个自由度体系。

一、刚度法

1. 两个自由度体系

图 11-45 所示为两个自由度体系。质点 m_1、m_2 分别受简谐荷载 $F_{\mathrm{P}1}(t) = F_{\mathrm{P}1}\sin\theta t$，$F_{\mathrm{P}2}(t) = F_{\mathrm{P}2}\sin\theta t$ 的作用。以质点为研究对象，其振动微分方程为

$$\begin{cases} m_1 \ddot{y}_1 + k_{11} y_1 + k_{12} y_2 = F_{\mathrm{P}1}\sin\theta t \\ m_2 \ddot{y}_2 + k_{21} y_1 + k_{22} y_2 = F_{\mathrm{P}2}\sin\theta t \end{cases} \quad (11-119)$$

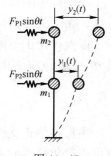

图 11-45

与自由振动的方程式（11-67）相比，这里只多了荷载项 $F_{\mathrm{P}1}\sin\theta t$、$F_{\mathrm{P}2}\sin\theta t$。在简谐荷载作用下，当体系达到稳态振动阶段，各质点也作简谐振动。设它的表达式为

$$\begin{cases} y_1(t) = A_1 \sin\theta t \\ y_2(t) = A_2 \sin\theta t \end{cases} \tag{11-120}$$

将式（11-120）代入式（11-119），消去公因子 $\sin\theta t$ 并整理得

$$\begin{cases} (k_{11}-m_1\theta^2)A_1 + k_{12}A_2 = F_{P1} \\ k_{21}A_1 + (k_{22}-m_2\theta^2)A_2 = F_{P2} \end{cases} \tag{11-121}$$

式（11-121）称为位移的幅值方程，由其可解出质点 m_1、m_2 的振幅为

$$A_1 = \frac{D_1}{D_0}, \quad A_2 = \frac{D_2}{D_0} \tag{11-122}$$

式中

$$\begin{cases} D_0 = (k_{11}-m_1\theta^2)(k_{22}-m_2\theta^2) - k_{12}k_{21} \\ D_1 = (k_{22}-m_2\theta^2)F_{P1} - k_{12}F_{P2} \\ D_2 = -k_{21}F_{P1} + (k_{11}-m_1\theta^2)F_{P2} \end{cases} \tag{11-123}$$

将式（11-122）的位移幅值代回式（11-120），即得任意时刻 t 的位移。

在简谐荷载作用下体系到达稳态振动以后，两个质点却做简谐振动。式（11-120）给出了它们的位移，两个质量的惯性力分别为

$$\begin{cases} F_{I1} = -m_1\ddot{y}_1 = m_1\theta^2 A_1 \sin\theta t = F_{I1}^0 \sin\theta t \\ F_{I2} = -m_2\ddot{y}_2 = m_2\theta^2 A_2 \sin\theta t = F_{I2}^0 \sin\theta t \end{cases} \tag{11-124}$$

式中

$$F_{I1}^0 = m_1\theta^2 A_1, \quad F_{I2}^0 = m_2\theta^2 A_2$$

为两个惯性力的幅值。由以上分析可知，在不考虑阻尼时，位移与惯性力都随简谐荷载作同样变化并同时达到幅值。

1）$\theta \to 0$ 的情形

这表明，简谐荷载变化很慢，它的动力作用很小。此时质点位移的幅值，即相当于将荷载的幅值，当作静力荷载所产生的位移。

2）$\theta \to \infty$ 的情形

先将式（11-123）改写为

$$\begin{cases} \left(\dfrac{k_{11}}{\theta^2}-m_1\right)A_1 + \dfrac{k_{12}}{\theta^2}A_2 = \dfrac{F_{P1}}{\theta^2} \\ \dfrac{k_{21}}{\theta^2}A_1 + \left(\dfrac{k_{22}}{\theta^2}-m_2\right)A_2 = \dfrac{F_{P2}}{\theta^2} \end{cases} \tag{11-125}$$

由式（11-125）可以看出，当 $\theta \to \infty$ 时，$A_1 \to 0$，$A_2 \to 0$，表明当荷载频率极大时，动位移则很小。

3）$\theta \to \omega_1$ 或 $\theta \to \omega_2$ 的情形

式（11-123）中的 D_0 与式（11-71a）中的行列式 D 具有相同的形式，只是 D 中的 ω 换成了中 D_0 的 θ。因此，如果荷载频率与任一个自振频率 ω_1 或 ω_2 重合，则

$$D_0 = 0$$

当 D_1、D_2 不全为零时，位移幅值无穷大，这时即出现共振现象。两个自由度体系有两个共振点，各对应一个自振频率。

4）动内力幅值的计算

由式（11-120）、式（11-124）和动荷载的表达式可见，因为动位移、惯性力和动荷载同时到达幅值，所以动内力也在振幅位置到达幅值。因此，动内力幅值可以在各质点的惯性力及动荷载共同作用下，按静力分析方法求得。如任一截面的弯矩幅值，可由下式求得：

$$M_{max} = \overline{M}_1 F_{I1}^0 + \overline{M}_2 F_{I2}^0 + M_{FP}$$

式中：F_{I1}^0，F_{I2}^0 分别为质点 1、2 的惯性力幅值；$\overline{M}_1$、$\overline{M}_2$ 分别为单位惯性力 $F_{I1}^0 = 1$，$F_{I2}^0 = 1$ 时，任一截面的弯矩值；M_{FP} 为动荷载幅值静力作用下同一截面的弯矩值。

2. 多自由度体系

对于 n 个自由度体系，振动方程组为

$$\begin{cases} m_1\ddot{y}_1 + k_{11}y_1 + k_{12}y_2 + \cdots + k_{1n}y_n = F_{P1}(t) \\ m_2\ddot{y}_2 + k_{21}y_1 + k_{22}y_2 + \cdots + k_{1n}y_n = F_{P2}(t) \\ \vdots \\ m_n\ddot{y}_n + k_{n1}y_1 + k_{n2}y_2 + \cdots + k_{nn}y_n = F_{Pn}(t) \end{cases} \quad (11-126a)$$

写成矩阵形式，为

$$\boldsymbol{M}\ddot{\boldsymbol{y}} + \boldsymbol{K}\boldsymbol{y} = \boldsymbol{F}_P(t) \quad (11-126b)$$

若荷载为简谐荷载，即

$$P(t) = \begin{bmatrix} F_{P1} \\ F_{P2} \\ \vdots \\ F_{Pn} \end{bmatrix} \sin\theta t = \boldsymbol{F}_P \sin\theta t \quad (11-127)$$

则在稳态振动阶段，各质点也做简谐振动：

$$\boldsymbol{y}(t) = \begin{bmatrix} A_1 \\ A_2 \\ \vdots \\ A_n \end{bmatrix} \sin\theta t = \boldsymbol{A} \sin\theta t \quad (11-128)$$

将式（11-128）代入式（11-126b）并消去 $\sin\theta t$，得

$$(\boldsymbol{K} - \theta^2 \boldsymbol{M})\boldsymbol{A} = \boldsymbol{F}_P \quad (11-129)$$

利用式（11-129）即可求各位移幅值 $A_i (i=1,2,\cdots,n)$，然后可进一步求内力幅值。

例 11-18 结构同例 11-14。设在第二楼层作用一水平干扰力下 $\boldsymbol{F}_P(t) = 100\sin\theta t$ kN，每分钟振动 200 次图 11-46（a）。求各楼层的振幅值和各楼层柱的剪力幅值。

解：矩阵 $\boldsymbol{K}$ 及 $\boldsymbol{M}$ 同例 11-14，干扰力频率为

$$\theta = \frac{2\pi}{60} \times 200 = 20.96 \text{s}^{-1}$$

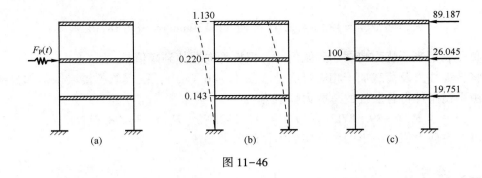

图 11-46

(1) 各楼层的振幅值。

$$-\theta^2 \boldsymbol{M} = -438.48 \times 180 \begin{bmatrix} 1.75 & 0 & 0 \\ 0 & 1.5 & 0 \\ 0 & 0 & 1 \end{bmatrix}$$

$$= -0.805 \times 98 \begin{bmatrix} 1.75 & 0 & 0 \\ 0 & 1.5 & 0 \\ 0 & 0 & 1 \end{bmatrix} \text{MN/m}$$

$$\boldsymbol{K} - \theta^2 \boldsymbol{M} = 98 \begin{bmatrix} 3.091 & -2 & 0 \\ -2 & 1.792 & -1 \\ 0 & -1 & 0.195 \end{bmatrix} \text{MN/m} \tag{11-130}$$

$$(\boldsymbol{K} - \theta^2 \boldsymbol{M})^{-1} = \frac{1}{98} \begin{bmatrix} 0.233 & -0.140 & -0.717 \\ -0.140 & -0.216 & -1.107 \\ -0.717 & -1.107 & -0.551 \end{bmatrix} \text{m/MN} \tag{11-131}$$

与几何坐标相应的荷载幅值向量为

$$\boldsymbol{F}_\mathrm{P} = \{0 \quad 100 \quad 0\} \text{kN}$$

由式 (11-129), 可得

$$\boldsymbol{A} = (\boldsymbol{K} - \theta^2 \boldsymbol{M})^{-1} \boldsymbol{F}_\mathrm{P}$$

将式 (11-130) 和式 (11-131) 代入, 求得各楼层的振幅为

$$\boldsymbol{A} = \begin{Bmatrix} A_1 \\ A_2 \\ A_3 \end{Bmatrix} = \begin{Bmatrix} -0.143 \\ -0.220 \\ -0.130 \end{Bmatrix} \text{mm}$$

负号表示当干扰力向右达到幅值时,位移向左达到幅值,此时结构的变形大致如图 11-46 (b) 所示。

(2) 各层柱的剪力幅值。

各楼层的惯性力幅值为

$$F_{I1}^0 = m_1 \theta^2 A_1 = 315\text{t} \times 438.48 \frac{1}{\text{s}^2} \times (-0.143\text{mm}) = -19.751 (\text{kN})$$

$$F_{I2}^0 = m_2 \theta^2 A_2 = 270\text{t} \times 438.48 \frac{1}{\text{s}^2} \times (-0.220\text{mm}) = -26.045 (\text{kN})$$

$$F_{I3}^0 = m_3\theta^2 A_3 = 180\text{t} \times 438.48\frac{1}{\text{s}^2} \times (-1.130\text{mm}) = -89.187(\text{kN})$$

负号表示当干扰力向右达到幅值时,惯性力向左达到幅值。

将各惯性力及荷载加于相应楼层处(图 11-46(c)),依次取各楼层以上部分隔离体,由平衡条件得各层柱的总剪力幅值为

$$F_{Q3} = -89.187\text{kN},\quad F_{Q2} = -15.232\text{kN},\quad F_{Q1} = -34.983(\text{kN})$$

以上各剪力值的一半即各该层单根柱的剪力幅值。

二、柔度法

1. 两个自由度体系

图 11-47(a)所示为两个自由度体系,受简谐荷载 $F_P(t) = F_P\sin\theta t$ 作用,在任一时刻 t,质点 1、2 的位移可以看作由惯性力 $F_{I1}(t) = -m_1\ddot{y}_1$,$F_{I2}(t) = -m_2\ddot{y}_2$ 与动荷载 $F_P(t)$ 共同作用下产生的位移。

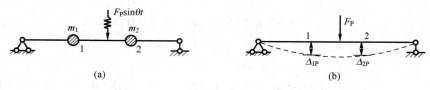

图 11-47

设 Δ_{1P}、Δ_{2P} 分别代表荷载幅值在 1、2 点产生的静位移,如图 11-47(b)所示,则质点 1、2 的总位移为

$$\begin{cases} y_1 = (-m_1\ddot{y}_1)\delta_{11} + (-m_2\ddot{y}_2)\delta_{12} + \Delta_{1P}\sin\theta t \\ y_2 = (-m_1\ddot{y}_1)\delta_{21} + (-m_2\ddot{y}_2)\delta_{22} + \Delta_{2P}\sin\theta t \end{cases} \quad (11\text{-}132)$$

或写为

$$\begin{cases} \delta_{11}m_1\ddot{y}_1 + \delta_{12}m_2\ddot{y}_2 + y_1 = \Delta_{1P}\sin\theta t \\ \delta_{21}m_1\ddot{y}_1 + \delta_{22}m_2\ddot{y}_2 + y_2 = \Delta_{2P}\sin\theta t \end{cases} \quad (11\text{-}133)$$

式(11-133)为按柔度法建立的两个自由度体系在简谐荷载作用下的振动微分方程组,其解与式(11-119)的解是一致的。设

$$y_1(t) = A_1\sin\theta t,\quad y_2(t) = A_2\sin\theta t$$

将上式代入式(11-133),消去公因子 $\sin\theta t$,可得

$$\begin{cases} (\delta_{11}m_1\theta^2 - 1)A_1 + \delta_{12}m_2\theta^2 A_2 = -\Delta_{1P} \\ \delta_{21}m_1\theta^2 A_1 + (\delta_{22}m_2\theta^2 - 1)A_2 = -\Delta_{2P} \end{cases} \quad (11\text{-}134)$$

由式(11-134)可解得位移的幅值为

$$A_1 = \frac{D_1}{D_0},\quad A_2 = \frac{D_2}{D_0} \quad (11\text{-}135)$$

式中

$$\begin{cases} D_0 = \begin{vmatrix} \delta_{11}m_1\theta^2-1 & \delta_{12}m_2\theta^2 \\ \delta_{21}m_1\theta^2 & \delta_{22}m_2\theta^2-1 \end{vmatrix} \\ D_1 = \begin{vmatrix} -\Delta_{1P} & \delta_{12}m_2\theta^2 \\ -\Delta_{2P} & \delta_{22}m_2\theta^2-1 \end{vmatrix} \\ D_2 = \begin{vmatrix} \delta_{11}m_1\theta^2-1 & -\Delta_{1P} \\ \delta_{21}m_1\theta^2 & -\Delta_{2P} \end{vmatrix} \end{cases} \quad (11-136)$$

2. 多自由度体系

按柔度法建立的振动微分方程组为

$$\begin{cases} \delta_{11}m_1\ddot{y}_1+\delta_{12}m_2\ddot{y}_2+\cdots+\delta_{1n}m_n\ddot{y}_n+y_1=\Delta_{1P}\sin\theta t \\ \delta_{21}m_1\ddot{y}_1+\delta_{22}m_2\ddot{y}_2+\cdots+\delta_{2n}m_n\ddot{y}_n+y_2=\Delta_{2P}\sin\theta t \\ \vdots \\ \delta_{n1}m_1\ddot{y}_1+\delta_{n2}m_2\ddot{y}_2+\cdots+\delta_{nn}m_n\ddot{y}_n+y_n=\Delta_{nP}\sin\theta t \end{cases} \quad (11-137a)$$

写成矩阵形式，则为

$$\boldsymbol{\delta M\ddot{y}}+\boldsymbol{y}=\boldsymbol{\Delta}_P\sin\theta t \quad (11-137b)$$

式中

$$\boldsymbol{\Delta}_P = \begin{bmatrix} \Delta_{1P} \\ \Delta_{2P} \\ \vdots \\ \Delta_{nP} \end{bmatrix}$$

是动力荷载幅值在各质点处引起的静位移向量。在稳态振动阶段，各质点也做简谐振动，即

$$\boldsymbol{y}(t) = \begin{bmatrix} A_1 \\ A_2 \\ \vdots \\ A_n \end{bmatrix} \sin\theta t = \boldsymbol{A}\sin\theta t$$

故将上式代入式（11-137b），得到用柔度系数表示的位移幅值方程

$$(\boldsymbol{I}-\theta^2\boldsymbol{\delta M})\boldsymbol{A}=\boldsymbol{\Delta}_P \quad (11-138)$$

例 11-19 结构同例 11-12，设在质量 m_2 处作用有简谐荷载 $F_P\sin\theta t$，如图 11-48（a）所示。已知 $m_1=m_2=m$，$EI=$ 常数，$\theta=0.6\omega_1$。若不计梁的自重，试求该体系的动位移和动弯矩的幅值图。

解：（1）求动位移幅值 A_1、A_2。用柔度法求解。在例 11-12 中已求出柔度系数和自振频率

$$\delta_{11}=\delta_{22}=\frac{4l^3}{243EI}, \quad \delta_{12}=\delta_{21}=\frac{7l^3}{486EI}, \quad \omega_1=5.69\sqrt{\frac{EI}{ml^3}}$$

所以

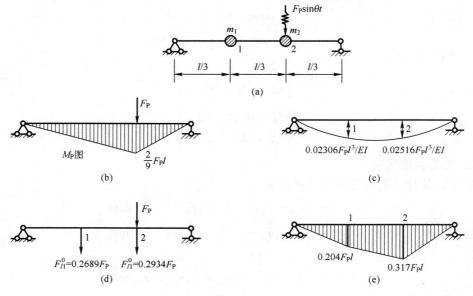

图 11-48

$$\theta = 0.6\omega_1 = 3.414\sqrt{\frac{EI}{ml^3}}$$

作 M_P 图如图 11-48（b）所示，与例 11-12 中的 $\overline{M}_1$、$\overline{M}_2$ 图进行图乘得

$$\Delta_{1P} = \frac{7Pl^3}{486EI}, \quad \Delta_{2P} = \frac{4Pl^3}{243EI}$$

由式（11-136）计算 D_0、D_1、D_2：

$$m_1\theta^2 = m_2\theta^2 = 1.66\frac{EI}{l^2}$$

$$D_0 = \begin{vmatrix} \delta_{11}m_1\theta^2 - 1 & \delta_{12}m_2\theta^2 \\ \delta_{21}m_1\theta^2 & \delta_{22}m_2\theta^2 - 1 \end{vmatrix} = 0.6247$$

$$D_1 = \begin{vmatrix} -\Delta_{1P} & \delta_{12}m_2\theta^2 \\ -\Delta_{2P} & \delta_{22}m_2\theta^2 - 1 \end{vmatrix} = 0.01440\frac{Pl^3}{EI}$$

$$D_2 = \begin{vmatrix} \delta_{11}m_1\theta^2 - 1 & -\Delta_{1P} \\ \delta_{21}m_1\theta^2 & -\Delta_{2P} \end{vmatrix} = 0.01572\frac{Pl^3}{EI}$$

由式（11-135）得到动位移幅值为

$$A_1 = \frac{D_1}{D_0} = 0.02306\frac{F_Pl^3}{EI}, \quad A_2 = \frac{D_2}{D_0} = 0.02516\frac{F_Pl^3}{EI}$$

动位移幅值图如图 11-48（c）所示。

(2) 求质点 1、2 动弯矩幅值。计算惯性力幅值：

$$F_{I1}^0 = m_1\theta^2 A_1 = 11.66\frac{EI}{l^3} \times 0.02306\frac{F_Pl^3}{EI} = 0.2689F_P$$

$$F_{12}^0 = m_2\theta^2 A_2 = 11.66\frac{EI}{l^3}\times 0.02516\frac{F_P l^3}{EI} = 0.2934 F_P$$

体系所受的动荷载和惯性力幅值图如图 11-48（d）所示，据此求出的动弯矩幅值图如图 11-48（e）所示。

11.9　多自由度体系在一般动荷载作用下的强迫振动

本节用主振型叠加法讨论多自由度体系在一般动荷载作用下的振动问题。

11.8 节用刚度法已导出 n 个自由度体系不考虑阻尼时强迫振动的微分方程，即

$$M\ddot{y} + Ky = F_P(t)$$

在通常情况下，M 和 K 并不都是对角矩阵，因此方程组是联立的，或者说是耦联的。当 n 较大时，求解联立方程组的工作是很繁重的。若能设法解除方程组的耦联，使其变成若干独立的方程，使每个方程只包含有一个未知量，可分别单独求解，从而使计算得到简化。我们可以利用主振型的正交性通过坐标变换的途径来实现，具体作法如下。

一、正则坐标方程的推导

前面所建立的多自由度体系的振动微分方程，是以各质点的位移 $y = \{y_1\ y_2\ \cdots\ y_n\}$ 为对象来求解的，位移向量 y 称为几何坐标。为了解除方程组的耦联，我们进行如下的坐标变换：以体系的 n 个主振型向量 $\boldsymbol{\Phi}_1, \boldsymbol{\Phi}_2, \cdots \boldsymbol{\Phi}_n$ 作为基底，把几何坐标 y 表示为基底的线性组合，即

$$y = \boldsymbol{\Phi}_1 v_1 + \boldsymbol{\Phi}_2 v_2 + \cdots + \boldsymbol{\Phi}_n v_n \tag{11-139a}$$

这也就是将位移向量 y 按主振型进行分解。上式的展开式为

$$\begin{bmatrix} y_1 \\ y_2 \\ \vdots \\ y_n \end{bmatrix} = \begin{bmatrix} \boldsymbol{\Phi}_1(1) \\ \boldsymbol{\Phi}_1(2) \\ \vdots \\ \boldsymbol{\Phi}_1(n) \end{bmatrix} v_1 + \begin{bmatrix} \boldsymbol{\Phi}_2(1) \\ \boldsymbol{\Phi}_2(2) \\ \vdots \\ \boldsymbol{\Phi}_2(n) \end{bmatrix} v_2 + \cdots \begin{bmatrix} \boldsymbol{\Phi}_n(1) \\ \boldsymbol{\Phi}_n(2) \\ \vdots \\ \boldsymbol{\Phi}_n(n) \end{bmatrix} v_n$$

$$= \begin{bmatrix} \boldsymbol{\Phi}_1(1) & \boldsymbol{\Phi}_2(1) & \cdots & \boldsymbol{\Phi}_n(1) \\ \boldsymbol{\Phi}_1(2) & \boldsymbol{\Phi}_2(2) & \cdots & \boldsymbol{\Phi}_n(2) \\ \vdots & \vdots & & \vdots \\ \boldsymbol{\Phi}_1(n) & \boldsymbol{\Phi}_2(n) & \cdots & \boldsymbol{\Phi}_n(n) \end{bmatrix} \begin{bmatrix} v_1 \\ v_2 \\ \vdots \\ v_n \end{bmatrix} \tag{11-139b}$$

可简写为

$$y = \boldsymbol{\Phi} V \tag{11-140}$$

这样就把几何坐标 y 变换成数目相同的另一组新坐标：

$$V = \{v_1\ v_2\ \cdots\ v_n\} \tag{11-141}$$

V 称为正则坐标。式（11-140）中：

$$\boldsymbol{\Phi} = \{\boldsymbol{\Phi}_1\ \boldsymbol{\Phi}_2\ \cdots\ \boldsymbol{\Phi}_n\} \tag{11-142}$$

称为主振型矩阵，它就是几何坐标和正则坐标之间的转换矩阵。将式（11-140）及对时间变量 t 求导后的 $\ddot{y}=\boldsymbol{\Phi}\ddot{V}$ 代入式（11-126b），得

$$M\boldsymbol{\Phi}\ddot{V}+K\boldsymbol{\Phi}V=F_{\mathrm{P}}(t) \tag{11-143a}$$

用第 j 个规准化振型向量 $\boldsymbol{\Phi}_j$ 的转置矩阵 $\boldsymbol{\Phi}_j^{\mathrm{T}}$ 前乘式（11-143a）两侧，得

$$\boldsymbol{\Phi}_j^{\mathrm{T}}M\boldsymbol{\Phi}\ddot{V}+\boldsymbol{\Phi}_j^{\mathrm{T}}K\boldsymbol{\Phi}V=\boldsymbol{\Phi}_j^{\mathrm{T}}F_{\mathrm{P}}(t)\,(j=1,2,\cdots,n) \tag{11-143b}$$

式（11-143b）等号左边第一项可改写为

$$\boldsymbol{\Phi}_j^{\mathrm{T}}M\boldsymbol{\Phi}\ddot{V}=\boldsymbol{\Phi}_j^{\mathrm{T}}M\boldsymbol{\Phi}_1\ddot{v}_1+\boldsymbol{\Phi}_j^{\mathrm{T}}M\boldsymbol{\Phi}_2\ddot{v}_2+\cdots+\boldsymbol{\Phi}_j^{\mathrm{T}}M\boldsymbol{\Phi}_j\ddot{v}_j+\cdots+\boldsymbol{\Phi}_j^{\mathrm{T}}M\boldsymbol{\Phi}_n\ddot{v}_n \tag{11-144}$$

根据式（11-117）所示正交性条件，上式右边除第 j 项外，其余各项都应为零，因此得

$$\boldsymbol{\Phi}_j^{\mathrm{T}}M\boldsymbol{\Phi}\ddot{V}=\boldsymbol{\Phi}_j^{\mathrm{T}}M\boldsymbol{\Phi}_j\ddot{v}_j \tag{11-145}$$

同样，根据式（11-118），式（11-143b）等号左边第二项为

$$\boldsymbol{\Phi}_j^{\mathrm{T}}K\boldsymbol{\Phi}\ddot{V}=\boldsymbol{\Phi}_j^{\mathrm{T}}K\boldsymbol{\Phi}_j\ddot{v}_j \tag{11-146}$$

根据式（11-145）和式（11-146），式（11-143b）即成为

$$\boldsymbol{\Phi}_j^{\mathrm{T}}M\boldsymbol{\Phi}_j\ddot{V}_j+\boldsymbol{\Phi}_j^{\mathrm{T}}K\boldsymbol{\Phi}_jV_j=\boldsymbol{\Phi}_j^{\mathrm{T}}F_{\mathrm{P}}(t)\,(j=1,2,\cdots,n) \tag{11-147}$$

引入符号

$$M_j=\boldsymbol{\Phi}_j^{\mathrm{T}}M\boldsymbol{\Phi}_j \tag{11-148}$$

$$K_j=\boldsymbol{\Phi}_j^{\mathrm{T}}K\boldsymbol{\Phi}_j \tag{11-149}$$

$$F_{\mathrm{PN}j}(t)=\boldsymbol{\Phi}_j^{\mathrm{T}}F_{\mathrm{P}}(t) \tag{11-150}$$

它们分别称为与第 j 个振型对应的正则坐标系的广义质量、广义刚度、广义荷载。这样式（11-147）可改写为

$$M_j\ddot{V}_j+K_jV_j=F_{\mathrm{PN}j}(t)\,(j=1,2,\cdots,n) \tag{11-151}$$

由式（11-90）有

$$K\boldsymbol{\Phi}_j=\omega_j^2 M\boldsymbol{\Phi}_j$$

上式两边前乘以 $\boldsymbol{\Phi}_j^{\mathrm{T}}$，并引入式（11-148）~式（11-150）所示的符号，得

$$K_j=\omega_j^2 M_j \tag{11-152}$$

利用此关系式，可将式（11-151）改写成

$$\ddot{V}_j+\omega_j^2 V_j=\frac{F_{\mathrm{PN}j}(t)}{M_j}\,(j=1,2,\cdots,n) \tag{11-153}$$

这就是关于正则坐标 v_j 的振动微分方程，与单自由度体系的振动方程完全相似。原来的微分方程组（11-126b）是彼此耦合的 n 个联立方程，现在的振动方程（11-153）是彼此独立的 n 个一元方程。由耦合变为不耦合，这就是上述解法的主要优点。这个解法的核心步骤是采取了正则坐标（式（11-140））。或者说，把位移 y 按主振型进行了分解（式（11-139a））。因此这个方程称为正则坐标分析法，或者主振型分解法，或者主振型叠加法。

二、求正则坐标微分方程的解

式（11-153）的解，可以参照单自由度体系解的形式写出，其通解由它的齐次解 $\bar{v}_j$

和它的特解 v_j^* 组成。

它的齐次解 $\bar{v}_j$ 为

$$\bar{v}_j = A_j\cos\omega_j t + B_j\sin\omega_j t \tag{11-154}$$

而满足初始条件为零的特解为

$$v_j^* = \frac{1}{M_j\omega_j}\int_0^t F_{\mathrm{PN}j}(\tau)\sin\omega_j(t-\tau)\mathrm{d}\tau \tag{11-155}$$

式（11-153）的通解为

$$v_j = \bar{v}_j + v_j^* = A_j\cos\omega_j t + B_j\sin\omega_j t + \frac{1}{M_j\omega_j}\int_0^t F_{\mathrm{PN}j}(\tau)\sin\omega_j(t-\tau)\mathrm{d}\tau \tag{11-156}$$

其中常数 A_j 和 B_j 由初始条件决定。设 $t=0$ 时，$v_j=v_{j0}$，$\dot{v}_j=\dot{v}_{j0}$，据此可求得

$$A_j = v_{j0},\quad B_j = \frac{\dot{v}_{j0}}{\omega_j} \tag{11-157}$$

将式（11-157）代入式（11-156），得

$$v_j = v_{j0}\cos\omega_j t + \frac{\dot{v}_{j0}}{\omega_j}\sin\omega_j t + \frac{1}{M_j\omega_j}\int_0^t F_{\mathrm{PN}j}(\tau)\sin\omega_j(t-\tau)\mathrm{d}\tau \tag{11-158}$$

式中：v_{j0} 和 $\dot{v}_{j0}$ 分别是与第 j 个正则坐标对应的初位移和初速度，它们可以通过下面所推导的关系式由原几何坐标的初位移和初速度求出。

用 $\boldsymbol{\Phi}_j^{\mathrm{T}}\boldsymbol{M}$ 前乘式（11-140）的两侧，并利用式（11-145）和式（11-148）可得

$$\boldsymbol{\Phi}_j^{\mathrm{T}}\boldsymbol{M}\boldsymbol{y} = \boldsymbol{\Phi}_j^{\mathrm{T}}\boldsymbol{M}\boldsymbol{\Phi}\boldsymbol{V} = \boldsymbol{\Phi}_j^{\mathrm{T}}\boldsymbol{M}\boldsymbol{\Phi}_j v_j = M_j v_j$$

因此有

$$v_j = \frac{\boldsymbol{\Phi}_j^{\mathrm{T}}\boldsymbol{M}\boldsymbol{y}}{M_j}$$

和

$$\dot{v}_j = \frac{\boldsymbol{\Phi}_j^{\mathrm{T}}\boldsymbol{M}\dot{\boldsymbol{y}}}{M_j}$$

当 $t=0$ 时，以上两式成为

$$v_{j0} = \frac{\boldsymbol{\Phi}_j^{\mathrm{T}}\boldsymbol{M}\boldsymbol{y}_0}{M_j},\quad \dot{v}_{j0} = \frac{\boldsymbol{\Phi}_j^{\mathrm{T}}\boldsymbol{M}\dot{\boldsymbol{y}}_0}{M_j} \tag{11-159}$$

在任意确定性荷载作用下，都可以利用式（11-158）求得正则坐标 $v_j(j=1,2,\cdots,n)$，而后将它们代入式（11-140）即可计算原几何坐标系的各个位移。只有简谐荷载作用下，求体系稳态阶段动力反应时，应用上节介绍的直接解法才比较方便，而主振型叠加法的适用范围较广。

三、按振型叠加法计算动力反应的步骤

综合所述，计算步骤可归纳如下。

（1）求出自振频率和振型，即 ω_j 和 $\boldsymbol{\Phi}_j(j=1,2,\cdots,n)$。

（2）依次取 $j=1,2,\cdots,n$，按式（11-148）和式（11-150）计算广义质量和广义荷载：

$$M_j = \boldsymbol{\Phi}_j^{\mathrm{T}} \boldsymbol{M} \boldsymbol{\Phi}_j, \quad F_{\mathrm{PN}j}(t) = \boldsymbol{\Phi}_j^{\mathrm{T}} \boldsymbol{F}_{\mathrm{P}}(t)$$

（3）建立基本微分方程

$$\ddot{V}_j + \omega_j^2 V_j = \frac{F_{\mathrm{PN}j}(t)}{M_j} \quad (j=1,2,\cdots,n)$$

并求解，得到 v_1、v_2、$\cdots$、v_n。

（4）应用坐标变换关系式（11-140）计算几何坐标，即

$$y = \boldsymbol{\Phi} V$$

求出各质点的位移 y_1、y_2、$\cdots$、y_n。

（5）求出位移后，可再计算其他的动力反应。

例 11-20 体系同例 11-15。设在零初始条件下，在横梁处施加一水平突加荷载 $F_{\mathrm{P}}(t)$（图 11-49（a）），求横梁的位移及柱上端的弯矩。荷载 $F_{\mathrm{P}}(t)$ 随时间的变化为：当 $t<0$ 时，$F_{\mathrm{P}}(t)=0$；当 $t\geq 0$ 时，$F_{\mathrm{P}}(t)=F_{\mathrm{P}0}=20\mathrm{kN}$。

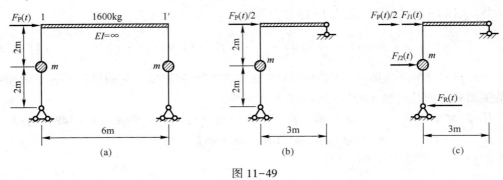

图 11-49

解：将荷载分解为正对称和反对称两组。前者只使横梁产生轴力，对位移和柱的内力并无影响，故只需考虑后者的作用。此时，在 1、1′ 两点分别作用有一向右的水平荷载 $F_{\mathrm{P}}(t)/2$，可取图 11-49（b）所示半刚架进行计算。

（1）建立坐标变换关系。由例 11-15 得振型矩阵：

$$\boldsymbol{\Phi} = \begin{bmatrix} \boldsymbol{\Phi}_1 & \boldsymbol{\Phi}_2 \end{bmatrix} = \begin{bmatrix} 1.000 & 1.000 \\ 0.694 & -3.845 \end{bmatrix}$$

故坐标变换关系为

$$\begin{bmatrix} y_1(t) \\ y_2(t) \end{bmatrix} = \begin{bmatrix} 1.000 & 1.000 \\ 0.694 & -3.845 \end{bmatrix} \begin{bmatrix} v_1(t) \\ v_2(t) \end{bmatrix}$$

（2）计算广义质量和广义荷载。按式（11-148），得

$$M_1 = \boldsymbol{\Phi}_1^{\mathrm{T}} \boldsymbol{M} \boldsymbol{\Phi}_1 = \begin{bmatrix} 1.000 & 0.694 \end{bmatrix} \begin{bmatrix} 800 & 0 \\ 0 & 300 \end{bmatrix} \begin{bmatrix} 1.000 \\ 0.694 \end{bmatrix} = 944.49(\mathrm{kg})$$

$$M_2 = \boldsymbol{\Phi}_2^{\mathrm{T}} \boldsymbol{M} \boldsymbol{\Phi}_2 = \begin{bmatrix} 1.000 & -3.845 \end{bmatrix} \begin{bmatrix} 800 & 0 \\ 0 & 300 \end{bmatrix} \begin{bmatrix} 1.000 \\ -3.845 \end{bmatrix} = 5235.21(\mathrm{kg})$$

由式（11-150），得

$$F_{PN1}(t) = \boldsymbol{\Phi}_1^T F_P(t) = [1.000 \quad 0.694] \begin{bmatrix} \dfrac{F_P(t)}{2} \\ 0 \end{bmatrix} = \dfrac{F_P(t)}{2}$$

$$F_{PN2}(t) = \boldsymbol{\Phi}_2^T F_P(t) = [1.000 \quad -3.845] \begin{bmatrix} \dfrac{F_P(t)}{2} \\ 0 \end{bmatrix} = \dfrac{F_P(t)}{2}$$

(3) 确定正则坐标。由式 (11-158)，并注意到零初始条件下，$A_j = 0$，$B_j = 0$，有

$$v_1(t) = \dfrac{1}{M_1\omega_1}\int_0^t F_{PN1}(\tau)\sin\omega_1(t-\tau)\mathrm{d}\tau = \dfrac{F_{P0}/2}{M_1\omega_1^2}(1-\cos\omega_1 t)$$

$$v_2(t) = \dfrac{1}{M_2\omega_2}\int_0^t F_{PN2}(\tau)\sin\omega_2(t-\tau)\mathrm{d}\tau = \dfrac{F_{P0}/2}{M_2\omega_2^2}(1-\cos\omega_2 t)$$

(4) 确定几何坐标。

$$\begin{aligned}
y_1(t) &= v_1(t) + v_2(t) = \dfrac{F_{P0}/2}{M_1\omega_1^2}\left[(1-\cos\omega_1 t) + \dfrac{M_1}{M_2}\dfrac{\omega_1^2}{\omega_2^2}(1-\cos\omega_2 t)\right] \\
&= \dfrac{20/2}{944.49\times17.27^2}\left[(1-\cos\omega_1 t) + \dfrac{944.49}{5235.21}\cdot\dfrac{17.27^2}{201.02^2}(1-\cos\omega_2 t)\right] \\
&= 3.55[(1-\cos\omega_1 t) - 0.00133(1-\cos\omega_2 t)] \text{ (cm)}
\end{aligned}$$

同样可得

$$y_2(t) = 0.694v_1(t) - 3.845v_2(t) = 2.46[(1-\cos\omega_1 t) - 0.00737(1-\cos\omega_2 t)] \text{ (cm)}$$

(5) 求柱上端弯矩。先求各质点处惯性力：

$$\begin{aligned}
F_{I1}(t) &= -m_1\ddot{y}_1 \\
&= -800\text{kg}\times0.0355\text{m}\times\omega_1^2\left[\cos\omega_1 t + 0.00133\dfrac{\omega_2^2}{\omega_1^2}\cos\omega_2 t\right] \\
&= -8.47[\cos\omega_1 t + 0.1802\cos\omega_2 t] \text{ (kN)}
\end{aligned}$$

$$\begin{aligned}
F_{I2}(t) &= -m_2\ddot{y}_2 \\
&= -300\text{kg}\times0.0246\text{m}\times\omega_1^2\left[\cos\omega_1 t - 0.00737\dfrac{\omega_2^2}{\omega_1^2}\cos\omega_2 t\right] \\
&= -2.20[\cos\omega_1 t - 0.9986\cos\omega_2 t] \text{ (kN)}
\end{aligned}$$

将 $F_{I1}(t)$、$F_{I2}(t)$ 及原始荷载 $F_P(t)/2$ 加于半刚架如图 11-49 (c) 所示，利用平衡条件得 A 点水平反力为

$$F_{Ax}(t) = \dfrac{F_P(t)}{2} + F_{I1}(t) + F_{I2}(t)$$

于是柱上端弯矩为

$$\begin{aligned}
M_1(t) &= F_{Ax}(t)\times4 - F_{I2}(t)\times2 \\
&= 40 - 38.2\cos\omega_1 t - 1.72\cos\omega_2 t \\
&= [38.2(1-\cos\omega_1 t) + 1.72(1-\cos\omega_2 t)]\text{kN}\cdot\text{m}
\end{aligned}$$

由以上结果可以看出，在本例中，无论位移还是弯矩，相应第二振型的分量远小于相应第一振型的分量。

11.10 无限自由度体系的自由振动

在以上各节中,我们讨论了单自由度或有限自由度体系的计算问题。但是在确定体系的计算简图时,若弹性杆的质量按沿杆长分布考虑,体系就将具有无限多个自由度。本节结合等截面直杆的弯曲自由振动问题,讨论无限自由度体系的振动方程及其计算方法。

图 11-50(a)所示为一单跨梁,梁的弯曲刚度和单位长度内的质量为 EI 和 $\overline{m}$。设梁在其本身对称平面内作弯曲振动。以坐标 x 表示各截面位置。

仍取质点的位移作为基本未知量,但和有限自由度体系不同,这时不能再用分散型的坐标 $y_1(t)$、$y_2(t)$、…、$y_n(t)$ 表示集中质量所在点的位移,而应该使各质点的位移是 x 的连续函数。即除了取时间 t 作独立变量外,还要取位置坐标 x 作独立变量。这样,梁的位移要用二元函数 $y(x、t)$ 表示,梁的振动方程成为偏微分方程。

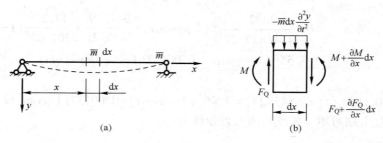

图 11-50

取 x 和 y 的正方向如图 11-50(a)所示。自梁内截取一微段作为隔离体,作用其上的力有惯性力 $-\overline{m}dx\dfrac{\partial^2 y}{\partial t^2}$ 和两侧的弯矩和剪力(图 11-50(b))。由动力平衡条件,略去高阶微量后,得

$$\begin{cases} \dfrac{\partial F_Q}{\partial x} - \overline{m}\dfrac{\partial^2 y}{\partial t^2} = 0 \\ \dfrac{\partial M}{\partial x} = F_Q \end{cases} \quad (11\text{-}160)$$

由式(11-160)可得

$$\dfrac{\partial^2 M}{\partial x^2} - \overline{m}\dfrac{\partial^2 y}{\partial t^2} = 0 \quad (11\text{-}161)$$

由材料力学得知梁的挠曲线方程(略去剪切变形影响)为

$$EI\dfrac{\partial^2 y}{\partial x^2} = -M \quad (11\text{-}162)$$

代入式(11-161),得等截面梁弯曲时的自由振动微分方程即为

$$EI\frac{\partial^4 y}{\partial x^4}+\overline{m}\frac{\partial^2 y}{\partial x^2}=0 \tag{11-163}$$

偏微分方程（11-163）可用分离变量法来求解。为此，设

$$y(x,t)=X(x)T(t) \tag{11-164}$$

这里所设的振动是一种单自由度体系的振动。在不同时刻 t，弹性曲线的形状不变，只是幅度在变。这里 $X(x)$ 表示曲线形状，$T(t)$ 表示位移幅度随时间的变化规律。将式（11-164）代入式（11-163），整理后得

$$\frac{EI\dfrac{d^4 X}{dx^4}}{\overline{m}X}=-\frac{\dfrac{d^2 T}{dt^2}}{T}$$

由于上式等号左边只与 x 有关，而右边只与 t 有关，因此为了维持恒等，两边都须等于同一常数。设以 ω^2 代表这个常数，此时偏微分方程式（11-163），即可分解为两个独立的常微分方程：

$$\frac{d^2 T}{dt^2}+\omega^2 T=0 \tag{11-165}$$

$$\frac{d^4 X}{dx^4}-\lambda^4 X=0 \tag{11-166}$$

其中

$$\lambda^4=\frac{\omega^2 \overline{m}}{EI} \text{ 或 } \omega=\lambda^2\sqrt{\frac{EI}{\overline{m}}} \tag{11-167}$$

根据前面有限自由度体系自由振动的分析可知，式（11-165）的解为

$$T(t)=a\sin(\omega t+\varphi)$$

代入式（11-164），得

$$y(x,t)=aX(x)\sin(\omega t+\varphi)$$

将 a 与 $X(x)$ 中的待定常数合并，上式可写为

$$y(x,t)=X(x)\sin(\omega t+\varphi) \tag{11-168}$$

由上式可知，在特定条件下，梁上各点将按同一频率作简谐振动，ω 为自振频率，$X(x)$ 为振幅曲线。在不同时刻，梁的变形曲线都与函数 $X(x)$ 成比例而其形状不变。因此，$X(x)$ 即代表梁的主振型，称为振型函数。

式（11-166）的解为

$$X(x)=A_1\text{ch}\lambda x+A_2\text{sh}\lambda x+A_3\cos\lambda x+A_4\sin\lambda x \tag{11-169}$$

根据边界条件，可以列出包含待定常数 $A_1 \sim A_4$ 的 4 个齐次方程。为了求得非零解，要求方程的系数行列式为零，这就得到用以确定 λ 的特征方程。λ 确定后，由式（11-167）即可求得自振频率 ω。对于无限自由度体系，特征方程有无限多个根；因而有无限多个频率 $\omega_n (n=1,2,3,\cdots)$。对于每一个频率，可求出 A_1、A_2、A_3、A_4 的一组比值，于是由式（11-169）便得到相应的主振型 $X_n(x)$。

对应于每一个频率和振型，基本微分方程（11-163）都有一个形如式（11-168）的特解；其方程的全解应是这些特解的线性组合，即

$$y(x,t) = \sum_{n=1}^{\infty} a_n X_n(x) \sin(\omega_n t + \varphi_n) \tag{11-170}$$

式中：待定常数 a_n、φ_n 由初始条件确定。一般初始条件下，$y(x,t)$ 中含有若干不同频率的特解，它不再是简谐振动。

例 11-21 试求图 11-51（a）所示等截面简支梁的自振频率和主振型。

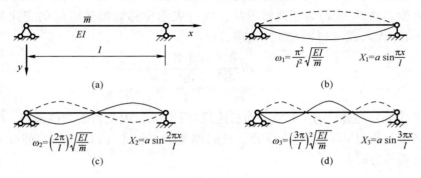

图 11-51

解：由梁的左端边界条件，有
$$X(0)=0, \quad X''(0)=0$$

由式（11-169）分别得
$$A_1 + A_3 = 0$$
$$A_1 - A_3 = 0$$

于是得
$$A_1 = A_3$$

式（11-169）简化为
$$X(x) = A_2 \operatorname{sh}\lambda x + A_4 \sin\lambda x \tag{11-171}$$

梁的右端边界条件为
$$\begin{cases} X(l)=0, & A_2\operatorname{sh}\lambda l + A_4\sin\lambda l = 0 \\ X''(l)=0, & A_2\operatorname{sh}\lambda l - A_4\sin\lambda l = 0 \end{cases} \tag{11-172}$$

令式（11-172）中齐次方程组的系数行列式为零，得
$$\begin{vmatrix} \operatorname{sh}\lambda l & \sin\lambda l \\ \operatorname{sh}\lambda l & -\sin\lambda l \end{vmatrix} = 0$$

即
$$\operatorname{sh}\lambda l \cdot \sin\lambda l = 0 \tag{11-173}$$

因为 $\lambda l \neq 0$（由式（11-171）可知，若 $\lambda = 0$，则 $X(x)=0$，成为无振动的情况），故 $\operatorname{sh}\lambda l \neq 0$，因而有特征方程
$$\sin\lambda l = 0 \tag{11-174}$$

它有无限多个根：
$$\lambda_n l = n\pi$$
$$\lambda_n = \frac{n\pi}{l} \quad (n=1,2,3,\cdots)$$

$$X_2 = a\sin\frac{2\pi x}{l}$$

因而有无限多个自振频率，代入式（11-167）得

$$\omega_n = \frac{n^2\pi^2}{l^2}\sqrt{\frac{EI}{\overline{m}}}\ (n=1,2,3,\cdots) \tag{11-175}$$

为了确定振型，可利用式（11-172）中任一式。因 $\sin\lambda l = 0$，得 $A_2 = 0$。代回式（11-171）得与 ω_n 相应的振型函数为

$$X_n(x) = A_4\sin\frac{n\pi x}{l}(n=1,2,3,\cdots) \tag{11-176}$$

由式（11-176）可知，等截面简支梁的地 n 个振型为 n 个半波的正弦曲线，前三个主振型如图 11-51（b）、（c）、（d）所示。

11.11　近似法求自振频率

前面讨论了计算自振频率的精确方法。当体系的自由度数目较多时，精确法的计算工作很繁重，因此，常采用一些简单又具有一定精度的近似计算方法。这些方法对于计算基频和低频并满足工程上的需要是行之有效的。下面介绍其中两种常用的计算方法。

一、集中质量法

这种方法是将体系的分布质量集中于若干点上，根据静力等效的原则，使集中后的质点重力与原来的分布质量的重力互为静力等效，也就是使它们各自的合力仍保持相等。这样就使原体系由无限自由度换成有限自由度的问题。其计算精度与集中质量数目的多少有关，集中质量数目越多，求得的结果精度越高，但计算工作量越大。不过，在求一般实用要求的低频率时，集中质量的数目毋需太多，即可得到满意的结果。

例如，求图 11-52 所示具有分布质量 $\overline{m}$ 的简支梁的自振频率。具体作法，可分别将梁划分为两段、三段或四段，并将各段分布质量分别集中于各段的两端点，如表 11-1 中的计算简图所示。分别将以上三种情况算得的频率近似解以及与精确解相比较的计算误差值列于表 11-1 中。

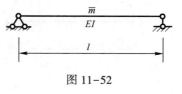

图 11-52

表 11-1

自由度	计 算 简 图	近似解	精确解	误差
1	$\frac{1}{4}\overline{m}l$　$\frac{1}{2}\overline{m}l$　$\frac{1}{4}\overline{m}l$　$l/2$　$l/2$	$\omega_1 = \frac{9.80}{l^2}\sqrt{\frac{EI}{\overline{m}}}$	$\omega_1 = \frac{9.87}{l^2}\sqrt{\frac{EI}{\overline{m}}}$	-0.7%

自由度	计算简图	近似解	精确解	误差
2	$\frac{1}{6}\overline{m}l$, $\frac{1}{3}\overline{m}l$, $\frac{1}{3}\overline{m}l$, $\frac{1}{6}\overline{m}l$; $l/3$, $l/3$, $l/3$	$\omega_1=\dfrac{9.86}{l^2}\sqrt{\dfrac{EI}{\overline{m}}}$ $\omega_2=\dfrac{38.20}{l^2}\sqrt{\dfrac{EI}{\overline{m}}}$	$\omega_1=\dfrac{9.87}{l^2}\sqrt{\dfrac{EI}{\overline{m}}}$ $\omega_2=\dfrac{39.48}{l^2}\sqrt{\dfrac{EI}{\overline{m}}}$	-0.1% -3.24%
3	$\frac{1}{8}\overline{m}l$, $\frac{1}{4}\overline{m}l$, $\frac{1}{4}\overline{m}l$, $\frac{1}{4}\overline{m}l$, $\frac{1}{8}\overline{m}l$; $l/4$, $l/4$, $l/4$, $l/4$	$\omega_1=\dfrac{9.865}{l^2}\sqrt{\dfrac{EI}{\overline{m}}}$ $\omega_2=\dfrac{39.2}{l^2}\sqrt{\dfrac{EI}{\overline{m}}}$ $\omega_3=\dfrac{84.6}{l^2}\sqrt{\dfrac{EI}{\overline{m}}}$	$\omega_1=\dfrac{9.87}{l^2}\sqrt{\dfrac{EI}{\overline{m}}}$ $\omega_2=\dfrac{39.48}{l^2}\sqrt{\dfrac{EI}{\overline{m}}}$ $\omega_3=\dfrac{88.83}{l^2}\sqrt{\dfrac{EI}{\overline{m}}}$	-0.05% -0.7% -4.8%

由以上分析可知，集中质量法能给出良好的近似结果，故在工程中常被采用。尤其是对于一些较为复杂的结构如桁架、刚架等，采用此法可简便地找出其最低频率。但在选择集中质量的位置时，须注意结构的振动形式，而将质量集中在振幅较大的地方，才能使所得的频率值较为正确。例如，在计算简支梁的最低频率时，由于其相应的振动形式是对称的，且跨中振幅最大，故应将质量集中在跨度中点；而在计算双铰拱的最低频率时，则由于其相应的振动形式是反对称的，拱顶竖向位移为零，故不宜将质量集中在该处，而应集中在拱跨的两个四分之一点处，因为这些地方的振幅较大（图11-53（a））。又如对于图11-53（b）所示刚架，当它做对称振动时，各质点无线位移，这时应将质量集中于杆件的中点；而在反对称振动时，如图11-53（c）所示，应将质量集中在结点上。

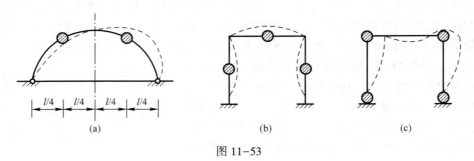

图 11-53

二、能量法求第一频率——瑞利法

瑞利法的理论依据是能量守恒原理：当体系作自由振动时，在不考虑阻尼的情况下，体系既无能量输入，也无能量耗散，因而在任一时刻，体系的动能与变形能之和为一常数，即

$$E(t)+U(t)=\text{常数}$$

式中：$E(t)$为体系在某一时刻的动能；$U(t)$为体系在同一时刻的变形能。

当体系按某一频率作简谐振动时，有如下特征：体系在振动中达到幅值时，各质点速度为零,因而动能为零,而变形能则有最大值;反之,当体系经过静平衡位置的瞬时,各质点速度最大,动能有最大值,而变形能则等于零。对这两个特定时刻,按照上式,可得

$$0 + U_{max} = E_{max} + 0$$

或

$$U_{max} = E_{max} \tag{11-177}$$

利用上式即可得到确定频率的方程。现以分布质量的等截面梁的横向振动为例加以说明。

设梁以某个固有频率 ω 做自由振动,以 $X(x)$ 表示振幅曲线(即振型函数),其位移可表示为

$$y(x,t) = X(x)\sin(\omega t + \varphi)$$

速度为

$$\dot{y}(x,t) = X(x)\omega\cos(\omega t + \varphi)$$

梁的动能为

$$E(t) = \frac{1}{2}\int_0^l \overline{m}(x)[\dot{y}(x,t)]^2 dx$$
$$= \frac{1}{2}\omega^2\cos^2(\omega t + \varphi)\int_0^l \overline{m}(x)X^2(x)dx$$

其最大值为

$$E_{max} = \frac{1}{2}\omega^2\int_0^l \overline{m}(x)X^2(x)dx \tag{11-178}$$

弹性体系的变形能(只考虑弯曲变形能)为

$$U = \frac{1}{2}\int_0^l \frac{M^2}{EI}dx = \frac{1}{2}\int_0^l EI[\ddot{y}(x,t)]^2 dx$$
$$= \frac{1}{2}\sin^2(\omega t + \varphi)\int_0^l EI[\ddot{X}(x)]^2 dx$$

其最大值为

$$U_{max} = \frac{1}{2}\int_0^l EI[\ddot{X}(x)]^2 dx \tag{11-179}$$

按式(11-177)所示关系,使式(11-178)和式(11-179)相等,可求得

$$\omega^2 = \frac{\int_0^l EI[\ddot{X}(x)]^2 dx}{\int_0^l \overline{m}(x)X^2(x)dx} \tag{11-180}$$

若体系上还有集中质量 $m_i (i=1,2,3,\cdots)$,设 $X(x_i)$ 表示 i 点的振幅,则上式变为

$$\omega^2 = \frac{\int_0^l EI[\ddot{X}(x)]^2 dx}{\int_0^l \overline{m}(x)X^2(x)dx + \sum_i m_i X^2(x_i)} \tag{11-181}$$

式(11-180)和式(11-181)就是用瑞利法求梁的自振频率公式。若已知某个主

振型，则将振型函数代入，即可求得相应频率的精确值。但主振型通常是未知的，这时，可以假定一个近似的振型，将其代入，求出的频率只是一个近似值。显然，所得结果与所假定的振型有关。计算实践表明，用这个方法求得的第一自振频率精度较高。若用以求高次频率，一则由于假定高频率的振型比较困难，再则所得结果误差较大，因此瑞利法实际上适合于计算第一频率。

在设定曲线 $X(x)$ 时，应该尽可能满足结构的边界条件。边界条件包括几何边界条件和力的边界条件两种。对梁的横向振动而言，几何边界条件与位移本身及其一阶导数即转角有关；力的边界条件需以位移的二阶及三阶导数（对应弯矩和剪力）表示。事实上，常不易满足所有要求，但几何边界条件必须满足，否则误差将很大。

通常可取结构在某种静荷载作用下的挠曲线作为 $X(x)$ 的近似函数，此时，体系的变形能可用静荷载所作的外力功的值来代替，即

$$U_{\max} = \frac{1}{2}\int_0^l q(x)X(x)\mathrm{d}x + \frac{1}{2}\sum_j F_{\mathrm{P}j}X(x_j)$$

式中：$q(x)$、$F_{\mathrm{P}j}(j=1,2,3,\cdots)$ 分别为所设分布荷载和集中荷载；$X(x)$ 为这些荷载作用下的挠曲线。这样，式（11-181）可改写为

$$\omega^2 = \frac{\int_0^l q(x)X(x)\mathrm{d}x + \sum_j F_{\mathrm{P}j}X(x_j)}{\int_0^l \overline{m}(x)X^2(x)\mathrm{d}x + \sum_i m_i X^2(x_i)} \tag{11-182}$$

对某些结构（如单跨梁）来说，在求第一频率时，常取自重作用下的挠曲线作为式（11-182）中的 $X(x)$。但若考虑水平方向振动，则重力应沿水平方向作用。

例 11-22 试用瑞利法计算图 11-54（a）所示悬臂梁的第一频率。设 EI 及 l 为已知常数单位长的质量为 $\overline{m}$。

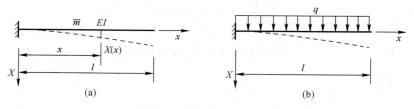

图 11-54

解：（1）取梁的自重 q 作用下的挠曲线作为第一振型函数（图 11-54（b））。

$$X(x) = \frac{q}{2EI}\left(\frac{l^2}{2}x^2 - \frac{l}{3}x^3 + \frac{1}{12}x^4\right)$$

$X(x)$ 满足全部边界条件，由（11-182），得

$$\omega^2 = \frac{q\int_0^l X(x)\mathrm{d}x}{\int_0^l \overline{m}(x)X^2(x)\mathrm{d}x} = \frac{\dfrac{q^2}{2EI}\int_0^l\left(\dfrac{l^2}{2}x^2 - \dfrac{l}{3}x^3 + \dfrac{1}{12}x^4\right)\mathrm{d}x}{\overline{m}\left(\dfrac{q}{2EI}\right)^2\int_0^l\left(\dfrac{l^2}{2}x^2 - \dfrac{l}{3}x^3 + \dfrac{1}{12}x^4\right)^2\mathrm{d}x} = 12.46\,\frac{EI}{\overline{m}l^4}$$

$$\omega = \frac{3.53}{l^2}\sqrt{\frac{EI}{\overline{m}}}$$

与精确值 $\omega = \dfrac{3.515}{l^2}\sqrt{\dfrac{EI}{m}}$ 相比较，误差为 0.4%。

(2) 设振型函数为 $X(x) = a\left(1 - \cos\dfrac{\pi x}{2l}\right)$，坐标如图 11-54（a）所示。

检验左端位移边界条件：

当 $x = 0$ 时，$X(0) = 0$；$X''(x)\big|_{x=0} = \dfrac{a\pi}{2l}\sin\dfrac{\pi x}{2l}\bigg|_{x=0} = 0$ 满足。

检验右端力的边界条件：

当 $x = l$ 时，弯矩 $EIX''(x)\big|_{x=l} = EI\left(\dfrac{\pi}{2l}\right)^2 \cos\dfrac{\pi x}{2l}\bigg|_{x=l} = 0$ 满足。

剪力 $EIX'''(x)\big|_{x=l} = -EI\left(\dfrac{\pi}{2l}\right)^3 \sin\dfrac{\pi x}{2l}\bigg|_{x=l} = -EIa\left(\dfrac{\pi}{2l}\right)^3 \neq 0$ 不满足。

利用式（11-181）得

$$\omega^2 = \dfrac{\int_0^l EI[\ddot{X}(x)]^2 dx}{\int_0^l \overline{m}(x)X^2(x)dx} = \dfrac{EIa^2\left(\dfrac{\pi}{2l}\right)^4 \int_0^l \left(\cos\dfrac{\pi x}{2l}\right)^2 dx}{a^2 \overline{m}\int_0^l \left(1 - \cos\dfrac{\pi x}{2l}\right)^2 dx}$$

$$= \dfrac{EIa^2 \dfrac{\pi^2}{16l^4} \cdot \dfrac{l}{2}}{\overline{m}\left(1 - \dfrac{4l}{\pi} + \dfrac{l}{2}\right)} = 13.424 \dfrac{EI}{\overline{m}l^4}$$

$$\omega = \dfrac{3.646}{l^2}\sqrt{\dfrac{EI}{\overline{m}}}$$

与精确值相比较，误差为 3.7%。

由以上结果可以看出：所选的两种振型曲线所得结果与精确值相比都偏大，这是瑞利法的一个特点。因为假设某一与实际振型有出入的特定曲线作为振型曲线，即相当于在体系上增加某些约束，从而增大了体系的刚度，故所得频率值都将偏大。

例 11-23 用瑞利法计算例 11-14 中三层刚架的第一频率。

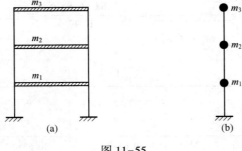

图 11-55

解：例 11-14 中刚架（图 11-55（a））可看作一剪切型悬臂柱。这样，原刚架在水平振动时即简化为如图 11-55（b）所示的多自由度体系。各质点的质量及各层侧移刚度列于表 11-2 中。

设以各层的重量 $m_i g$ 当作水平集中荷载时悬臂柱上各质点的位移 $X(i)$ $(i=1,2,3,\cdots)$ 作为第一振型中该点坐标的近似值。这样，在式（11-182）中，质点序号 i 也就是所设集中荷载序号 j，以下都以 i 表示，因此有 $F_{\mathrm{P}i}=m_i g$，此外，$q(x)=0$，于是对本例而言，式（11-182）即成为

$$\omega^2 = \frac{\sum_{i=1}^{3} m_i g \cdot X(i)}{\sum_{i=1}^{3} m_i \cdot X^2(i)}$$

或

$$\omega = \frac{\sqrt{g \sum_{i=1}^{3} m_i \cdot X(i)}}{\sqrt{\sum_{i=1}^{3} m_i \cdot X^2(i)}}$$

再以 k_i 表示第 i 层侧移刚度系数，于是，m_1 所在点的位移为

$$X(1) = \frac{\sum_{r=1}^{3} m_r g}{k_1}$$

m_2 所在点的位移为

$$X(2) = X(1) + \frac{\sum_{r=2}^{3} m_r g}{k_2}$$

m_3 所在点的位移为

$$X(3) = X(2) + \frac{3 \sum_{r=1}^{3} m_r g}{k_3}$$

计算列表进行，如表 11-2 所示，最后得

$$\omega = \frac{\sqrt{g \sum_{i=1}^{3} m_i \cdot X(i)}}{\sqrt{\sum_{i=1}^{3} m_i \cdot X^2(i)}} = \sqrt{\frac{9.81 \times 36.81}{1.97}} = 13.54 \mathrm{s}^{-1}$$

表 11-2

层 i	m_i /t	$m_i g$ /MN	$\sum_{r=i}^{3} m_r g$ /(MN/m)	k_i /m	$X(i)-X(i-1)$ /m	$X(i)$ /m	$m_i X(i)$ /t·m	$m_i X^2(i)$ /t·m²
1	315	3.090	7.505	245	30.63×10⁻³	30.63×10⁻³	9.65	0.30
2	270	2.649	4.415	196	22.53×10⁻³	53.16×10⁻³	14.35	0.76
3	180	1.766	1.766	98	18.02×10⁻³	71.18×10⁻³	12.81	0.91
					Σ		36.81	1.97

若按多自由度体系用精确法求解，则得
$\omega = 13.36 \text{s}^{-1}$，仅相差 1.35%。

复习思考题

1. 结构动力计算与静力计算的区别是什么？
2. 动力学中体系的自由度与几何组成分析中体系的自由度的概念有什么不同？动力学中体系的自由度如何确定？为什么要确定动力自由度？
3. 图11-5所示的两层刚架，若考虑梁、柱的轴向变形，该结构上4个质点共有多少个自由度？
4. 建立运动微分方程有哪两种基本方法？两种方法的物理意义是什么？
5. 在建立运动微分方程时，若考虑重力的影响，动位移方程有无变化？
6. 为什么说自振频率和自振周期是结构的固有性质？它与结构的哪些因素有关？
7. 阻尼对结构的自振频率和振幅有什么影响？什么是临界阻尼系数？
8. 如何确定体系振动过程中的阻尼比？
9. 在计算简谐荷载作用下体系的振幅时，在什么情况下阻尼的影响最大？
10. 以实际工程为例，说明阻尼在抗风抗震中的应用。
11. 何谓动力系数？动力系数与哪些因素有关？在什么情况下动力系数为负值？为负值的物理意义是什么？
12. 单自由度体系动荷载不作用在质点上时，动力计算如何进行？此时，体系中各量的动力系数是否是一样的？
13. 杜哈米积分中时间变量 τ 和 t 有什么区别？
14. 简谐荷载作用下的动位移可以用杜哈米积分求吗？
15. 在建立多自由度体系的自由振动微分方程时，采用的刚度法和柔度法各自依据的条件是什么？其刚度矩阵和柔度矩阵中每一元素的含义是什么？何时采用刚度法好？何时采用柔度法好？
16. 何谓主振型？在什么情况下只按某个特定的主振型振动？
17. 体系的频率和振型由哪些因素决定？
18. 什么是主振型的正交性？其正交性与外荷载是否有关？其作用是什么？
19. 试用功的互等定理推导不同主振型间的正交性。
20. 在多自由度体系的强迫振动问题中，各质点的位移动力系数是否一样？它们与内力动力系数是否相同？与单自由度体系有什么不同？
21. n 个自由度的体系有多少个发生共振的可能性？为什么？
22. 何谓正则坐标？为什么几何坐标与正则坐标间的变换是一一对应的？
23. 在计算体系的动力反应时，什么情况下能用振型叠加法？什么情况下不能用？
24. 应用能量法计算频率时，所设的位移函数应满足什么条件？
25. 用能量法求得的第一频率的近似值总是大于真实的频率？这个结论有无前提条件？

习 题

习题 11-1 试确定图示各结构的振动自由度。

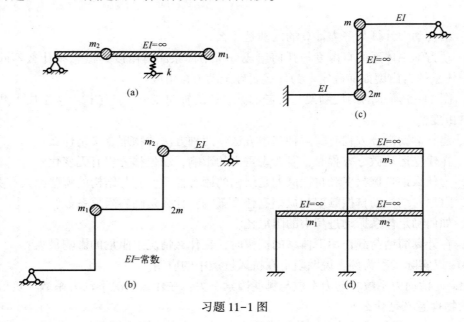

习题 11-1 图

习题 11-2 试列出图示结构的振动微分方程并计算各系数。不计阻尼。

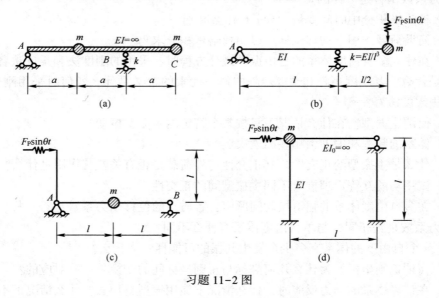

习题 11-2 图

习题 11-3 试求图示各结构的自振频率，略去杆件自重及阻尼影响。

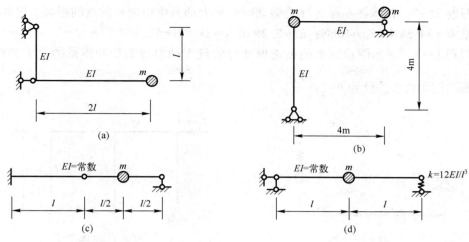

习题 11-3 图

习题 11-4 一等截面梁跨长为 l，集中质量 m 位于梁中点，试按图示三种支承情况分别求自振频率，并分析支承情况对自振频率的影响。

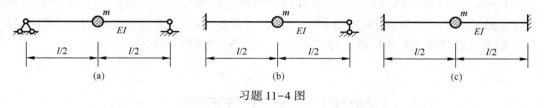

习题 11-4 图

习题 11-5 试求图示桁架的自振频率。设各杆截面为 $A_1 = 15\text{cm}^2$，$A_2 = 1.2 A_1$，$A_3 = 0.8 A_1$，$m = 1\text{t}$，$E = 300\text{GPa}$。设各杆重量及质点 m 水平方向运动略去不计。

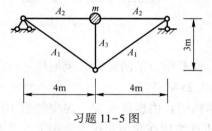

习题 11-5 图

习题 11-6 试求图示体系的自振频率和周期。

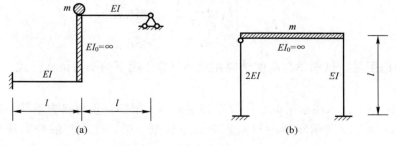

习题 11-6 图

习题 11-7　试求图示梁纯强迫振动时的最大动力弯矩图和质点的振幅。已知质点的重量 $W=24.5\text{kN}$，$F_\text{P}=10\text{kN}$，$EI=3.2\times10^7\text{N}\cdot\text{m}^2$，$\theta=52.3\text{s}^{-1}$。

习题 11-8　试求图示刚架纯强迫振动时的最大动力弯矩图和横梁的最大动位移。横梁的刚度无穷大。已知 $\theta=\sqrt{\dfrac{6EI}{ml^3}}$。

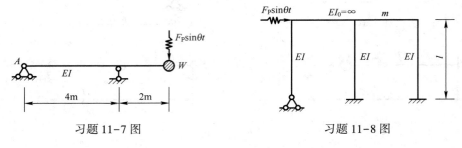

习题 11-7 图　　　　　　　习题 11-8 图

习题 11-9　两根长为 4m 的 I 字钢梁并排放置，在中点处装置一电动机。将梁的部分质量集中于中点，与电动机的质量合并后的总质量 $m=320\text{kg}$。电动机的转速为 1200r/min。由于转动部分有偏心，在转动时引起离心惯性力，其幅值为 $F_\text{P}=300\text{N}$。已知 $E=200\text{GPa}$，一根梁的 $I=2.5\times10^3\text{cm}^4$，梁高为 20cm。试求强迫振动时梁中点的振幅，最大总挠度及梁截面的最大弹性正应力。设略去阻尼的影响。

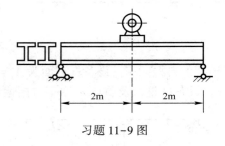

习题 11-9 图

习题 11-10　同上题，设考虑阻尼的影响，阻尼比 $\zeta=0.03$，并考虑计算所得的自振频率与实际者相差可达 $\pm0.25\%$。

习题 11-11　通过某结构的自由振动实验，测得经过 10 个周期后，振幅降为原来的 15%。试求阻尼比，并求此结构在简谐干扰力作用下，共振时的动力系数。

习题 11-12　爆炸荷载可近似用图示规律表示，即

$$F_{\text{P}(t)}=\begin{cases}F_\text{P}\left(1-\dfrac{t}{t_1}\right) & (t\leqslant t_1)\\ 0 & (t\geqslant t_1)\end{cases}$$

若不考虑阻尼，试求单自由度结构在此种荷载作用下的动力位移公式。设结构原处于静止状态。

习题 11-13　试求图示梁的自振频率和主振型。梁的自重可略去不计。$EI=$ 常数。

习题 11-14　求图示刚架的自振频率和主振型。梁、柱本身的分布质量不计。EI 为常数。

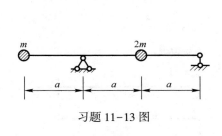
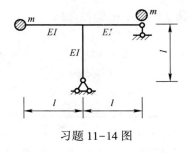

习题 11-13 图　　　　　　　习题 11-14 图

习题 11-15　求图示刚架的自振频率和主振型。梁、柱本身的分布质量不计。EI 为常数。

习题 11-16　试求图示两层框架结构的自振频率和主振型。楼面质量分别为 $m_1 = 120\text{t}$，$m_2 = 100\text{t}$，柱的线刚度分别为 $i_1 = 20\text{MN}\cdot\text{m}$，$i_2 = 14\text{MN}\cdot\text{m}$。设横梁的 $EI = \infty$，柱的质量已集中于楼面，不需另加考虑。

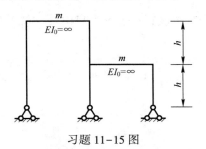
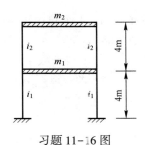

习题 11-15 图　　　　　　　习题 11-16 图

习题 11-17　试求图示梁的自振频率和主振型。设弹性模量 $E = 200\text{GPa}$，惯性矩 $I = 1.8 \times 10^4 \text{cm}^4$，集中质量 $m = 1.5\text{t}$。梁的自重略去不计。

习题 11-18　图示悬臂梁上安装有两个发动机，质量各为 300kg，点 1 处发动机开动后的干扰力为 $F_P(t) = F_P\sin\theta t$，其幅值为 $F_P = 1.0\text{kN}$，机器转速为 800r/min。已知梁的 $E = 200\text{GPa}$，惯性矩 $I = 5.0 \times 10^3 \text{cm}^4$，试求梁的动力弯矩图，梁本身的质量可略去不计。

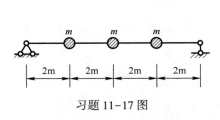
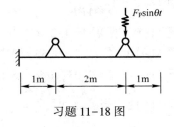

习题 11-17 图　　　　　　　习题 11-18 图

习题 11-19　设习题 11-16 中的框架结构，在二层楼面处，沿水平方向作用一简谐干扰力 $F_P\sin\theta t$，其幅值为 $F_P = 5.0\text{kN}$，机器转速为 150r/min。试求第一、二层楼面处振幅值和柱端弯矩的幅值。

习题 11-20　图示等截面悬臂梁在自由端有一集中质量 $m = 300\text{kg}$。试求梁的第一自振频率。设 $\overline{m} = 30\text{kg/m}$，$I = 2.5 \times 10^3 \text{cm}^4$，$E = 200\text{GPa}$。

习题 11-21　图示一端铰支另一端固定的等截面梁，试用能量法计算第一频率。以

均布荷载 q 作用下的弹性曲线

$$X(x)=\frac{q}{48EI}(l^3x-3lx^3+2x^4)$$

为振型。

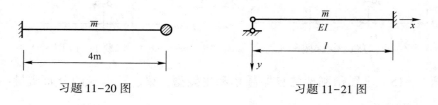

习题 11-20 图　　　　　　　　　习题 11-21 图

习 题 答 案

习题 11-1　（a）1 个自由度；（b）4 个自由度；（c）1 个自由度；（d）2 个自由度

习题 11-2　略

习题 11-3　（a）$\omega=\sqrt{\dfrac{EI}{4ml^3}}$；（b）$\omega=\sqrt{\dfrac{3EI}{256m}}$；（c）$\omega=3.0984\sqrt{\dfrac{EI}{ml^3}}$；（d）$\omega=\sqrt{\dfrac{16EI}{3ml^3}}$

习题 11-4　（a）$\omega=\sqrt{\dfrac{48EI}{ml^3}}$；（b）$\omega=\sqrt{\dfrac{768EI}{7ml^3}}$；（c）$\omega=\sqrt{\dfrac{192EI}{ml^3}}$

习题 11-5　$\omega=148.2\text{s}^{-1}$

习题 11-6　（a）$\omega=\sqrt{\dfrac{15EI}{ml^3}}$；（b）$\omega=\sqrt{\dfrac{18EI}{ml^3}}$

习题 11-7　$A=3.5\text{mm}$

习题 11-8　$A=\dfrac{F_\text{P}l^3}{21EI}$

习题 11-9　振幅 $A=1.21\times10^{-4}\text{m}$；最大总挠度 $=5.38\times10^{-4}\text{m}$；最大正应力 $=8.09\text{MPa}$

习题 11-10　振幅 $A=6.65\times10^{-4}\text{m}$

习题 11-11　$\zeta=0.03$；$\mu_D\approx16.67$

习题 11-12　当 $t\leqslant t_1$ 时，$y=y_\text{st}\left(1-\cos\omega t+\dfrac{\sin\omega t}{\omega t_1}-\dfrac{t}{t_1}\right)$；

当 $t\geqslant t_1$ 时，$y=y_\text{st}\left(-\cos\omega t+\dfrac{\sin\omega t-\sin\omega(t-t_1)}{\omega t_1}\right)$

习题 11-13　$\omega_1=0.931\sqrt{\dfrac{EI}{ma^3}}$，$\omega_2=2.352\sqrt{\dfrac{EI}{ma^3}}$

$\dfrac{A_2^{(1)}}{A_1^{(1)}}=-0.305$，$\dfrac{A_2^{(2)}}{A_1^{(2)}}=-1.638$

习题 11-14

$\omega_1 = 0.7962\sqrt{\dfrac{EI}{ml^3}}$, $\omega_2 = 1.538\sqrt{\dfrac{EI}{ml^3}}$

$\rho_1 = -0.732$, $\rho_2 = 2.732$

习题 11-15

$\omega_1 = 1.692\sqrt{\dfrac{EI}{ml^3}}$, $\omega_2 = 5.245\sqrt{\dfrac{EI}{ml^3}}$

$\rho_1 = 1.26$, $\rho_2 = -0.79$

习题 11-16 $\omega_1 = 9.88\text{s}^{-1}$, $\omega_2 = 23.18\text{s}^{-1}$

习题 11-17 $\omega_1 = 33.78\text{s}^{-1}$, $\omega_2 = 134.3\text{s}^{-1}$, $\omega_3 = 284.75\text{s}^{-1}$

习题 11-18 $M_A = 3.40\text{kN}\cdot\text{m}$

习题 11-19 略

习题 11-20 $\lambda_1 l = 1.14$, $\omega_1 = \lambda_1^2 \sqrt{\dfrac{EI}{m}}$

习题 11-21 $\omega_1 = 15.45\sqrt{\dfrac{EI}{ml^4}}$

参 考 文 献

[1] 崔恩第. 结构力学（上、下册）[M]. 北京：国防工业出版社，2006.
[2] 包世华. 结构力学（上、下册）[M]. 武汉：武汉理工大学出版社，2018.
[3] 龙驭球，包世华，袁驷. 结构力学 [M]. 4版. 北京：高等教育出版社，2018.
[4] 李廉锟，侯文崎. 结构力学 [M]. 7版. 北京：高等教育出版社，2022.
[5] 刘昭培，张愠美. 结构力学 [M]. 修订版. 天津：天津大学出版社，2000.
[6] 杨天祥. 结构力学 [M]. 2版. 北京：高等教育出版社，1986.
[7] 金宝桢，杨式德，朱宝华. 结构力学 [M]. 3版. 北京：高等教育出版社，1986.
[8] 雷钟和，江爱川，郝静明. 结构力学解疑 [M]. 北京：清华大学出版社，1996.
[9] 刘尔烈，崔恩第，徐振铎. 有限单元法及程序设计 [M]. 天津：天津大学出版社，2004.
[10] 崔恩第. 结构力学及解题指导 [M]. 北京：中国人事出版社，1999.
[11] 阳日，郑瞳灼，韦树英，等. 结构力学习题指导 [M]. 北京：建筑工业出版社，1988.
[12] 杨茀康，李家宝，洪范文，等. 结构力学 [M]. 6版. 北京：高等教育出版社，2016.